W0256479

# Kurzer
# Leitfaden der Elektrotechnik

## für Unterricht und Praxis
## in allgemein verständlicher Darstellung

Von

## Rudolf Krause
### Ingenieur

### Zweite, vermehrte Auflage

### Mit 341 Textfiguren

Springer-Verlag Berlin Heidelberg GmbH 1913

ISBN 978-3-662-23407-5    ISBN 978-3-662-25459-2 (eBook)
DOI 10.1007/978-3-662-25459-2

Softcover reprint of the hardcover 2nd edition 1913

# Vorwort zur zweiten Auflage.

Das vorliegende Buch verfolgt den Zweck, allen, welche die Elektrotechnik als Beruf ergreifen wollen, wie Studierenden, Technikern und Monteuren, eine möglichst klare Vorstellung der Vorgänge in elektrischen Apparaten und Maschinen zu geben. Es ist deshalb auch besonderes Gewicht auf Anschaulichkeit gelegt worden; rechnerische Beispiele sind dagegen nur wenig eingefügt, weil an Büchern, welche die rechnerische Seite der Elektrotechnik behandeln, kein Mangel ist, diese Bücher aber gewöhnlich zu wenig Gewicht auf Vorstellung der Vorgänge legen und auch nicht legen können, wenn sie nicht zu umfangreich werden sollen. Außerdem war der Verfasser bemüht, möglichst wenig mathematische Formeln für die Rechnungen aufzustellen, damit der Leser nicht verführt wird, gedankenlos die geeignete Formel anzuwenden, sondern es wurde immer vor der Rechnung versucht die Vorgänge durch die Vorstellung zu erklären und dann erst zu rechnen.

Die beigefügten Abbildungen zeigen meist das Prinzip der Gegenstände und sind für diesen Zweck vom Verfasser besonders gezeichnet, weil Photographien, namentlich bei Bogenlampen, Zählern, Meßinstrumenten und anderen verwickelten Apparaten zu viel, zwar für den fertigen Apparat Notwendiges, aber für das Verständnis seiner Wirkungsweise Überflüssiges und sogar Verwirrendes zeigen. Sicher kann man mit einer durchdachten, für den Zweck gewissermaßen stilisierten Skizze viel mehr erklären, als mit noch so vielen Beschreibungen überhaupt möglich ist, und deshalb sind vielleicht auch derartige Skizzen für die heute an den meisten Lehranstalten eingeführten Vorträge mit Lichtbildern geeignet.

Gegenüber der ersten Auflage dieses Buches ist die zweite Auflage wesentlich erweitert worden. Diese Erweiterung erwies sich als notwendig, weil die Elektrotechnik namentlich auf dem Gebiet der Hochspannungsanlagen in den letzten Jahren sehr große Fortschritte gemacht hat und hierüber ebenso ausführlich berichtet werden muß, als über die übrige Starkstromtechnik.

Mittweida und Hemsbach a. d. B., Januar 1913.

**Rudolf Krause.**

# Vorwort zur zweiten Auflage

# Inhaltsverzeichnis.

## VI. Stromerzeuger für Wechselstrom, ein- und mehrphasig.



## VII. Motoren für Gleichstrom.

## VIII. Motoren für Wechselstrom.



## IX. Umformer und Spannungswandler (Transformatoren).

Inhaltsverzeichnis.                               XI



## XII. Elektrische Stromerzeugungs- und Verteilungs-Anlagen.

# I. Grunderscheinungen des elektrischen Stromes.

Die Elektrizität hat ihren Namen von dem Bernstein, der im Griechischen „Elektron" hieß und den man im Altertum schon durch Reiben elektrisch machen konnte. In diesem Zustand zieht er, genau wie geriebenes Siegellack oder Hartgummi, kleine leichte Papierstückchen und ähnliche Körper an, um sie nach erfolgter Berührung sogleich wieder abzustoßen. Sind sie dann niedergefallen, so werden sie wieder angezogen, dann abermals abgestoßen, bis schließlich dieses abwechselnde Anziehen und Abstoßen schwächer und schwächer wird, weil sich die elektrische Ladung des geriebenen Körpers nach und nach verliert. Hält man einen durch Reiben elektrisierten Körper vorsichtig ans Ohr, so hört man ein leises Knistern, welches von überspringenden kleinen Funken herrührt.

Diese schon sehr früh beobachteten Erscheinungen blieben aber während des ganzen Mittelalters unbeachtet, bis schließlich erst der berühmte Bürgermeister von Magdeburg, Otto von Guericke (1602—1686) die erste Reibungselektrisiermaschine erfand, bestehend aus einer mit der Hand gedrehten Schwefelkugel, die sich an Lederlappen rieb.

Die durch Reibung erzeugte Elektrizität ist jedoch für technische Zwecke nicht anwendbar, wohl aber treten in den jetzt häufig ausgeführten Hochspannungsanlagen Erscheinungen auf, die denjenigen bei der Reibungselektrizität vollkommen gleichen, z. B. das Leuchten der Drähte, das Überschlagen der Spannung an Isolatoren und anderes.

Auch sind vielfach Störungen oder andere Erscheinungen in Hochspannungsanlagen auf den Übertritt von statischer oder Reibungselektrizität aus der Atmosphäre in die Leitungen zurückzuführen. Für die technische Verwertung ist aber die statische Elektrizität unbrauchbar und die weiteren auf diese Elektrizität bezüglichen Erfindungen brauchen deshalb hier nicht weiter berücksichtigt zu werden.

Wichtiger für die Entwickelung der Elektrotechnik war die Entdeckung des italienischen Arztes Luigi Galvani im Jahre

1789. Er (nach anderer Mitteilung war es seine Frau) beobachtete, daß frisch enthäutete Froschschenkel Zuckungen ausführten, wenn man einer in der Nähe stehenden Reibungselektrisiermaschine Funken entlockte. Später entdeckte er dieselbe Erscheinung, als die Froschschenkel mit kupfernen Haken an ein eisernes Fenstergitter gehängt waren, wenn sie der Wind gegen das Eisen bewegte. Galvani suchte die Ursache in den toten Tieren. Er glaubte das Zucken wäre die noch nicht ganz entschwundene Lebenskraft und es entstand durch seine Entdeckung ein Streit verschiedener Gelehrter. Der stärkste Gegner Galvanis war ebenfalls ein Italiener, der Professor in Pavia, Alessandro Volta. Dieser erkannte, daß ein elektrischer Strom die Ursache der Zuckungen war, er bezeichnete allerdings mit höflicher Rücksicht auf den ersten Entdecker die Erscheinung mit Galvanismus und bewies zuerst durch seine Voltasche Säule, daß zwei verschiedene Metalle und eine Salzlösung erforderlich sind, um den Galvanismus hervorzurufen. Die Voltasche Säule bestand aus Zink- und Kupferplatten, mit dazwischengelegten in Kochsalzlösung angefeuchteten Filzlappen nach folgendem Schema: Zink, Lappen, Kupfer, Zink, Lappen, Kupfer usw. Wurde dann das erste Zink und das letzte Kupfer durch einen Draht verbunden, so traten auch hier die Erscheinungen des Galvanismus auf. Später ersetzte Volta die unbequemen Filzlappen durch Glasgefäße mit verdünnter Schwefelsäure und erfand dadurch das erste galvanische Element. Die galvanischen Elemente sind dann weiter verbessert worden und werden noch heute in der sogenannten Schwachstromtechnik, Telegraphie, Fernsprechen und Signalanlagen als Stromerzeuger vielfach verwendet, obgleich in manchen Fällen die Akkumulatoren an ihre Stelle getreten sind. Da aber die Schwachstromtechnik in diesem Buche nicht behandelt werden soll, können auch die meisten galvanischen Elemente außer Betracht bleiben und ebenfalls die vielen sonst sehr wichtigen und lehrreichen Entdeckungen zum Fernschreiben und Fernhören die heute bis zur Telegraphie und Telephonie ohne Draht geführt haben.

Nach den Entdeckungen von Galvani und Volta folgen rasch nacheinander weitere grundlegende Beobachtungen, die noch erwähnt werden müssen. Im Jahre 1813 entdeckte Davy den elektrischen Lichtbogen, dessen Anwendung in den elektrischen Bogenlampen zum Zwecke der Lichterzeugung und ferner zum Schweißen und Löten sowie auch heute im Eisenhüttenwesen geschieht. 1819 machte Oersted die wichtige Entdeckung, daß weiches Eisen magnetisch wird, wenn man es mit einem Draht umgibt, durch den man einen elektrischen Strom leitet. Er erfand also den Elektromagneten, ohne welchen unsere elektrischen Maschinen und die meisten elektrischen Apparate undenkbar wären. Ebenfalls von der größten Bedeutung für die elektrischen Maschinen war die Entdeckung Faradays 1831 über Erzeugung elektrischer Ströme durch die Einwirkung von Magneten auf Drähte; man nennt diese Entdeckung die magneto - elektrische Induktion. Die Entwickelung der heutigen elektrischen Maschinen wurde möglich infolge der Entdeckung des dynamoelektrischen Prinzipes durch Werner von Siemens im Jahre 1867, dem einen Mitbegründer der späteren Weltfirma Siemens & Halske, die 1847 zuerst als Telegraphenfabrik eingerichtet wurde.

Trotzdem schon 1813 der Lichtbogen von Davy entdeckt war, wurde erst 1876 die erste elektrische Bogenlampe durch den russischen Offizier Jablochkoff eingeführt. Es war dies die Jablochkoffkerze, welche nur für Lichteffekte auf der Bühne benützt wurde und aus zwei nebeneinander stehenden, durch eine Gipsschicht getrennten Kohlenstäben bestand. Diese Lampe war auch die Veranlassung, daß die spätere Erfindung des Professors Nernst, die zur Konstruktion der Nernstlampe führte, nachdem das Prinzip, die Verwendung eines Leiters zweiter Klasse (Magnesia) zur elektrischen Lichterzeugung patentiert und von der Allgemeinen Elektrizitätsgesellschaft angekauft war, für nichtig erklärt wurde.

Die erste elektrische Bahn fuhr im Jahre 1879 auf einer Ausstellung in Berlin, sie war gebaut von der Firma Siemens & Halske und heute nach nur 33 Jahren muß man fast lächeln über ihre Lokomotive, auf welcher der Führer im Reitsitz Platz nahm. Die erste große Arbeitsübertragung auf elektrischem Wege erfolgte im Jahre 1890 bei Gelegenheit der elektrotechnischen Ausstellung in Frankfurt a. M. Sie wurde von Lauffen am Neckar nach Frankfurt ausgeführt und arbeitete mit etwa 10000 Volt. Von da ab folgen nun eine solche Anzahl wichtiger Erfindungen, daß ihre Einzelaufzählung zu weit führen würde, und seit der ersten denkwürdigen Arbeitsübertragung von 1890 hat sich die Elektrotechnik in einer Weise entwickelt, wie es sonst kaum ein anderer Zweig der Technik getan hat. Von der weiteren Entwickelung und dem heutigen Stand der Starkstrom - Elektrotechnik soll dann in den späteren Zeilen eingehender die Rede sein. Vorerst sollen aber noch einige wichtige Grunderscheinungen erklärt werden, welche für das spätere Verständnis notwendig sind.

Wir sind mit unseren gewöhnlichen Sinnesorganen im allgemeinen nicht imstande, einen elektrischen Strom wahrzunehmen, obwohl die Elektrizität sicher einen Einfluß auf uns

ausübt, der uns allerdings nicht zum Bewußtsein kommt.  Geht
ein Draht dicht neben oder über uns her, so können wir diesem
Draht nicht anmerken, ob ein Strom in ihm fließt, oder nicht.
Wir müssen erst Hilfsapparate benutzen, die uns in den Stand
setzen den elektrischen Strom zu erkennen.  Ein solcher Hilfs-
apparat ist die Magnetnadel, wie sie in jedem Kompaß benutzt
wird, also ein magnetisiertes längliches Stück Stahlblech, welches
drehbar aufgehängt ist und sich dann in die Richtung von
Norden nach Süden einstellt.  Fließt aber ein elektrischer Strom

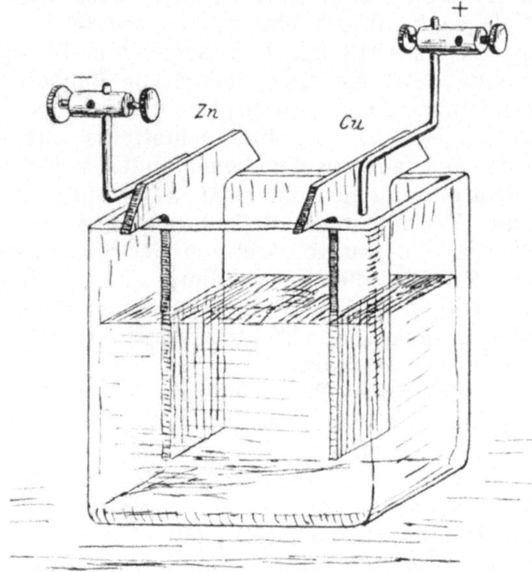


Fig. 1.  Galvanisches Element.

in der Nähe dieser Magnetnadel vorbei, dann wird sie je nach
der Stärke des Stromes verschieden weit aus ihrer normalen
Richtung herausgedreht.  Weiter beobachtet man, daß ein
dünner Draht glühend wird, ja sogar schmelzen kann, wenn
man einen elektrischen Strom hindurchleitet.  Wir haben also
hier zwei Mittel in der Hand, um einen elektrischen Strom zu
erkennen, die Ablenkung der Magnetnadel und die Erwärmung
von dünnen Drähten.  Denken wir uns jetzt ein einfaches
galvanisches Element, ein Voltasches Becher-Element, bestehend
aus einem Glasgefäß mit verdünnter Schwefelsäure und zwei
Metallplatten, einer Kupferplatte und einer Zinkplatte, die so
hineingehängt sind, daß sie sich nicht berühren, wie Fig. 1

zeigt, und verbinden wir die oben angeschraubten Klemmen $+$ und $-$ durch einen Draht, so fließt in diesem Draht ein Strom, wie man mit der Magnetnadel erkennen kann. Es erfolgt aber die Ablenkung der Nadel in verschiedener Weise, je nachdem man den Draht anschließt. Hat man die Ablenkung der Nadel festgestellt und vertauscht man die an geschlossenen Enden des Drahtes so, daß man das Ende, welches vorher am Kupfer Cu mit der $+$ Klemme lag, an das Zink Zn mit der $-$ Klemme anschließt und das dort befindliche Drahtende an die $+$ Klemme legt, ohne aber das Drahtstück über der Magnetnadel zu verändern, so erfolgt die Ablenkung der Nadel entgegengesetzt wie vorher. Man spricht deshalb von einer Richtung des Stromes und nennt diejenige Richtung positiv, in welcher er vom Kupfer im Draht zum Zink fließt. Die Erwärmung eines dünnen Drahtes ist dagegen unabhängig von der Richtung des Stromes. Einen Strom, der fortwährend in derselben Richtung fließt, nennt man Gleichstrom. Ein solcher Gleichstrom wird durch galvanische Elemente und Akkumulatoren sowie durch die Gleichstromdynamos erzeugt. Ebenso häufig aber benutzt man in der Technik auch den Wechselstrom, in den Formen als einphasiger und mehrphasiger Wechselstrom, letzterer auch in schlechtem Sprachgebrauch als Drehstrom bezeichnet.

Ein Wechselstrom besteht in der Regel aus 80 bis 100 in einer Sekunde aufeinander folgenden Stromstößen von entgegengesetzter Richtung. Aus dem fortwährenden schnellen Richtungswechsel des Wechselstromes ergibt sich, daß man diese Stromart nicht mit einer Magnetnadel nachweisen kann, denn da die Ablenkungsrichtung der Nadel von der Richtung des Stromes abhängig ist, so müßte sie auch 80 bis 100 mal in einer Sekunde hin- und herschwingen. Da sie aber so schnell nicht schwingen kann, bleibt sie einfach in ihrer gewöhnlichen Nord-Süd-Richtung still stehen. Es bleibt also von den beiden Erkennungsmitteln, Ablenkung der Magnetnadel und Erwärmung eines dünnen Drahtes nur das letztere für Wechselströme übrig. Trotzdem sind aber, wie später bei den Meßinstrumenten gezeigt werden soll, für den Wechselstrom noch mehrere Erkennungsmethoden anwendbar.

Um nun gleich noch einen weiteren Unterschied zwischen Gleich- und Wechselstrom festzustellen, sei die chemische Wirkung erwähnt. Leitet man einen Gleichstrom durch eine Salzlösung, so wird an derjenigen Stelle, an welcher der Strom die Flüssigkeit verläßt, das Metall aus dem Salz ausgeschieden. Hierauf beruht das galvanische Verkupfern, Versilbern, Vernickeln usw. Soll ein Gegenstand vernickelt werden, so füllt man ein Gefäß mit einer Lösung von schwefelsaurem Nickel oder Nickelvitriol und hängt eine Nickelplatte in die Lösung, welche man mit dem positiven Pol der Stromquelle verbindet, so daß der Strom durch diese Platte in die Flüssigkeit eintritt. Den zu vernickelnden Gegenstand hängt man, so weit er mit Nickel überzogen werden soll, in die Flüssigkeit mit einem Metalldraht hinein, und an diesen legt man den Verbindungs-draht mit dem negativen Pol der Stromquelle an, so daß der Strom die Flüssigkeit an dem zu überziehenden Gegenstand wieder verläßt. Der Gleichstrom zersetzt chemisch das Nickel-salz und scheidet metallisches Nickel auf dem zu vernickelnden Gegenstand ab. Das ausgeschiedene Nickel ergänzt sich dann von der Nickelplatte, die allmählich immer dünner wird. Daß das Nickel, welches den Gegenstand am negativen Pol (Kathode benannt) überzieht, aus der Lösung herrührt und nicht von der Nickelplatte (Anode benannt), an die der positive Pol angeschlossen ist, beweist der Umstand, daß immer Nickel ausgeschieden wird, wenn nur die Lösung ein Nickelsalz enthält, auch wenn die Anode ein ganz anderes Metall ist. In diesem Fall ändert sich aber schließlich die Flüssigkeit.

Die eben beschriebene chemische Wirkung erfolgt nur bei Gleichstrom nicht bei Wechselstrom.

Nachdem wir einige Wirkungen des elektrischen Stromes kennen gelernt haben, soll ganz kurz ein Versuch gemacht werden, das Wesen des elektrischen Stromes verständlicher zu machen. Durch Untersuchungen an Röntgenröhren hat man mit großer Wahrscheinlichkeit nachgewiesen, daß der elek-trische Strom, oder besser gesagt diejenigen Erscheinungen, welche wir als elektrischen Strom bezeichnen, hervorgerufen werden durch ganz außerordentlich kleine Körperchen, welche man Elektronen nennt. Diese Elektronen sind so klein, daß sie sich unserer direkten Beobachtung entziehen, man kann ihr Vorhandensein nur vermuten und hat sogar auf Grund von besonderen Beobachtungen ihre wahrscheinliche Größe berechnet. Infolge ihrer Kleinheit durchdringen diese Elektronen alle festen Körper und bewegen sich mit einer für unsere Begriffe unvor-stellbaren Geschwindigkeit und können sich deshalb ohne weiteres aus dem Wirkungsbereich der sonst alle anderen Körper durch ihre Anziehungskraft festhaltenden Erde entfernen. Ähnliche kleine Körperchen, vielleicht sogar dieselben, sind auch die Träger des Lichtes und der elektrischen Wellen, oder Schwingungen, welche bei der Wellentelegraphie benutzt werden. Das Licht und die elektrischen Wellen sind besondere Schwingungszustände dieser kleinen Körper, welche man auch als Ätherteilchen bezeichnet. Mit unseren Sinnen und zwar mit dem Auge, können wir diejenigen Schwingungszustände, die wir als Licht bezeichnen, wahrnehmen. Für die anderen Schwingungszustände, die ebenfalls vorhanden sind, weil diese Ätherteilchen fortwährend in Bewegung sind, fehlt unserem Körper das Organ zur Wahrnehmung. Man kann sich diesen Vorgang, wie es ein Physiker tat, dessen Name dem Verfasser abhanden gekommen ist, an folgendem Bild klar machen: Man denke sich in einem dunkeln Raum. In diesem Raum ist ein Stab eingespannt, der in Schwingung versetzt werden kann. Wenn der Stab langsam schwingt, bemerkt man zunächst nichts. Nun läßt man ihn immer schneller schwingen. Schließlich hört man einen tiefen Ton. Je schneller nun der Stab schwingt, um so höher wird der Ton, bis endlich bei immer weiterer Steigerung der Schwingungen der Ton für das menschliche Ohr verschwindet. Obgleich nun der Stab jetzt immer weiter schwingt, bemerkt man nichts von ihm, weil für diese hohen Schwingungen kein Organ am Körper des Menschen vorhanden ist. Steigert man nun aber die Schwingungen noch immer weiter, so beginnt der Stab Licht auszusenden. Zunächst unbestimmt und grau, dann immer heller und heller, je schneller er schwingt. Die Schwingungszustände, in denen er sich jetzt befindet, sind also wieder wahrnehmbar, aber nicht mehr durch das Ohr sondern durch das Auge.

Die Körperlichkeit der kleinen Elektronen wird durch verschiedene Versuche wahrscheinlich. Ein diesbezüglicher sehr lehrreicher Versuch ist von dem englischen Forscher I. I. Thomson ausgeführt. Er beruht auf künstlicher Nebelbildung in einer Glasglocke. Es ist eine allgemein bekannte Erscheinung, daß in einem Raume die Fensterscheiben beschlagen, wenn es draußen kalt wird. Es rührt dies daher, daß in der Luft stets unsichtbarer Wasserdampf enthalten ist und daß die Wasserdampfmenge, welche die Luft erfüllt, von dem Wärmegrad der Luft abhängt. Wird es kälter, so gibt sie einen Teil dieses Wasserdampfes in Gestalt von Wassertröpfchen ab, wird dagegen die Luft wärmer, so verdunsten die Wassertropfen wieder zu Dampf. Kommt nun die warme Luft des Raumes mit den kälteren Fensterscheiben in Berührung, so gibt sie dort einfach einen Teil des in ihr enthaltenen Wasserdampfes in Gestalt von kleinen Wasserbläschen ab.

Macht man denselben Versuch mit einer luftgefüllten Glasglocke, welche Staubteilchen enthält, so setzen sich die bei der Abkühlung entstehenden Wasserbläschen um die Staubteilchen und es entsteht Nebel. Preßt man aber die Luft durch Watte hindurch in die Glasglocke hinein, so daß sie keine Staubteilchen mehr enthält, dann bekommt man keinen Nebel mehr. Sobald man jedoch derartig gereinigte Luft kurze Zeit der Einwirkung von Röntgenstrahlen aussetzt, so erhält man beim Abkühlen sofort wieder Nebel. Es sind also die kleinen, zur Nebelbildung notwendigen Körperchen direkt durch das Glas in das Innere der Kugel gelangt.

Durch diesen Versuch ist bewiesen, daß die Kathodenstrahlung der Röntgenröhre aus sehr feinen Körperteilchen besteht und da diese Strahlung von der Kathode der Röntgenröhre ausgeht, diese aber mit einer Elektrizitätsquelle verbunden ist, so kann man weiter folgern, daß diese Körperteilchen den elektrischen Strom selbst darstellen. Übrigens ist dieser Versuch, wie ja schon bemerkt wurde, nicht der einzige, aus dem man auf das Vorhandensein der Elektronen schließen kann. Namentlich das Verhalten von Flüssigkeiten und dasjenige der Luft, welche einer hohen Spannung ausgesetzt ist, sowie auch die Entdeckung der Kanalstrahlen in der Röntgenröhre durch Goldstein lassen den Schluß von der Körperlichkeit des elektrischen Stromes zu.

Wenn man nun den Ausdruck gebraucht, ein elektrischer Strom fließt durch den Draht, so ist dieser Ausdruck insofern nicht unzutreffend, als aus den erwähnten Versuchen über Kathodenstrahlen und Kanalstrahlen hervorgeht, daß die Elektronen durch den Draht hindurch verschoben werden. Sie sind eben so klein, daß sie zwischen den kleinsten Teilen des Drahtes, den Molekülen, hindurch kommen können, wodurch dann der Draht mehr oder weniger warm wird. Das Verschieben der Elektronen im Draht geht allerdings mit einer für unsere Begriffe ungeheuer großen Geschwindigkeit vor sich. Schließt man nämlich einen elektrischen Strom auf einem Punkt des Äquators der Erde, so würde derselbe, wenn der Leitungsdraht rund um die Erde gespannt wäre, nach weniger als $1^1/_2$ Sekunden wieder an seinen Anfangspunkt gelangt sein. Der Umfang der Erde beträgt am Äquator 40070 km und unsere schnellsten Fahrzeuge, die elektrischen Schnellbahnlokomotiven, die bei den Versuchsfahrten Berlin-Zossen mit über 200 km in der Stunde gefahren sind, würden etwa 200 Stunden gebrauchen, um rund um die Erde zu fahren. Es ist also der elektrische Strom etwa 8000 mal schneller.

Für kritisch veranlagte Leser möge noch bezüglich der Elektronen bemerkt werden, daß diese sowohl als auch der Äther immer noch Annahmen sind, die man mit Vorsicht behandeln muß. Es ist aber der Zweck des vorliegenden Buches, eine Vorstellung über die mit der Anwendung und Erzeugung des elektrischen Stromes in der Technik, also zum praktischen Nutzen des Menschen, verbundenen Erscheinungen zu erleichtern und dazu kann die gegebene Anschauung über die Elektronen ganz gut benutzt werden.

Was eigentlich Elektrizität ist, wissen wir noch nicht. Wissen wir aber überhaupt etwas? Was ist denn die Ursache, daß ein Stein fällt, wenn man ihn hebt und dann losläßt? Man sagt die Schwerkraft oder die Anziehungskraft der Erde. Warum hat aber die Erde diese Eigenschaft?

Im allgemeinen beunruhigen sich die Leute darüber nicht, weil sie von Jugend auf gewöhnt sind, daß der Stein fällt. Beim elektrischen Strom treten aber ganz neue ungewohnte Erscheinungen auf, und da werden dann die Elektrotechniker gefragt, warum kommen diese Erscheinungen zustande.

Wer Elektrotechniker werden will, muß sich eben an die Erscheinungen gewöhnen, und er tut es auch, indem er sich so gut es geht mit Gleichnissen aus der ihm vertrauteren Erscheinungswelt hilft. Für den Techniker spielt in erster Linie die Frage eine Rolle: „Wie kann ich die Naturkräfte dem Menschen dienstbar machen"? Die andere Frage: „Was sind die Naturkräfte" bewegen ja auch jeden denkenden Menschen, sind uns aber noch verschlossen und können wohl nur durch Suchen und Forschen gelöst werden.

# II. Stromstärke, Spannung, Widerstand, Watt, Magnetismus, Leistung und Arbeit bei Gleich- und Wechselstrom.

Wir haben schon im ersten Abschnitt gesehen, daß man sich eine Vorstellung des elektrischen Stromes mit Hilfe der Elektronen machen kann. Diese werden durch den Draht hindurch verschoben, finden aber offenbar einen Widerstand im Draht, der sich als Reibung äußert, so daß eine treibende Kraft wirken muß, welche die Elektronen in Bewegung versetzt. Diese treibende Kraft nennt man elektromotorische Kraft und einen Teil derselben Spannung; sie läßt sich vergleichen mit dem Druck, der bei einer Wasserleitung angewendet werden muß, um das Wasser durch die Röhren zu pressen. Je stärker der Druck ist, um so mehr Wasser fließt durch die Röhren und je stärker die elektromotorische Kraft ist, um so stärker wird der Strom, oder um so mehr Elektronen werden also in einer Sekunde in dem Draht verschoben.

Für die drei Größen: Stromstärke, Elektromotorische Kraft und Widerstand hat man die folgenden Bezeichnungen:

Elektromotorische Kraft und Spannung . Volt
Stromstärke . . . . . . . . . . Amper
Widerstand . . . . . . . . . . Ohm.

Genau so haben wir ja für die Längenmessungen das Meter, für Gewichte das Kilogramm und für die Zeit die Sekunde. Die Bezeichnungen Amper, Volt und Ohm sind zu Ehren von Forschern gewählt, die sich um die Entwickelung der Elektrotechnik verdient gemacht haben; so rührt die Bezeichnung Volt von Volta her, Amper von dem Franzosen Ampère und Ohm von dem gleichnamigen Gelehrten, der 1854 als Professor in München starb und als erster das nach ihm benannte Ohmsche Gesetz erkannte:

$$\text{Stromstärke} = \frac{\text{Elektromotorische Kraft}}{\text{Widerstand des Stromkreises}}.$$

Das Gesetz bedeutet, wenn die elektromotorische Kraft größer wird, dann wird auch der Strom stärker, wenn dagegen der Widerstand vergrößert wird, dann wird der Strom schwächer.

Der Widerstand, welchen verschiedene Körper einem Durchgang des elektrischen Stromes entgegensetzen, ist ganz verschieden groß, wie sehr einfach an folgendem Versuch erkannt werden kann: Man schaltet Drähte von gleicher Länge und gleicher Dicke, also von gleichgroßem Querschnitt, alle hintereinander, und zwar sind die Metalle der Reihe nach: Silber, Kupfer, Gold, Aluminium, Platin, Blei. Leitet man nun einen stärkeren Strom hindurch, so beobachtet man, daß der Bleidraht am heißesten wird; weniger heiß wird der Platindraht, noch weniger der Aluminiumdraht u. s. f., am kältesten bleibt der Silberdraht. Die Wärme des Drahtes ist aber ein Maß für den Widerstand, den sie dem Strom also dem Durchgang der Elektronen entgegensetzen und so hat also bei dem vorliegenden Versuch das Blei den größten Widerstand und das Silber den kleinsten. Es folgt hieraus, daß man Drähte aus Silber am besten zur Fortleitung eines elektrischen Stromes benutzen kann, wegen der hohen Kosten dieses Metalles geschieht das aber nicht. Man verwendet vielmehr allgemein zur Fortleitung des Stromes Leitungen aus Kupfer, zumal der Widerstand des Kupfers nur ganz wenig größer ist, als derjenige des Silbers.

Der Widerstand eines Körpers wird nach Ohm gemessen. Wie das Meter der zehnmillionste Teil des Viertels des Erdumfanges ist (in Wirklichkeit stimmt dies nicht ganz) und das Kilogramm das Gewicht von einem Liter Wasser bei $4^0$, so ist 1 Ohm (gewöhnlich bezeichnet 1 $\Omega$) der Widerstand eines Quecksilberfadens von 1,063 m Länge und 1 mm$^2$ Querschnitt, und nach dem Ohmschen Gesetz ist dann 1 Volt diejenige Kraft, welche einen Strom von 1 Amper in einem Stromkreis von 1 $\Omega$ Widerstand hervorruft.

Um zu bestimmen, welchen Widerstand andere Metalle haben, kann man sich den folgenden Versuch denken: Ein Quecksilberfaden von 1,063 m Länge und 1 mm$^2$ Querschnitt ist an eine Stromquelle angeschlossen, so daß ein Strom durch ihn hindurchfließt. (Weil Quecksilber flüssig ist, denke man es sich in einem Glasrohr.) Der Strom wird mit einem Instrument, einem Ampermeter, wie sie später beschrieben werden sollen, gemessen. Darauf ersetzt man den Quecksilberfaden durch einen ebenso langen und dicken Kupferdraht und weil Kupfer viel besser leitet als Quecksilber, entsteht jetzt ein viel stärkerer Strom. Man stellt fest, daß der Strom 54,2 mal stärker geworden ist als vorher, folglich hat dieser Kupferdraht von 1,063 m Länge und 1 mm² Querschnitt einen Widerstand, der 54,2 mal kleiner ist, als der des Quecksilberfadens:  Da nun dieser 1 $\Omega$ hat, so hat der Kupferdraht $\dfrac{1}{54,2} = 0,0185\ \Omega$.

Weil die Länge 1,063 m etwas unbequem ist, rechnet man sich besser den Widerstand für 1 m Länge und 1 mm² Querschnitt aus.  Diese Zahl heißt dann der spezifische Widerstand. Für Kupfer folgt er aus dem angegebenen Versuch durch die Überlegung: Wenn 1,063 m Länge und 1 mm² Querschnitt 0,0185 $\Omega$ haben, dann muß 1 m bei 1 mm² einen Widerstand von $\dfrac{0,0185}{1,063} = 0,0174\ \Omega$ haben.

In der folgenden Tabelle sind für einige Körper diese spezifischen Widerstände, die ein Draht von 1 m Länge und 1 mm² Querschnitt aus diesem Metall hat, zusammengestellt.

| Körper | spezifischer Widerstand für 1 m und 1 mm² |
|---|---|
| Silber | 0,0172 $\Omega$ |
| Kupfer | 0,0174 „ |
| Aluminium | 0,0287 „ |
| Eisen | 0,1042 „ |
| Blei | 0,2076 „ |
| Neusilber | 0,3010 „ |
| Messing | 0,0707 „ |
| Rhesistan | 0,4700 „ |
| Nickelin | 0,4000 „ |

Von den Körpern dieser Tabelle benutzt man das Kupfer für elektrische Maschinen und Leitungen. Für letztere benutzt man auch Aluminium.

Die Materialien mit großem spezifischen Widerstand, wie Neusilber, Rhesistan und Nickelin, in besonderen Fällen auch Eisen werden für Apparate benutzt, die zum Verändern und Regulieren der Stromstärke dienen, also für Regulierwiderstände, Regler, Anlasser. Rhesistan und Nickelin sind besonders für diese Zwecke hergestellte Legierungen mit hohem spezifischen Widerstand, denn je höher dieser ist, um so weniger Material gebraucht man für einen Widerstand zum Regulieren des Stromes.

Mit Hilfe des spezifischen Widerstandes lassen sich nun die Widerstände von beliebigen Drähten berechnen. Je länger ein Draht ist, um so größer ist sein Widerstand und je dicker er ist, um so kleiner ist sein Widerstand. Da der spezifische Widerstand des Kupfers 0,0174 $\Omega$ beträgt, also ein Kupferdraht von 1 m Länge bei 1 mm² Querschnitt 0,0174 $\Omega$ besitzt, so wird ein Kupferdraht von 20 m Länge und 1 mm² Querschnitt einen Widerstand von $0,0174 \cdot 20 = 0,348 \ \Omega$ haben und ein Draht von 20 m Länge und 4 mm² Querschnitt müßte $\dfrac{0,0174 \cdot 20}{4} = 0,0870 \ \Omega$ haben. Soll ein Widerstand von bestimmter Größe mit möglichst wenig Material hergestellt werden, so nimmt man ein Material mit hohem spezifischen Widerstand wie folgendes Beispiel zeigt: Es soll ein Widerstand von 20 $\Omega$ angefertigt werden aus Rhesistandraht von 6 mm² Querschnitt. Aus der Tabelle für die spezifischen Widerstände folgt: 1 m Rhesistandraht von 1 mm² Querschnitt hat 0,47 $\Omega$, folglich hat

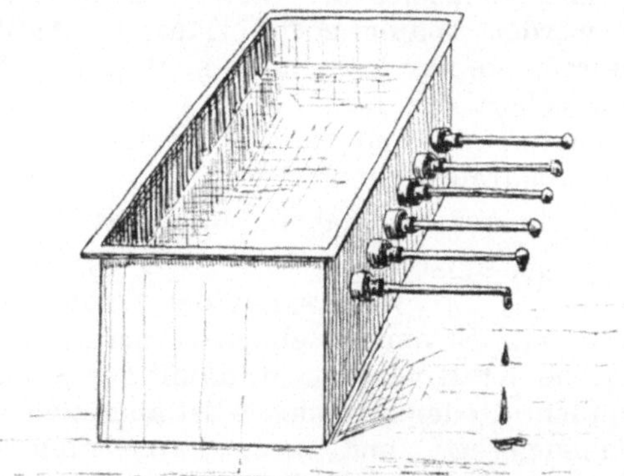

Fig. 2. Verschiedene Wärmeleitfähigkeit.

1 m von 6 mm² einen Widerstand von $\dfrac{0,47}{6} = 0,078 \ \Omega$. Zu 0,078 $\Omega$ gehört also ein Draht von 1 m und 6 mm², demnach gehört zu 20 $\Omega$ ein Draht von $\dfrac{20}{0,078} = 256$ m.

Wie wir schon gesehen haben, leiten die verschiedenen Stoffe den Strom nicht in gleich guter Art. Eigenartig ist dabei, daß dieselben Körper, welche den elektrischen Strom gut leiten, auch die Wärme gut leiten. Um die verschiedene Wärmeleitfähigkeit nachzuweisen, ist es nur nötig, gleich lange und gleich dicke Drähte aus den verschiedenen Metallen nach Fig. 2 an ihren Enden mit Wachstropfen zu versehen und sie mit dem anderen Ende durch einen Kork abgedichtet in heißes Wasser hinein ragen zu lassen, welches sich in einem Blechkasten befindet. Die Wärme des Wassers teilt sich durch die Drähte auch den an ihren Enden angebrachten Wachstropfen mit, zuerst schmilzt aber das Wachs an dem Silberdraht, darauf das am Kupfer u. s. f. genau in derselben Reihenfolge wie die Metalle auf Seite 11 angegeben sind.

Sämtliche Stoffe, welche die Wärme nicht leiten, leiten auch die Elektrizität nicht, z. B. Seide, Wolle, Papier, Holz, Gummi, Stroh, Porzellan, Glas, Marmor, Schiefer usw. Alle diese Stoffe, welche den elektrischen Strom nicht leiten, nennt man Nicht - leiter oder Isolatoren und aus ihnen verfertigt man Um- hüllungen und Umspinnungen von Leitungsdrähten, Träger und Stützvorrichtungen für stromführende Teile, wie Porzellanglocken und Rollen, sowie Gehäuse für elektrische Apparate, Schalter, Sicherungen und dergleichen. Verschiedene Formen dieser Gegenstände werden später noch erläutert. Außer den ange- führten Isolatoren, die nur feste Stoffe sind, gibt es auch wichtige flüssige, dahin gehört der Lack, der für elektrische Maschinen ein Hauptisolierstoff ist und das Öl, welches in den meisten Hochspannungsapparaten benutzt wird.

Wie wir schon gesehen haben, lautet das Gesetz von Ohm:

$$\text{Stromstärke} = \frac{\text{Elektromotorische Kraft}}{\text{Widerstand des Stromkreises.}}$$

Fließt also ein Strom in einem Stromkreis, so wird die Elektromotorische Kraft verbraucht, damit der Strom den Wider- stand überwindet. Jeder Stromkreis ist aber stets aus mehreren Teilen zusammengesetzt, und zwar kann man meist unter- scheiden: Die Stromquelle, die Leitungen und den Nutzwiderstand. In Fig. 3 ist ein solcher einfacher Stromkreis gezeichnet. Dabei ist M die Stromquelle, also z. B. eine Maschine, von welcher eine Leitung zu dem Nutzwiderstand, der Glühlampe führt, während eine zweite Leitung von dieser wieder zurückführt zur Stromquelle. In der Stromquelle entwickelt sich fortwährend eine Elektromotorische Kraft, welche dauernd einen Strom durch den Stromkreis treibt. Damit die Lampe richtig leuchtet, muß ein Strom von ganz bestimmter Stärke durch sie hindurch fließen, und da dieser Strom im ganzen Stromkreis denselben Wert hat, da er alles hintereinander durchfließt, so ist er nach dem Ohmschen Gesetz bestimmt durch die Beziehung:

$$\text{Stromstärke} = \frac{\text{Elektromotorische Kraft}}{\substack{\text{Widerstand der Stromquelle} + \text{Widerstand der} \\ \text{Hinleitung} + \text{Widerstand der Lampe} + \text{Wider-} \\ \text{stand der Rückleitung.}}}$$

Damit nun der Strom in der erforderlichen Stärke entsteht, wie ihn die Lampe gebraucht, muß die elektromotorische Kraft in der Stromquelle den vollen Strom zunächst durch den Wider- stand der Stromquelle hindurchtreiben, darauf durch die Hinleitung

zur Lampe, dann durch die Lampe und schließlich durch die
Rückleitung zurück zur Stromquelle. Man kann also sagen,
daß ein Teil der elektromotorischen Kraft verbraucht wird zur
Überwindung des Widerstandes der Stromquelle, ein weiterer
Teil zur Überwindung des Widerstandes der Hinleitung usw.
Da aber der Strom hauptsächlich in der Lampe wirken, soll,
so wird man nach Möglichkeit alle Widerstände des Stromkreises
gegenüber dem Nutzwiderstand klein halten, damit die elektromotorische Kraft in der Stromquelle nicht unnötig groß zu sein
braucht. Die Teile der elektromotorischen Kraft, welche für die
einzelnen Widerstände des Stromkreises verbraucht werden,
heißen Spannungen.

Die Spannungen, welche verbraucht werden für den inneren
Widerstand der Stromquelle und für die Leitungen, bezeichnet

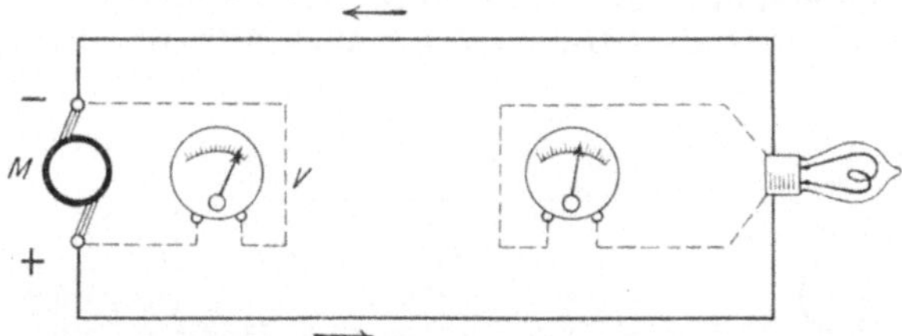


Fig. 3.   Einfacher Stromkreis.

man besonders als Spannungsverluste, um anzudeuten,
daß sie möglichst klein zu halten sind. Der Rest der elektromotorischen Kraft, welcher für die Lampe übrig bleibt, nachdem man die Spannungsverluste abgezogen hat, wird als Nutzspannung bezeichnet.

Alle Spannungen und Spannungsverluste lassen sich leicht
berechnen. Während nämlich für den ganzen Stromkreis das
Gesetz von Ohm die schon angegebene Form hat:

$$\text{Stromstärke} = \frac{\text{Elektromotorische Kraft}}{\text{Gesamtwiderstand des ganzen Stromkreises}}$$

gilt für einen Teil eines Stromkreises

$$\text{Stromstärke} = \frac{\text{Spannung}}{\text{Widerstand.}}$$

Daraus folgt

$$\text{Spannung} = \text{Strom} \times \text{Widerstand.}$$

Fließt z. B. in einer 80 m langen Kupferleitung von 6 mm²
Querschnitt ein Strom von 12 Amper, so wird der Spannungsverlust in dieser Leitung

$$12 \times \text{Leitungswiderstand} = 12 \times \frac{0,0174 \cdot 80}{6} = 2,79 \text{ Volt.}$$

Spannungen werden mit dem Spannungsmesser oder Voltmeter gemessen. Schaltet man das Voltmeter V an die Lampe, wie in Fig. 3 gezeichnet ist, dann zeigt es die Nutzspannung an, legt man es an die Maschine, dann zeigt es deren Klemmenspannung an, denn es wirkt dort eine Spannung = elektromotorische Kraft — Spannungsverlust in der Maschine. Die Voltmeter sind meist in derselben Art gebaut, wie die Ampermeter. Beide sollen später noch genauer besprochen werden. Die Voltmeter sind auch nur durch den Strom wirksam, der durch sie hindurchfließt und der den Wert hat:

$$\text{Strom} = \frac{\text{gemessene Spannung}}{\text{Widerstand des Voltmeters.}}$$

Da der Widerstand des Voltmeters unveränderlich ist, so ist der hindurchfließende Strom ein genaues Maß für die Spannung

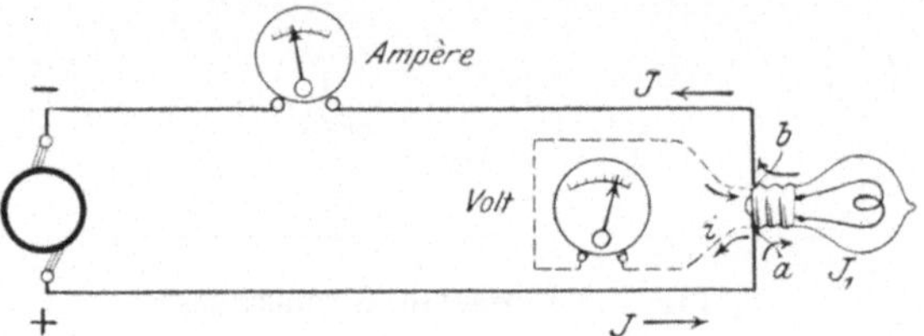


Fig. 4.   Schaltung von Volt- und Ampermeter.

und man braucht nur die Teilung des Voltmeters nicht nach dem hindurchfließenden Strom, sondern nach dem Produkt aus diesem Strom $\times$ Widerstand des Voltmeters auszuführen, so kann man die Spannung messen, obgleich das Instrument im Prinzip ein Ampermeter ist. Bei allen Voltmetern, mit Ausnahme der statischen, in denen die Spannung wirkt und kein Strom fließt, führt man den Widerstand des Instrumentes immer sehr hoch aus. Man gibt dem Instrument im Innern eine Drahtwickelung aus vielen Windungen und dünnem Draht und legt außerdem gewöhnlich noch besondere Widerstände mit in das Instrument. Der Unterschied zwischen der Schaltung von Volt- und Ampermeter geht aus Fig. 4 hervor. Da das Ampermeter direkt in die Leitung geschaltet wird, muß sein Widerstand möglichst klein sein, damit nicht durch dasselbe ein größerer Spannungsverlust entsteht. Das Voltmeter muß aber von einem möglichst schwachen Strom i durchflossen werden, sonst müßte die Maschine einen stärkeren Strom I liefern, wenn man ein Voltmeter einschaltet;

denn es tritt, wie aus Fig. 4 zu sehen ist, an der Lampe a eine Verzweigung des Stromes I in die Zweigströme $I_1$ und i ein; damit die Maschine beim Einschalten des Voltmeters nicht einen stärkeren Strom liefert, sorgt man durch hohen Widerstand des Voltmeters dafür, daß i möglichst klein bleibt.

In dem einfachen Stromkreis von Fig. 3 sind die einzelnen Teile alle hintereinander geschaltet und es ist dann der ganze Widerstand aller Teile gleich der Summe der einzelnen Widerstände.  Es können in einem Stromkreis aber auch mehrere Nutzwiderstände, Lampen usw. hintereinander geschaltet werden. In Fig. 5 sind z. B. fünf Widerstände, $w_1$, $w_2$, $w_3$, $w_4$ und $w_5$ hintereinander, so daß der Widerstand aller dieser fünf zusammen den Wert erhält $w_1 + w_2 + w_3 + w_4 + w_5$.  Je mehr Widerstände hintereinander geschaltet werden, um so größer wird der

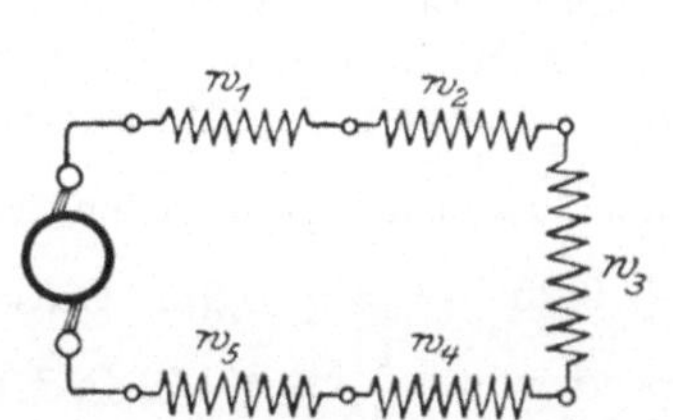

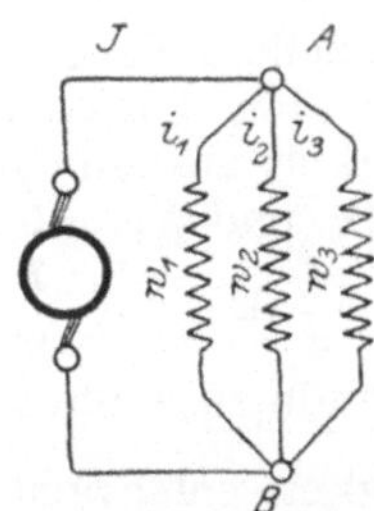

<table>
<tr><td>Fig. 5.  Hintereinander-Schaltung.</td><td>Fig. 6.  Parallel-Schaltung.</td></tr>
</table>

Gesamtwiderstand.  Die Hintereinanderschaltung ist nicht häufig in Anwendung.  Nur bei Bogenlampen (vergl. auch die Figur 282) kommt sie in der Regel vor.  Auch bei Stromquellen wendet man diese Schaltung an, z. B. regelmäßig bei Akkumulatoren.  Ein Beispiel von hintereinander geschalteten Maschinen zeigt Fig. 340.  Bei der Hintereinanderschaltung von Stromquellen addieren sich die elektromotorischen Kräfte.

Eine bei dem elektrischen Licht und auch sonst sehr häufig benutzte Schaltung ist die Parallelschaltung.  Wie aus Fig. 6 hervorgeht, liegen bei Parallelschaltung die betreffenden Widerstände alle zwischen denselben beiden Punkten A und B und der Strom I, welcher aus der Stromquelle herausfließt, verzweigt sich in so viele einzelne Zweigströme $i_1$, $i_2$, und $i_3$, als Widerstände parallel sind.  Je mehr Widerstände parallel geschaltet werden, um so kleiner wird der Gesamtwiderstand wie folgende Überlegung zeigt: Denkt man sich zuerst nur den einen Widerstand $w_1$ zwischen A und B geschaltet, dann fließt von A nach B der Strom $i_1$. Schaltet man nun den zweiten Widerstand $w_2$ ebenfalls zwischen A und B, so stellt man zu dem ersten Weg noch einen zweiten her, der ebenfalls einen Strom $i_2$ von A nach B führt; man hat also jetzt zwei Wege für den Strom von A nach B oder man kann sich auch denken, daß man durch den zweiten Widerstand den Querschnitt, der den Strom leitet, vergrößert hat. Nun wissen wir schon, daß der Widerstand um so kleiner wird, je größer der Querschnitt gemacht wird. Um den Gesamtwiderstand von parallelen Widerständen zu berechnen, braucht man folgende Überlegung: Je größer ein Widerstand ist, um so schlechter leitet er, je besser aber die Leitfähigkeit eines Körpers ist, um so kleiner ist sein Widerstand. So hat z. B. ein Widerstand von $2\,\Omega$ die Leitfähigkeit $\frac{1}{2} = 0,5$ und ein solcher von $4\,\Omega$ hat nur $\frac{1}{4} = 0,25$. Durch Parallelschalten vergrößert man die Leitfähigkeit für den Strom zwischen den Punkten A und B. Man braucht also nur die Leitfähigkeit zusammen zu zählen. Ist z. B. in Fig. 6 $w_1 = 2\,\Omega$, $w_2 = 4\,\Omega$, und $w_3 = 5\,\Omega$, so sind die einzelnen Leitfähigkeiten $\frac{1}{2} = 0,5$; $\frac{1}{4} = 0,25$; $\frac{1}{5} = 0,2$; die ganze Leitfähigkeit aller drei Widerstände zusammen ist nun $0,5 + 0,25 + 0,2 = 0,95$. Dieser Leitfähigkeit entspricht ein Widerstand von $\frac{1}{0,95} = 1,052\,\Omega$, d. h. man könnte an die Stelle der drei Widerstände $2\,\Omega$, $4\,\Omega$ und $5\,\Omega$ zwischen den Punkten A und B in Fig. 6 einen einzigen Widerstand setzen, der aber nur $1,052\,\Omega$ haben darf, dann würde der Strom I, der aus der Stromquelle fließt, nicht geändert werden. Dieser Widerstand ist dann derjenige, der dieselbe Leitfähigkeit hat, wie alle drei parallelen Widerstände zusammen, man nennt ihn den Kombinationswiderstand.

In dem besonderen Fall, wo die parallelen Widerstände gleich groß sind, ist der Kombinationswiderstand gleich demjenigen der einzelnen Widerstände geteilt durch ihre Zahl. Sind also 4 Widerstände parallel, von denen jeder $100\,\Omega$ hat, so ist der Kombinationswiderstand $\frac{100}{4} = 25\,\Omega$, denn jeder der Widerstände hat die Leitfähigkeit $\frac{1}{100}$, alle 4 zusammen demnach $4 \cdot \frac{1}{100}$.

In Fig. 6 sind die parallelen Widerstände zwischen die beiden Punkten A und B gelegt. Denkt man sich die Punkte zu Linien ausgezogen, so erhält man die Schaltung in Fig. 7. Diese entspricht der am meisten vorkommenden Schaltung beim elektrischen Licht. Man wendet hierbei fast immer Parallelschaltung an, weil dann die einzelnen Widerstände, also die Lampen unabhängig voneinander sind. Bei Hintereinanderschaltung müssen immer alle eingeschaltet sein, bei Parallelschaltung können sie einzeln brennen.

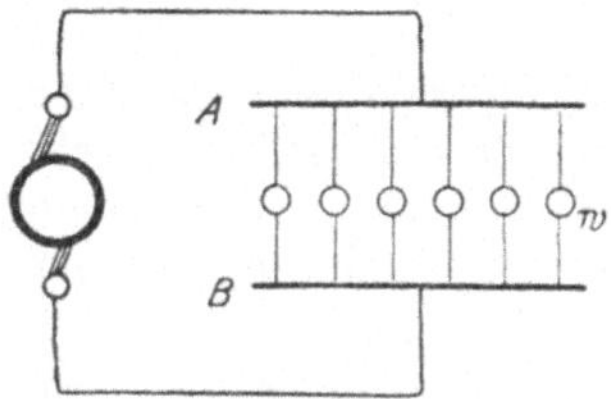

Fig. 7.  Parallelschaltung.

In elektrischen Anlagen kommen im allgemeinen Parallelschaltungen vor. In Fig. 8 ist jedoch eine Anlage gezeichnet, in welcher Hintereinander- und Parallelschaltung gleichzeitig vorkommen. In dem Stromkreis 1 sind die Bogenlampen $L_1$

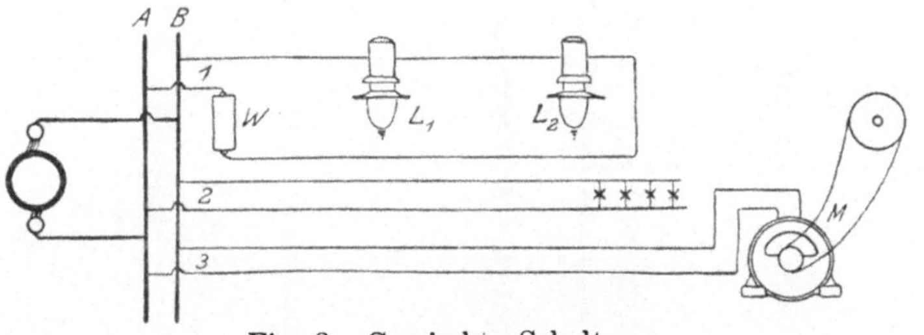

Fig. 8.  Gemischte Schaltung.

und $L_2$ mit ihrem Vorschaltwiderstand W hintereinander. Die Glühlampen im Stromkreis 2 sind parallel. Alle drei Stromkreise aber Bogenlampenkreis 1, Glühlampenkreis 2 und Motorenkreis 3 sind untereinander wieder parallel, weil sie alle drei an dieselben Schienen A B angeschlossen sind.

Wir wollen nun noch die Begriffe von Arbeit und Leistung betrachten. Es ist Arbeit = Kraft × Weg.

Gewöhnlich bezieht man die Arbeit auf eine Sekunde und nennt sie dann Leistung. Im Maschinenbau werden die Leistungen der Kraftmaschinen immer in Pferdestärken ausgedrückt (abgekürzt PS; das vielfach auch von deutschen Firmen gebrauchte HP oder HP ist falsch, es bedeutet die englische Pferdestärke [Horse power], welche aber einen anderen Wert hat als das PS). Man versteht unter einer Pferdestärke die Arbeit von 75 Kilogramm-Metern in 1 Sekunde und zwar ist dann eine Pferdestärke geleistet, wenn eine Last in 1 Sekunde um soviel Meter gehoben wird, daß Last × Meter = 75 ergibt, z. B. können demnach 1 kg um 75 m gehoben werden oder auch 75 kg nur um 1 m, beides ist dieselbe Arbeitsleistung. Nun läßt sich die Arbeit durch Reibung in Wärme umsetzen und zwar hat man durch einen Versuch nach Fig. 9 beobachtet, wie viel Wärme man für eine bestimmte mechanische Arbeit erhält. Es ist in Fig. 9 ein Kolben drehbar in einem Rohr R angeordnet. Das Rohr steht in einem Gefäß mit Wasser, in welches ein Thermometer hineingehängt ist. Läßt man nun die Schale mit den

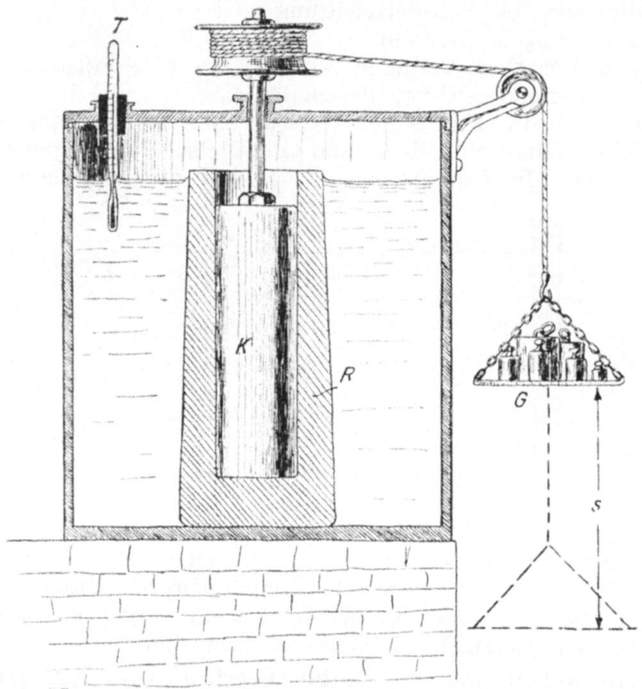

Fig. 9.  Umwandeln von Arbeit in Wärme.

aufgesetzten Gewichten G abwärts sinken und beobachtet man, um wieviel Meter sie sich nach unten bewegt hat, so ist G . s die geleistete Arbeit, wenn s die Meter sind und G die Gewichte in kg.

Durch wiederholte und sorgfältige Versuche fand man auf diese Weise, daß ein Gewicht = 424 kg um 1 m sinken muß, wenn 1 Liter Wasser durch die Reibung des Kolbens K in dem Rohr R um 1⁰ erwärmt werden soll. Die Wärmemenge, welche 1 l Wasser um 1⁰ erwärmt, nennt man eine Kilogramm-Kalorie.

Wie wir schon wissen, kann man auch den **elektrischen Strom in Wärme** umsetzen. Man verfährt hier nur so, daß man eine Drahtspirale w, Fig. 10 in ein Gefäß mit Wasser hängt, den Strom I mit einem Ampermeter mißt und die Spannung e, welche in der Spirale verbraucht wird, mit dem Voltmeter bestimmt. Es wurde auch hier durch eine Reihe von Versuchen gefunden, daß zur Erwärmung von 1 l Wasser um $1^0$, also zur Erzeugung von 1 Kilogramm-Kalorie, so viel Volt und Ampere nötig sind, daß deren Produkt mit der Zeit also Volt $\times$ Amper $\times$ Sekunden die Zahl 4166 ergibt. Das Produkt aus Stromstärke und Spannung heißt **Watt**.

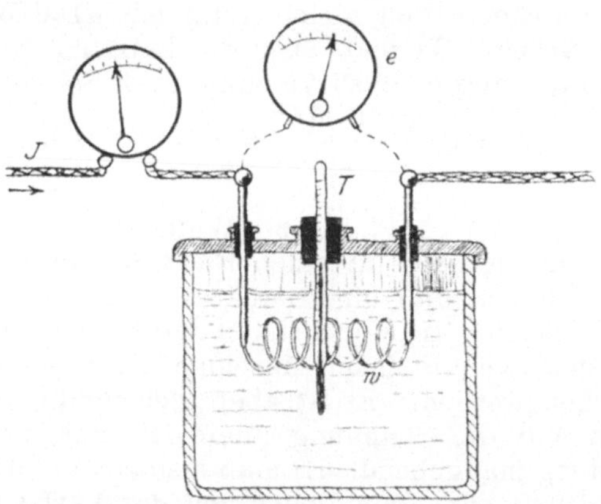

Fig. 10. Messung der Wärmemenge des elektrischen Stromes.

Die in einer bestimmten Zeit entwickelte Wärme ist nur von den Watt abhängig, das heißt, man kann dasselbe erreichen mit hoher Spannung und wenig Strom oder umgekehrt mit wenig Spannung und starkem Strom. Es ist also für die verbrauchte Arbeit immer das Produkt aus Strom $\times$ Spannung $\times$ Zeit maßgebend und der Verbrauch von elektrischen Apparaten, Lampen u. dergl. wird stets in Watt angegeben. Hundert Watt nennt man **Hektowatt** und tausend Watt heißen **Kilowatt**. Die Elektrizitätswerke verkaufen ihre Arbeit gewöhnlich nach Kilowattstunden. Kostet z. B. die Kilowattstunde für elektrisches Licht 40 Pfennige, so würde man, wenn der Elektrizitätszähler nach einem Monat einen Verbrauch von 15 Kilowattstunden oder 15 000 Wattstunden anzeigt $15 \times 0,4 = 6,00$ Mk. zu zahlen haben. Die neuen elektrischen Glühlampen, die Metallfadenlampen (Osram, Wotan usw.) verbrauchen für 1 Kerzenstärke Helligkeit etwa 1 Watt. Hiernach kann man ausrechnen wie teuer eine Lampe brennt. Die gewöhnlich verwendeten Lampen haben 25 Kerzen Lichtstärke. Eine solche Lampe gebraucht also 25 Watt in einer Stunde und bei einem Strompreis von 40 Pfg. für 1 Kilowattstunde oder 1000 Watt eine Stunde lang würde die Lampe kosten: $\dfrac{40 \cdot 25}{1000} = 1$ Pfg. Das ist ungefähr halb so teuer, als eine gleich helle Petroleumlampe und es verdient deshalb heute das elektrische Licht die weiteste Verbreitung.

Nach der vorhin gegebenen Erklärung erzeugen nun 424 Kilogramm-Meter eine Wärmemenge von 1 Kilogramm-Kalorie und 4166 Wattsekunden ebenfalls. Es sind deshalb 424 Kilogramm-Meter mechanischer Arbeit gleichwertig mit 4166 Wattsekunden elektrischer Arbeit. Da man aber die Leistung von Maschinen in Pferdestärken angibt, also 75 mkg in 1 Sekunde so ist 1 PS gleichwertig mit $\dfrac{4166 \cdot 75}{424} = 736$ Wattsekunden pro Sekunde oder

$$1 \text{ PS} = 736 \text{ Watt.}$$

Leitet man hiernach in einen Elektromotor so viel Amper bei so viel Volt ein, daß ihr Produkt 736 ergibt, so müßte der Motor 1 PS leisten. In Wirklichkeit wird er allerdings etwas weniger leisten, weil in jeder Maschine Verluste auftreten, wie wir noch sehen werden. Es ist aber gleichgültig, wie hoch der Strom allein und die Spannung allein ist, nur ihr Produkt ist für die Leistung maßgebend. Es muß also ein Motor für 110 Volt und 1 PS Leistung etwa (abgesehen von den Verlusten), erhalten $\dfrac{\text{Watt}}{\text{Spannung}} = \text{Strom} = \dfrac{736}{110} = 6{,}68$ Amper läuft, dagegen ein Motor für 1 PS an 500 Volt, so erhält er $\dfrac{736}{500} = 1{,}47$ Amper.

Je höher also die Spannung ist, um so niedriger wird der Strom. Es sind demnach die Watt gleichbedeutend mit der elektrischen Arbeit in der Sekunde, und es bedeutet Watt das Produkt aus Volt $\times$ Amper, aber dies gilt nur für Gleichstrom. Um einsehen zu können, warum es für Wechselstrom nicht gilt, muß zunächst das Gebiet des Magnetismus kurz berührt werden.

Der Name **Magnetismus** rührt von der alten Stadt Magnesia in Kleinasien her, in deren Nähe Eisenerze gefunden wurden, welche magnetisch waren. Bestreicht man mit einem solchen natürlichen Magnet ein gehärtetes Stück Stahl, so wird dasselbe ebenfalls zu einem Magnet. Hängt man einen solchen Magnet nach Fig. 11 an einen Faden auf, so stellt er sich, wie bekannt ist, in die Richtung von Norden nach Süden

ein, weil unsere Erde ebenfalls ein großer Magnet ist. Man benutzt diese Eigenschaft des Magnets ja beim Kompaß. Nähert man dem nach Norden zeigenden ·Ende eines frei nach Fig. 11 aufgehängten Magnets einen zweiten Ma-
gnet mit dem-
jenigen Ende, mit welchem dieser ebenfalls bei freier Aufhängung nach Nor-
den zeigen wür-
de, so beobachtet man, daß der drehbare Magnet sich von dem anderen abwendet. Die Enden eines

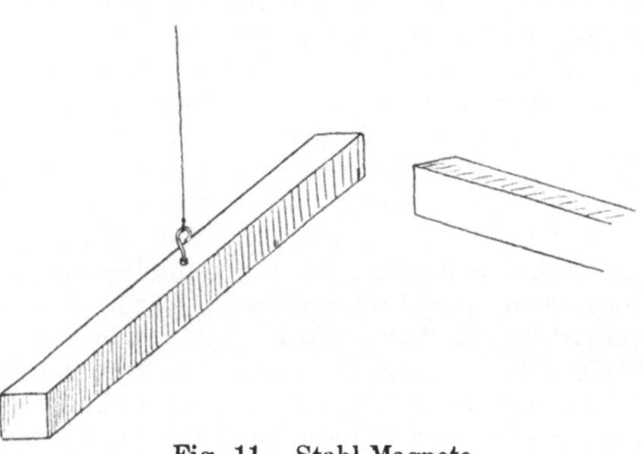

Fig. 11. Stahl-Magnete.

Magnets heißen Pole und es stoßen sich gleiche Pole stets gegenseitig ab, während entgegengesetzte Pole sich anziehen.

Bricht man einen Magnet durch, so erhält man stets ohne weiteres zwei vollständige neue Magnete, jeder derselben mit einem Nordpol und einem Südpol. Man kann diese Teilung beliebig weit fortsetzen, stets erhält man vollständige Magnete, sogar ein abgefeilter Span würde immer noch zwei Pole erkennen lassen. Aus dieser beliebig weit fortsetz-
baren Teilung kann man schließen, daß das Eisen von Natur aus aus sehr kleinen Magneten zusammengesetzt ist. Jeder Körper besteht aus solch kleinen Teilen, die man Moleküle nennt und beim Eisen sind diese Moleküle immer magnetisch. Im gewöhnlichen

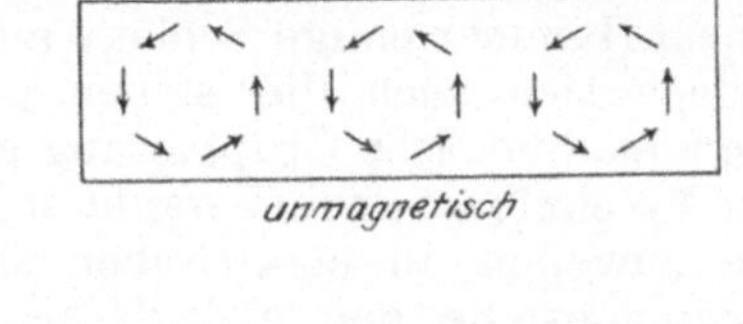


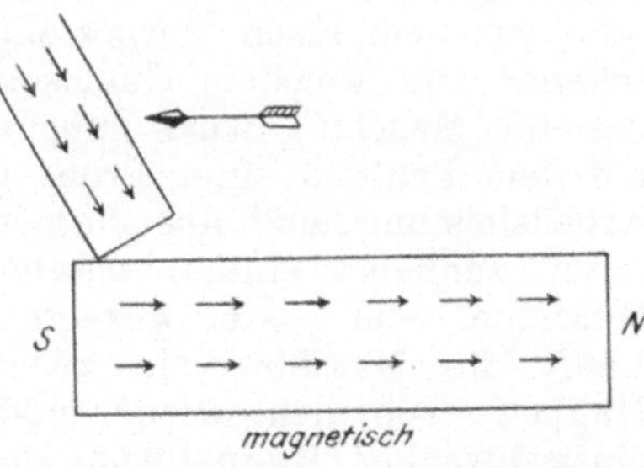


Fig. 12. Lagerung der Moleküle.

unmagnetischen Eisen bemerkt man nur deshalb nichts von dem Magnetismus der Moleküle, weil diese sich gegenseitig so beeinflussen, daß sich ihre entgegengesetzten Pole anziehen und

sie sich deshalb genau so, wie freie einzelne Magnetnadeln tun würden, zu geschlossenen Gruppen geordnet haben, etwa wie in Fig. 12 angedeutet ist. Fährt man mit einem Magnet über das Eisen hinweg, so werden die Moleküle dadurch alle in die gleiche Richtung gedreht und das Eisen ist magnetisiert.

In hartem Stahl sind die Moleküle schwer beweglich; man muß daher viele Male die Bestreichung mit dem Magnet vornehmen, ehe alle Moleküle gerichtet sind, nachher bleiben sie aber auch in dieser Zwangsstellung stehen; es bleibt also harter Stahl, der einmal magnetisiert wurde, dauernd magnetisch. In weichem Eisen sind die Moleküle sehr leicht beweglich, besonders in ausgeglühtem Schmiedeeisen, deshalb wird solches Eisen sehr leicht magnetisch; wenn aber die magnetisierende Einwirkung aufhört, dann stellen sich die Moleküle zum allergrößten Teil wieder in die unmagnetische Lage ein; ein kleiner Teil allerdings bleibt infolge der Reibung, die die Moleküle bei ihrer Drehung aneinander erleiden, in der magnetischen Stellung zurück. Dieser Umstand ist außerordentlich wichtig für die Selbsterregung der elektrischen Maschinen und ist die Grundlage für das schon im Anfang erwähnte durch Werner von Siemens entdeckte dynamoelektrische Prinzip. Will man den geringen noch nach der Magnetisierung zurückbleibenden Magnetismus aus dem Eisen wieder herausbringen, so genügt es, mit einem Hammer einige Schläge auf das Eisen auszuüben, dadurch ordnen sich auch die stehen gebliebenen Moleküle wieder in die unmagnetische Gruppierung ein. Dieses leichte Zurückdrehen der Moleküle ist auch Veranlassung zu der folgenden Erscheinung, die zuweilen an elektrischen Maschinen beobachtet wird: Die Magnetgestelle der elektrischen Maschinen sind ebenfalls aus sehr weichem Eisen hergestellt und zwar meist aus Stahlguß, seltener aus weichem Gußeisen. Jede in einer Fabrik fertiggestellte Maschine wird nun, wenn sie nicht gar zu groß ist, auf dem Prüffeld einer Probe unterzogen und vor ihrer ersten Arbeitsleistung muß das Magnetgestell von Gleichstrom-Generatoren zunächst einmal magnetisiert werden, weil sonst die Maschine, wie später gezeigt wird, sich nicht erregen kann. Läuft die Maschine ein zweites Mal, so ist das vorherige Magnetisieren nicht wieder nötig, weil vom ersten Mal her noch ein schwacher Magnetismus im Eisen vorhanden ist. Wenn nun die Maschine durch die Eisenbahn an ihren Bestimmungsort gebracht ist und dort zum ersten Mal laufen soll, tritt sehr häufig der Fall ein, daß sie sich nicht erregt; sie hat dann den von der Fabrikprobe her zurückgebliebenen schwachen Magnetismus infolge der Erschütterungen auf der

Bahn verloren und muß dann noch einmal künstlich magnetisiert werden.

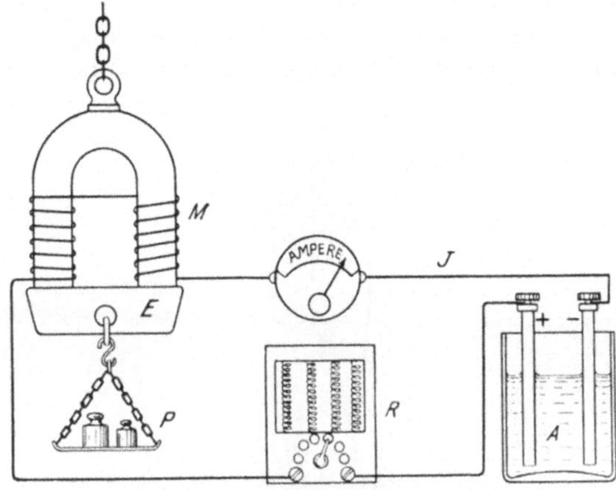

Fig. 13.  Elektromagnetismus.

Wir haben schon kennen gelernt, daß ein elektrischer Strom die Magnetnadel aus ihrer normalen Lage ablenkt.  Da nun

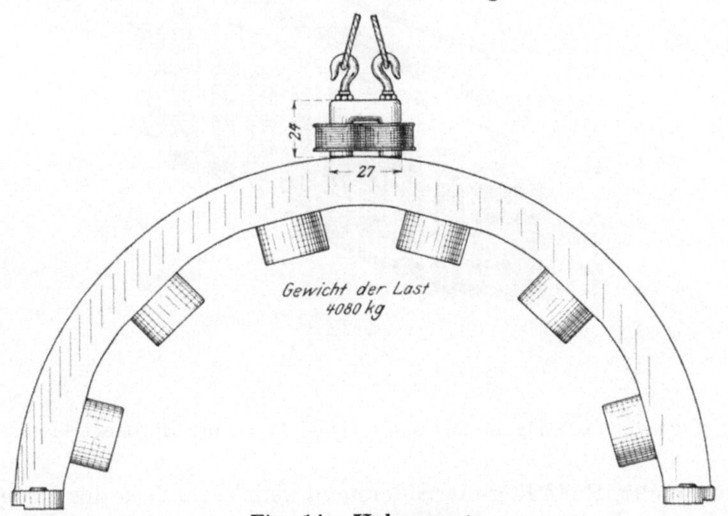


Fig. 14.  Hubmagnet.

das Eisen aus lauter kleinen magnetischen Molekülen zusammengesetzt ist, so kann man daraus den Schluß ziehen, daß ein

elektrischer Strom die Moleküle des Eisens ebenfalls richtet,
d. h. daß er das Eisen magnetisch macht. In der Tat
läßt sich dies durch den Versuch nach Fig. 13 erkennen. M ist
ein hufeisenförmig gebogenes Schmiedeisenstück, welches von
einem Draht in vielen Windungen umgeben ist. A ist eine

Fig. 15.   Hubmagnet mit beweglichen Polen für Hüttenwerke.

Stromquelle, R ein Regulierwiderstand zum Verändern der Stromstärke I. E ist der Anker des Magnets, ein weiches Eisenstück, an dem die Belastung P hängt. Schaltet man den Strom ein,
so hält der Magnet M den Anker E fest und trägt die Belastung P. Schaltet man den Strom aus, so fällt der Anker

E ab, weil dann die richtende Kraft des Stromes auf die Moleküle nicht mehr vorhanden ist und diese sich unter ihrem gegenseitigen Einfluß sogleich wieder in die unmagnetische Lage zurückdrehen. Hartes Eisen kann auf diese Art natürlich schwerer magnetisiert werden, als weiches und am besten eignet sich zu diesem Elektromagneten Schmiedeisen und Stahlguß, denn in diesen Eisensorten sind die Moleküle leicht beweglich und stellen sich daher sofort in die magnetische Lage ein, sobald man den magnetisierenden Strom einschaltet. Harter Stahl wird bei dem Versuch nach Fig. 13 fast gar nicht magnetisch, er eignet sich nicht für Elektromagnete. Ein Elektromagnet wirkt bedeutend stärker, als ein Stahlmagnet. Man wendet solche Elektromagnete häufig in Hüttenwerken und Eisengießereien zum Heben von Eisenteilen an, wobei das zeitraubende Einhängen der Last mit Seilen oder Ketten in den Kranhaken erspart wird, weil der Magnet nur auf das Eisen herabgelassen wird, dann schaltet man ihn ein und er hebt die Last hoch. Ist sie durch den Kran an die gewünschte Stelle befördert und dort mit dem Magnet niedergelassen, so wird dem letzteren nur der Strom ausgeschaltet und er geht leer wieder hoch.

Damit der Leser eine bessere Vorstellung von der gewaltigen Tragkraft eines solchen Hubmagnets bekommt, ist in Fig. 14 eine Skizze mit eingeschriebenen Maßen in Zentimetern für einen solchen Magnet gegeben, welcher die obere Hälfte eines Maschinenmagnetgestelles trägt. Das Gewicht der Last beträgt 4080 Kilogramm, der Magnet kann aber 5000 kg tragen.

Weiter ist in Fig. 15 ein solcher Hubmagnet dargestellt, wie er in Eisenhüttenwerken zum Verladen der Eisenbarren oder Masseln benutzt wird, mit beweglichen Polen ausgerüstet, damit seine Tragkraft bei der unregelmäßigen Form der Last besser ausgenutzt werden kann. Durch derartige Magnete kann gerade in Hüttenwerken viel Zeit und Arbeitslohn erspart werden und deshalb sind sie wieder in anderen Formen zum Heben von Blechpaketen, Trägern und Schienen ebenfalls in Anwendung.

Es war schon erwähnt, daß zwei Magnete sich mit ungleichen Polen anziehen. Würde man nun einen sehr langen Stahlmagnet nach Fig. 16 herstellen und in die Nähe seiner Pole Eisenfeilspäne streuen, so würden sich diese strahlenförmig in geraden Linien anordnen wie die Figur zeigt. Die Richtung dieser Linien gibt die Richtung der von dem Pole ausgehenden Kräfte an; man nennt sie daher Kraftlinien und kann sie, wie schon bemerkt, mit Eisenfeilspänen sichtbar machen.

Eine kleine Magnetnadel würde sich ebenfalls so einstellen, daß sie mit der durch sie hindurchgehenden Kraftlinie in einer Richtung steht.  In Fig. 16 ist bei dem Nordpol N des Stabmagnets die Stellung einer kleinen Magnetnadel n s in verschiedenen Lagen angegeben.  In Wirklichkeit sind nun die Magnete niemals so lang, daß ihre Pole sehr weit auseinander-

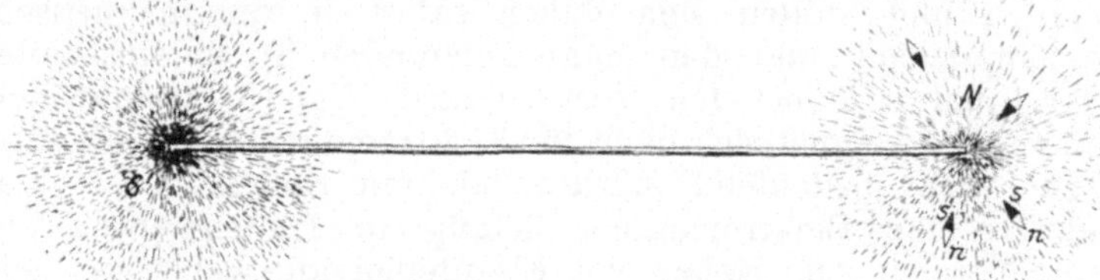

Fig. 16.  Kraftlinien eines langen Stabmagneten.

liegen, daher sind auch die Kraftlinien nicht gerade Linien, sondern mehr oder weniger gekrümmt und von der Form des Magnets abhängig.  In Fig. 17 ist das Kraftlinienbild oder Kraftlinienfeld eines gewöhnlichen geraden Stabmagnets dargestellt, welches man am besten dadurch sichtbar macht, daß man den Magnet unter ein Papier legt und auf dieses Eisenfeilspäne streut.  Die Kraftlinien verlaufen immer von einem

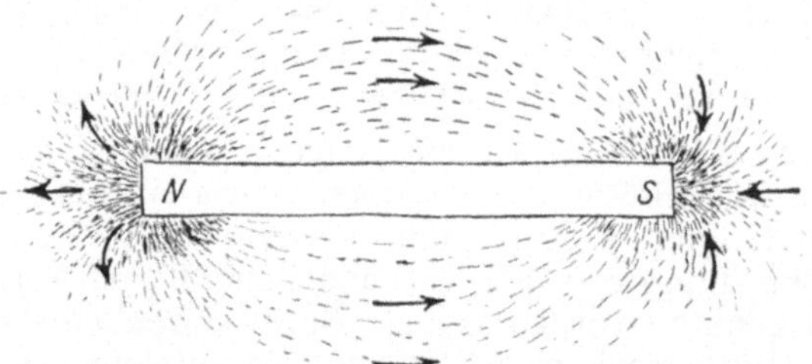


Fig. 17.  Kraftlinien eines gewöhnlichen Stabmagneten.

Pol zum andern und als Richtung derselben bezeichnet man diejenige vom Nord- zum Südpol, wie auch die Pfeile in Fig. 17 andeuten.  Eine Magnetnadel, welche in das Kraftlinienfeld hineingebracht wird, stellt sich mit ihrem Nordpol stets in die Richtung dieser Pfeile ein.

Wie aus Fig. 18 hervorgeht, suchen die Kraftlinien, obgleich sie sonst möglichst auf kurzen Wegen von Pol zu Pol verlaufen, doch lieber Eisen zu durchdringen als Luft, so daß sie sich mehr oder weniger nach einem Eisenstück E hinziehen und durch dieses das gleichförmige Feld gestört wird. In Fig. 19

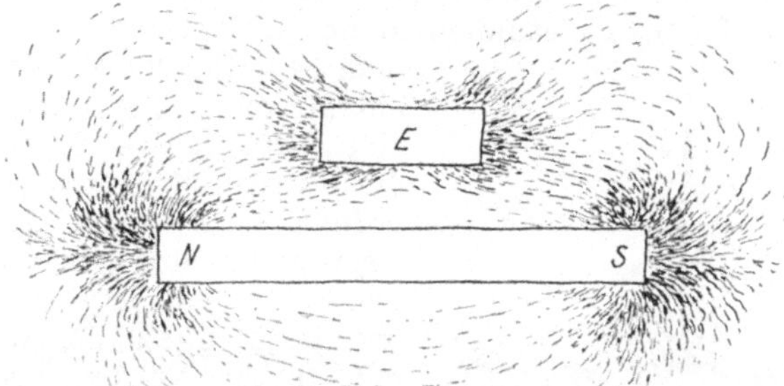

Fig. 18. Einfluß von Eisen auf ein Kraftlinienfeld.

ist das Kraftlinienbild eines Magnets in Hufeisenform gezeichnet, zwischen dessen Pole ein Eisenring gelegt ist. Die Kraftlinien

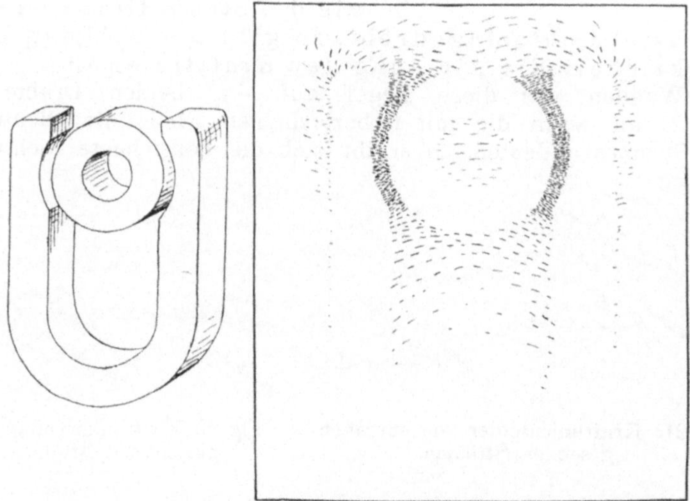

Fig. 19. Kraftlinien eines Hufeisenmagneten mit Ring.

verlaufen hier zum größten Teil durch den Ring von Pol zu Pol, so daß in den beiden Luftspalten vor den Polen die dichteste Ansammlung von Linien vorhanden ist.

Aus dem Einfluß, den der elektrische Strom auf die Magnetnadel ausübt, kann man den Schluß ziehen, daß um jeden stromdurchflossenen Draht ein magnetisches Feld vorhanden sein muß. Dieses Kraftlinienfeld des elektrischen Stromes kann man nach Fig. 20 sichtbar machen, indem man einen Draht durch eine Pappscheibe führt und auf diese Eisenfeilspäne streut. Diese ordnen sich nach Fig. 20 in Kreisen um den Draht herum an und eine auf die Scheibe gebrachte Magnetnadel würde sich mit ihrem Nordpol nach dem Pfeil 2 einstellen, wenn der Strom die Richtung des Pfeiles 1 hat. Hieraus kann man folgende, leicht zu behaltende Regel für die Richtung der Kraftlinien des Stromes ableiten: Denkt man sich in den Draht in der Richtung wie der Strom fließt, einen Korkzieher hineingedreht, so gibt die Drehung des Korkziehers die Richtung der Kraftlinien an.

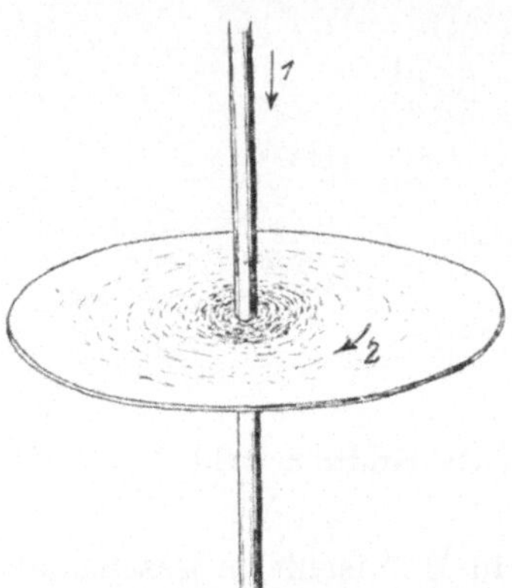

Fig. 20.  Kraftlinien des elektrischen Stromes.

Wenden wir diese Regel auf die beiden Drähte in Fig. 21 an, wenn die mit 1 bezeichneten Pfeile die Richtung des Stromes andeuten, so ergibt sich die bezeichnete Richtung

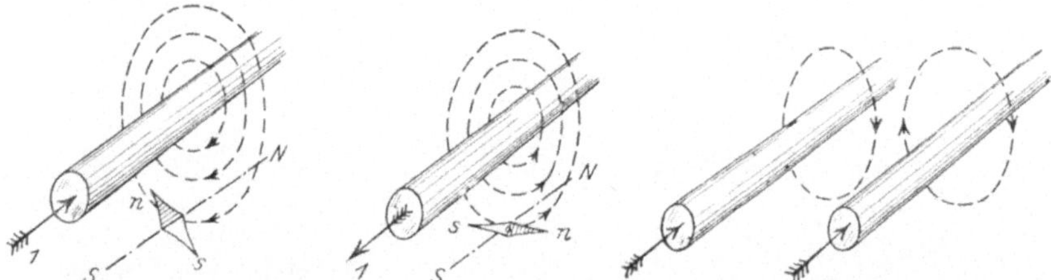

Fig. 21.  Kraftlinienfelder von entgegengesetzten Strömen.

Fig. 22.  Kraftlinien von gleichgerichteten Strömen.

der Kraftlinien. Eine Magnetnadel, welche im unbeeinflußten Zustand die Nord-Süd-Richtung N—S hat, würde durch die Kraftlinien des Stromes in der Richtung der Pfeile abgelenkt werden. Liegen nun zwei Drähte nebeneinander, in denen der Strom gleiche Richtung hat, wie Fig. 22 zeigt, so laufen zwischen beiden Drähten die Kraftlinien in entgegengesetzten Richtungen, sie

werden sich dort also aufheben. Es entsteht in Wirklichkeit
ein Kraftlinienfeld um beide Drähte herum, wie es Fig. 23 zeigt,
wobei zwischen den Drähten
keine Kraftlinien verlaufen Nebeneinander liegende Drähte mit
gleichgerichteten Strömen erhält man auch bei einer Drahtspule nach Fig. 24 und zwar
hat der Strom in den Drähten,
die oben nebeneinander liegen,
gleiche Richtung und in denen,
die unten nebeneinander liegen,
ebenfalls, in beiden gegenüber
liegenden Drahtgruppen fließt
er aber entgegengesetzt. Man
kann sich das Entstehen des
Feldes in Fig. 24 vorstellen
nach Fig. 25, und durch Vergleich des Feldes der Spule in
Fig. 24 mit demjenigen des
Magneten in Fig. 17 erkennt

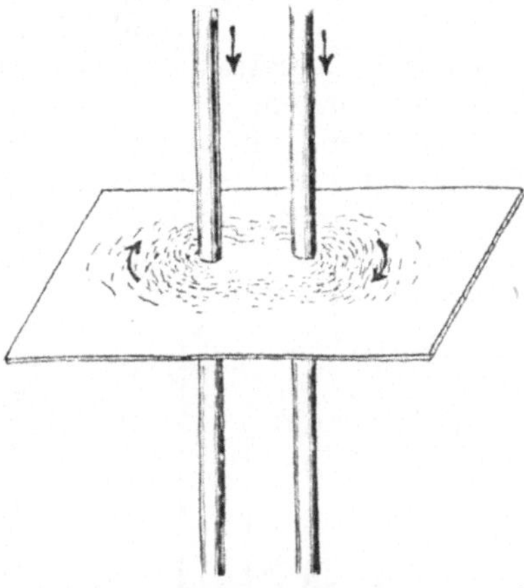

Fig. 23. Kraftlinienfeld von gleich
gerichteten Strömen.

man, daß beide Felder genau gleich sind. Es muß also solch
eine Spule ebenso wirken, wie ein Stabmagnet und das tut sie

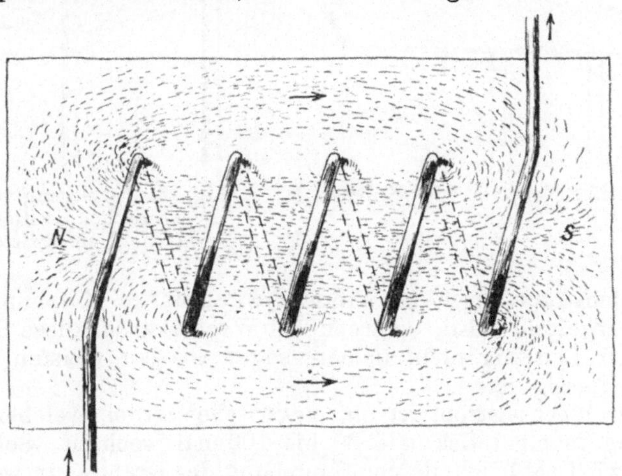


Fig. 24. Feld einer Spule.

auch. Hängt man sie z. B. leicht beweglich auf, so stellt sie
sich unter dem Einfluß des Erdmagnetismus von Norden nach

Süden ein, sie hat also an einem Ende einen Nordpol, am anderen einen Südpol, wie auch durch die Buchstaben NS in Fig. 24 angedeutet ist. Legt man nun noch ein Stück weiches Eisen in das Innere der Spule hinein, so wird der Magnetismus wesentlich verstärkt und man erhält den schon besprochenen Elektromagneten.

Nachdem wir nun eine Vorstellung über das Wesen des Magnetismus und seine enge Beziehung zum elektrischen Strom gewonnen haben, können wir wieder zum Begriff der elektrischen Leistung zurückkehren. Wir haben gesehen, daß elektrische Arbeit in der Sekunde, oder elektrische Leistung

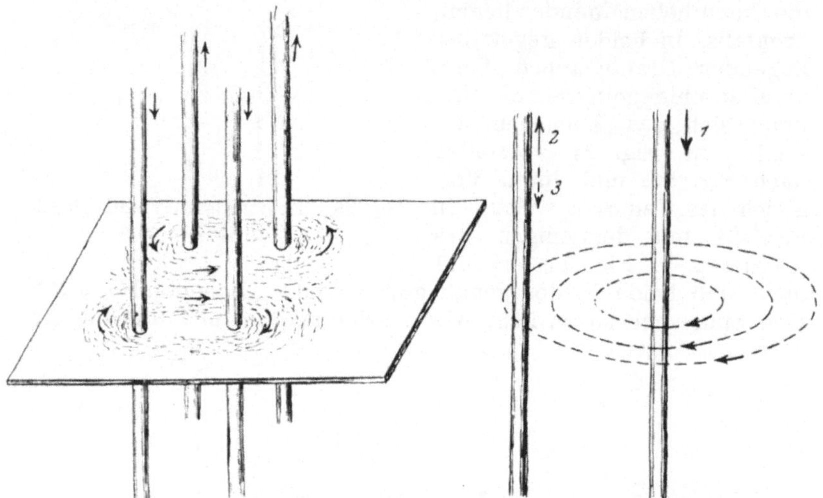

Fig. 25.  Feld von vier Strömen.

Fig. 26.  Erzeugung von elektromotorischen Kräften durch das Feld eines Stromes.

bei Gleichstrom durch das Produkt Stromstärke $\times$ Spannung $=$ Watt dargestellt wird, während bei Wechselstrom diese Berechnung der Leistung nicht immer, sogar in den meisten Fällen nicht, zulässig ist.

Ein Wechselstrom ist ein elektrischer Strom, welcher seine Richtung in einer Sekunde 80 bis 100 mal wechselt. Solch ein Strom wird natürlich in der Umgebung des Drahtes, in welchem er fließt, ein Magnetfeld erzeugen, dessen Richtung ebenfalls 80 bis 100 mal in der Sekunde wechselt. Im nächsten Abschnitt wird gezeigt, daß in solchen Drähten oder Leitern, welche sich in einem Magnetfelde befinden, dessen Stärke sich ändert,

**elektromotorische Kräfte** erzeugt werden.   Wenn das Feld zunimmt, so entsteht in solchen Drähten eine elektromotorische Kraft von entgegengesetzter Richtung als diejenige, welche den das Feld erzeugenden Strom hervorruft; nimmt das Feld ab, so wird die umgekehrte Wirkung hervorgerufen. Das eben Gesagte wird durch die Fig. 26 besser verständlich.  Es soll in dem Draht 1 ein Strom von der Pfeilrichtung fließen. In demselben Maße wie der Strom in diesem Draht zunimmt, nimmt auch sein Magnetfeld zu, indem die Kraftlinien sich zu immer größeren Kreisen erweitern und dabei durch den zweiten Draht hindurchdringen. Solange nun das Magnetfeld des Drahtes 1 sich in der beschriebenen Weise erweitert, entsteht in dem zweiten Draht eine elektromotorische Kraft von der Richtung 2, also entgegengesetzt wie 1.   Würde man Anfang und Ende des zweiten Drahtes leitend miteinander verbinden, so erhielte man, da dann ein geschlossener Kreis vorhanden wäre, einen Strom in ihm von der Richtung 2.   Wenn der Strom 1 nicht mehr zunimmt, sondern mit gleichbleibender Stärke durch den Draht fließt, so ändert sich das Feld nicht und es bleibt der zweite Draht vollkommen unbeeinflußt, er ist stromlos. Sobald der Strom 1 aber abnimmt, würde sich sein Magnetfeld wieder zurückziehen, und solange diese Änderung des Feldes andauert, wird in dem zweiten Draht wieder eine elektromotorische Kraft erzeugt, die aber jetzt, weil das Feld abnimmt mit der Richtung von 1 gleich ist und diejenige des Pfeiles 3 hat.

Übertragen wir den vorstehenden Vorgang auf eine Spule von der Art der Fig. 24. Leitet man durch diese Spule einen Strom, so entsteht um jeden einzelnen Draht herum ein Feld, welches sich ebenso, wie der Strom zunimmt, erweitert und dabei die nebenanliegenden Drähte durchdringt.  Da bei dieser Durchdringung in den betreffenden Drähten entgegengesetzte elektromotorische Kräfte entstehen müssen, als diejenige, die den Strom erzeugt, so wird dieser dadurch geschwächt.   Erst dann kann bei einer solchen Spule der Strom den vollen Wert erreichen, wenn das Feld sich nicht mehr ändert und da das Feld zu seiner Entstehung Zeit gebraucht, kann der Strom in einer solchen Spule nur allmählich, allerdings immer innerhalb ganz weniger (manchmal weniger als einer) Sekunden seinen normalen Wert annehmen. Besonders auffallend ist dies allmähliche Anwachsen des Stromes bei Magnetgestellen von großen Maschinen. Solche Magnete besitzen sehr viele Drähte und einen starken Magnetismus. Schaltet man den Strom mit dem Schalter plötzlich voll ein, so kann man an einem eingeschalteten Ampermeter deutlich erkennen, daß er erst allmählich seinen vollen

Wert erreicht. Denkt man sich nun eine Spule von einem Wechselstrom durchflossen, dessen elektromotorische Kraft 80 oder 100 mal in einer Sekunde ihre Richtung ändert, so kann sich der Strom gar nicht voll entwickeln, wenn er mehr als $1/80$ oder $1/100$ Sekunde zu seinem Entstehen gebraucht. Es folgt hieraus, daß das Gesetz von Ohm:

$$\text{Stromstärke} = \frac{\text{Spannung}}{\text{Widerstand}}$$

für Wechselstromkreise nicht gültig ist, sobald dieselben Spulen mit Eisenkernen, also Elektromagnete besitzen. Diese Spulen verhalten sich genau so, als ob sie dem Strom einen größeren Widerstand entgegensetzten; man sagt daher, die Spule besitzt für den Wechselstrom einen scheinbaren Widerstand und für Wechselströme lautet das Ohmsche Gesetz nunmehr:

$$\text{Stromstärke} = \frac{\text{Spannung}}{\text{scheinbaren Widerstand.}}$$

Dieser scheinbare Widerstand ändert für ein und dieselbe Spule aber seinen Wert. Es ist aus dem vorhin Gesagten klar, daß der Strom sich um so weniger entwickeln kann, je schneller die elektromotorische Kraft ihre Richtung wechselt. Je größer also die Wechselzahl des Wechselstromes in der Sekunde ist, um so größer ist auch der scheinbare Widerstand, und eine Spule, die in einem Gleichstromkreis einen so starken Strom erhält, daß sie verbrennen würde, kann in einen Wechselstromkreis unter Umständen ohne weiteres eingeschaltet werden.

Auf diesem hohen scheinbaren Widerstand einer Spule beruht auch die Wirkung der zum Schutze von elektrischen Maschinen und Apparaten gegen Blitzschläge benutzten Induktionsspulen. In Figur 27 ist die Einführung einer Freileitung in ein Gebäude gezeichnet, in welchem die aufgestellten Apparate vor Blitzschlägen geschützt werden sollen. Man schaltet dann in die Leitung eine Drosselspule oder Induktionsspule nach Figur 243 ein oder man kann auch die Leitung selbst zu einer solchen Spirale von etwa 10 bis 15 Windungen und 10 cm Windungsdurchmesser aufwickeln. Obgleich diese Spule ganz wenige Windungen besitzt und nicht einmal Eisen enthält, bietet sie einer Blitzentladung einen sehr hohen scheinbaren Widerstand, weil ein Blitz ein Wechselstrom ist, der, obgleich nur Bruchteile von einer Sekunde dauernd, doch seine Richtung mehrere tausendmal wechselt und wegen dieser hohen Wechselzahl einen so hohen scheinbaren Widerstand in der Drosselspule findet, daß für ihn der Weg über die Luftstrecke zwischen den Drahthörnern, der an der engsten

Stelle 5 bis 10 mm beträgt und durch den großen Wasser-widerstand hinweg in die Erde weniger schwierig ist.

Schaltet man einen in der Spule der Fig. 24 fließenden Gleichstrom aus, so verschwindet das Kraftlinienfeld, wobei es sich in umgekehrter Richtung als wie beim Entstehen wieder in die Drähte zurückzieht. Es entsteht deshalb jetzt in den Windungen der Spule abermals eine Extraspannung oder Selbst-induktion, welche aber gleiche Richtung hat, wie die den Strom erzeugende und deshalb den Strom noch kurze Zeit nach dem Verschwinden seiner Spannung aufrecht erhält. Mitunter ist diese Extraspannung beim Ausschalten so stark, daß sie den Strom befähigt, an der Unter-brechungsstelle in Form einer Flam-me durch die Luft überzugehen. Diese Flamme ist der von Davy entdeckte Lichtbogen, der in diesem Fall Öffnungsfunke oder besser Öff-nungsflamme genannt wird. Diese Öffnungsflamme wird um so stärker, je schneller das Kraftlinienfeld der Spule verschwindet, je schneller also ausgeschaltet wird, je stärker das Feld ist und je mehr Windungen die Spule hat. Es kann sogar der Fall eintreten, daß die Extraspannung beim Ausschalten höher wird, als die normal auf die Spule wirkende Spannung. Dieser Fall wurde früher häufig an Motoren für Gleichstrom beobachtet, die für höhere Spannungen

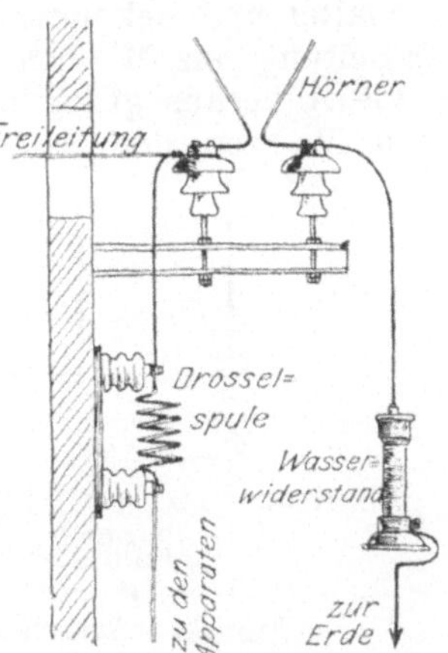


Fig. 27.  Blitz-Schutz.

gewickelt waren. Bei den ersten Motoren wendete man 110 höchstens 220 Volt an. Als man aber anfing, Straßenbahnen zu bauen, wurden häufig auch Motoren neben der Strecke an die Straßenbahnleitung angeschlossen und diese Motore, die mit 500 Volt liefen, hatten viel mehr Windungen auf ihren Magnet-spulen. Da man damals noch nicht die Schutzvorrichtungen an Anlassern so durchgebildet hatte, wie heute, kam es vor, daß die Magnetspulen immer nach einigen Wochen oder Monaten umgetauscht werden mußten, weil ihre Isolierung durchschlagen war. Dieses Durchschlagen der Isolierung rührte von der hohen Extraspannung beim Ausschalten der Magnetwickelung her, die bei der großen Windungszahl viel höher wurde als die normale Spannung von 500 Volt. Der wiederholten Wirkung dieser hohen Spannung konnte die Isolation auf die Dauer nicht standhalten. Heute hat man dagegen Schutzeinrichtungen am Anlasser, die in Fig 183 genauer beschrieben sind.

Durch besondere S c h a l t e r kann man aber auch die schädliche Wirkung einer hohen Extraspannung beim Ausschalten vermeiden. In Fig. 28 bedeutet S die Spule, welche hohe Selbstinduktion hat. Man benutzt zum Ausschalten einen Schalter, der hinter dem Hauptschaltmesser M ein kleines Hilfsschaltmesser m besitzt. Während des Ausschaltens wird das Hilfsmesser schon in den Hilfskontakt a gedrückt, ehe das Hauptmesser M den Hauptkontakt A verlassen hat, dadurch wird ein hoher Widerstand W parallel zu der Spule S an die Leitung geschaltet und bekommt für den kurzen Augenblick Strom aus der Leitung, als M noch nicht aus A heraus bewegt ist. Sobald M aus A heraus gezogen ist, sind die Spule S und der Widerstand W von der Zuleitung abgetrennt, aber die Spule ist

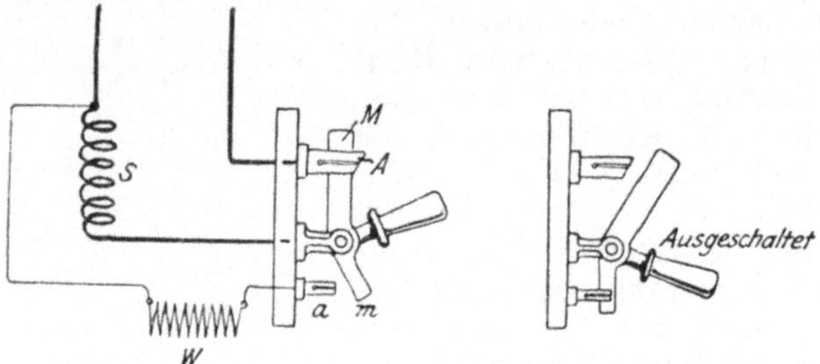


Fig. 28.  Ausschalten von induktiven Stromkreisen.

immer noch mit dem Widerstand verbunden und es kann die durch das Verschwinden des Feldes beim Ausschalten von M entstandene Extraspannung sich mit einem Strom durch W hindurch ausgleichen ohne daß die Isolierung durchschlagen werden muß.

Beim Betriebe einer solchen Spule mit Wechselstrom kann erstens der Strom überhaupt nicht den Wert erreichen wie bei Gleichstrom, weil die Zeit zwischen zwei Wechseln zu kurz ist, wie wir schon gesehen haben und welche Erscheinung mit scheinbarem Widerstand bezeichnet wurde und zweitens entsteht der Strom später als die ihn erzeugende Spannung und hört später auf wie diese. Es tritt also eine Verschiebung des Stromes gegen die Spannung ein, die man als P h a s e n v e rs c h i e b u n g bezeichnet und es kann dabei sogar der Fall eintreten, daß der Strom seinen höchsten Wert, den er wegen des scheinbaren Widerstandes annehmen kann, immer erst dann erreicht, wenn die Spannung schon wieder Null geworden ist, also ihre Richtung umkehrt. Es handelt sich allerdings dabei um ganz geringe Zeitunterschiede wie man an folgendem erkennen kann: Bei 100 Wechseln in der Sekunde verstreicht zwischen dem Beginn der Spannung und ihrem Aufhören $^1/_{100}$ Sekunde. Der Stromstoß, der durch diese Spannung erzeugt wird, kann natürlich auch nur $^1/_{100}$ Sekunde dauern, aber er entsteht erst $^1/_{200}$ Sekunde später als die Spannung und hört erst $^1/_{200}$ Sekunde später auf als diese. Strom und Spannung haben also niemals zu gleicher Zeit ihren höchsten Wert, sondern wenn die Spannung nach $^1/_{200}$ Sekunde ihres Beginnes ihren höchsten Wert erreicht hat, beginnt der Strom erst und wenn dieser nach weiteren $^1/_{200}$ Sekunden seinen höchsten Wert erreicht hat, ist die Spannung schon Null und kehrt ihre Richtung um. Erst nach noch weiteren $^1/_{200}$ Sekunden geht auch der Strom durch Null und kehrt seine Richtung um. Die Phasenverschiebung hat in diesem Fall den größten Wert, den sie erreichen kann. Sie tritt aber auch gar nicht auf bei induktionslosen Widerständen, das sind solche, die keine Spulen und kein Eisen enthalten, also elektrische Glühlampen und auch manche Heizkörper, alle Bogenlampen aber und Motore rufen eine Phasenverschiebung zwischen Strom und Spannung hervor, die aber in Wirklichkeit niemals die halbe Zeitdauer eines Wechsels erreichen kann, weil jeder Stromverbrauchsapparat nicht nur induktiven oder scheinbaren Widerstand besitzt sondern auch Ohm'schen Widerstand, und letzterer ruft keine Phasenverschiebung hervor.

Die Phasenverschiebung ist nun auch die Ursache dafür, daß man bei Wechselstrom die Watt nicht immer durch Multiplizieren von Strom und Spannung berechnen kann, wie ja schon früher behauptet wurde. Man kann nur diejenigen Werte von Strom und Spannung multiplizieren, welche zu derselben Zeit vorhanden sind. Bei der größten möglichen Phasenverschiebung ist nun aber der Strom gerade immer Null, wenn die Spannung ihren höchsten Wert hat und wenn der Strom den höchsten Wert hat, ist wieder die Spannung Null. Die Produkte dieser gleichzeitig auftretenden Spannungs- und Stromwerte sind also immer Null, weil immer ein Faktor Null ist. Zwischen diesen Werten sind allerdings Strom- und Spannungswerte vorhanden, die miteinander multipliziert nicht Null geben, aber da der Strom noch vom vorherigen Wert her abnimmt, während die Spannung schon den umgekehrten Wert angenommen hat, also der Strom noch positiv ist, während die Spannung schon negativ geworden ist, so ist das Produkt, also die Watt, auch negativ, denn es wird Arbeit verbraucht, um den immer noch umgekehrt gerichteten Strom zu unterdrücken und ihm dieselbe Richtung zu geben, wie sie die Spannung schon bot. Ist nun der Strom Null geworden, und nimmt er dann dieselbe Richtung an, wie die Spannung, also auch negativ, so wird das Produkt positiv, weil beide Faktoren Strom und Spannung in gleichem Sinne arbeiten. Ist die Spannung dann Null geworden und beginnt sie wieder positiv zu werden, so ist der Strom noch negativ, jetzt wird also wieder Arbeit verbraucht um dem Strom dieselbe Richtung zu erteilen wie sie die Spannung hat. Ist dann der Strom durch Null zu positiver Richtung übergegangen, dann ist er mit der Spannung, die dann allerdings schon wieder abnimmt, von gleicher Richtung und das Produkt, die geleistete Arbeit ist positiv. Es folgen sich also bei Phasenverschiebung geleistete und verbrauchte Arbeit und wenn, wie in dem betrachteten Fall, die Phasenverschiebung die halbe Zeitdauer eines Wechsels beträgt, so ist die Summe der Arbeit Null, weil immer genau so viel Arbeit verbraucht wird, wenn beide Faktoren entgegengesetzt gerichtet sind als wie geleistet wird, wenn beide gleiche Richtung haben. Die Meßinstrumente, Volt- und Ampermeter zeigen nun aber Durchschnittswerte für Strom und Spannung an, und wenn man ihre Angaben multipliziert, so erhält man ein Produkt, welches nicht der Leistung entspricht, denn es berücksichtigt nicht die zeitliche Verschiebung der beiden Faktoren und wenn man überlegt wie die Leistung wird, wenn gar keine Phasenverschiebung zwischen Strom und Spannung vorhanden ist, so findet man, daß dann nur positive Werte auftreten können, denn ohne Phasenverschiebung sind Strom und Spannung immer genau von gleicher Richtung, also wenn die Spannung positiv ist so ist auch der Strom positiv und umgekehrt. Der Fall, daß eine von beiden entgegengesetzt gerichtet ist, wie das andere, tritt nicht ein und das Produkt muß immer positiv sein, weil immer beide Faktoren, gleichgültig ob sie positiv oder negativ sind, in gleicher Weise wirken. Die Durchschnittswerte von Strom und Spannung, welche die Instrumente zeigen sind dieselben, ob Phasenverschiebung vorhanden ist oder nicht. Ist aber die höchstmögliche Phasenverschiebung vorhanden, so ist das wirkliche Produkt gleichzeitiger Augenblickswerte des Stromes und der Spannung, die Watt, also die Arbeit, die geleistet wird, Null und ist keine Phasenverschiebung, so wird positive Arbeit geleistet. Die Meßinstrumente können in beiden Fällen genau dieselben Werte anzeigen und doch erhält man nur dann, wenn keine Phasenverschiebung vorhanden ist, durch Multiplizieren die wirkliche Leistung. Man kann deshalb nach

Volt- und Ampermeter allein in einem Wechselstromkreis die
Leistung nicht bestimmen, sondern muß ein besonderes Instrument
benutzen, in welchem die augenblicklich auftretenden Werte
aufeinander einwirken. Dieses Instrument ist das Wattmeter.
Es zeigt genau die wirklichen Watt an, während man das
Produkt aus Volt und Amper als Voltampere oder scheinbare Watt bezeichnet. Fig. 29 zeigt die Schaltung eines
Wattmeters. Es besitzt, vgl. Fig. 76, 78, eine feste Spule aus
wenigen dicken Windungen mit den Klemmen $K_1$ $K_2$, die wie
ein Ampermeter angeschlossen wird, so daß der Strom I hindurchfließt und eine aus vielen dünnen Windungen bestehende
sogenannte Spannungsspule, die wie ein Voltmeter angeschlossen
wird und die Klemmen $k_1$ $k_2$ besitzt. In dem Instrument beeinflussen sich nur die gleichzeitig vorhandenen Werte vom Strom l
und ein zu der Spannung e in ganz bestimmtem Verhältnis

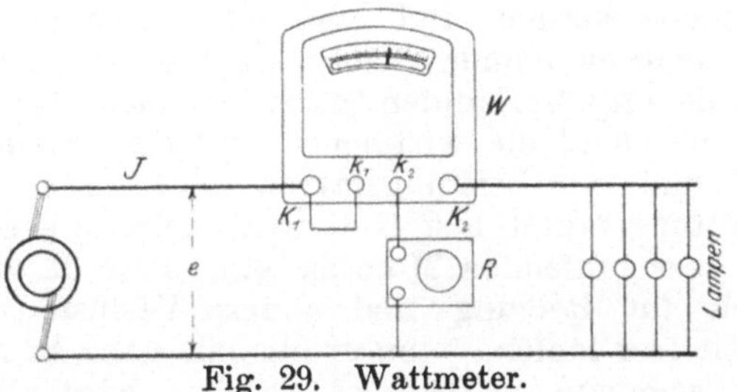


Fig. 29.  Wattmeter.

stehender schwacher Strom (wie beim Voltmeter). Der Verschaltwiderstand R in Fig. 29 ist nicht immer notwendig, nur
bei höheren Spannungen muß er vor die Spannungsspule geschaltet werden.

Es war schon gezeigt, daß die geleistete Arbeit Null ist,
wenn die höchste Phasenverschiebung auftritt. In diesem Fall
würden also Voltmeter und Ampermeter bestimmte Werte
anzeigen, und doch läuft die Dampfmaschine, die die elektrische
Maschine antreibt, leer, weil die elektrische Maschine in diesem
Fall keine Arbeit leistet. Hieraus folgt auch schon, daß in
solchen Apparaten, die wirklich Arbeit verbrauchen, wie Motoren,
Heizkörpern, Lampen, überhaupt allen Nutzwiderständen, niemals
die höchste Phasenverschiebung auftreten kann, denn dann
könnten sie ja keine Arbeit leisten. Es ist wohl Phasenverschiebung vorhanden, aber nur so viel, daß immer noch Arbeit
geleistet wird, es muß also die Phasenverschiebung bei allen
Verbrauchsapparaten, in denen man die Elektrizität wirklich

ausnutzt, kleiner als die halbe Zeitdauer eines Wechsels sein. Bei einem leerlaufenden Motor ist sie allerdings fast vom höchsten möglichen Wert; je stärker aber der Motor belastet wird, um so geringer wird die Phasenverschiebung, bei voller Belastung ist das Verhältnis zwischen der wirklichen Leistung in PS und dem darauf umgerechneten Voltamper, der sogenannte L e i s t u n g s - f a k t o r (cos $\varphi$) etwa 0,8.  Man versteht also unter dem Leistungs- faktor folgenden Wert:

$$\text{Leistungsfaktor} = \frac{\text{wirkliche Watt}}{\text{scheinbare Watt}}$$

und die wirklichen Watt sind gegeben durch das Produkt:

wirkliche Watt $=$ scheinbare Watt $\times$ Leistungsfaktor.

(Bei dem obigen Motor sind also bei Vollast die wirklichen Watt $=$ Volt $\times$ Amper $\times$ 0,8).  Der Leistungsfaktor kann nur mit den drei Instrumenten Voltmeter, Ampermeter und Watt- meter bestimmt werden und muß mit Ausnahme von reiner Glühlichtbeleuchtung immer kleiner als 1 sein. Nur wenn keine Phasenverschiebung vorhanden ist, wie schon für Glühlampen bemerkt wurde, sind die wirklichen und die scheinbaren Watt gleich groß und der Leistungsfaktor ist 1.  Der andere Fall, daß der Leistungsfaktor fast Null wird, tritt, wie schon gesagt wurde, bei leer laufenden Motoren ein, aber da diese immer etwas Arbeit für Reibung und andere Verluste verbrauchen, auch wenn sie leer laufen, kann er niemals ganz zu Null werden. Nur bei den sogenannten D r o s s e l s p u l e n wird allerdings der Leistungsfaktor fast vollkommen zu Null, weil diese nur aus Spulen mit Eisenkern bestehen und zwar ist der Eisenkern geschlossen oder mit ganz kleinem Luftspalt versehen und da diese Drosselspulen nur ganz wenig O h m schen Widerstand in ihrer Wickelung haben, aber ein verhältnismäßig starkes Kraft- linienfeld, so ist bei ihnen die Phasenverschiebung sehr groß und der Leistungsfaktor fast Null.  Diese Drosselspulen, die in Bogenlampenkreisen und bei Zählern, Motoren usw. benutzt werden an Stelle eines Vorschaltwiderstandes, wie er bei Gleichstrom ver- wendet wird, sind natürlich nicht dieselben wie die in Fig. 27 benutzte, denn dort soll nur die Blitzentladung verhindert werden, in die Apparate zu verlaufen, aber auf den Betriebsstrom soll diese Drosselspule keinen Einfluß ausüben und deshalb ist sie auch ohne Eisen und mit wenig Windungen ausgeführt. Ist eine Drosselspule in einem Bogenlampenstromkreis mit Bogenlampen hintereinander geschaltet, so ist nur diejenige Spannung, welche die Spule selbst verbraucht, gegen den Strom stark verschoben, die gesamte Spannung, welche der ganze Stromkreis verbraucht,

also Lampen und Drosselspule zusammen, ist nur wenig verschoben, weil ja die Lampen sonst keine Energie oder Leistung
erhalten würden, wie schon gezeigt wurde.

Der Verlauf eines Wechselstromes läßt sich darstellen durch
eine Sinuskurve. Es ist zwar die Kurve unserer Maschinen
keine reine Sinuskurve, jedoch werden Wickelung und Polform
so ausgeführt, daß der Strom, den die Maschine liefert, einer
Sinuskurve möglichst nahe kommt, weil diese Form des Strom-
verlaufs am günstigsten ist, denn es treten dabei die wenigsten
Störungen und Nebenerscheinungen in Apparaten und Leitungen
ein. Man kann die Sinuskurve leicht zeichnen, indem man nach
Fig. 30 eine Linie oder Gerade in dem großen Kreis dreht und
die Abschnitte in den kleinen Kreisen in folgender Weise auf-
zeichnet: Man teilt den großen Kreis in eine Anzahl gleicher
Teile ein und trägt diese Teile $^1/_{800}$, $^1/_{400}$, $^3/_{800}$, $^1/_{200}$, usw. auf

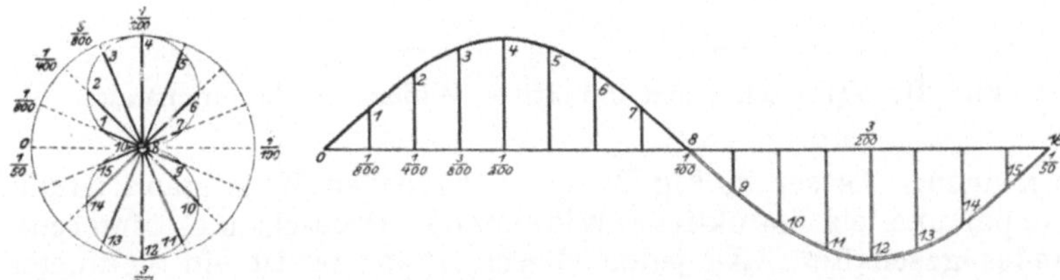

Fig. 30. Entstehung der Sinus-Kurve.

einer geraden Linie auf. Steht die sich drehende Gerade in
der Stellung $^1/_{800}$, so wird durch den oberen kleinen Kreis die
Länge 1 auf ihr abgeschnitten, diese Länge trägt man als Senk-
rechte auf der Wagrechten auf. Ebenso trägt man den bei
Stellung $^1/_{400}$ sich ergebenden Abschnitt 2 auf der Geraden als
Senkrechte auf usw., so daß man durch Verbinden der Endpunkte dieser Senkrechten die Bogenlinie 1, 2, 3 bis 8 über der
Wagrechten erhält. Dasselbe Verfahren wendet man auch auf
die Abschnitte 9, 10, usw. an, die der untere kleine Kreis hervorruft und erhält dadurch die Bogenlinie 8, 9, 10 bis 16. Beide
Bogenlinien zusammen stellen dann zwei aufeinander folgende
Stromwechsel dar. Von 0 bis 8 ist der Strom positiv gerichtet,
bei 8 kehrt er seine Richtung um und ist von 8 bis 16 negativ.
Zu diesen zwei Wechseln gebraucht der Strom bei 100 Wechseln
in der Sekunde die Zeit $^1/_{50}$ Sekunde, es bedeuten also die Bezeichnungen $^1/_{800}$, $^1/_{400}$ usw. die Zeit und die Längen 1, 2, 3
die in diesen Augenblicken vorhandenen Stromstärken.

Mit Hilfe dieser Kurven, die für die Spannungen natürlich ebenso bestimmt werden, wie für den Strom und die man sogar, obgleich sie in sehr kurzer Zeit verlaufen, mit besonderen Apparaten messen und aufzeichnen lassen kann, lassen sich die schon vorher erklärten Verhältnisse in Wechselstromkreisen sehr leicht

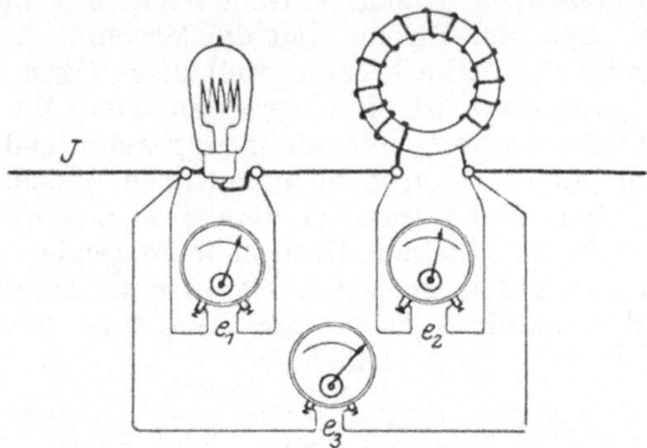

Fig. 31.  Ohmscher und induktiver Widerstand hintereinander.

erkennen.  Es sei in Fig 31 ein Ohmscher Widerstand (Glühlampe) und ein induktiver Widerstand (Drosselspule) hintereinander geschaltet.  An jeden dieser Apparate ist ein Voltmeter angeschlossen, außerdem noch ein drittes Voltmeter für die gesamte Spannung $e_3$, welche beide zusammen verbrauchen.  In Fig. 32 sind dann die Kurven der verschiedenen Spannungen

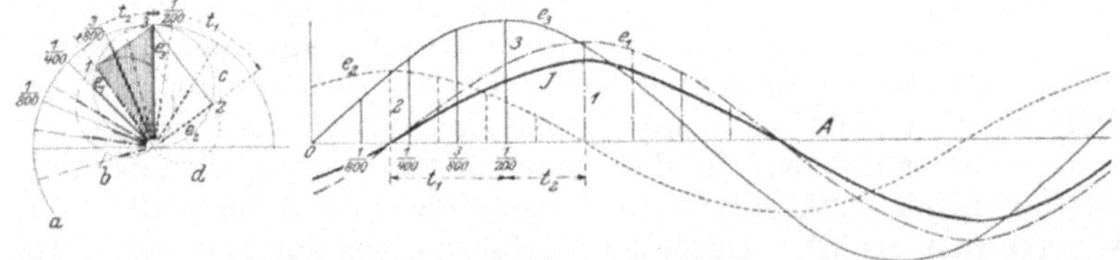

Fig. 32.  Verlauf und Diagramm der Spannungen in Fig. 31.

gezeichnet und zwar muß die Spannung der Drosselspule $e_2$ immer Null sein, wenn die Spannung $e_1$ der Glühlampe ihren höchsten Wert hat, wie auch durch die beiden Kurven dargestellt ist.  Die dritte Spannungskurve $e_3$ ist die Summe der Augenblickswerte von $e_1$ und $e_2$, es ist diese Summe wegen der Phasenverschiebung von $e_1$ und $e_2$ kleiner als wenn beide Kurven in gleicher Phase wären, und es zeigt auch das Voltmeter $e_3$ in

Fig. 31 nicht die Summe von $e_1$ und $e_2$ an, sondern einen kleineren Betrag, während es bei Gleichstrom einfach die Summe anzeigen würde. Der Strom I in Fig. 31 hat dann, wie in Fig. 32 gezeichnet ist, mit der Spannung $e_1$ in der Lampe, weil diese kein induktiver Widerstand ist, gleiche Phase. Aus den Kurven kann man dann die sich drehenden Geraden (vergl. Fig. 30) finden, indem man nach Fig. 32 in den Kreis a, der dieselbe Teilung hat wie die wagrechte Gerade O A drei kleine Kreise zeichnet, deren Durchmesser die größten Längen, 1, 2, 3 der Spannungen sind und die an der entsprechenden Teilung des Kreises a liegen müssen. Diese Durchmesser sind die größten Werte $e_1$, $e_2$, $e_3$ der drei Spannungen und man erkennt, daß sie verschiedene Richtungen haben. $e_2$ ist am weitesten vor, $e_1$ am weitesten zurück und $e_3$ liegt zwischen beiden. Man erkennt außerdem, daß $e_3$ die Diagonale eines Parallelogramms ist aus den Spannungen $e_1$ und $e_2$. Man setzt also Spannungen, die nicht gleiche Phase haben, genau so zu Parallelogrammen zusammen wie Kräfte von verschiedener Richtung und findet die resultierende oder gesamte Spannung, indem man die Diagonale zeichnet. Man erkennt weiter, daß $e_2$ und $e_1$ um einen rechten Winkel verschoben sind. Da nun aber die höchsten oder Maximalwerte in konstantem Verhältnis stehen zu denjenigen Durchschnittswerten, die

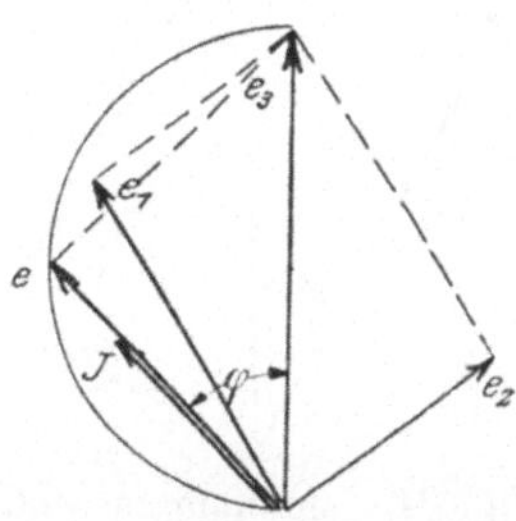


Fig. 33. Zusammensetzen von Spannungen.

die Meßinstrumente anzeigen, so kann man auch diese Werte zu einem Parallelogramm zusammensetzen. Hat man mit den drei Voltmetern die Spannungen $e_1$, $e_2$, $e_3$ gemessen, so setzt man sie zusammen zu einem Parallelogramm nach Fig. 33. Es sind hier dann $e_3$ . I die scheinbaren Watt. Die wirklichen Watt erhält man durch den Teil von $e_3$, der gleiche Phase mit dem Strom I hat. Diesen Teil e erhält man, wenn man sich die Entstehung des Diagrammes nach Fig. 30 vergegenwärtigt, indem man um $e_3$ als Durchmesser einen Kreis schlägt und die Richtung von I in Fig. 33 bis zum Schnitt mit dem Kreis verlängert. Die wirklichen Watt sind dann e . I.

Die Hintereinanderschaltung von Ohm schem und induktivem Widerstand Fig 31 kann man auch zur Klarlegung des scheinbaren Widerstandes benutzen. Es war schon betont, daß jeder Apparat mit scheinbarem Widerstand neben dem induktiven Widerstand immer noch Ohm schen Widerstand besitzt, denn seine Wickelung ist nicht widerstandslos. Deshalb ist auch der Strom in einer Drosselspule I in Fig. 31 nicht um $90^0$ hinter der Spannung $e_2$ zurück wie sich in Fig. 32 ergibt, sondern nur nahezu $90^0$. Man kann sich aber einen solchen scheinbaren Widerstand zusammengesetzt denken nach Fig. 31, indem dort die Glühlampe den Ohmschen Widerstand der Wickelung darstellt und die Drosselspule nunmehr ohne Ohmschen Widerstand den Teil des scheinbaren Widerstandes, der als induktiver (auch Reaktanz genannt) bezeichnet ist. Dann erhält man für das Parallelogramm ein Rechteck nach Fig. 34, weil jetzt die Selbstinduktionsspannung $e_2$, welche den induktiven Widerstand überwindet, mit der Spannung $e_1$, welche den

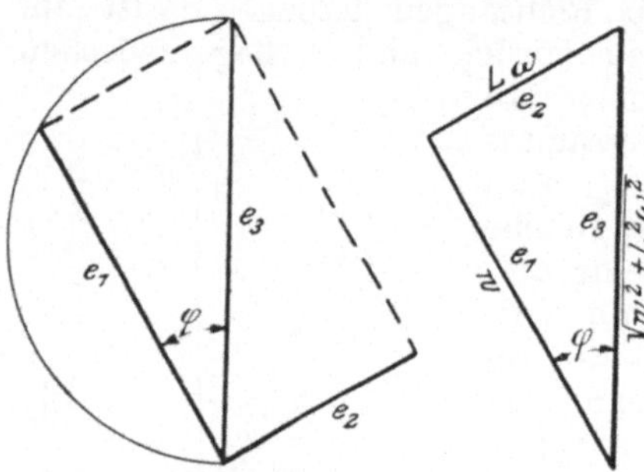


Fig. 34.   Spannungs- und Widerstandsdreieck.

Ohmschen Widerstand überwindet, einen Winkel von $90^0$ bildet. Man kann in diesem Fall an Stelle des Rechtecks nur das Dreieck zeichnen, welches in Fig. 34 dargestellt ist, indem man $e_1$ und $e_2$ recht- winklig zusammensetzt, die Verbindungslinie $e_3$ ist dann die notwendige Gesamt- spannung, die erzeugt wer- den muß, um den Strom her- vorzurufen. Das Span - nungsdreieck ist auch in Fig. 32 vorhanden und dort durch Schraffieren hervorgehoben.

Dividiert man die Spannungen durch den Strom, so erhält man den Widerstand. Man kann also aus $\dfrac{e_1}{I} = w$ den Teil des Widerstandes finden, der als Ohmscher bezeichnet ist, aus $\dfrac{e_2}{I} = L\,\omega$ den induktiven oder die Reaktanz und den schein- baren aus $\dfrac{e_3}{I}$; der scheinbare Widerstand ist Hypothenuse in dem rechtwinkligen Dreieck, besitzt also den Wert:

$$\frac{e_3}{S} = \sqrt{w^2 + L^2\omega^2};$$

Der Ausdruck $L\,\omega$ bedeutet folgendes: $\omega$ entspricht der Winkel- geschwindigkeit, mit der die Gerade in Fig. 30 umlaufen muß, damit ihre Abschnitte immer den augenblicklichen Werten des Wechselstromes entsprechen. Bei 100 Wechseln in der Sekunde muß sie in $^1/_{50}$ Sekunde den vollen Kreis durchlaufen haben.

Der volle Kreis entspricht dem Winkel $4 \times 90^0$ oder $2\pi$, bei n Umdrehungen in der Sekunde wird also die Winkelgeschwindigkeit in der Sekunde $\omega = 2\pi n$. Der Wert L ist der Selbstinduktionskoeffizient, eine von der Windungszahl und dem Eisen der Spule abhängige Konstante. Es ist also durch L zum Ausdruck gebracht, daß die Stärke des magnetischen Feldes den scheinbaren Widerstand beeinflußt und durch $\omega = 2\pi n$ kommt zum Ausdruck, daß die Wechselzahl des Stromes den scheinbaren Widerstand beeinflußt. Beides war ja schon früher auf andere Weise erklärt worden.

Einige kleine Zahlenbeispiele mögen das Erklärte noch besser erläutern:

Beispiel: An einer Spule ist mit dem Wattmeter ein Wattverbrauch von 500 Watt gemessen, mit dem Voltmeter eine Spannung von 60 Volt. Der Strom mit dem Ampermeter gemessen ergab sich zu 15 Amp. und der Ohm sche Widerstand wurde besonders gemessen zu 5 $\Omega$.

Die scheinbaren Watt sind dann $60 . 15 = 900$ Watt. Der Leistungsfaktor beträgt $\cos \varphi = \dfrac{500}{900} = 0{,}556$. Genau wie zwischen den Watt die Beziehung besteht Leistungsfaktor $= \dfrac{\text{wirkliche Watt}}{\text{scheinbare Watt}}$ besteht auch zwischen den Widerständen die Beziehung Leistungsfaktor $= \dfrac{\text{Ohm scher Widerstand}}{\text{scheinbarer Widerstand}}$ und daraus folgt: scheinbarer Widerstand $= \dfrac{\text{Ohm scher Widerstand}}{\text{Leistungsfaktor}}$ also $\sqrt{w^2 + L^2\omega^2} = \dfrac{5}{0{,}556} = 9$ $\Omega$. Die Reaktanz oder der induktive Widerstand ergibt sich nach Fig. 34 aus der Beziehung $w^2 + L^2\omega^2 = 9^2$ oder $9^2 - 5^2 = L^2\omega^2$ und $Lw = \sqrt{9^2 - 5^2} = \sqrt{81 - 25} = 7{,}48$ $\Omega$. Kennt man noch die Wechselzahl z. B. 100, die sich mit einem Frequenzmesser (vergl. Fig. 89) bestimmen läßt, so ist $n = \dfrac{100}{2} = 50$ und $\omega = 2\pi . 50 = 2 . 3{,}14 . 50 = 314$, folglich ist der Selbstinduktionskoeffizient $L = \dfrac{7{,}48}{\omega} = \dfrac{7{,}48}{314} = 0{,}0238$ Henry. Henry ist die Bezeichnung für den Selbstinduktionskoeffizient.

Beispiel: Eine Drosselspule hat einen scheinbaren Widerstand von 4 $\Omega$ bei 100 Wechseln des Stromes und einen Ohm schen Widerstand von 3,2 $\Omega$. Sie wird an eine Spannung von 10 Volt mit einer Glühlampe hintereinander geschaltet (nach Fig. 31), welche 5 $\Omega$ Widerstand hat; wie stark wird der Strom und wieviel Watt werden verbraucht?

Die Reaktanz der Drosselspule ist (vergl. Fig. 34) $L \omega = \sqrt{4^2 - 3{,}2^2} = \sqrt{16 - 10{,}24} = \sqrt{5{,}76} = 2{,}4 \ \Omega$. Durch die Hintereinanderschaltung mit der Glühlampe werden nur der Ohmsche und mit diesem auch der von ihm abhängige scheinbare Widerstand beeinflußt, die Reaktanz bleibt ungeändert, da die Glühlampe keine Reaktanz besitzt. Der gesamte Ohmsche Widerstand beträgt durch die Hintereinanderschaltung $3{,}2 + 5 = 8{,}2 \ \Omega$. Es ist nun nach Fig. 34 in dem Widerstandsdreieck die Seite $w = 8{,}2 \ \Omega$, die Seite $L \omega = 2{,}4 \ \Omega$, folglich der scheinbare Widerstand $\sqrt{w^2 + L^2 \omega^2} = \sqrt{8{,}2^2 + 2{,}4^2} = \sqrt{73{,}16} = 8{,}56 \ \Omega$. Da die Spannung 10 Volt ist, wird der Strom

$$I = \frac{\text{Spannung}}{\text{scheinbarer Widerstand}} = \frac{10}{8{,}56} = 1{,}168 \ \text{Amp.}$$

Um die Watt zu finden, muß der durch die Hintereinanderschaltung geänderte Leistungsfaktor $\cos \varphi$ bestimmt werden. Es ist $\cos \varphi = \dfrac{\text{Ohmscher Widerstand}}{\text{scheinbarer Widerstand}} = \dfrac{8{,}2}{8{,}56} = 0{,}957$. Die scheinbaren Watt sind Spannung $\times$ Strom $= 10 \cdot 1{,}168 = 11{,}68$ Voltamper, die wirklichen Watt sind $11{,}68 \cdot 0{,}957 = 11{,}16$ Watt.

Beispiel: Wie hoch werden Strom und Wattverbrauch, wenn die Drosselspule des vorigen Beispiels allein an 10 Volt angeschlossen wird?

Der Strom wird $I = \dfrac{10}{4} = 2{,}5$ Amp. Der Leistungsfaktor ist $\cos \varphi = \dfrac{3{,}2}{4} = 0{,}8$ folglich die Watt: $2{,}5 \cdot 10 \cdot 0{,}8 = 20$ Watt.

Beispiel: 2 Wechselstrom-Bogenlampen (vergl. Fig. 282) sind mit einem Vorschaltwiderstand an 120 Volt Wechselstrom angeschlossen. Jede Bogenlampe verbraucht 45 Volt bei 12 Amp. und 460 Watt; wie groß wird der Vorschaltwiderstand, wenn die Leitung für die Lampen 1,5 $\Omega$ hat?

Beide Lampen verbrauchen, da sie hintereinander geschaltet sind $2 \cdot 45 = 90$ Volt und $2 \cdot 460 = 920$ Watt bei 12 Amp. Für 120 Volt und 12 Amp. ergibt sich ein scheinbarer Widerstand $= \dfrac{120}{12} = 10 \ \Omega$ für den ganzen Stromkreis. Die scheinbaren Watt sind $2 \cdot 45 \cdot 12 = 1080$ Voltamper. Der Leistungsfaktor der Lampen st danach $\cos \varphi = \dfrac{920}{1080} = 0{,}852$, der scheinbare

Widerstand der Bogenlampen zusammen ist $\dfrac{90}{12} = 7{,}5\ \Omega$, folglich der diesem entsprechende Ohmsche Widerstand 7,5 . 0,852 = 6,49 $\Omega$. Aus Ohmschem Widerstand und scheinbarem Widerstand ergibt sich die Reaktanz der Lampen zu $\sqrt{7{,}5^2 - 6{,}49^2} = \sqrt{56{,}2 - 42} = 2{,}05\ \Omega$. Aus dieser Reaktanz und dem gesamten scheinbaren Widerstand des ganzen Stromkreises ergibt sich der Ohmsche Widerstand des ganzen Stromkreises zu w = $\sqrt{10^2 - 2{,}05^2} = \sqrt{95{,}8} = 9{,}79\ \Omega$. Die Bogenlampen haben schon 6,49 $\Omega$ Ohmschen Widerstand, die Leitung hat 1,5 $\Omega$, folglich muß der Vorschaltwiderstand erhalten: 9,79 — (6,49 + 1,5) = 9,79 — 7,99 = 1,8 $\Omega$.

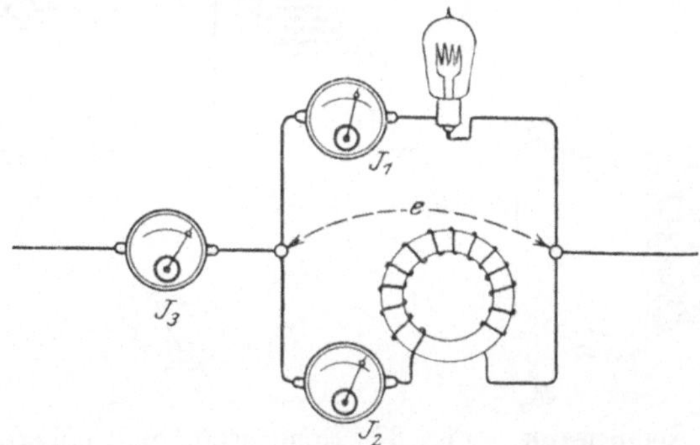



Fig. 35. Ohmscher und induktiver Widerstand parallel.

Genau dieselbe Zusammensetzung wie bei Spannungen wird mit den Strömen ausgeführt, wenn Stromverzweigungen, also Parallelschaltung von Widerständen vorhanden sind. In Fig. 35 sind Ohmscher Widerstand (Glühlampe) und induktiver Widerstand parallel geschaltet. Es hat dann der Strom $I_1$ keine Phasenverschiebung gegen die Spannung e, dagegen hat $I_2$ starke Phasenverschiebung gegen e und $I_3$ ist der gesamte Strom, welcher zufließt mit einer Phasenverschiebung gegen die Spannung e, welche sich ergibt, wenn man aus den drei Strömen das Dreieck zusammensetzt und mit dem Strom $I_1$ in der Lampe die Spannung in einer Richtung aufträgt. Man erhält also dieselbe Figur wie in Fig. 34, nur ist für die Spannungen $e_1\ e_2\ e_3$ der entsprechende Strom $I_1\ I_2\ I_3$ zu setzen.

Beispiel: Die Lampe in Fig. 35 hat 200 $\Omega$ und ist an eine Spannung e = 125 Volt angeschlossen. Die Drosselspule liegt parallel zur Lampe also an derselben Spannung und hat einen scheinbaren Widerstand von 106 $\Omega$ und einen O h m schen Widerstand von 20 $\Omega$.  Wie groß ist $I_3$ und wieviel Watt werden verbraucht? Die Lampe erhält einen Strom $I_1 = \dfrac{125}{200} = 0{,}625$ Amp.

Die Drosselspule erhält einen Strom $I_2 = \dfrac{125}{106} = 1{,}18$ Amp.  Da O h m scher Widerstand der Spule 20 $\Omega$ und scheinbarer 106 $\Omega$ sind, ist der Leistungsfaktor $\cos \varphi = \dfrac{20}{106} = 0{,}189$, folglich ist der sogenannte Wattstrom der Spule, der mit der Spannung gleiche Phase hat $1{,}18 \cdot 0{,}189 = 0{,}2224$ Amp. und das Amper

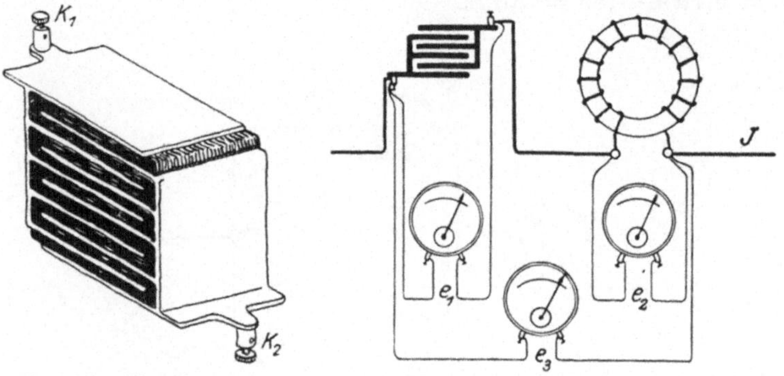



Fig. 36.  Kondensator.    Fig. 37.  Kondensator und induktiver Widerstand hintereinander.

meter $I_3$ zeigt einen Strom $I_3 = I_1 + 0{,}2224 = 0{,}625 + 0{,}2224 = 0{,}8474$ Amp.

Während ein induktiver Widerstand verursacht, daß der Strom später entsteht als die Spannung, bewirkt ein K o n d e n s a t o r das Gegenteil.  Der einfachste Fall eines Kondensators sind zwei Metallplatten, die voneinander durch eine Isolationsscheibe getrennt sind z. B. zwei Messingplatten getrennt durch eine Hartgummischeibe.  Der Kondensator ist aber um so wirksamer je größer die Platten sind und da er bei nur 2 Platten eine ungeschickte Form erhalten würde, führt man ihn nach Fig. 36 aus, wo die Platten in zwei Gruppen parallel geschaltet sind. Die eine Plattengruppe ist mit der Klemme $K_1$ verbunden, die zweite mit der Klemme $K_2$.  Obgleich nun beide Plattengruppen voneinander isoliert sind, fließt dennoch bei Wechselstrom ein Strom in einen Kondensator, den man sich mit Hilfe der wandernden Elektronen auf folgende Weise erklären kann: Durch die elektromotorische Kraft der Stromquelle werden die positiven Elektronen nach der einen Richtung getrieben und die negativen nach der andern.  Es stauen sich also in der einen Platte des Kondensators vor der Isolationsschicht lauter positive Elektronen und in der andern Platte lauter negative.  Sobald die elektromotorische Kraft ihre Richtung wechselt, ziehen sich die positiven Elektronen aus der einen Platte wieder zurück durch die Stromquelle nach der anderen Platte, ebenso auf umgekehrtem Wege bewegen sich die negativen Elektronen.  Es findet also ein Hin- und Herschwingen der Elektronen in der Leitung statt, aber ein vollkommenes Kreisen aus der Stromquelle zur Stromquelle zurück ist nicht möglich, weil die Platten voneinander isoliert sind.  Schaltet man einen Kondensator mit einer Selbstinduktionsspule hintereinander, wie Fig. 37 zeigt, so beobachtet man, daß die gesamte Spannung $e_3$ weniger Phasenverschiebung gegen I hat als die Kondensatorspannung $e_1$ und die Spulenspannung $e_2$. Dies ist nur möglich, bei einer Verschiebung der Phasen nach Fig. 38, wenn nämlich bei einem Kondensator der Strom I um 90° der Spannung $e_1$ voraus ist.  Es wirkt also der Kondensator umgekehrt wie ein induktiver Widerstand; während der induktive Widerstand den Strom gegen die Spannung verzögert, eilt der Lade- und Entladestrom eines Kondensators

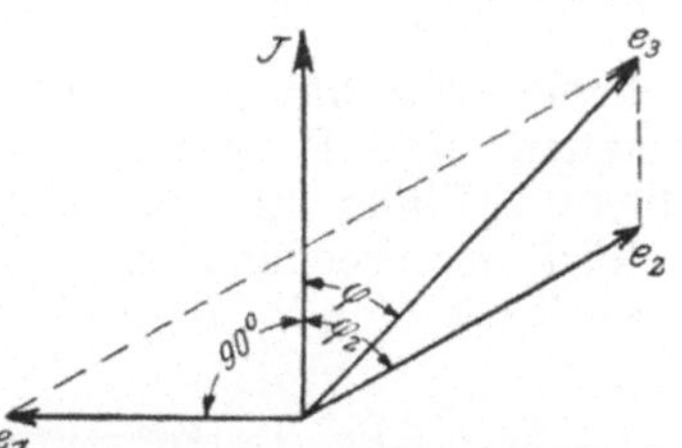

Fig. 38.  Phasenverschiebung zwischen Spannung und Strom in Fig. 37.

der Spannung voraus.  Daher hat dann die gesamte Spannung $e_3$ in Fig. 38 eine kleinere Phasenverschiebung $\varphi$ als jede einzelne der Spannungen $e_1$ und $e_2$ gegen den Strom I und durch Hintereinanderschalten von zusammenpassendem Kondensator und Drosselspule kann man also die Phasenverschiebung vollkommen aufheben.  Im großen ist dies leider nicht oder sehr schwierig möglich, weil die Kondensatoren zu umfangreich werden.  Für kleinere Ströme in Meßinstrumenten, bei Hilfswickelungen für Motoren, die zum Anlassen dienen und ähnlichen Fällen wendet man allerdings, wie später noch gezeigt wird, Kondensatoren an.  Sonst haben die Kondensatoren noch keine große Bedeutung.

Eine wichtige Anwendungsform des Wechselstromes ist der Dreiphasenstrom, fälschlich auch häufig Drehstrom genannt. Es sind das drei um 120° gegeneinander in der Phase verschobene Ströme oder elektromotorische Kräfte, die in einer

Maschine mit drei Wickelungen erzeugt werden. Diese Maschinen werden später erklärt.  In Fig. 39 sind drei solche Wechselströme gezeichnet und zwar sind die Spannungskurven dargestellt. Die von den drei Spannungen erzeugten Ströme verlaufen natürlich genau so und sind untereinander auch um 120° ver-

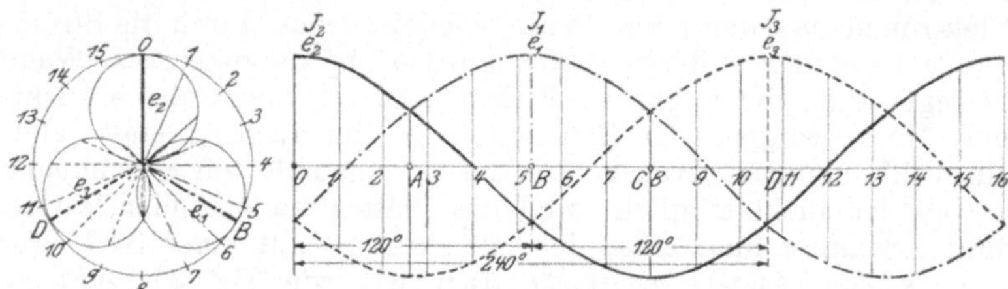

Fig. 39.  Dreiphasenströme.

schoben, nur hat jeder Strom gegen seine Spannung unter Umständen eine Phasenverschiebung.  Man kann deshalb genau dieselbe Figur für die Ströme verwenden und bezeichnet dieselben entsprechend mit $I_1$, $I_2$ und $I_3$.  In Fig. 40 sind die drei Wickelungen als Zickzacklinien gezeichnet und von jeder

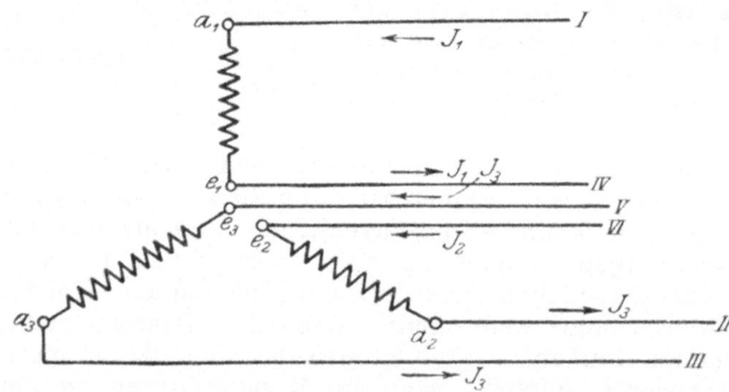

Fig. 40.  Dreiphasenströme in drei Stromkreisen.

Wickelung gehen wie gewöhnlich 2 Leitungen ab, so daß drei Stromkreise mit im ganzen sechs Leitungen vorhanden sind. Zwischen je zwei · zusammengehörigen Leitungen liegen dann die Lampen und andere Stromverbrauchskörper. Ein derartiges dreifaches Stromkreissystem hätte nun noch keine großen Vorteile, man kann aber anstatt der sechs Leitungen nach Fig. 41 mit drei Leitungen auskommen und doch dieselbe Energie fortleiten. Man spart also bei Dreiphasenstrom bedeutend an Leitungskosten. Bei der Schaltung in Fig. 41 sind die drei Enden $e_1$, $e_2$, $e_3$ der drei Wickelungen zu einem Knotenpunkt zusammengelegt und an die drei Anfänge $a_1$, $a_2$, $a_3$ sind die Leitungen geschaltet. Die Lampen liegen hierbei zwischen den Leitungen I und II, zwischen II und III und zwischen III und I. Der Beweis für die Möglichkeit mit nur drei Leitungen auszukommen folgt aus Fig. 39, wenn man anstatt der Spannungen die Ströme betrachtet. Man erkennt nämlich aus der Fig. 39, daß in jedem beliebigen Augenblick die Summe der drei Ströme stets Null ergibt. Wenn z. B. einer von ihnen, wie im Augenblick 0 der Strom $I_2$ den größten positiven Wert hat, dann haben die beiden anderen Ströme $I_1$ und $I_3$ jeder einen halb

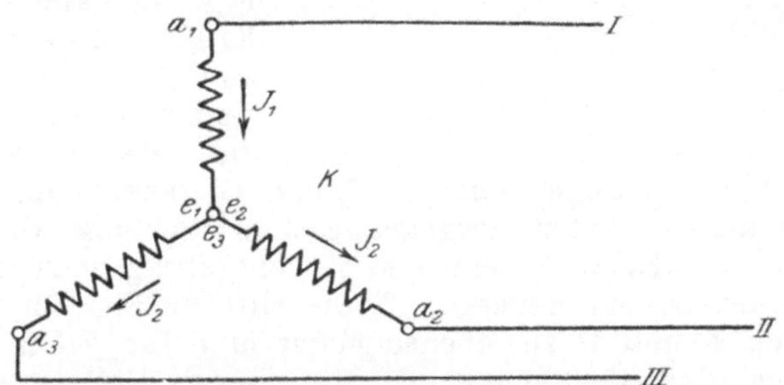


Fig. 41. Sternschaltung.

so großen Wert und sind negativ, addiert man alle Ströme, so ist die Summe Null. Im Augenblick A sind $I_1$ und $I_2$ beide positiv und jeder halb so groß als der dort am größten auftretende Wert von $I_3$, der aber entgegengesetzt also negativ ist. Im Augenblick B ist $I_1$ positiv und am größten, $I_2$ und $I_3$ sind negativ und jeder halb so groß. Im Augenblick C ist $I_2$ negativ am größten, $I_1$ und $I_2$ sind positiv und jeder halb so groß als $I_3$ usf. Aber nicht nur diese besonderen Augenblicke sondern jeder beliebige Augenblick 1, 2, 3 zeigt auch die Summe der Ströme immer Null, z. B. hat im Augenblick 1 der Strom $I_1$ einen kleinen negativen Wert, addiert man ihn zu dem größeren negativen Wert von $I_3$, so erhält man dieselbe Länge, wie sie der Strom $I_2$ hat, der im Augenblick 1 positiv ist. Da nun in jedem Augenblick die Summe der drei Ströme Null ist, so kann man in Fig. 40 die drei Leitungen IV, V und VI zu einer einzigen zusammenfassen, in dieser würde dann die Summe der drei Ströme $I_1$, $I_2$ und $I_3$ fließen, also gar kein Strom, da diese Summe Null ist, folglich kann man die ganze

4*

Leitung fortlassen und erhält die Sternschaltung nach Fig. 41.

Anstatt der Sternschaltung kann man auch Dreiecksschaltung nach Fig. 42 ausführen. Es sind auch nur drei Leitungen erforderlich, aber jedesmal Anfang und Ende zweier Wickelungen miteinander verbunden. Die Beweisführung dafür, daß auch hier drei Leitungen genügen, ist folgende: In Fig. 39 ist, wie wir schon gesehen haben, die Summe der Spannungen ebenfalls Null. Die Spannungen werden aber in der Dreiecksschaltung Fig. 42 alle drei im Kreise, also hintereinander geschaltet. Sie sind in dieser Figur als die elektromotorischen Kräfte der Wickelungen mit $E_1$, $E_2$ und $E_3$ bezeichnet. $E_1$ und $E_2$ haben augenblicklich entgegengesetzte Richtung wie $E_3$, es muß also $E_1 + E_2 = E_3$ sein und $E_3$ entgegengesetzt gerichtet sein als die beiden anderen. Dies trifft in Fig. 39 für den Augenblick A und D zu, ebenso findet man für jeden anderen Augenblick, daß die Summe der Spannungen Null ist und daß sich daher die drei elektromotorischen Kräfte innerhalb des Dreiecks $P_1$, $P_2$, $P_3$ aufheben. Sie können deshalb auch nur Ströme in die Leitungen senden, sobald dort Lampen eingeschaltet werden, die auch hier zwischen den Leitungen I, II, II, III und III, I liegen.

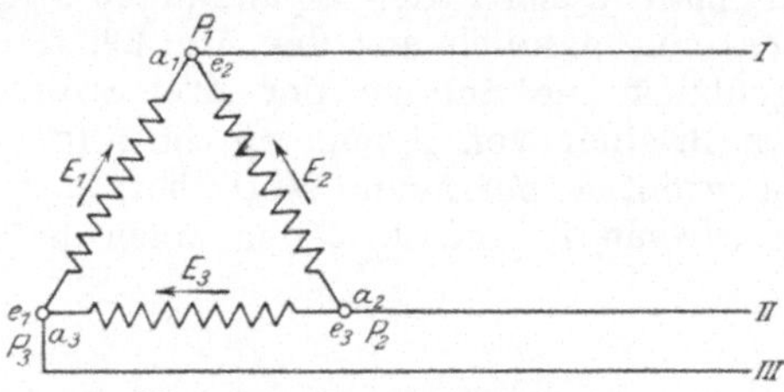

Fig. 42.  Dreieckschaltung.

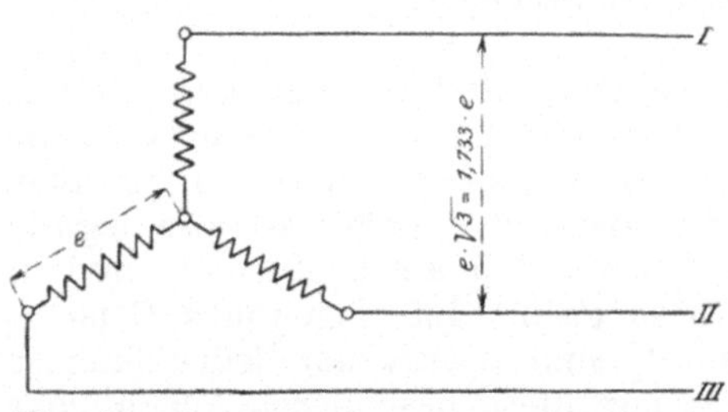

Fig. 43.  Spannungen bei Sternschaltung.

Ob man Stern- oder Dreiecksschaltung anwenden soll, läßt sich nicht ohne weiteres sagen. Häufiger ausgeführt wird die Sternschaltung. Schaltet man dieselbe Maschine einmal in Stern und einmal in Dreieck, so erhält man bei Sternschaltung zwischen den einzelnen Leitungen I, II, III (Fig. 43) eine Spannung, die jedesmal die Resultierende aus den betreffenden Einzelspannungen ist, also die Diagonale des Parallelogrammes aus den Einzelspannungen (vergl. Fig. 33). Führt man diese

Konstruktion aus, so findet man, daß die Diagonale $1{,}733 \cdot e$ ist oder da $1{,}733 = \sqrt{3}$ ist, so herrscht zwischen je zwei Leitungen immer die Spannung $e \cdot \sqrt{3}$ wie Fig. 43 zeigt. Bei Dreiecksschaltung setzten sich die Ströme so zusammen, wie Fig. 44 zeigt, daß in jeder Leitung $\sqrt{3}.I$ fließt, wenn I der Strom in einer Wickelung oder Phase ist.

Die Leistung der dreiphasigen Maschine beträgt nun, gleichgültig ob Stern- oder Dreiecksschaltung vorhanden ist, $3 \cdot e_f \cdot I_f \cdot \cos\varphi$ Watt; dabei ist $\cos\varphi$ der Leistungsfaktor, $e_f$ die Spannung, die mit dem Voltmeter gemessen wird, also der Durchschnittswert oder die effektive Spannung und $I_f$

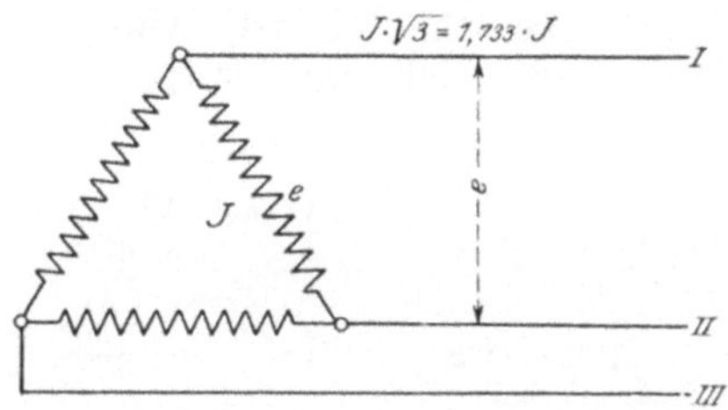

Fig. 44. Ströme bei Dreieckschaltung.

ist der effektive Strom. Multipliziert man die von den Instrumenten angegebenen Durchschnittswerte mit 0,707, so erhält man den höchsten Wert, der bei Strom oder Spannung auftritt. Die effektiven Werte sind bei Wechselstrom von derselben Wirkung, wie die gleich großen bei Gleichstrom. Die Leistung des Dreiphasenstromes läßt sich mit drei Wattmetern bei Stern-

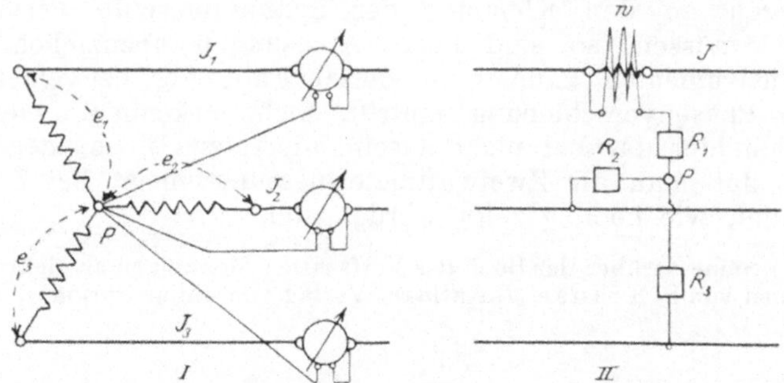

Fig. 45. Leistungsmessung (3 Wattmeter) bei Sternschaltung.

Schaltung nach Fig. 45 messen, indem man dreimal die Leistung einer Phase mißt. Ist der Knotenpunkt zugänglich, so schaltet man die drei Wattmeter nach Fig. 45 I, wobei angenommen ist, daß der Vorschaltwiderstand R (vergl. Fig. 29) nicht nötig ist, oder gleich im Instrument liegt, wie bei Schalttafelinstrumenten sehr häufig der Fall ist. Ist der Knotenpunkt nicht zugänglich, so kann man einfach einen künstlichen Knotenpunkt zwischen den Instrumenten herstellen, indem man nur die drei Drähte, die zum Knotenpunkt geführt werden mußten, miteinander verbindet. Ist die Belastung wie bei Motorenbetrieb in den drei Phasen stets gleich groß, so genügt ein Wattmeter mit drei Vorschaltwiderständen $R_1$, $R_2$, $R_3$, welches nach Fig. 45 II zu schalten ist. Bei der Möglichkeit, daß die Belastung der drei Phasen verschieden ist, wie sie bei Beleuchtung vorkommen kann, läßt sich im Dreiphasensystem die Leistung mit drei Wattmetern messen, die nach Fig. 46 geschaltet werden müssen. Jedoch kann die Messung nicht ohne weiteres vorgenommen werden, weil man wissen muß, ob die Angaben beider Wattmeter zusammengezählt oder abgezogen werden müssen. Man muß daher, wie es bei Zählern geschieht, die Instrumente mechanisch kuppeln oder, wie man bei Messungen verfährt, mit einem Wattmeter und einem Umschalter arbeiten. Erfolgen die Ausschläge nach verschiedenen Richtungen, so daß einmal die Leitungen an den Klemmen der Spannungsspule vertauscht werden müssen, so sind beide Ablesungen abzuziehen. Bei drei Instrumenten kann man diesen Fall, der bei einer gewissen Phasenverschiebung eintritt, nicht erkennen. Genaues läßt sich hier darüber nicht auseinandersetzen[1]), es möge genügen, daß man die Zweiwattmetermessung meist bei Zählern anwendet, wie noch gezeigt werden soll.

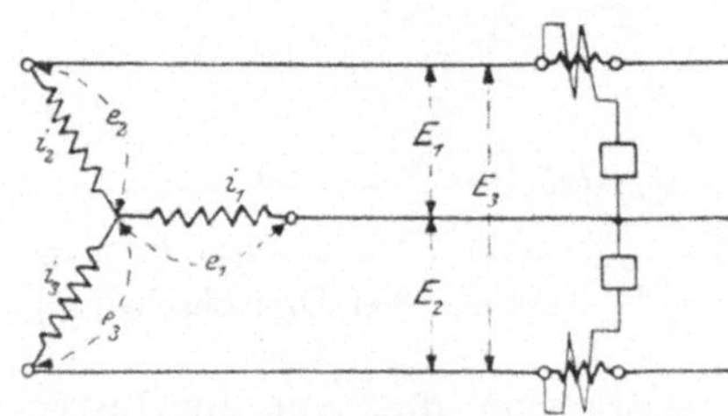

Fig. 46. 2 Wattmeter-Messung bei Sternschaltung.

---

[1]) Siehe darüber das Buch des Verfassers: Messungen an elektrischen Maschinen von R. Krause, 2. Auflage. Verlag von Julius Springer, Berlin.

# III. Die Erzeugungsarten des elektrischen Stromes.

In der Einleitung wurde erwähnt, daß Faraday im Jahre 1831 das Gesetz der elektromagnetischen Induktion entdeckte. Dieses Gesetz ist grundlegend für die elektrischen Maschinen und handelt von der Erzeugung einer elektromotorischen Kraft durch die Einwirkung von Magnetfeldern auf

Fig. 47.   Faradays Kupferscheibe.

Leiter. Die Vorrichtung in Fig. 47 ist eine Erläuterung zu dem eben Gesagten. Dreht man eine Kupferscheibe S zwischen den Polen eines Magneten M hindurch, so kann man von der Scheibe S einen elektrischen Gleichstrom abnehmen, wenn man eine Metallbürste $B_1$ auf dem Umfang der Scheibe, eine zweite $B_2$ auf ihrer Welle schleifen läßt. Verbindet man beide Bürsten durch einen Draht, so fließt in diesem ein Strom von dauernd gleicher Richtung, so lange die Scheibe gedreht wird. Man hat also hier eine elektrische Gleichstrommaschine von sehr einfacher Ausführung vor sich, welche nicht einmal den später noch zu besprechenden unangenehmen Kollektor nötig hat; trotzdem wendet man aber diese Maschine praktisch nicht an, weil sie viel zu unvorteilhaft arbeitet, denn sie erzeugt nur sehr wenig Spannung. Man kann allerdings starke Ströme von der Scheibe abnehmen, wozu aber eine große Zahl Bürsten erforderlich wird, die dann eine starke Reibung veranlassen und sich außerdem, namentlich auf dem Umfang der Scheibe stark abnutzen würden.

Die Scheibe in Fig. 47 dreht sich durch das magnetische Feld des Magneten M hindurch, welches sich zwischen seinen Polen befindet. Man kann nun durch einen Versuch mit einer solchen Scheibe beobachten, daß der Strom, welchen man erhält, zunimmt, wenn man das magnetische Feld verstärkt, wozu man bei einem Elektromagneten nur den Strom in seinen Drahtwindungen zu verstärken brauchte. Ferner erhält man ebenfalls eine Zunahme des Stromes durch schnelleres Drehen der Scheibe. Da der Strom immer durch eine elektromotorische Kraft hervorgerufen wird, so muß man durch die beiden Mittel, Verstärkung des Feldes und Vergrößerung der Drehzahl, die elektromotorische Kraft der Scheibe vergrößert haben. Weiter kann man beobachten, daß die Richtung des Stromes von der Drehrichtung und von der Richtung des magnetischen Feldes abhängt. Dreht man nämlich die Scheibe entgegengesetzt, so fließt auch der Strom entgegengesetzt. Vertauscht man die Pole des Magneten, indem man ihn umdreht oder bei einem Elektromagneten durch Umschalten der Stromrichtung in den Windungen, so fließt der Strom aus der Scheibe ebenfalls umgekehrt.

Es wird also, wenn ein Leiter sich durch ein Kraftlinienfeld bewegt, in dem Leiter eine elektromotorische Kraft erzeugt (induziert), deren Richtung von der Bewegungsrichtung des Leiters und der Richtung der Kraftlinien abhängt und deren Stärke mit der Geschwindigkeit der Bewegung zu- und abnimmt. Durch den Versuch kann man die folgende Handregel für die Richtung der elektromotorischen Kraft finden:

Man halte die rechte Hand so, daß die Kraftlinien in ihre Innenfläche eintreten und der ausgestreckte Daumen die Richtung der Bewegung des Leiters anzeigt, dann entsteht die elektromotorische Kraft in der Richtung des Zeigefingers.

Man kann diese Regel auch sinngemäß anwenden, wenn der Leiter stillsteht und sich statt dessen das Feld, oder der

Magnet dreht.  In diesem Fall denkt man sich das Feld feststehend und man müßte dann den Leiter entgegengesetzt bewegen,

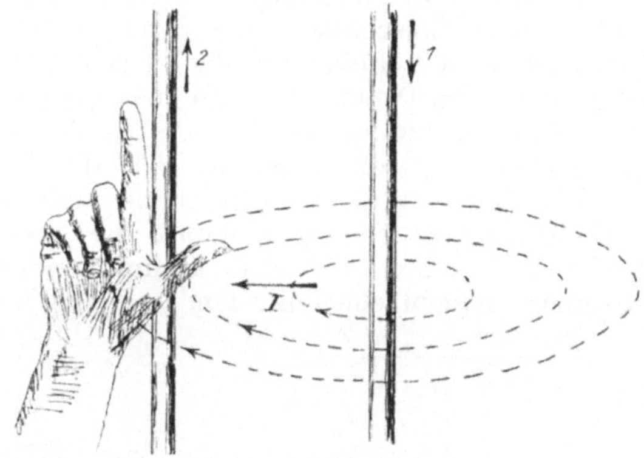

Fig. 48.  Induktion in nebeneinander liegenden Drähten beim Einschalten
von Draht 1.

als das Feld sich bewegt.  Bewegt sich also das Feld, so lautet
die Handregel folgendermaßen:

Man halte die rechte Hand so, daß die Kraftlinien in ihre Innenfläche eintreten und der aus-

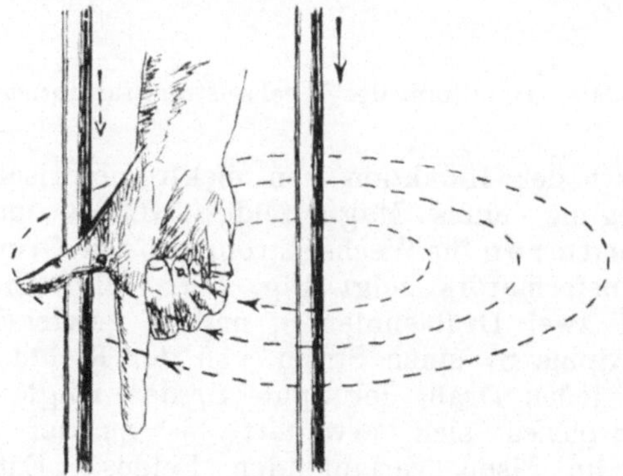

Fig. 49.  Induktion in nebeneinander liegenden Drähten beim Ausschalten
von Draht 1.

gestreckte Daumen nach der Richtung zeigt, von
welcher die Bewegung des Feldes herkommt, dann
entsteht die elektromotorische Kraft in der Richtung
des Zeigefingers.

Diese letzte Form der Handregel läßt sich anwenden in Fig. 48, wo zum besseren Verständnis des Gesagten die Hand gezeichnet ist für den Fall, daß das Feld des Drahtes 1 sich entwickelt, also beim Einschalten des Stromes im Draht 1. Es bewegt sich dann das Feld von dem Draht 1 aus in der Pfeilrichtung I nach dem Draht 2 hin und man erhält in diesem eine Induktion von der Richtung des Pfeiles 2. Beim Ausschalten des Stromes im Draht 1 würde sich das Feld in der umgekehrten Richtung zurückbewegen; man muß dann nach Fig. 49 die Hand umgekehrt halten, damit der Daumen nach der Richtung zeigt, woher das Feld kommt und die Kraftlinien in die innere Handfläche eintreten.

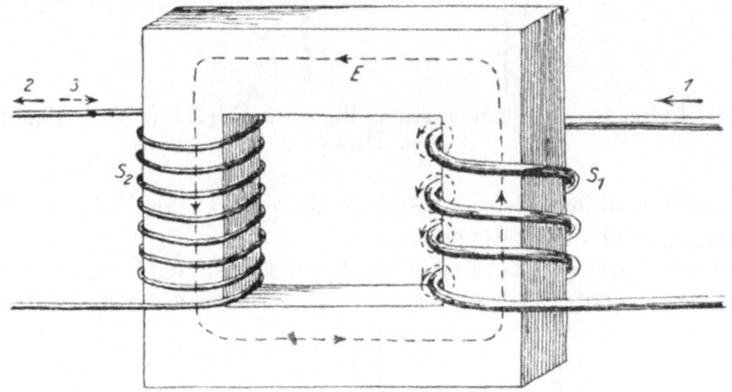


Fig. 50.   Grundform des Wechselstromtransformators.

Diese Art der Induktion von elektromotorischen Kräften durch Bewegung eines Magnetfeldes wendet man bei den Transformatoren für Wechselstrom an. Die Grundform eines solchen Transformators zeigt Fig. 50. Um einen eisernen Kern E sind zwei Drahtspulen $S_1$ und $S_2$ gewickelt. Schaltet man in der Spule $S_1$ einen Strom von der Richtung 1 ein, so entsteht um jeden Draht der Spule $S_1$ das ringförmige Kraftlinienfeld, welches sich erweitert bis zu der Gestalt des vollkommen im Eisen verlaufenden Feldes. Entsteht dieses Feld, so entsteht nach dem vorhin Gesagten in der Spule $S_2$ eine elektromotorische Kraft von der Richtung 2. Schaltet man den Strom in $S_1$ aus, so verschwindet das Feld und es entsteht eine elektromotorische Kraft in $S_2$ von der Richtung 3. Man kann also, um dauernd in $S_2$ eine elektromotorische Kraft zu erhalten, nur einen Strom in $S_1$ anwenden, dessen Stärke fortwährend wechselt, dann erhält man in $S_2$ durch das ebenfalls fortwährend sich ändernde Feld eine elektromotorische Kraft von wechselnder Richtung.

Benutzt man zur Erzeugung des veränderlichen Kraftlinienfeldes in der Spule $S_1$ einen Wechselstrom, so ist der Vorgang folgender: Entsteht in $S_1$ der Strom in der Richtung 1, dann entsteht in $S_2$ die elektromotorische Kraft von der Richtung 2; verschwindet 1, so entsteht in $S_2$ Richtung 3; entsteht dann 1 umgekehrt, so entsteht auch das Feld umgekehrt, also entsteht in $S_2$ wieder Richtung 3 und beim Verschwinden des umgekehrten Stromes 1 entsteht in $S_2$ wieder Richtung 2. Es gilt demnach das folgende Schema:

|  $S_1$ |  $S_2$ |
| --- | --- |
| → 1 zunehmend | 2 ← |
| → 1 abnehmend | 3 → |
| ← 1 zunehmend | 3 → |
| ← 1 abnehmend | 2 ← |
| → 1 zunehmend | 2 ← |
| → 1 abnehmend | 3 → |

Aus diesem Schema ersieht man, daß die elektromotorische Kraft in $S_2$ auch ganz periodisch ihre Richtung wechselt; schließt man daher an die Spule $S_2$ einen Stromkreis an, so erhält man in diesem ebenfalls einen Wechselstrom, wenn man durch die Spule $S_1$ einen Wechselstrom leitet. Genau wie in Spule $S_1$ sich je ein zu- und ein abnehmender Strom folgen, so folgen sich auch in der Spule $S_2$ jedesmal zwei Ströme von derselben Richtung und es hat der Wechselstrom in Spule $S_2$ genau dieselbe Wechselzahl wie derjenige in Spule $S_1$. Die Spule $S_1$ ist diejenige, welche das Feld erzeugt, sie heißt die primäre Spule, während diejenige, in welcher die Induktion erfolgt, als sekundäre Spule bezeichnet wird.

In Fig. 50 besitzen die Spulen $S_1$ und $S_2$ einen verschiedenen Querschnitt und verschiedene Windungszahl. Die Spule $S_2$ hat mehr Windungen als die Spule $S_1$. Es befindet sich daher die Spule $S_2$ mit einer viel größeren Drahtlänge in dem Kraftlinienfelde als die Spule $S_1$ und daher entsteht auch in ihr eine höhere elektromotorische Kraft als die Spannung ist, welche die Spule $S_1$ verbraucht. Wenn nun ein Draht sich mit größerer Länge im Felde befindet, so wird die elektromotorische Kraft in ihm im Verhältnis zur Längenvergrößerung zunehmen und da sich die Längen der Drähte wie die Windungszahlen der Spulen verhalten, so verhalten sich auch die Spannungen in den Spulen wie ihre Windungszahlen. Hat die primäre Spule $S_1$ 100 Windungen und führt man ihr 200 Volt zu, so erhält man aus der sekundären Spule $S_2$, wenn diese 1000 Windungen besitzt, auch eine 10 fach höhere elektromotorische Kraft, also 2000 Volt. Es wird also die Spannung von 200 Volt auf 2000 Volt herauftransformiert. Ebenso kann man umgekehrt durch Zuführung von höherer Spannung in eine primäre Spule mit vielen Windungen die Spannung heruntertransformieren, indem man der sekundären Spule eine entsprechend geringere Windungszahl gibt. Das Verhältnis der Windungszahlen heißt das Übersetzungsverhältnis des Transformators. Es beträgt in dem obigen Beispiel, wo die primäre Spule 100 und die sekundäre 1000 Windungen besitzt $\frac{1000}{100} = 10$. Da man nun aus der sekundären Spule niemals mehr Leistung herausholen kann, als man primär einleitet, mit anderen Worten, weil die Watt, die man primär einleitet, gleich den sekundär erzeugten Watt sein müssen (in Wirklichkeit muß man sogar primär immer etwas mehr Energie zuführen, weil im Transformator allerdings nur kleine Verluste auftreten), so muß die Spule mit hoher Spannung einen entsprechend schwächeren Strom führen. Deshalb ist auch die Hochspannungsspule, in Fig. 50 die Spule $S_2$ aus dünnerem Draht gewickelt als die Niederspannungsspule $S_1$. Weiteres über Transformatoren soll dann in einem besonderen späteren Abschnitt IX folgen.

Wenden wir uns nun wieder zu dem Apparat in Fig. 47, den man allerdings, wie dort schon gesagt war, für praktische Zwecke schlecht benutzen kann. Man kann ihn aber abändern, indem man keine Kupferscheibe, sondern einen Kupferdraht oder Drahtschleife verwendet, dessen Anfang und Ende nach Fig. 51 zu je einem Schleifringe geführt sind, auf dem die Bürsten $B_1$ und $B_2$ aufliegen. Wird der Draht gedreht, so erhalten wir in dem Stück a desselben unter dem Nordpol n des Magneten eine elektromotorische Kraft in der Pfeilrichtung, wenn die Drehung wie der Pfeil am Schleifring erfolgt. Es ergibt sich die Richtung der elektromotorischen Kraft aus der Handregel Seite 56 für den Fall, daß das Feld fest steht und der Leiter bewegt wird. In dem Stück b vor dem Südpol s des Magnets entsteht eine elektromotorische Kraft von umgekehrter Richtung wie in a, weil dort die Kraftlinien anders verlaufen. Die elektromotorische Kräfte in den Stücken a und b der Drahtschleife sind aber so hintereinander geschaltet, daß sie sich addieren und gemeinsam durch die äußere Leitung zwischen den Schleifbürsten $B_1$ $B_2$ einen Strom von der Richtung 1 hindurchtreiben. Wird der Drahtbügel weiter gedreht, so gelangen a und b in die Mitte zwischen beide Pole des Magnets, dann kann keine elektromotorische Kraft in ihnen entstehen. Bei noch weiterer Drehung aber kommt a vor den Südpol und b vor den Nordpol, so daß jetzt in a und b die elektromotorischen Kräfte umgekehrt entstehen in a so wie vorher in b und in b so wie vorher in a.  Da nun der Draht a stets mit der Bürste $B_1$ verbunden ist und der Draht b mit der Bürste $B_2$, so entsteht bei umgekehrter Richtung der Induktion in der Schleife auch in der äußeren Leitung ein umgekehrter Strom als vorher von der Richtung 2.  Man erhält daher aus der Vorrichtung in Fig. 51 einen Wechselstrom, der seine Richtung zweimal wechselt, wenn die Schleife einmal rund gedreht wird.

Wie schon früher gesagt wurde, muß man bei Wechselstrom wenigstens 80 Wechsel in der Sekunde anwenden, wenn das Licht nicht zittern soll.  Für 80 Wechsel muß man demnach die Drahtschleife 40mal herumdrehen.  Da man die Umlaufszahl von Maschinen immer auf eine Minute bezieht, ergibt sich für diesen Fall eine Umdrehungszahl von $40 \cdot 60 = 2400$ in der Minute.  Für normale Maschinen ist diese Umlaufszahl etwas hoch; soll sie kleiner bleiben, dann muß man

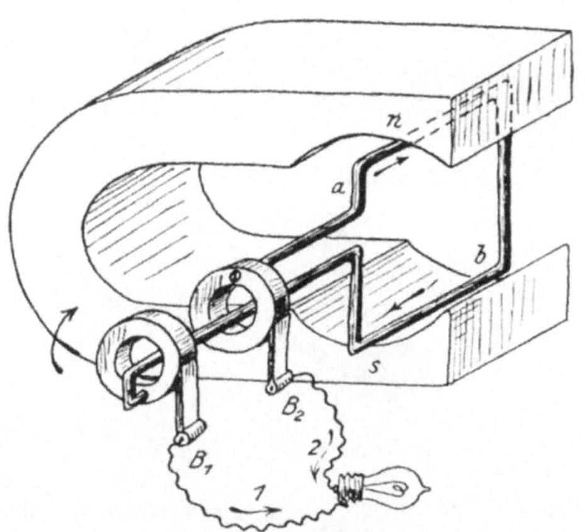

Fig. 51.  Erzeugung von Wechselstrom in einer Drahtschleife.

mehr Pole anwenden, denn jedesmal wenn die Drahtschleife vor einen anderen Pol kommt, wechselt in ihr die Richtung der Induktion.  Bei 4 Polen erhält man für eine Umdrehung 4 Wechsel, so daß dann für 80 Wechsel eine minutliche Umlaufszahl von 1200 erforderlich wird.  Je größer eine Maschine ist, um so langsamer läßt man sie im allgemeinen umlaufen und nach dem eben Gesagten muß sie also um so mehr Pole erhalten, je größer sie ist.  Es werden noch Wechselstrommaschinen mit 50 Polen ausgeführt, unter Umständen noch mehr.  Eine solche Maschine erzeugt also bei einer Umdrehung 50 Wechsel des Stromes. Zu 80 Stromwechseln in der Sekunde gehören dann $\frac{80}{50} = 1,6$ sekundliche Umdrehungen und $1,6 \cdot 60 = 96$ Umdrehungen in der Minute.  Über die praktische Ausführung der Wechselstrommaschinen soll im Abschnitt VI gesprochen werden.

Will man aus der Vorrichtung in Fig. 51 Gleichstrom erhalten, so muß man einen sogenannten Kollektor oder besser gesagt Stromwender (Kommutator) anwenden. Dieser besteht nach Fig. 52 aus zwei Lamellen $l_1$ und $l_2$, und zwar ist der Draht a mit $l_1$, der Draht b mit $l_2$ verbunden.

Diese Lamellen, die voneinander isoliert sind, bewirken, daß in der äußeren Leitung zwischen den Bürsten $B_1$ und $B_2$ bei einer Umdrehung des Drahtbügels zwei Ströme von gleicher Richtung fließen, obgleich in der Drahtschleife selbst genau wie bei der Vorrichtung in Fig. 51 der Strom zweimal wechselt. So wie die Schleife in Fig. 52 gezeichnet ist, fließt der Strom in der äußeren Leitung von $B_2$ nach $B_1$. Dreht sich der Bügel, so daß die Teile a und b in die Mitte zwischen die Pole des Magneten gelangen, dann entsteht, wie wir schon bei Fig. 51 gesehen haben, keine Induktion in ihnen, und dreht man in gleichem Sinne weiter, so tauschen die Stücke a und b ihre Pole und die Induktion wird umgekehrt. Da aber jetzt auch die Bürste $B_1$ auf $l_2$ aufliegt und $B_2$ auf $l_1$, so fließt in der äußeren Leitung wieder ein Strom von derselben Richtung wie vorher.

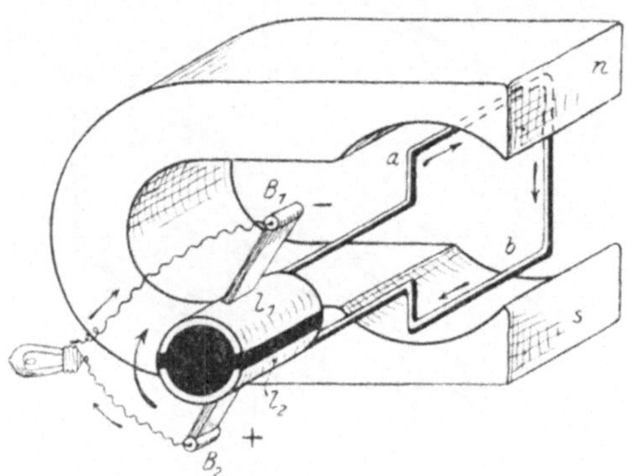

Fig. 52.   Erzeugung von Gleichstrom in einer Drahtschleife.

Bei wirklichen elektrischen Maschinen besitzt der Stromwender eine große Zahl, wenigstens 20 Lamellen und der Anker eine große Zahl Drähte. Hierdurch wird erreicht, daß der Strom für eine Umdrehung nicht aus 2 Stößen von gleicher Richtung besteht, sondern daß die durch die Isolierung zwischen den Lamellen bedingten Schwankungen gar nicht mehr bemerkt werden und ein gleichmäßiger Strom von fortwährend derselben Richtung entsteht, so lange die Maschine läuft. Genaueres über die wirkliche Ausführung der Gleichstrommaschinen soll dann im Abschnitt V gesagt werden.

Außer der bis jetzt erklärten Methode der Erzeugung von Strömen durch Induktion gibt es noch zwei weitere Methoden und zwar die Erzeugung von elektrischem Strom direkt aus Wärme und seine Erzeugung durch chemische Vorgänge. Zur

Erzeugung des elektrischen Stromes direkt aus Wärme benutzt man die Thermo-Elemente, die man zu Thermosäulen vereinigt. In Fig. 53 ist die Grundform einer solchen Säule gezeichnet. Man verbindet immer abwechselnd zwei verschiedene Metalle, am besten Wismut und Antimon, miteinander und erhitzt die Lötstellen 2, 4, 6 während die Lötstellen 1, 3, 5 kalt bleiben. Je größer der Temperaturunterschied zwischen den heißen und kalten Lötstellen ist, um so stärker wird der in der äußeren Verbindungsleitung fließende Strom.

Leider lassen sich aber diese Thermosäulen für praktische Zwecke nicht anwenden, denn ein Element gibt nur eine sehr geringe elektromotorische Kraft auch bei starker Erhitzung. Man muß daher in einer Säule viele Elemente hintereinander

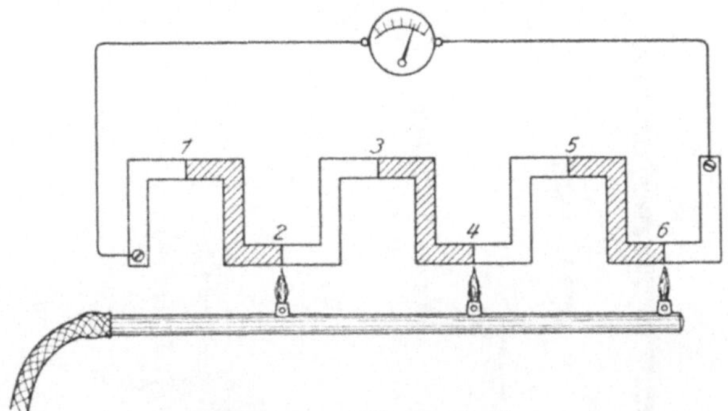

Fig. 53.  Thermo-Säule.

schalten, um eine genügende Spannung zu erhalten, aber dadurch wird der Widerstand der Säule sehr groß, so daß ein beträchtlicher Teil der elektromotorischen Kraft allein dazu verbraucht wird, den Strom nur durch die Säule zu treiben und daß daher für die äußere Leitung mit dem Nutzwiderstand nicht mehr viel übrig bleibt.

Besser zur Erzeugung eines Gleichstromes sind die galvanischen Elemente geeignet. Sie werden zwar auch gegenüber den Maschinen nur in geringem Maße hauptsächlich in der Schwachstromtechnik angewendet. In den galvanischen Elementen geht die Stromerzeugung als Folge von chemischen Vorgängen vor sich und zum besseren Verständnis der chemischen Vorgänge mögen zunächst zwei Versuche beschrieben werden.

Leitet man einen elektrischen Gleichstrom durch Wasser, welches durch schwachen Salzzusatz besser leitend gemacht ist, weil chemisch reines Wasser überhaupt nicht leitet,

so wird es in seine chemischen Bestandteile, die beiden Gase
Wasserstoff und Sauerstoff zersetzt. Es wird dabei der Wasserstoff stets an der Stelle abgeschieden, an welcher der Strom
die Flüssigkeit wieder verläßt. Ebenso wird aus Salzlösungen
stets durch den Strom das betreffende Metall des Salzes an der
Stelle ausgeschieden, an welcher der Strom die Lösung wieder
verläßt. Hierauf beruht das galvanische Verkupfern, Versilbern,
Vernickeln und dgl. von Metallen. Um den Vorgang verständlicher zu machen, sollen zwei bestimmte Fälle genau besprochen

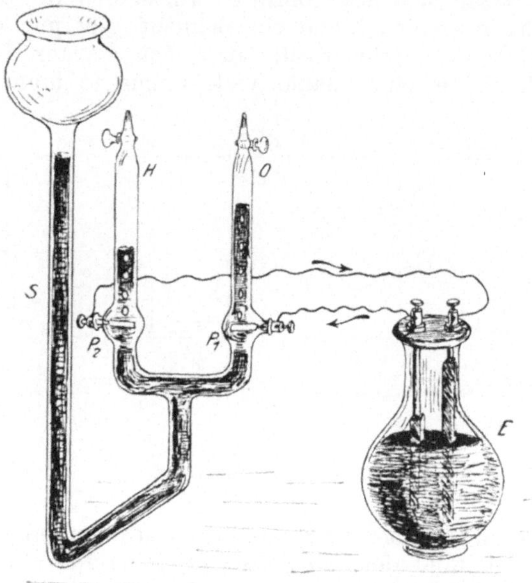


Fig. 54. Zersetzung von Wasser durch den elektrischen Strom.

werden. In Fig. 54 sind die beiden mit H und O bezeichneten
Glasrohre des Gefäßes S zunächst bis oben hin mit Wasser
gefüllt. Leitet man nun aus der Stromquelle E von der Klemme +
aus einen Strom durch einen Draht zur Platte $P_1$, so tritt dieser
von hier aus in das Wasser ein und gelangt zur Platte $P_2$, von
wo ein Draht nach der Klemme — zur Stromquelle zurückführt. Sogleich nach dem Einschalten des Stromes bemerkt
man, daß sich an beiden Platten, $P_1$ und $P_2$ Gasblasen bilden,
welche in den Rohren H und O aufsteigen und bei verschlossenen
Hähnen aufgefangen werden, während die Flüssigkeit in den
Rohren immer tiefer heruntergedrückt wird, so daß sie in dem

Rohr S aufsteigt. In dem Rohr O sammelt sich aber nur halb so viel Gas als im Rohr H.

Untersucht man die Gase, so findet man im Rohr H Wasserstoff und im Rohr O Sauerstoff. Es bildet sich also, wie schon gesagt wurde, der Wasserstoff an der Stelle, an welcher der Strom die Flüssigkeit wieder verläßt, nämlich an der Platte $P_2$, Ehe die Erklärung dafür gegeben wird, möge ein zweiter Versuch beschrieben werden. Das Gefäß G in Fig. 55 sei gefüllt mit einer Kupfervitriollösung. E ist die Stromquelle, aus welcher der Strom bei der Platte $P_1$ in die Flüssigkeit eintritt, dann diese durchfließt und an der Platte $P_2$ wieder verläßt, um zur Stromquelle zurückzukehren. Nach einiger Zeit bemerkt

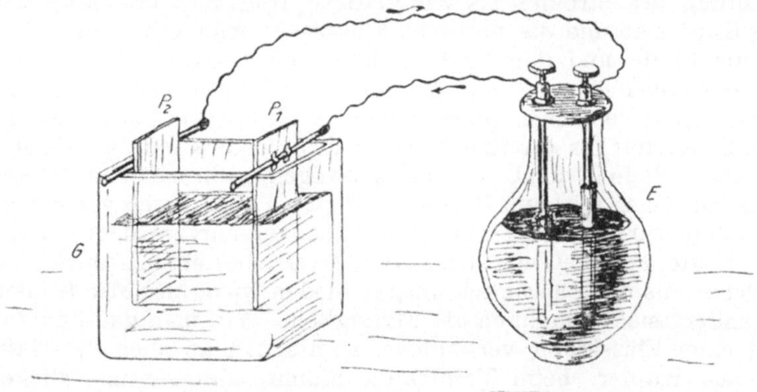


Fig. 55. Vernickeln, Verkupfern usw. durch den elektrischen Strom.

man dann auf der Platte $P_2$ einen Kupferniederschlag, der aus der Lösung ausgeschieden ist.

Die Erklärung für diese chemische Wirkung des elektrischen Stromes ist folgende: Die Elektronen, welche den elektrischen Strom bewirken, sind in allen Leitern enthalten und zwar nimmt man an, daß die kleinsten Teilchen der Körper, die Moleküle, jedes mit einem positiven und einem negativen Elektron behaftet sind. Bei dem Versuch der Wasserzersetzung in Fig. 54 wird eine chemische Spaltung der Wassermoleküle herbeigeführt, deren jedes aus zwei Atomen Wasserstoff und einem Atom Sauerstoff zusammengesetzt ist. Die beiden Wasserstoffatome wandern mit den positiven Elektronen in der positiven Richtung durch die Flüssigkeit bis zu der Platte $P_2$, wo sich die Elektronen von den Wasserstoffatomen trennen, welch letztere sich dort zu Gasblasen vereinigen und in der Flüssigkeit aufsteigen. Die Elektronen aber wandern weiter in den Draht hinein. In der umgekehrten Weise bewegen sich die negativen Elektronen mit den Sauerstoffatomen bis zu der Stelle, an welcher der Strom in das Wasser eintritt; dort scheiden sich Elektronen und Wasserstoffatome und die negativen Elektronen wandern ebenfalls nur umgekehrt wie die positiven in den Draht hinein, während die Sauerstoffatome sich zu Gasblasen ansammeln.

Ähnlich ist auch der Vorgang bei der Ausscheidung von Kupfer aus Kupfervitriol. Kupfervitriol besteht aus einem Teil Kupfer, einem Teil Schwefel und vier Teilen Sauerstoff. Die positiven Elektronen wandern mit dem Kupfer in der positiven Richtung des Stromes bis zur Platte $P_2$ (Fig. 55); dort setzt sich das Kupfer ab und die positiven Elektronen wandern allein weiter in die Platte und den Draht hinein; die negativen Elektronen wandern auch hier wieder umgekehrt und zwar nehmen sie die nach Abscheiden des Kupfers bleibenden Restbestandteile Schwefel und Sauerstoff bis zur Eintrittsstelle des Stromes mit, wo sie sich ebenfalls allein in den Draht hineinbewegen, während Schwefel und Sauerstoff sich mit dem Metall der Platte $P_1$ chemisch verbinden, so daß dadurch diese Platte allmählich verzehrt wird und wenn die Platte $P_1$ nicht aus demselben Metall besteht als dasjenige, welches aus der Flüssigkeit ausgeschieden wird, hier also Kupfer, so ändert sich allmählich die Flüssigkeit. Will man nun dauernd mit einer Flüssigkeit verkupfern, so nimmt man auch die Platte $P_1$ aus Kupfer, beim Vernickeln nimmt man sie aus Nickel, beim Versilbern aus Silber.

Aus den bisher beschriebenen Vorgängen ist zu ersehen, daß in den leitenden Flüssigkeiten gewissermaßen Verbindungen bestehen zwischen den Elektronen und den Atomen; diese Verbindungen nennt man Ionen und zwar sind positive Ionen die Verbindungen der positiven Elektronen mit Atomen (z. B. bei der Wasserzersetzung Wasserstoffatome mit positiven Elektronen) und negative Ionen Verbindungen von negativen Elektronen und Atomen. Mit Hilfe der Ionen lassen sich die Vorgänge in galvanischen Elementen erklären.

Die galvanischen Elemente, die schon in der Einleitung erwähnt wurden, bestehen in der Grundform aus einer Salzlösung oder anderen leitenden Flüssigkeit, in welche zwei Platten aus verschiedenen Metallen hineingehängt sind. Um das Zustandekommen eines elektrischen Stromes zu erklären, benutzen wir am besten ein Beispiel und zwar das Voltasche Element, welches schon in Fig. 1 gezeichnet ist. Es besteht aus verdünnter Schwefelsäure, in welche eine Kupferplatte Cu und eine Zinkplatte Zn hineingehängt sind.  Die Schwefelsäure besteht nach ihrer chemischen Zusammensetzung aus zwei Teilen Wasserstoff, einem Teil Schwefel und vier Teilen Sauerstoff. Die positiven Elektronen werden nun durch das Kupfer angezogen und lassen sich dabei in der Flüssigkeit durch den Wasserstoff, den sie aus der Schwefelsäure ausscheiden, bis zur Kupferplatte tragen, während sie dort in die Platte eindringen und dann in die äußere Leitung gedrängt werden, weil die Kupferplatte immer wieder neue positive Elektronen aus der Flüssigkeit anzieht.  Verbindet man also die Kupfer- und Zinkplatte außen durch einen Draht, so entsteht in diesem ein Kreisen von Elektronen, also ein Strom.  Durch die positiven Elektronen wird immer neuer Wasserstoff an die Kupferplatte befördert, während die negativen Elektronen umgekehrt nach dem Zink hin wandern und dort Schwefel und Sauerstoff aus der Schwefelsäure absetzen, welche sich sogleich mit dem Zink zu Zinkvitriol verbinden, so daß man wie bei allen galvanischen Elementen das Zink, welches dadurch verbraucht wird, von Zeit zu Zeit erneuern muß.  Ein Fehler des Volta - Elementes besteht darin, daß sich bei längerer Stromabnahme allmählich die Kupferplatte immer stärker mit Wasserstoffbläschen bedeckt.  Dadurch wird der Strom geschwächt, weil zwischen dem Wasserstoff und dem Kupfer eine neue

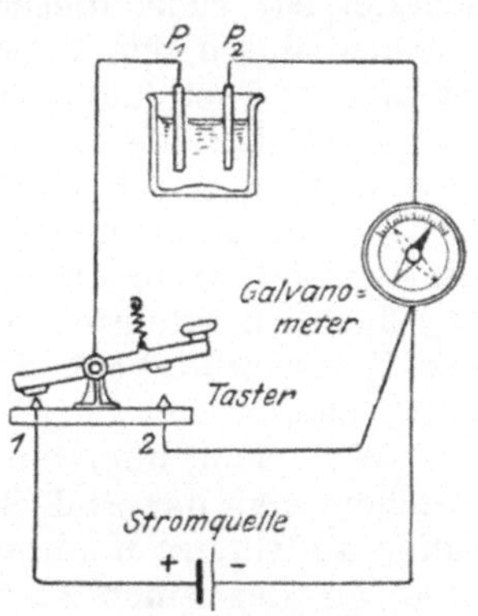

Fig. 56. Versuch über Polarisation.

elektromotorische Kraft entsteht, die man elektromotorische Kraft der Polarisation nennt und die entgegengesetzt gerichtet ist, als die elektromotorische Kraft des Elementes.

. Die Wirkung der Polarisation kann man an einem Versuch nach Fig. 56 erkennen, der außerdem grundlegend für die Akkumulatoren ist. Man benutzt ein Gefäß mit verdünnter Schwefelsäure, in welches zwei Bleiplatten $P_1$ $P_2$ hineingehängt sind. Aus dieser Vorrichtung kann man, weil beide Platten aus gleichem Metall bestehen, keinen Strom erhalten, wie man durch einen Versuch leicht erkennen kann. Stellt man aber die Schaltung her, welche in Fig. 56 gezeichnet ist, so fließt aus der Stromquelle ein Strom von $+$ durch den Kontakt 1 des Tasters nach der Platte $P_1$, dann durch die Schwefelsäure, weche chemisch zersetzt wird, in der vorhin beim Volta - Element angegebenen Weise, so daß sich auf der Platte $P_2$ Wasserstoff absetzt, worauf der

5*

Strom von $P_2$ durch das Galvanometer zum negativen Pol — der Stromquelle zurückfließt. Das Galvanometer zeigt durch einen Ausschlag diesen Strom an. Hat man einige Zeit lang auf diese Weise den Strom durch die Schwefelsäure hindurch geleitet, so drückt man auf den Taster, wodurch der Kontakt bei 1 unterbrochen und die Stromquelle ausgeschaltet wird, während die Polarisationszelle mit den Bleiplatten, dem Galvanometer und dem auf 2 niedergedrückten Taster hintereinander geschaltet sind. Sobald der Taster bei 2 Kontakt macht, schlägt das Galvanometer nach der entgegengesetzten Seite wie vorher aus, folglich fließt jetzt ein Strom in umgekehrter Richtung durch das Galvanometer als vorher und da die Stromquelle ausgeschaltet ist, rührt dieser Strom von der Polarisationszelle her, die also durch den Strom aus der Stromquelle geladen worden ist und nun entladen wird wie ein Akkumulator. Allerdings ist eine solche Zelle in der beschriebenen Ausführung sehr unzweckmäßig, denn durch einfaches Schütteln verliert sie schon einen großen Teil ihrer Ladung, weil die chemischen Veränderungen, die der Ladestrom auf den Platten hervorgerufen hat, nur ganz oberflächlich erfolgten und die Zersetzungsprodukte, namentlich der Wasserstoff beim Schütteln der Platten einfach in die Luft entweichen.

Will man nun ein galvanisches Element herstellen, aus welchem man dauernd Strom entnehmen kann, ohne daß Polarisation auftritt, so muß man einfach verhindern, daß sich Wasserstoff an der einen Platte des Elementes absetzen kann. Dies geschieht dadurch, daß man die positive Elektrode des Elementes mit einer Substanz umgibt, welche sich sehr leicht mit dem Wasserstoff chemisch verbindet. Eine solche Substanz nennt man Depolarisator. Bei einer Art von galvanischen Elementen, den Leclauché-Elementen, welche am häufigsten in Schwachstromanlagen verwendet werden, sind die beiden Elektroden Zink und Kohle. Die Kohle wird durch Pressen von Retortenniederschlägen bei der Gasfabrikation und anderen Zusätzen künstlich hergestellt und ist mit dem Zink zusammen in einem Glasgefäß mit Salmiaklösung untergebracht. Damit nun der bei Stromentnahme aus der Salmiaklösung ausgeschiedene Wasserstoff sich nicht an der Kohle absetzt, ist sie mit einem Depolarisator versehen, der aus Braunstein besteht. Dieser verbindet sich sehr leicht chemisch mit dem Wasserstoff und wird entweder in Form von gepreßten Briketts an die Kohle angebunden, oder diese steckt in einem Leinenbeutel, welcher den Braunstein in kleinen Stückchen enthält. Letztere Form ist das Beutel-Element. Entnimmt man einen nicht zu starken Strom

aus solchem Element, so kann der Braunstein den ausgeschiedenen
Wasserstoff chemisch binden und die Schwächung des Stromes
durch Polarisation ist verhindert. Einfacher als beim Leclanché
Element vermeidet man bei einem neueren Element, dem Cupron-
Element die Polarisation. Dieses Element besteht aus Zink
und einer Kupferoxydplatte in 15 bis 18 % Natronlauge. Die
Kupferoxydplatte ist porös und der aus der Natronlauge ausgeschiedene Wasserstoff verbindet sich mit dem Sauerstoff der
Kupferoxydplatte, so daß diese zu reinem Kupfer umgewandelt
wird, während die übrigen Zersetzungsprodukte der Natronlauge
eine Zinknatronverbindung eingehen, wodurch das Zink verbraucht wird. Solange noch Kupferoxyd auf der positiven Elektrode vorhanden ist, tritt keine Polarisation ein, ist aber alles
Kupferoxyd in Kupfer verwandelt, wobei der Wasserstoff mit
dem Sauerstoff des Kupferoxyds sich zu Wasser verbindet, so
ist das Element entladen, weil jetzt Polarisation eintritt. Damit
man die Kupferoxydplatte möglichst lang benützen kann, ist
die Oberfläche porös, also viel größer als wenn sie glatt wäre.
Auf sehr einfache Weise kann man nun die entladene Platte
wieder brauchbar machen. Man nimmt sie heraus, spült sie
mit Wasser ab und läßt sie trocken und warm 24 Stunden lang
stehen. Dann verbindet sich der Sauerstoff der Luft mit dem
Kupfer wieder zu Kupferoxyd. Noch schneller kann man die
Platte laden, wenn man sie auf 60 bis 80° erwärmt, dann ist
die Oxydation schon nach 2 bis 3 Stunden vollzogen. Diese
Cupron-Elemente, welche von Umbreit und Matthes in
Leipzig ausgeführt werden, haben nur geringe elektromotorische
Kraft 0,7 bis 0,9 Volt je nach ihrem Ladungszustand; aber weil
sie einen sehr kleinen inneren Widerstand haben, können sie
sehr starke Ströme liefern. Die größten derartigen Elemente
sind für 8 bis 16 Amper und haben einen inneren Widerstand
von 0,0075 $\Omega$. Ihre Kapazität beträgt 350 bis 400 Amperstunden, d. h. werden sie mit 10 Amper entladen, so können sie
$\frac{400}{10} = 40$ Stunden oder bei 5 Amper $\frac{400}{5} = 80$ Stunden benutzt
werden, ehe die Kupferoxydplatte wieder oxydiert werden muß.

Eine besonders für starke Ströme und deshalb für elektrische
Boote und auch andere Fahrzeuge geeignete Art von Elementen
sind die Wedekind-Elemente, welche von der Firma
G. A. Cohn, Hamburg, hergestellt werden. Wedekind verwendet als negative Elektrode Zink, als positive reines Kupferoxyd, welches mit einer Lösung von Kupferchlorid zu einem
dicken Brei angerührt wird. Dieser Brei wird auf gitterartiger
Platte aufgestrichen und etwa $^1/_2$ Stunde auf 100° erhitzt, wodurch

er sehr hart und fest wird.  Derartige Elektroden besitzen nach der Oxydation eine große Widerstandsfähigkeit gegen starke Ströme und gegen Stöße.  Nach der Entladung sind sie weich und porös genug, um sehr schnell den verlorenen Sauerstoff wieder aufzunehmen.  Die Oxydation erfolgt bei mäßigem Erhitzen in 6 bis 8 Stunden.  Bei der neuen Form des Elementes Fig. 57 ist Gefäß und positive Elektrode gleich aus einem Stück. Das Gefäß G ist aus Gußeisen und innen verkupfert.  Die beiden Breitseiten sind nach außen ausgebaucht und innen mit einer großen Anzahl kleiner Warzen versehen.  Der vorhin erwähnte Brei wird zwischen diese Warzen eingestrichen und dann gehärtet.  Außen sind die Kästen emailliert und schwarz lackiert. Die Zinkelektrode Z ist 5 mm dick und am Deckel des Gefäßes

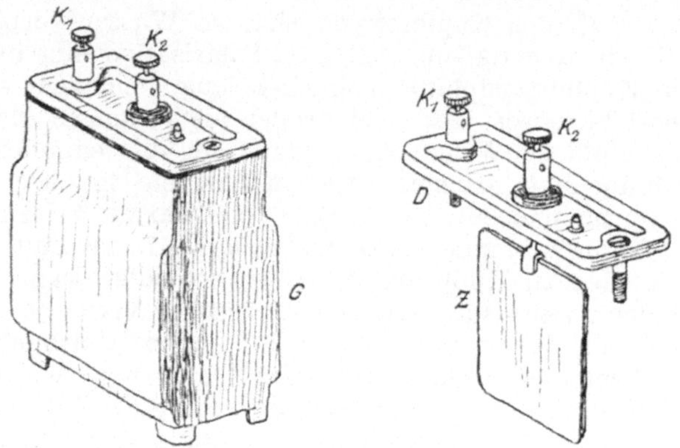



Fig. 57.  Wedekind-Element.

mit der Klemme K$_2$ isoliert befestigt.  Der Deckel wird durch zwei Schrauben gehalten, von denen die eine K$_1$ gleichzeitig die Klemme für die positive Elektrode ist.  Eine Gummidichtung zwischen Deckel und Gefäß verhindert das Austreten von Flüssigkeit und schützt diese vor der Einwirkung der äußeren Luft. Damit Gase entweichen können, ist in den Deckel ein Ventil eingebaut.  Verwendet wird 25 % Ätznatronlösung.  Die elektromotorische Kraft eines frischen Elementes beträgt 1,1 Volt, sinkt aber rasch auf etwa 0,7 Volt und fällt dann sehr langsam auf 0,5 Volt.  Danach beginnt sie rasch abzunehmen, so daß dann das Gefäß G entleert und auf die beschriebene Weise durch Erwärmung wieder neu oxydiert werden muß.  Die größten Typen der Wedekind-Elemente wiegen mit Füllung 50 kg, sie werden für 5 Amper mit einer Kapazität von 12 Amperstunden und für 20 Amper mit einer Kapazität von 400 Amperstunden hergestellt.

Unter die galvanischen Elemente kann man auch die Akkumulatoren rechnen. Das Prinzip des Bleiakkumulators war schon in Fig. 56 erklärt. Ladet und entladet man dort die Polarisationszelle wiederholt, so bilden sich allmählich die Bleiplatten chemisch um, indem die Platte $P_2$ nach der Ladung in reines Blei und die Platte $P_1$ in Bleiglätte oder Mennige verwandelt wird. Bei der Entladung bilden sich dann beide Platten um zu schwefelsaurem Blei. Wie schon bei Fig. 56 erwähnt war, können die durch den Ladestrom bewirkten chemischen Veränderungen nur oberflächlich auf den glatten Blei-

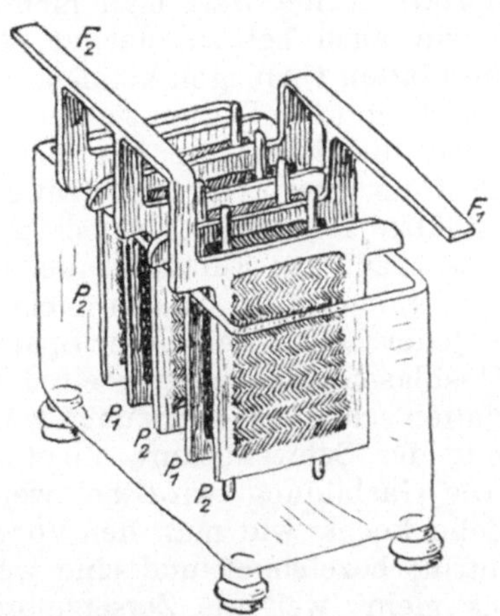
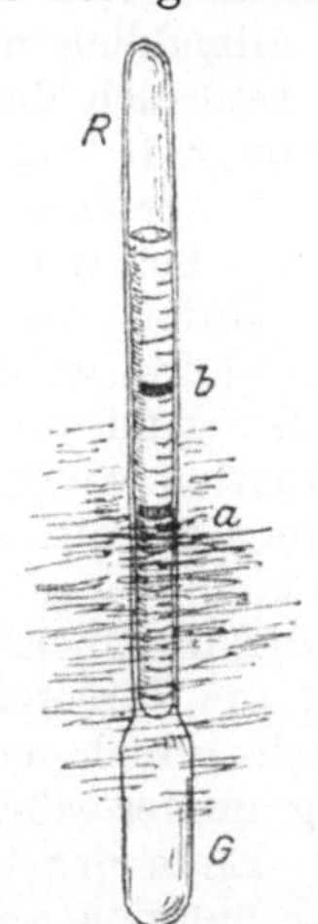

Fig. 58.  Akkumulator-Zelle.      Fig. 59.  Aräometer.

platten haften. Damit nun der Akkumulator eine größere Ladung aufnehmen kann, also größere Kapazität erhält, wendet man Gitterplatten an, aus Hartblei, welche ringsherum einen Rahmen besitzen. In die Maschen des Gitters streicht man die Füllmasse ein, welche bei den positiven Platten aus Bleiglätte besteht und bei den negativen Platten aus schwammigem Blei. Dadurch ist die Oberfläche der Platten porös und die chemischen Vorgänge können tiefer eindringen. Ein weiteres Mittel zur Vergrößerung der Kapazität ist die Verwendung mehrerer parallel geschalteter Platten. In Fig. 58 ist eine Zelle eines Akkumulators dargestellt. Es sind zwei positive Platten $P_1$, welche wegen der roten Farbe der Mennige braun aussehen und drei Bleischwammplatten $P_2$ vorhanden, welche in der dargestellten Weise verbunden sind. Die Platten dürfen nicht bis auf den Boden des Gefäßes stoßen, weil sonst durch herausfallende Füllmasse Kurzschluß zwischen den Platten entstehen kann. Sie hängen deshalb mit ihren Nasen am Gefäßrand. Voneinander sind sie durch zwischengesetzte Glasstäbe getrennt. Bei kleineren Akkumulatoren bestehen die Gefäße aus Glas, größere haben Holzkästen, welche innen mit Blei ausgekleidet sind. Jede frisch geladene Zelle hat zwei Volt. Die Stromstärke richtet sich nach der Größe der Plattenoberflächen in einer Zelle. Bei der Entladung der Zelle bildet sich die verdünnte Schwefelsäure zum Teil in Wasser um, und beide Plattenarten bilden sich um zu schwefelsaurem Blei. Dabei sinkt die Spannung der Zellen allmählich bis auf 1,7 Volt. Weiter darf man nicht entladen, weil sich dann ebenso wie auch bei zu starker Stromentnahme z. B. Kurzschluß, die Platten verbiegen können, wobei Füllmasse aus dem Gitterwerk fällt und die Platten sich berühren würden. Bei der Ladung wird die Füllmasse der positiven Platten durch die vom Ladestrom bewirkte Zersetzung der Schwefelsäure wieder in Bleiglätte verwandelt, wobei gleichzeitig Schwefelsäure entsteht, während die Füllmasse der negativen Platten wieder zu Bleischwamm wird. Dabei steigt die Spannung bis auf 2,5 Volt an jeder Zelle. Bei dieser Spannung beginnen in der Flüssigkeit Gasblasen aufzusteigen, ein Beweis dafür, daß die Oberfläche der Platten schon sehr stark umgewandelt ist und die Zersetzungsprodukte der Schwefelsäure nicht mehr chemisch aufnehmen kann. Die Gasbildung wird bei weiterer Ladung immer stärker, die Zelle kocht, wie man den Vorgang, der am Ende der Ladung eintritt, bezeichnet und eine weitere Ladung hat nun keinen Zweck mehr, weil die Zersetzungsprodukte von der Plattenoberfläche nicht mehr aufgenommen werden können. Der Ladungszustand einer Zelle kann mit dem Voltmeter bestimmt werden, weil ja die frisch geladene Zelle 2 Volt hat und ihre Spannung bis auf 1,7 Volt sinken darf. Da sich aber bei der Entladung Wasser bildet und bei der Ladung Schwefelsäure, so kann man auch mit einem Aräometer den Zustand der Zellen erkennen. Ein Aräometer ist ein Glaskörper nach Fig. 59, der oben bei R röhrenförmig und hohl ist, unten bei G aber massiv. Er wird deshalb in der gezeichneten Lage schwimmen. In seiner hohlen Röhre ist eine Skala untergebracht, auf der zwei Stellen besonders bezeichnet sind, die Marke a entspricht der Ladung des Akkumulators und die Marke b der Entladung. Da nämlich Schwefelsäure schwerer als Wasser ist, taucht das Aräometer bei einer geladenen Zelle weniger tief in die Flüssigkeit ein als bei einer entladenen. Wegen der ver-

änderlichen Spannung der Zellen sind in Zentralen, in denen
die Spannung wegen der angeschlossenen Lampen konstant
gehalten werden muß, Zellenschalter nötig, die erst später beschrieben werden sollen.  Für große Zentralen benutzt man
Batterien, die aus einer großen Anzahl Zellen bestehen.  Da
die entladene Zelle 1,7 Volt hat, so sind z. B. für 220 Volt
$\frac{220}{1,7} = 130$ Zellen erforderlich.  Die einzelnen Zellen werden
mit Hilfe der in Fig. 58 angegebenen Bleifahnen hintereinander-

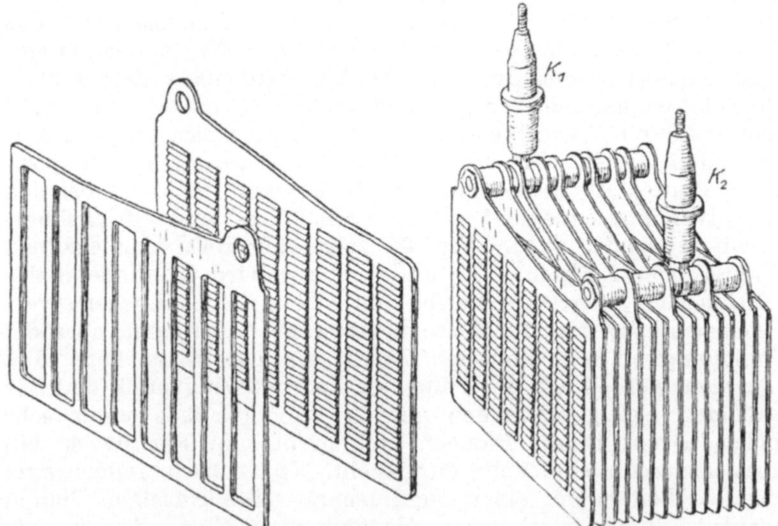


Fig. 60.  Eisenrahmen, leer und mit
Taschen versehen für den Edison-
Akkumulator.

Fig. 61.  Plattensatz des Edison-Akkumulators.

geschaltet, indem die Fahne $F_1$ der positiven Platten mit der
Fahne $F_2$ der nebenanstehenden Zelle verlötet wird.

Schon seit 10 Jahren ist ein anderer Akkumulator, der
Edison-Akkumulator neben dem Bleiakkumulator aufge-
taucht.  Trotz mehrerer Vorzüge von dem Bleiakkumulator hat
er diesen aber doch noch nicht verdrängen können, denn noch
immer ist der Bleiakkumulator in größeren Zentralen vorhanden.
Nur für ganz bestimmte Verwendungsgebiete, namentlich bei
Fahrzeugen (Elektromobilen), ist dieser Edison-Akkumulator ent-
schieden besser geeignet, als der Bleiakkumulator, weil er einen
festen mechanischen Aufbau besitzt und unempfindlich gegen
Erschütterungen und Stöße ist.  Auch verträgt er stoßweise

Überlastung, so daß man in den genannten Fällen trotz des größeren Raumbedarfs und der höheren Kosten der Edisonzellen diese heute vor dem Bleiakkumulator vorzieht. Allerdings ist das Gewicht des Edison-Akkumulators kleiner für die gleiche Leistung, als das des Bleiakkumulators, was ihn ebenfalls für Fahrzeuge geeignet macht. Der Edison-Akkumulator wird von der „Deutschen Edison-Akkumulatoren Co. G. m. b. H. Berlin" hergestellt und in folgender Weise ausgeführt: Das Gefäß oder der Trog sowohl, wie auch die Träger für die Füllmasse der Platten sind aus stark vernickeltem Eisenblech. Isoliermittel für die Elektroden ist Hartgummi, und die Füllflüssigkeit (das Elektrolyt) ist 21 % reine Kalilauge. Die Nähte des Troges sind geschweißt und auch der Deckel wird nach dem Einbau der Platten mit dem Trog verschweißt und besitzt ein Ventil zum Nachfüllen von Flüssigkeit und zum Herauslassen von auftretenden Gasen. Die aktive oder wirksame Masse der positiven Platten ist im wesentlichen Nickeloxyd, während bei den negativen Platten eine Mischung von Eisen- und Quecksilberoxyd verwendet wird. Fig. 60 zeigt die Form der eisernen Träger oder Rahmen. Die aktive Masse wird in dünne Stahlblechtaschen eingefüllt, welche mit vielen feinen Löchern versehen sind, so daß die Masse nicht herausfallen kann, aber die Füllflüssigkeit ungehinderten Zutritt zu der Masse hat. Die Taschen werden mit der Füllmasse hydraulisch gepreßt und der größeren Festigkeit wegen gewellt und ebenfalls unter sehr hohem Druck in die Rahmen eingepreßt. In Fig. 61 ist ein Plattensatz für eine Zelle dargestellt. Es wechseln immer zwei positive Platten mit einer negativen ab. Die einzelnen Platten werden durch vierkantige Hartgummistäbchen, die in die Rillen zwischen den Taschen eingeschoben werden, voneinander entfernt gehalten. Der sehr zweckmäßige mechanische Zusammenbau der Platten ermöglicht, daß der lichte Abstand von Tasche zu Tasche nur 1 mm beträgt. Jeder Plattensatz besitzt wie Fig. 61 zeigt, zwei die Platten überragende Polbolzen, welche zur Stromleitung dienen. Sie werden mit Stopfbüchsen und Weichgummiringen gegen den Trogdeckel abgedichtet und sind oben konisch ausgeführt, damit eine gute Verbindung zwischen ihnen und den Kabelschuhen der vernickelten Kupferbügel erzielt wird, mit denen die einzelnen Zellen hintereinander geschaltet werden. Die Spannung einer Edisonzelle ist niedriger als die einer Bleiakkumulatorzelle. Die Entladespannung beträgt im Mittel 1,23 Volt und gegen Ende der Entladung 1,15 Volt. Die höchste Ladespannung beträgt 1,8 Volt.

# IV. Elektrische Meßinstrumente.

Die elektrischen Meßinstrumente dienen zum Messen der elektrischen Größen, Amper, Volt und Watt und außerdem sind auch noch Instrumente zum Bestimmen der Wechselzahl, sowie die Zähler zum Messen der verbrauchten elektrischen Arbeit in Anwendung. Die genannten Instrumente mit Ausnahme der Zähler sind sämtlich in einer elektrischen Zentrale für den Maschinisten zur Bedienung der Maschinen notwendig.

Außerdem werden aber auch Meßinstrumente für genaue Untersuchungen und Messungen bei Abnahme - Versuchen und Maschinenprüfungen gebraucht. Für solche zuletzt genannte genauere Messungen benutzt man im allgemeinen sogenannte Präzisionsinstrumente, von denen die Drehspul-Instrumente die bekanntesten sind. Es war schon

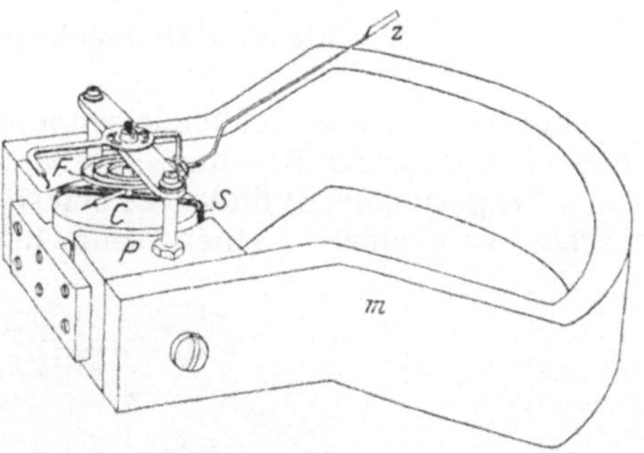

Fig. 62. Drehspul-Instrument von W e s t o n.

früher der gegenseitige Einfluß von Strom und Magnetnadel erklärt, indem gezeigt wurde, daß der Strom einen beweglich aufgehängten Magnet aus seiner gewöhnlichen Richtung ablenkt. Um diese Erscheinung für ein brauchbares Meßinstrument verwerten zu können, muß man das Prinzip umkehren, indem man den Magnet, der dann nicht mehr eine kleine Nadel, sondern ein starker Hufeisenmagnet ist, fest unbeweglich anordnet und dem Draht, in dem der Strom fließt, gibt man die Möglichkeit sich zu drehen. Dieses Prinzip ist zuerst für die transatlantische Telegraphie im sogenannten Syphonrekorder von Sir W. T h o m - s o n, dem bekannten L o r d K e l v i n angewendet worden. Für Meßinstrumente und zwar bei Spiegelgalvanometern hat es zu-

erst D e p r e z d'A r s o n v a l und für technische Präzisionsinstrumente W e s t o n benutzt, dessen Instrumente zuerst auf der
elektrotechnischen Ausstellung in Frankfurt a. Main 1890 aus-
gestellt waren. In Fig. 62 ist m der Stahlmagnet, welcher an-

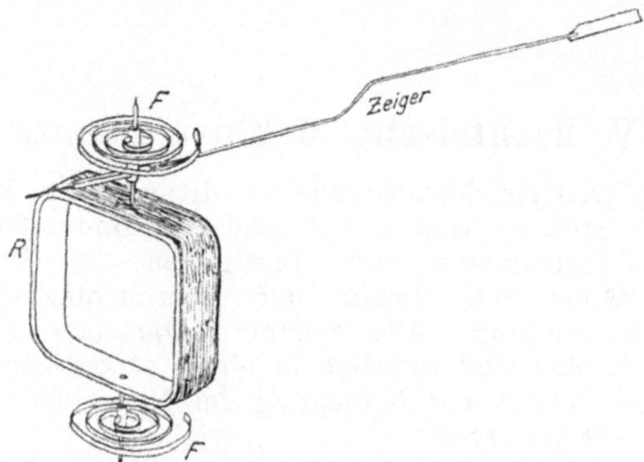


Fig. 63. Drehspule von Fig. 62.

geschraubte weiche Schmiedeisenpolschuhe P besitzt, zwischen
deren zylindrischer Bohrung ein ebenfalls aus weichem Schmiedeisen hergestellter Zylinder C befestigt ist. Der Zylinder wird
umfaßt von einer kleinen sehr leichten Spule S, welche in

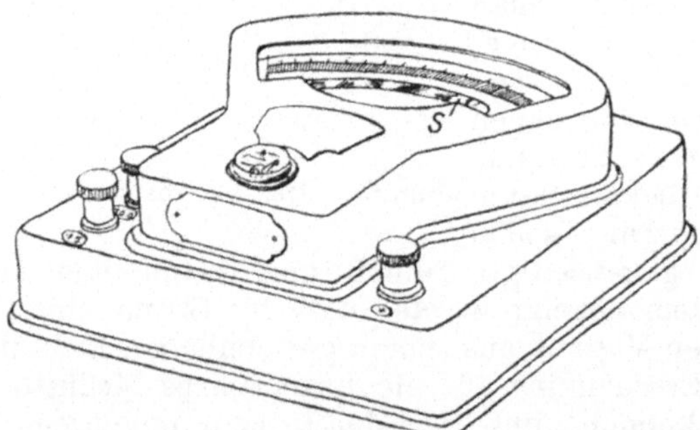


Fig. 64. W e s t o n - Voltmeter mit 2 Meßbereichen.

Fig. 63 besonders gezeichnet ist. Durch diese Drehspule leitet
man den zu messenden Strom, der durch die Spiralfedern F
zu- und abgeleitet wird. Diese Federn halten außerdem die
Spule und den mit ihr verbundenen Zeiger in der Nullage und
wenn ein Strom in der Spule fließt und diese sich dreht, so

werden sie gespannt und leisten den erforderlichen Widerstand, so daß die Drehung der Spule genau der Stärke des Stromes entspricht.  Der Draht der Spule ist auf einen Aluminium-Rahmen R gewickelt, welcher zur Dämpfung der Spulenbewegung dient.  Jedes brauchbare Instrument muß gedämpft sein, sonst erfolgen die Ausschläge nicht sofort dem Strom entsprechend, sondern zuerst zuweit und dann schwingt der Zeiger erst noch verschiedene Male hin und her, bis er endlich nach immer kleiner werdenden Schwingungen still steht.  Ändert sich der Strom, so muß der Zeiger eine andere Stelle einnehmen und dies geschieht ebenfalls wieder unter unnötigen Schwingungen und in solchen Betrieben, wo die Belastung stark schwankend ist, z. B. in einer Bahnzentrale oder beim elektrischen Antrieb von Walzwerken weiß man nicht, ob die Schwingungen des Zeigers seine eigenen Pendelschwingungen oder die Stromschwankungen sind und man könnte deshalb mit einem ungedämpften Instrument überhaupt keine Messungen ausführen.  Ein gedämpftes Instrument aber dreht sich fast vollkommen ohne Schwingungen und die Bewegungen des Zeigers erfolgen genau den Schwankungen des Stromes entsprechend.  Die Mittel zur Dämpfung sind sehr verschieden und sollen bei den einzelnen Instrumenten besprochen werden.

Die Drehspul-Instrumente haben elektromagnetische Dämpfung.  Der Aluminiumrahmen R der Spule in Fig. 63 schwingt bei der Spulendrehung in dem Kraftlinien-Feld des Stahlmagnets, und nach dem Faradayschen Gesetz Seite 56 entsteht dabei in ihm eine Induktion und da er einen geschlossenen Stromkreis besitzt, entsteht auch ein Strom.  Dieser Strom in dem Rahmen verbraucht Arbeit, denn nach den Beziehungen in Abschnitt II Seite 20 wird elektrische Energie aus mechanischer erzeugt.  Bei dem Drehspul-Instrument wird die zur Stromerzeugung in dem Dämpfungsrahmen nötige mechanische Energie von der überschüssigen Bewegungsenergie der Spule hergenommen, welche diese durch den Meßstrom erhält und die sonst die Pendelschwingungen veranlaßt.  Das Äußere eines Weston-Instrumentes zeigt Fig. 64 und zwar ein Voltmeter, mit dem man beim Anschluß an die Klemmen + und 15 bis 15 Volt und bei + und 150 bis 150 Volt messen kann.  S ist ein Spiegel, den alle diese Präzisionsinstrumente haben, damit man die Zeigerstellung genau ablesen kann.  Zu diesem Zweck ist auch die Zeigerspitze flach und hochkant gestellt.

Aus der Beschreibung geht hervor, daß die Drehspule möglichst klein und leicht sein muß.  Es kann also durch den Draht der Spule, der sehr fein ist, nur ganz schwacher Strom

fließen. Die starken Maschinenströme der Technik lassen sich aber
trotzdem mit den Drehspul-Instrumenten messen, indem man
Meßwiderstände benutzt. In Fig. 65 ist ein Meßwiderstand
von Siemens & Halske gezeichnet, welche ebenfalls wie
auch noch verschiedene andere Firmen Drehspulinstrumente
bauen. Der Meßwiderstand w wird mit den Klemmen K in
die Leitung geschaltet, deren Strom I gemessen werden soll.
In die Aussparungen der Kupferbügel a schiebt man dann,
wenn die Messung ausgeführt werden soll, das Instrument mit
den Klemmen k ein. Dann ist eine Stromverzweigung hergestellt, indem der Strom I sich verzweigt. Der größte Teil
fließt durch den Meßwiderstand und ein ganz schwacher Bruch-
teil i des zu messenden Stromes fließt durch das Instrument.
Die Meßwiderstände, deren Widerstand nur sehr klein sein darf,

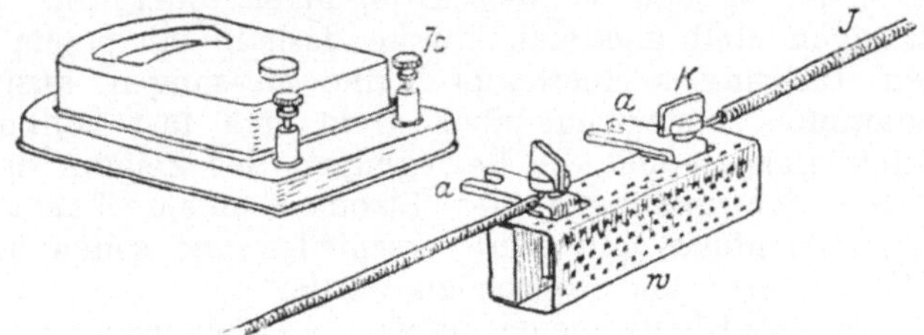

Fig. 65.   Meßwiderstand von Siemens & Halske.

damit ihr Einschalten den Strom I in der Leitung nicht beeinflußt, sind immer so ausgeführt, daß der Strom I entweder
10 mal, oder 100 mal oder 1000 mal oder auch 50 mal, 500 mal
usw. stärker ist, als der Strom i im Instrument, damit man ohne
lange Rechnereien die Messungen ausführen kann.

    Auch für die Weston-Instrumente werden natürlich Meß-
widerstände ausgeführt.

    Für solche Instrumente, die für Schalttafeln in Maschinen-
anlagen bestimmt sind, sehen die Meßwiderstände der Weston-
Instrumente so aus, wie in Fig. 66. Die Drehspul-Instrumente
werden auch für Schalttafeln ausgeführt, nur sind sie dann
einfacher und billiger als die Präzisionsinstrumente. In Fig. 66
hängt das Instrument auf der Vorderseite der Schalttafel, auf
deren Rückseite die Leitungen meist als blanke Schienen verlegt
sind. In die zu messende Leitung I wird der Meßwiderstand
w, der aus zwei Messingklötzen mit Anschlußbolzen für die
Starkstromleitung besteht und durch die abgeglichenen Bleche w
dargestellt wird, eingeschaltet. Von den Messingklötzen führen
zwei Verbindungsdrähte d zum Instrument.

Die Verwendung eines Meßwiderstandes ist aber nicht auf Präzisions- und Drehspulinstrumente beschränkt, sondern wird in allen Fällen angewendet, in denen die Instrumente selbst nur schwache Ströme vertragen können z. B. auch bei Hitzdrahtinstrumenten und dynamischen Instrumenten.

Die Drehspulinstrumente beruhen auf der Wechselwirkung von Magnet und Strom.  Sie sind deshalb von der Stromrichtung abhängig (polarisiert) und wenn man die Leitungen falsch anschließt, so daß der Strom in der Drehspule die verkehrte Richtung hat, schlägt der Zeiger nach der falschen Seite aus.  Man muß

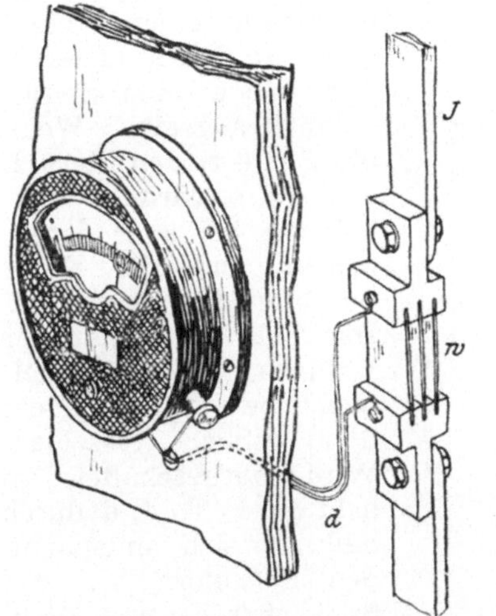

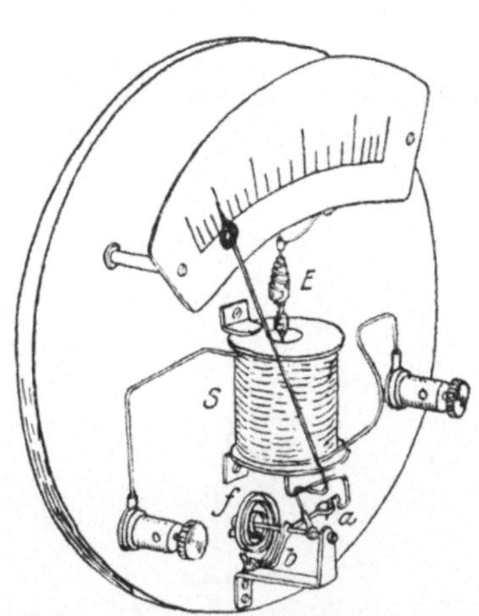

<table>
<tr><td>Fig. 66.  Schalttafelinstrument von<br>Weston mit Meßwiderstand.</td><td>Fig. 67.  Älteres Weicheiseninstru-<br>ment von Hartmann & Braun.</td></tr>
</table>

dann die Leitungen an den Klemmen vertauschen.  Es folgt aber hieraus auch, daß man nur Gleichstrom mit den Drehspulinstrumenten messen kann, bei Wechselstrom steht die Drehspule, wie schon für die Magnetnadel auf Seite 5 gezeigt wurde, einfach still.

Man kann aber elektromagnetische Instrumente auch für Wechselstrom brauchbar machen, nur darf man dann nicht Strom und Magnet aufeinander einwirken lassen, sondern Strom und weiches Eisen.  Instrumente dieser Art heißen Weicheiseninstrumente.  Sie beruhen auf dem Umstand, daß eine vom Strom durchflossene feststehende Spule einen Kern aus weichem Eisen einzieht.  Da dieses Einziehen unabhängig von der Stromrichtung ist, so sind die Weicheiseninstrumente für Gleichstrom und Wechselstrom verwendbar. Für Wechselstrom müssen sie aber eine andere Teilung auf der Skala erhalten. In Fig. 67 ist ein älteres Weicheiseninstrument von Hartmann & Braun Frankfurt a. M. dargestellt. Der Eisenkern E, welcher bei allen diesen Instrumenten möglichst klein und leicht sein soll, ist aus einem besonders ausgeschnittenen Blech aufgerollt und drückt unten bei a auf einen Winkelhebel, an dessen anderem Arm bei b eine Spiralfeder f angreift. Wenn die Spule S den Kern E einzieht, so wird der Winkelhebel bei a niedergedrückt und die Feder durch den Arm b gespannt. Der Zeiger, der an der Drehachse des Winkelhebels befestigt ist, macht dann einen Ausschlag. Wird ausgeschaltet, so hebt die Feder f, dadurch daß sie sich entspannt, den Eisenkern aus der Spule heraus und dreht den Zeiger wieder auf den Nullpunkt der Teilung.

Die älteren Weicheiseninstrumente hatten meist noch keine Dämpfung und wurden durch starke Ströme, die in ihrer Nähe vorbeiflossen, derartig beeinflußt, daß sie falsch zeigten. Man mußte deshalb bei den Schalttafeln die Leitungen auf der Rückseite so führen, daß sie nicht direkt hinter den Instrumenten vorbei gingen. Neuere Instrumente haben diese Nachteile nicht mehr.

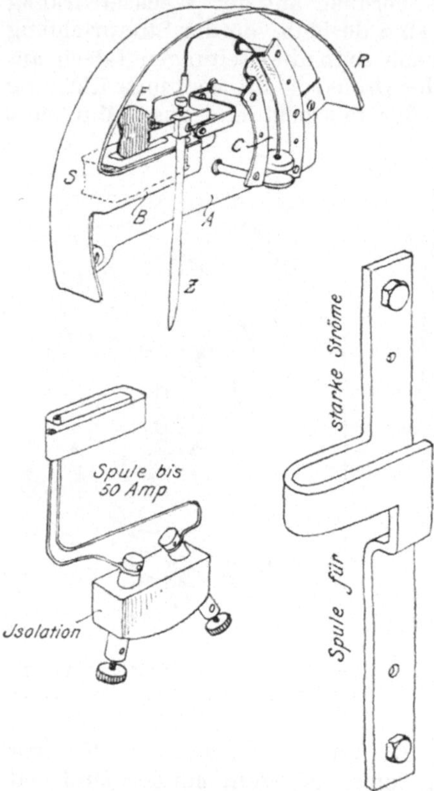


Fig. 68. Weicheiseninstrument v. Siemens & Halske.

In Fig. 68 ist ein neueres Weicheiseninstrument von Siemens & Halske gezeichnet. Die Spule S, welche ganz flach gewickelt ist, wirkt anziehend auf das Eisenblech E, welches an der wagrechten Achse, an der auch der Zeiger sitzt, drehbar ist. Die Dämpfung ist eine Luftdämpfung und besteht aus einer Aluminiumscheibe, die in einem kreisförmig gebogenen Zylinder C schwingt, von dem in der Fig. 68 die obere Hälfte abgenommen ist. Der Zylinder ist unten geschlossen und die Scheibe hat nur ganz wenig Spiel zwischen den Wandungen des Zylinders. Der Schutz gegen den Einfluß von fremden Strömen besteht in einem Eisenblech A, welches die Rückwand des Instrumentes zum größten Teil bedeckt und einem daran angeschraubten Seitenblech R, von dem ein Streifen B vorne über die Spule S geht, so daß diese fast vollkommen von Eisenblech umgeben ist. Die Wirkung dieses Schutzes ist so vorzüglich, daß nach Versuchen von Siemens & Halske 10000 Amper unmittelbar hinter dem Instrument vorbeigeleitet wer-

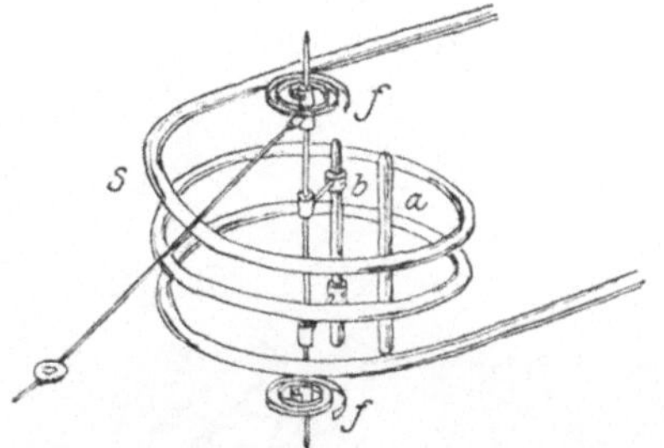

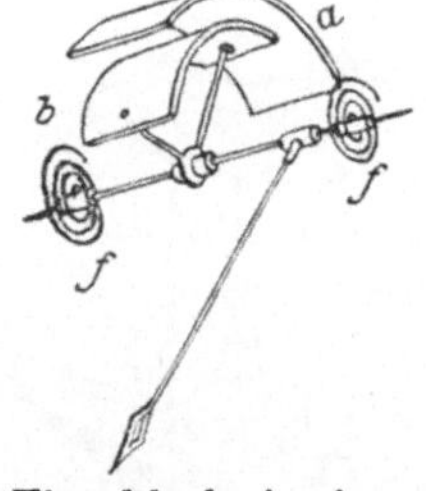

Fig. 69. Grundform eines Weicheiseninstrumentes der A. E. G.    Fig. 70. Eisenbleche in einem Weicheiseninstrument der A. E. G.

den konnten, ohne daß ein Einfluß bemerkbar wurde. In Fig. 68 sind noch zwei Spulen für Ampermeter nach dieser Art zum Messen von stärkeren Strömen angegeben. Die Spule bis 50 Amp. besteht aus einem Kupferband mit mehreren Windungen, während die Spule für noch stärkere Ströme einfach aus Flachkupfer besteht, welches nur eine Windung macht, denn je stärker der Strom ist, um so kleinere Windungszahl ist notwendig. Die Spule für starke Ströme ragt oben und unten aus dem Gehäuse des Instrumentes heraus und besitzt an diesen Stellen Kopfschrauben zum Einschalten in die Leitung.

Das Prinzip eines Weichinstrumentes der Allgemeinen Elektrizitäts-Gesellschaft zeigt Fig. 69. Zwei kleine Eisendrähte a und b befinden sich in einer Spule S, welche beide gleichartig magnetisiert, so daß beide oben gleiche Pole und unten gleiche Pole bekommen und sich gegenseitig abstoßen. Der Draht a steht fest, der Draht b ist drehbar an einer Achse.

Er wird sich daher von a wegdrehen, so daß der Zeiger einen Ausschlag macht. Spiralfedern f liefern den Widerstand gegen die Verdrehung. Ein Instrument in dieser Art würde aber eine sehr ungleichförmige Teilung erhalten, deshalb ist die Ausführung etwas anders. Anstatt der Drähte sind gebogene Bleche nach Fig. 70 verwendet, die sich dann ebenso abstoßen, wenn das bewegliche Blech b in der Nullage nur teilweise unter dem festen Blech a steht. Das Instrument selbst ist nach Fig. 71 ausgeführt. S ist die Spule, in deren Innerm die Bleche aus Fig. 70 liegen. Die Dämpfung ist Luftdämpfung ähnlich wie in Fig. 68, indem auch hier ein gebogener Luftzylinder verwendet wird, dessen Deckel in Fig. 71 entfernt ist.

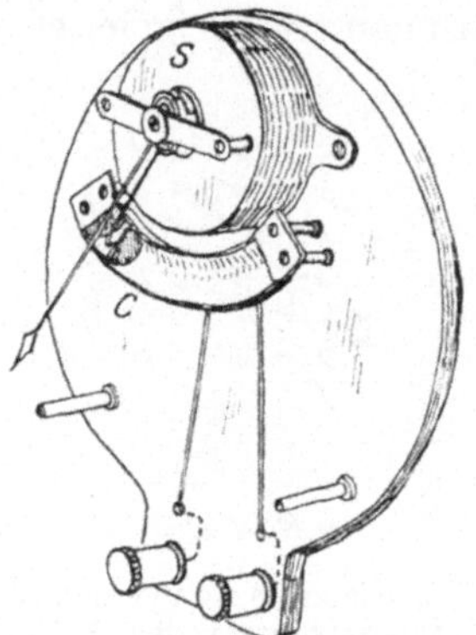

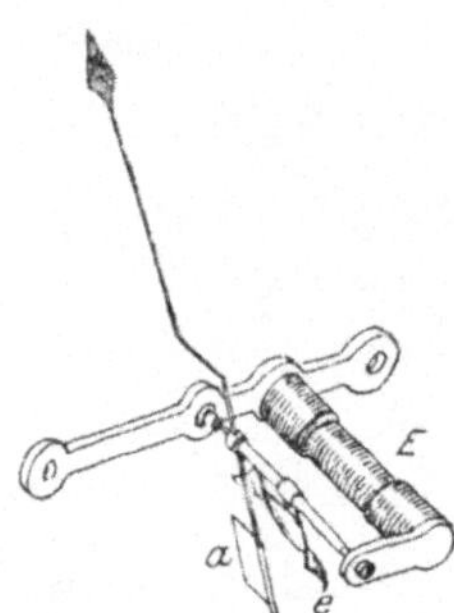

Fig. 71. Weicheiseninstrument der A. E. G.

Fig. 72. Weicheiseninstrument von Dr. Paul Mayer A. G.

Ein auf demselben Prinzip wie das vorige beruhendes Instrument von Dr. P. Mayer A. G. ist in Fig. 72 dargestellt. E ist ein feststehender Eisenkern, e ein schraubenförmig gewundenes Blech, welches von E abgestoßen wird. Die Gegenkraft gegen die Drehung durch den Strom liefert hier die Schwerkraft. Es muß also dies Instrument, ebenso wie das in Fig. 68 gerade aufgehängt werden, damit der Zeiger auf Null steht. Auch das Instrument in Fig. 72 hat Luftdämpfung. Die Dämpffahne ist die Aluminiumscheibe a, welche in einem möglichst geschlossenen Gehäuse schwingt. Die Stromspule, die in Fig. 72 nicht gezeichnet ist, wird über E und e so herübergeschoben, daß beide in ihrem Innern liegen.

Die Weicheiseninstrumente sind hauptsächlich Schalttafel-Instrumente. Sie zeigen nicht so genau wie die Präzisionsinstrumente, sind aber weniger teuer als diese und für Schalttafeln ausreichend. Obgleich sie auch für Wechselstrom brauchbar sind, wenn sie besonders dafür geeicht werden, benutzt man sie doch hauptsächlich bei Gleichstrom.

Dagegen benutzt man für Schalttafeln in Wechselstromanlagen sehr häufig die Hitzdraht-Instrumente. Sie beruhen auf der Wärmewirkung des Stromes und können aus diesem Grunde für Gleich- und Wechselstrom ohne weiteres benutzt werden. In Fig. 73 ist ein Hitzdraht-Instrument von Hartmann & Braun dargestellt. Der Hitzdraht ist ein feiner Draht a aus einer Platin-Iridium-Legierung, der auf einer Platte $P_1$ und mit dem anderen Ende auf einer zweiten Platte $P_2$ befestigt ist, wodurch die Einflüsse der Lufttemperatur aufgehoben werden. Der Hitzdraht ist mit den Klemmen so verbunden, daß der Strom durch ihn hindurchfließt. Dadurch wird er warm und vergrößert seine Länge. Infolgedessen streckt sich dementsprechend die Spannfeder F, welche durch die Spanndrähte c und b mit dem Hitzdraht verbunden ist und diesen immer straff spannt. Da der Spanndraht c aus zwei Teilen besteht, die jeder über eine kleine Rolle an der Zeigerachse geschlungen sind, wird der Zeiger gedreht, sobald die Feder F sich streckt. Schaltet man das Instrument aus, so wird der Draht bei seiner kleinen Masse fast im Augenblick wieder kalt, verkürzt sich

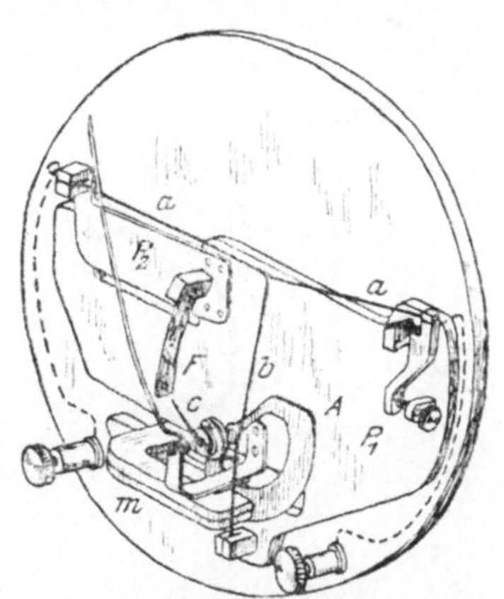

Fig. 73. Hitzdraht-Instrument von Hartmann & Braun.

und dreht den Zeiger, während die Feder wieder stärker gespannt wird, auf Null zurück. Die Hitzdraht-Instrumente vertragen nur wenig Strom. Die Ampermeter erhalten daher einen Meßwiderstand parallel zum Hitzdraht, die Voltmeter einen besonderen Vorschaltwiderstand in Hintereinanderschaltung mit dem Hitzdraht. Obgleich die Instrumente ihrer Natur nach schon etwas träge sind, erhalten sie noch eine Dämpfung. Diese ist elektromagnetisch und besteht aus einer Aluminiumscheibe A, welche sich zwischen den Polen eines kleinen Stahlmagnets m hindurchdreht. Die neuen Instrumente mit Platin-Iridiumdraht sind von den Schwankungen der Lufttemperatur unbeeinflußt. Früher wurde ein Hitzdraht aus Platin-Silber benutzt, dessen Temperatur nicht so hoch werden durfte als bei Platin-

Iridium.  Es hatte deshalb die Temperatur der Luft einen merk-
baren Einfluß auf die Drahtlänge und man mußte unter Umständen durch Änderung der Drahtspannung erst den Zeiger
vor der Messung auf Null stellen.  Heute ist dieser Nachteil
beseitigt.  Die Hitzdraht - Instrumente sind vollkommen unempfindlich gegen Beeinflussung durch fremde Ströme.

Die dynamischen Instrumente haben mit den Hitzdrahtinstrumenten das gemein, daß sie auch für Gleich- und
Wechselstrom ohne Unterschied anwendbar sind, aber da für
Gleichstrom die vorzüglichen Drehspul - Instrumente vorhanden
sind, werden sie fast nur bei Wechselstrom benutzt, aber dort für

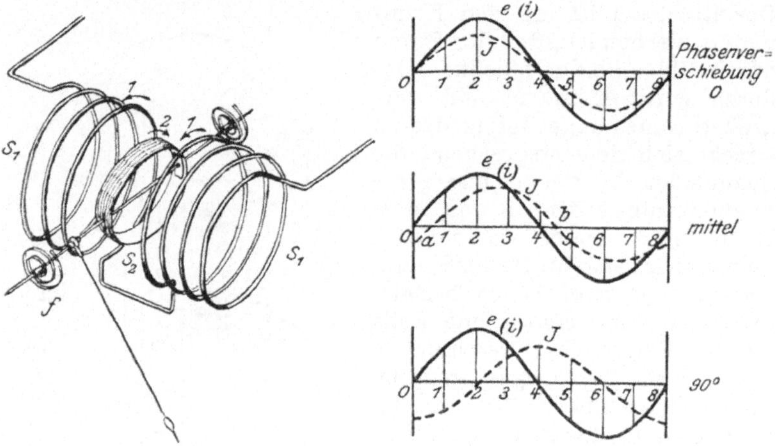


Fig. 74.   Dynamisches Weston-       Fig. 75.   Verschiedene Phasenver-
            Voltmeter.                            schiebungen.

genauere Messungen.  Dann sind auch die schon im II. Abschnitt
vergl. Fig. 29 erwähnten Wattmeter dynamische Instrumente.
Das Prinzip, welches zur Anwendung kommt, ist der Einfluß
von stromdurchflossenen Drähten aufeinander.  Es ziehen sich,
wie aus den Kraftlinienbildern in Fig. 21 und 22 hervorgeht,
gleichgerichtete Ströme an und entgegengesetzt gerichtete Ströme
stoßen sich ab.  Die Instrumente werden als Voltmeter, Ampermeter und hauptsächlich als Wattmeter ausgeführt.

In Fig. 74 ist die Grundform eines dynamischen
Weston-Instrumentes dargestellt.  Eine Spule $S_1$ ist feststehend angeordnet und wirkt auf die drehbare Spule $S_2$ ein.
Letztere ist möglichst klein und leicht und wird durch Spiralfedern in der Nullage gehalten.  Die Schaltung der Spulen ist

so, daß die gleichzeitigen Ströme in ihnen die Pfeilrichtungen haben, also die Spulenseiten 1 stoßen die Spulenseite 2 ab, weil in ihnen entgegengesetzt gerichtete Ströme fließen und die unteren Seiten der Drähte von $S_1$ wirken dann anziehend auf die Spulenseite 2. Ob der Strom in den Spulen Gleichstrom oder Wechselstrom ist, bleibt ohne Einfluß, denn bei Wechselstrom wechselt er ja immer gleichzeitig in beiden Spulen, so daß die drehende Wirkung dieselbe bleibt. In der Ausführung des Instrumentes als Voltmeter besteht die Spule $S_1$ aus demselben dünnen Draht, wie die Spule $S_2$ und beide Spulen sind hintereinander geschaltet. Die Dämpfung des Instrumentes ist bei Fig. 76 erklärt.

Die Ausführung des Instrumentes als **Wattmeter** geschieht in der Weise, daß die Spule $S_1$ als Stromspule geschaltet wird (vgl. Fig. 29 und Seite 39) und die Spule $S_2$ als Spannungsspule. Es wirken dann zwei Ströme aufeinander ein, in der Stromspule der Strom I und in der Spannungsspule ein Strom i, welcher in bestimmtem Verhältnis zur Spannung e steht. Der Strom I und der Strom i können nun wie schon früher gesagt ist, nur dann einen Ausschlag bei einem Wattmeter hervorrufen, wenn ihre Phasenverschiebung nicht $90^0$ beträgt. In Fig. 75 sind drei verschiedene Phasenverschiebungen gezeichnet. In allen drei Fällen würden Ampermeter und Voltmeter dieselben Werte anzeigen, aber trotzdem nur bei Phasenverschiebung O das Wattmeter das Produkt aus Volt und Amper, bei einer mittleren Phasenverschiebung würde es einen kleineren Wert anzeigen und bei $90^0$ überhaupt keinen Ausschlag, also gar keine Watt anzeigen. Betrachtet man die Fig. 75 daraufhin, so findet man folgendes: Bei $90^0$ Phasenverschiebung ist der Strom immer Null, wenn die Spannung ihren höchsten Wert hat und ebenfalls umgekehrt, wie früher schon gezeigt wurde. Im Augenblick O hat I in der Stromspule des Wattmeters seinen höchsten Wert negativ, und i in der Spannungsspule des Wattmeters ist Null, also die Wirkung der Spulen aufeinander ist Null, weil die eine ohne Strom ist. Im Augenblick 1 ist I negativ, i positiv, die Wirkung der Spulen aufeinander ist abstoßend. Im Augenblick 2 ist i Null, also wieder die Wirkung der Spulen aufeinander Null. Im Augenblick 3 sind I und i positiv, die Wirkung ist anziehend, so ergibt sich also das nachstehende Schema:

| Augenblick | I | i | Wirkung |
|---|---|---|---|
| 0 | negativ | 0 | 0 |
| 1 | „ | positiv | Abstoßung |
| 2 | 0 | „ | 0 |
| 3 | positiv | „ | Anziehung |
| 4 | „ | 0 | 0 |
| 5 | „ | negativ | Abstoßung |
| 6 | 0 | „ | 0 |
| 7 | negativ | „ | Anziehung |
| 8 | „ | 0 | 0 |

Es folgen sich also ganz regelmäßig zwischen den Null-Werten Abstoßung und Anziehung, aber wie aus Fig. 75 hervorgeht, sind die Werte von I und e dabei immer gleich groß, so daß diese für zwei Stromwechsel in Fig. 75 auch zweimal sich abwechselnden Anziehungen und Abstoßungen der Wattmeterspulen sich einfach gegenseitig aufheben und das Wattmeter keinen Ausschlag anzeigt. Bei der mittleren Phasenverschiebung tritt auch für 2 Wechsel 4 mal die Wirkung O

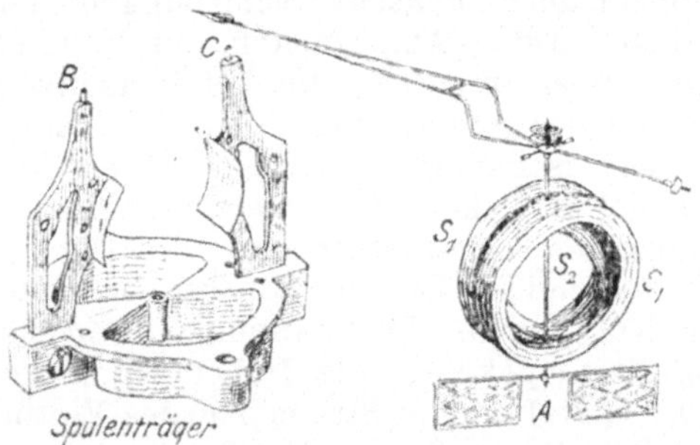


Fig. 76. Teile eines Wattmeters von Weston.

auf und ebenso 2 mal Abstoßung und 2 mal Anziehung der Spulen, nämlich bei o, a, 4 und b ist die Wirkung Null, während der kurzen Zeit von o bis a und von 4 bis b tritt Abstoßung und während der viel längeren Zeit von a bis 4 und b bis 8 tritt Anziehung auf. Es überwiegt hier also die Anziehung und es tritt eine Drehung der beweglichen Spule ein, aber doch ist die drehende Wirkung nicht fortwährend in gleichem Sinne tätig, so daß der Ausschlag nicht vollkommen dem Produkt Volt $\times$ Amper entspricht. Dieser Fall tritt erst bei Phasen-

verschiebung 0 ein, dann ist die Wirkung 0 nur 2 mal für
2 Wechsel vorhanden, bei 0 und 4, weil Strom und Spannung
gleichzeitig durch 0 verlaufen, und während der übrigen Zeit von
0 bis 4 und von 4 bis 8 ist nur Anziehung der Spulen vorhanden.

In Fig. 76 sind einige Teile eines Weston Wattmeters
angegeben. $S_1$ sind die beiden festen oder Stromspulen, innerhalb deren die bewegliche Spannungspule $S_2$ liegt. An ihrer
Drehachse sind Zeiger, Spiralfedern und Dämpfungsflügel. Die
Dämpfungsflügel A sind aus ganz dünnem Aluminium gedrückt
und zur Versteifung mit kleinen Rippen versehen. Sie schwingen
in den beiden Dämpfungskammern im Boden des Spulenträgers.
Die Dämpfungskammern werden mit Deckeln verschlossen, die
nicht gezeichnet sind. Der Spulenträger dient zum Festhalten
der Spulen $S_1$ und besitzt unten das eine Lager für die Achse

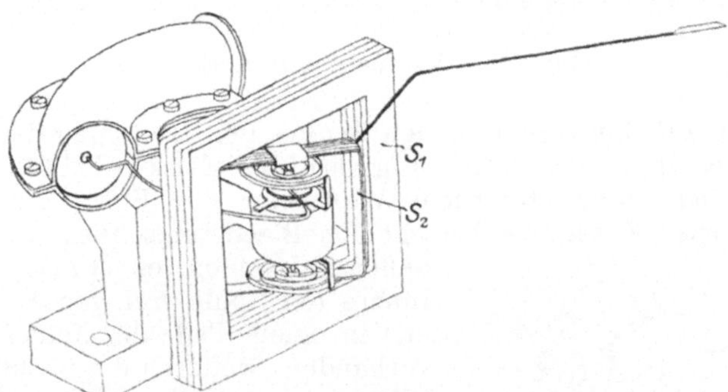


Fig. 77. Wattmeter von Siemens & Halske.

der Drehspule, während das obere Lager an einem Querstück
angebracht ist, welches die beiden Zapfen B und C verbindet.

Siemens & Halske führen die Spulen ihres Wattmeters rechteckig aus, wie Fig. 77 zeigt. Es ist Luftdämpfung
vorhanden, und für stärkere Ströme wird die feste Spule $S_1$
aus Kupferblechstreifen aufgebaut, die durch Japanpapier
voneinander isoliert sind. Für schwächere Ströme werden
Drahtwindungen benützt.

Die bisher besprochenen Wattmeter sind ohne Eisen ausgeführt. Die Verwendung von Eisen würde bewirken, daß die
Felder der Spulen kräftiger würden und die Instrumente weniger
Windungen auf den Spulen nötig hätten. Durch das Eisen
kommen aber leicht Fehlerquellen in das Instrument, denn die
Magnetisierung des Eisens ist nicht immer dem Strom entsprechend und namentlich bei zu- und abnehmendem Strom

verschieden. Auch entstehen im Eisen durch das Wechselfeld Induktionen und trotz der natürlich aus diesem Grunde notwendigen Herstellung des Eisenkörpers aus voneinander isoliertem Blech bilden sich Wirbelströme in ihm, welche rück-

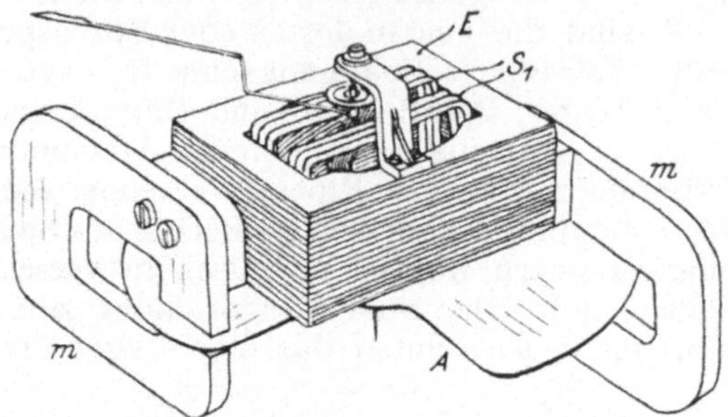

Fig. 78. Wattmeter der A. E. G.

wirkend auf den Strom in den Spulen den Ausschlag des Wattmeters beeinflussen. Die Allgemeine Elektrizitäts-Gesellschaft führt trotzdem Wattmeter mit Eisen aus. Der Eisenkörper E Fig. 78 besteht aus Blech, umschließt aber nur außen die Spulen, es ist also, da das Innere der Spule frei von Eisen ist, nur in einem Teile des Feldes Eisen vorhanden, wodurch die nachteiligen Wirkungen desselben praktisch nicht mehr bemerkbar sind. Die festen Spulen $S_1$ sind ebenso wie die innerhalb derselben liegende Drehspule, die durch Spiralfedern in der Nullage gehalten wird, rechteckig. Die Dämpfung ist elektromagnetisch und besteht aus einer Aluminiumscheibe A, die sich zwischen den Polen von Stahlmagneten m dreht. Auch dynamische Volt- und Ampermeter werden nach diesem Prinzip ausgeführt.

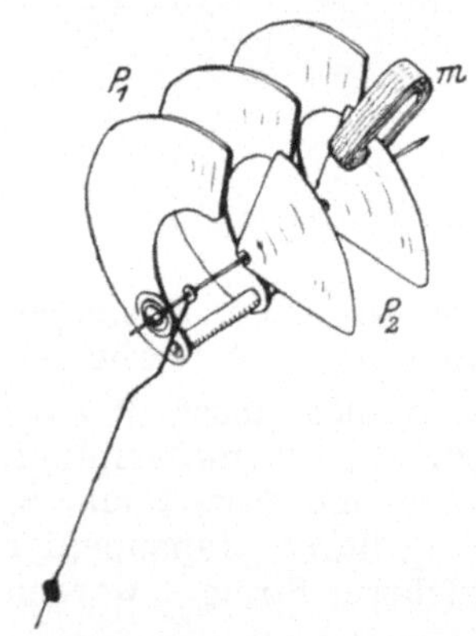

Fig. 79. Statisches Instrument.

Für Hochspannung benützt man häufig die statischen Instrumente, wenn man nicht Niederspannungsinstrumente mit Meßtransformatoren vgl. Fig. 87 anwendet. Die statischen Instrumente beruhen auf der gegenseitigen Anziehung von Platten oder anderen Körpern, die mit verschiedenen Polen ver-

bunden sind.   In Fig. 79 werden z. B. die Platten $P_1$ mit einem
Pol verbunden, die drehbaren Platten $P_2$ mit dem anderen Pol.
Die Platten ziehen sich dann an und die Gegenwirkung wird
durch eine Spiralfeder hervorgerufen.   Die Platten $P_2$ sind möglichst leicht, also aus ganz dünnem Aluminiumblech.   Gleichzeitig läßt sich elektromagnetische Dämpfung anwenden, indem
eine der beweglichen Platten von einem Stahlmagnet m umfaßt wird.   Derartige Instrumente wie in Fig. 79 werden von
verschiedenen Firmen ausgeführt.   Sie müssen um so mehr
Platten haben, je niedriger die Spannung ist und sind deshalb

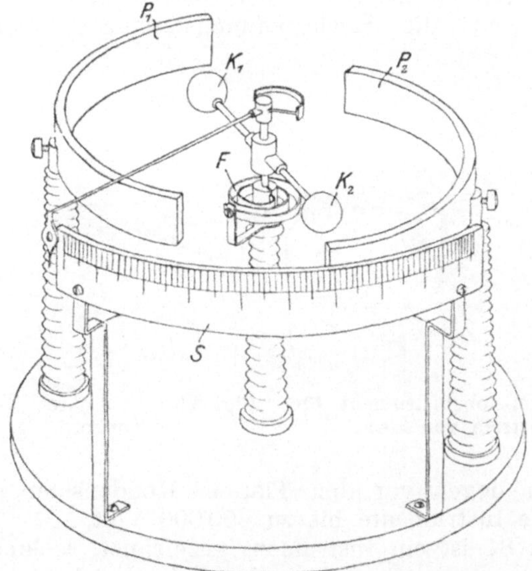


Fig. 80.   Hochspannungs-Voltmeter der Westinghouse Mfg. Co.

für Niederspannung schlecht ausführbar.   Es sind die einzigen
Voltmeter, die nicht auf der Wirkung eines Stromes beruhen
und auch nur als Voltmeter ausführbar, aber für Gleich- und
Wechselstrom.   Da jedoch Hochspannungsanlagen meist mit
Wechselstrom betrieben werden, benützt man die statischen
Instrumente vorwiegend für Wechselstrom.

Ein weiteres statisches Voltmeter der Westinghouse
Mfg. Co. besonders für hohe Spannungen zeigt Fig. 80. Es
besteht aus zwei metallischen Hohlkugeln $K_1$, $K_2$, welche drehbar gelagert sind, zwischen kreisförmig gebogenen Platten $P_1$
und $P_2$, aber so, daß die Kreismittelpunkte der Platten und der

Drehpunkt der Kugeln sämtlich gegeneinander versetzt sind. Die Platten werden mit den Polen verbunden und ziehen dann die Kugeln an. Eine Spiralfeder F liefert die Gegenkraft. Das Instrument kommt in einen mit Metall ausgekleideten Holzkasten und steht mit seinen stromführenden Teilen und dem Zeigersystem auf gerillten Hartgummisäulen. Der Kasten, aus dem nur die Teilung S herausragt, wird so hoch mit Öl gefüllt, daß alle angeschlossenen Teile bedeckt sind. Durch das Öl wird eine gute Dämpfung erzielt und da die Hohlkugeln schwimmen, verbraucht das Instrument nur sehr wenig Energie. Bei Spannungen bis zu 25 000 Volt schaltet man das Instrument unmittelbar an die Hochspannungsleitungen, bei höheren

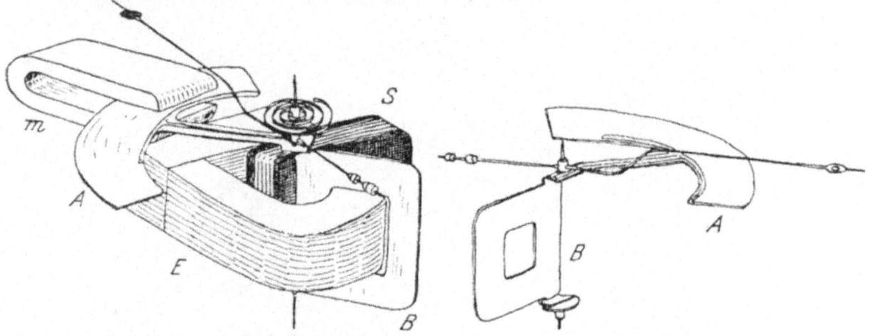

Fig. 81.  Repulsionsinstrument für        Fig. 82.  Drehbarer Teil des In-
    Wechselstrom von Lea.                        struments Fig. 81.

Spannungen liegen vor den Platten Kondensaten. Ausführbar sind die Instrumente bis zu 200 000 Volt.

In Fig. 81 ist ein Instrument gezeichnet, welches nur bei Wechselstrom anwendbar ist, da bei Gleichstrom ein Repulsionsinstrument nicht wirken kann. Es ist angegeben von I. M. Lea und wird ausgeführt von der International Electric Meter Co., Chicago. Durch die Spule S wird der Meßstrom geleitet. Ein Eisenkörper E aus Blechen, der aus einem hufeisenförmigen Stück mit davorgelegtem geraden Querstück besteht, dient zur Verstärkung des Wechselfeldes der Spule. Im stromlosen Zustand legt sich der Aluminiumrahmen B der in Fig. 82 mit der Dämpfscheibe A und dem Zeiger besonders gezeichnet ist, gegen die Spule S. Beim eingeschalteten Instrument erzeugt das Wechselfeld der Spule S Wirbelströme in dem Rahmen B und dieser wird dann von der Spule abgestoßen. Eine Feder liefert wieder die Gegenkraft und die elektromagnetische Dämpfung wird bewirkt durch die Aluminiumscheibe A und den Stahlmagnet m. Das Instrument wird als Voltmeter und als Ampermeter ausgeführt und besitzt eine gut brauchbare Teilung.

Ebenfalls nur für Wechselstrom sind die Ferraris-Instrumente. Die Grundform, auf denen sie beruhen, zeigt

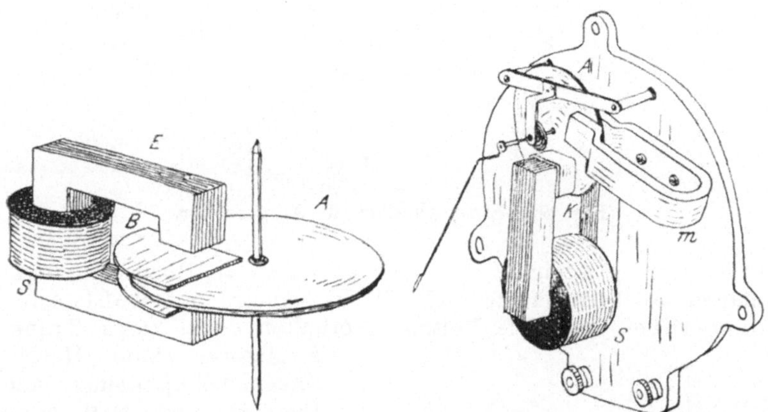


Fig. 83. Ferraris Prinzip.  Fig. 84. Ferraris Instrument.

Fig. 83. Läßt man einen Wechselstrommagnet mit dem Eisenblechkörper E und der Spule S, dessen beide Pole zur Hälfte durch eine Kupferscheibe B abgedeckt sind, auf eine drehbare Metallscheibe A einwirken, so dreht sich die Scheibe, weil in ihr und in den Abdeckplatten B durch das Wechselfeld Ströme

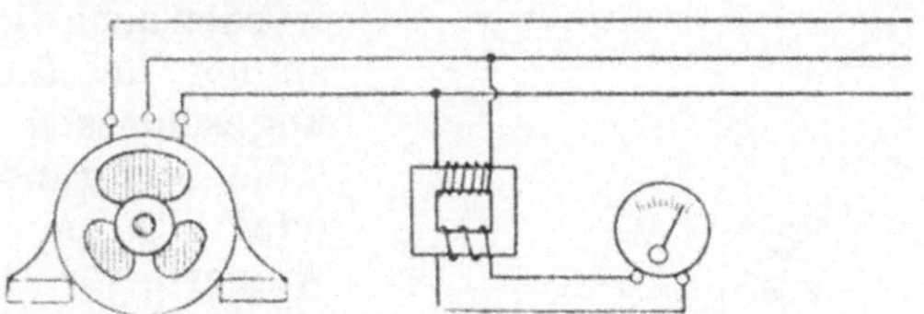

Fig. 85.  Meßtransformator für Voltmeter.

induziert werden, die aufeinander einwirken. Die Ausführung eines Instrumentes in dieser Art zeigt Fig. 84. Der Wechselfeldmagnet besitzt hierbei einen Kurzschlußring K anstatt der Abdeckscheiben. A ist die Drehscheibe, welche durch eine Spiralfeder in der Nullage gehalten wird. Die Dämpfung ist elektromagnetisch und wird durch dieselbe Scheibe A und den

Stahlmagnet bewirkt. Die Spule S wird für Voltmeter und
für Ampermeter gewickelt.

Mit Ausnahme der statischen Instrumente, welche für direkte

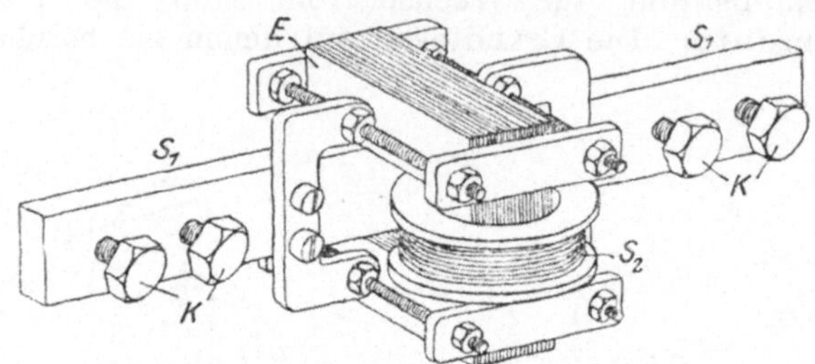


Fig. 86. Stromwandler für Ampermeter.

Hochspannung geeignet sind, schließt man in Hochspannungsanlagen die Instrumente nicht direkt sondern mit Meßtransformatoren an. Die Voltmeter erhalten dabei kleine Transformatoren zum Herab-
setzen der Spannung nach
Fig. 85 und sind dann
Niederspannungsinstru-
mente. Ihre Meßtransfor-
matoren sind, abgesehen
von besonderen Kleinig-
keiten, wie die normalen
Transformatoren (vgl. Fig.
50) ausgeführt. An die-
selben Transformatoren
werden auch die Spannungsspulen für die Wattmeter
angeschlossen (Fig. 87).
Die Meßtransformatoren
oder Stromwandler für
Ampermeter (Fig. 86) be-
sitzen primär nur eine
Windung, indem einfach
eine Kupferschiene $S_1$ durch
den Eisenblechkörper E geführt ist, an deren Schrauben K die Hochspannungs-

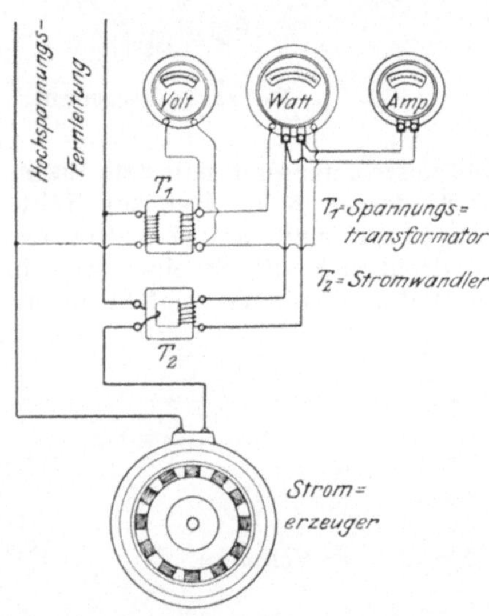


Fig. 87. Voltmeter, Wattmeter, Ampermeter bei Hochspannung.

leitung angeschlossen wird, während an die Spule $S_2$ die Ampermeter und die Stromspulen der Wattmeter (vgl. Fig. 87)
angeschlossen werden. Beim Voltmeter soll die Spannung

erniedrigt werden, deshalb wird es an eine Spule mit entsprechend weniger Windungen angeschlossen als diejenige Spule besitzt, an die die Hochspannungsleitung gelegt wird. Beim Ampermeter soll der Strom erniedrigt werden, wenn ein Instrument verwendet wird für schwächere Ströme, wie ja die meisten Instrumente mit Drehspulen und Spiralfedern und die Hitzdraht-Instrumente. Außerdem soll auch die Hochspannung nicht ins Instrument geleitet werden. Man schließt daher die Ampermeter an die Spule des Meßtransformators mit vielen Windungen an, in ihr entsteht dann ein entsprechend schwächerer Strom als in der Hochspannungsschiene $S_1$. In Fig. 87 sind die notwendigen Instrumente Voltmeter, Ampermeter und Wattmeter,

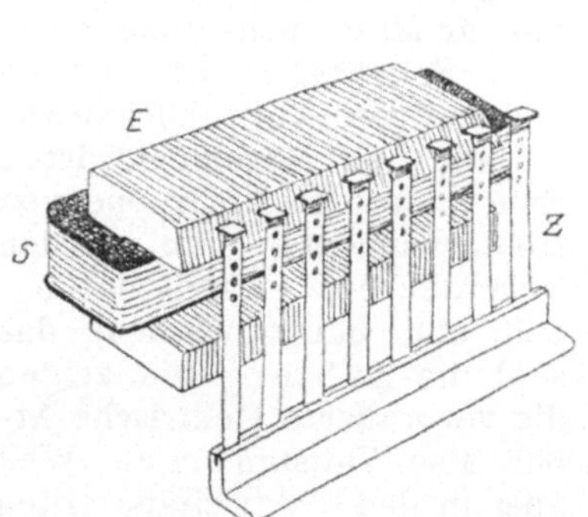


Fig. 88. Zungensystem bei einem Frequenzmesser nach Hartmann-Kempf.

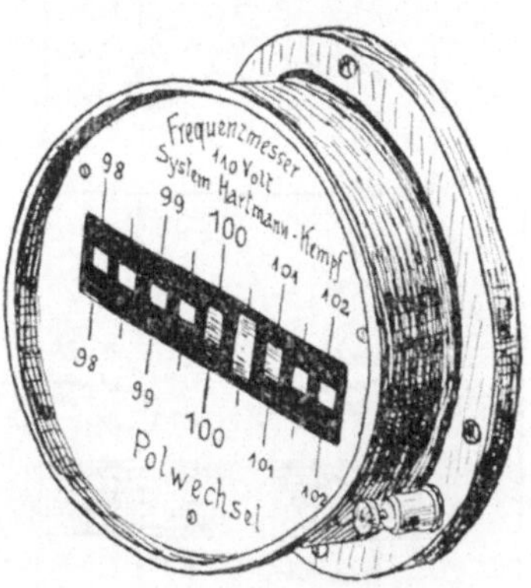


Fig. 89. Frequenzmesser von Hartmann & Braun.

in einer Hochspannungsanlage angeschlossen, zusammengestellt. Die sämtlichen Instrumente sind mit den Meßtransformatoren zusammen geeicht und zeigen deshalb nicht die Werte der in ihnen wirksamen Größen sondern die Hochspannungswerte.

In Wechselstromanlagen und bei Messungen sind nun außer Volt- Amper- und Wattmeter noch zuweilen Instrumente nötig, um die Wechselzahl des Stromes zu messen. Die Apparate nennt man gewöhnlich Frequenzmesser. Es gibt hierfür mehrere Systeme. Die einfachsten sind wohl die nach Fig. 88. Der zu untersuchende Wechselstrom wird durch eine Spule S geleitet, die einen Eisenblechkörper E umfaßt. Vor den Polen dieses Eisenkörpers sind eine Anzahl Stahlzungen Z eingespannt, so daß sie mit dem einen Ende frei schwingen können. Die Stahlfedern sind verschieden lang und das Wechselfeld des

Eisenkörpers versetzt sie in Schwingungen. Diese Schwingungen sind aber nur dann deutlich sichtbar, wenn die Wechsel mit der eigenen Schwingungszahl der Feder übereinstimmen und diese ist von der freien Länge der Zunge abhängig. Man kann daher bei dem ausgeführten Apparat in Fig. 89 deutlich erkennen, daß die Wechselzahl des Stromes 100,5 beträgt, weil die Zunge bei 100,5 am stärksten schwingt. Die benachbarten schwingen auch mit aber nicht so stark. Damit man die Schwingungen gut erkennen kann, besitzen die Zungen oben kleine weiße Köpfe und der Apparat besitzt innen schwarze Farbe.

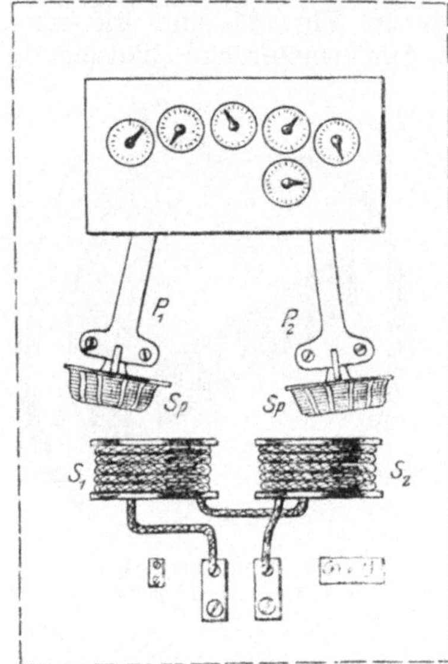
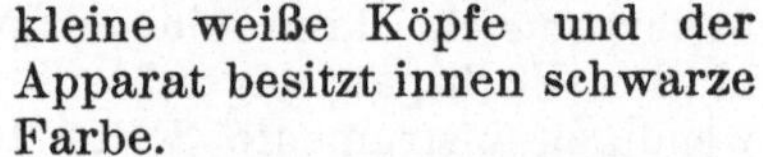

Fig. 90. Aron-Zähler.

Die bisher behandelten Instrumente sind hauptsächlich nur für Maschinen-Anlagen auf der Schalttafel erforderlich und zeigen Augenblickswerte an für den Maschinenwärter. Eine andere große Gruppe von Meßinstrumenten muß bei den Verbrauchern elektrischer Arbeit aufgehängt werden, das sind die Zähler. Sie zeigen die verbrauchte elektrische Arbeit, also Wattstunden an. Weil aber in den Elektrizitätswerken immer die Spannung in gleicher Höhe gehalten werden muß, genügen auch Amperstundenzähler, deren Angaben dann nur mit der Betriebsspannung 110 oder 125 oder 220 usw. Volt multipliziert zu werden brauchen, um die Wattstunden zu erhalten.

Ein sehr häufig vorkommender und auch wohl der genaueste Zähler ist der Aronzähler Fig. 90, 91 und 92. Derselbe benutzt den Gangunterschied von zwei Urwerken. Jedes Uhrwerk besitzt für sich ein Pendel $P_1$ $P_2$, an dessen unterem Ende sich jedesmal eine Drahtspule S p befindet, mit der das Pendel über zwei feststehenden dickdrähtigen Spulen $S_1$ $S_2$ hin- und herschwingt. Die beiden Pendel $P_1$ und $P_2$ sind so eingerichtet, daß sie ganz genau gleich schnell schwingen, wenn sie nicht beeinflußt werden. Aus der Schaltung des Zählers Fig. 91 geht hervor, daß die Spulen der Pendel $P_1$ $P_2$

als Spannungsspulen wie beim Wattmeter geschaltet sind. Auch besitzen sie wie dessen Spannungsspule einen Verschaltwiderstand R, damit der Strom in ihnen, der in bestimmtem Verhältnis zur Spannung e steht, klein bleibt. Die festen Spulen $S_1$ $S_2$ werden vom vollen Strom I durchflossen und sind so gewickelt, daß die eine anziehend, die andere abstoßend auf das über ihr schwingende Pendel einwirkt. Die Folge dieser Wirkung ist, daß das Pendel $P_1$ schneller schwingt und das Pendel $P_2$ langsamer und zwar beides um so mehr, je stärker der Strom in den Spulen ist. Das Pendel $P_1$ treibt nun durch eine Zahnräderübersetzung das Rad $R_1$ in Fig. 92 an, während

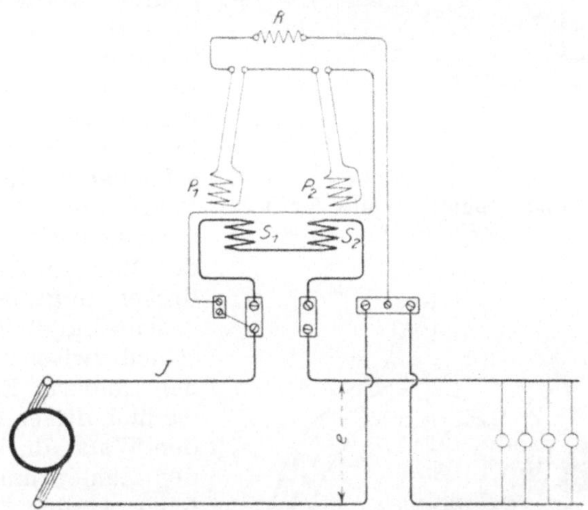



Fig. 91. Schaltung des Aron-Zählers.

das andere Rad $R_2$ in entgegengesetztem Sinne durch das andere Pendel $P_2$ angetrieben wird. Beide Räder sitzen lose auf der Welle und wirken auf das Planetenrad P ein; dieses wird sich drehen, dabei sich gleichzeitig in der Richtung des schnelleren Rades abwälzen und infolgedessen seine mit ihm fest verbundene Achse und das Rad $r_1$ auf derselben drehen, von dem aus das Zählwerk getrieben wird. Schwingen beide Pendel gleich schnell, bei stromlosem Zähler, so laufen die Räder $R_1$ und $R_2$ entgegengesetzt mit gleicher Geschwindigkeit um, es wird dann auch das Rad P gedreht, aber es dreht sich um einen feststehenden Mittelpunkt, seine Achse bleibt dabei stehen, das Zählwerk wird also nicht angetrieben. Man kann sich die Wirkungsweise dieses Planetengetriebes leicht durch

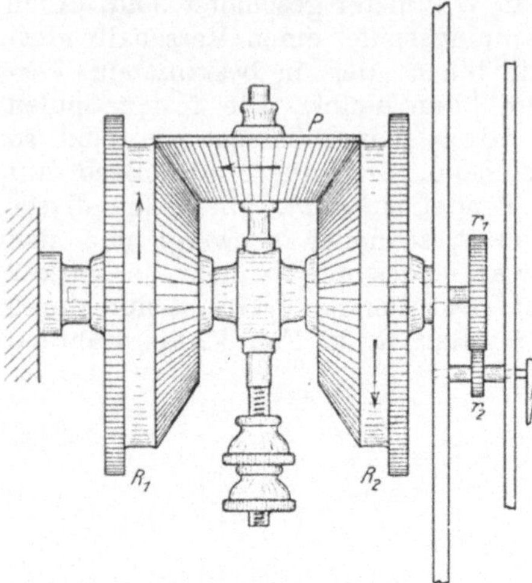

Fig. 92.  Planetengetriebe des Aron-Zählers.

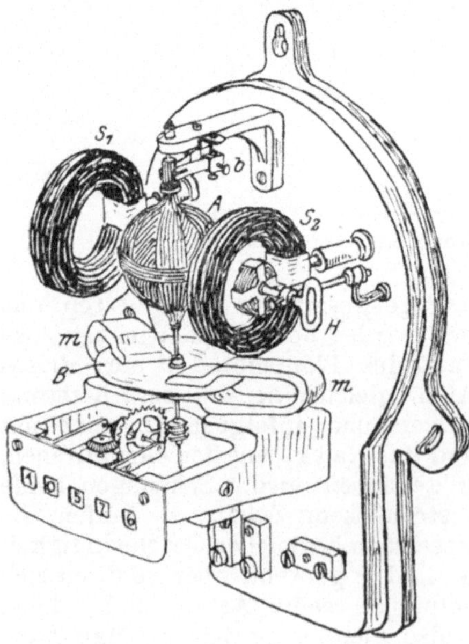

Fig. 93.  Motorzähler für Gleichstrom.

folgendes Bild klar machen: Man nehme einen Bleistift zwischen beide Hände; zieht man die eine Hand vor und gleichzeitig die andere zurück, so dreht sich zwar der Bleistift, bleibt aber über demselben Punkt des Tisches stehen, wenn beide Hände gleich schnell gedreht werden. Bewegt man aber die eine Hand langsamer als die andere, so wird der Bleistift fortgerollt und bewegt sich in der Richtung der schnelleren Hand. Das Planetenrad P in Fig. 92 wird also seine Achse mit dem Rad $r_1$ um so schneller drehen, je größer der Geschwindigkeitsunterschied zwischen den beiden Rädern $R_1$ und $R_2$ ist und dieser hängt von den Watt ab, die durch den Zähler hindurch geleitet werden. Die Uhrwerke des Aronzählers ziehen sich selbsttätig auf, sobald aus der Leitung Energie entnommen wird. Da der Aufzug alle Minuten etwa dreimal wirkt, so stehen die Pendel nach dem Ausschalten in ganz kurzer Zeit still. Bei diesem Nachlaufen schwingen sie aber gleich schnell, da dann der Zähler ja stromlos ist und das Zählwerk wird nicht angetrieben. Der Aronzähler ist

für Gleich- und Wechselstrom verwendbar.  Bei Dreiphasenstrom
werden nach der Zweiwattmetermethode zwei Aronzähler benutzt.  (Vergl. Fig. 46.)

Weiter sind auch sehr viel Motorzähler in Anwendung.
Dieselben sind einfach kleine Elektromotoren, die um so schneller
laufen, je größer die der Leitung entnommene Energie ist. Das
Prinzip eines solchen Motorzählers, welcher von vielen Firmen
in verschiedener Ausführung gebaut wird, zeigt Fig. 93 und
die Schaltung Fig. 94.  Der Anker H, der meist kugelförmig
ist und immer ohne Eisen sein muß, ist mit einer Hilfswickelung
H, die einstellbar ist, und zum Aufheben der Leerlaufsarbeit des
Zählers dient, damit diese nicht mitgezählt wird, hintereinander
an die Spannung geschaltet.  Außerdem wird durch die Hilfs-

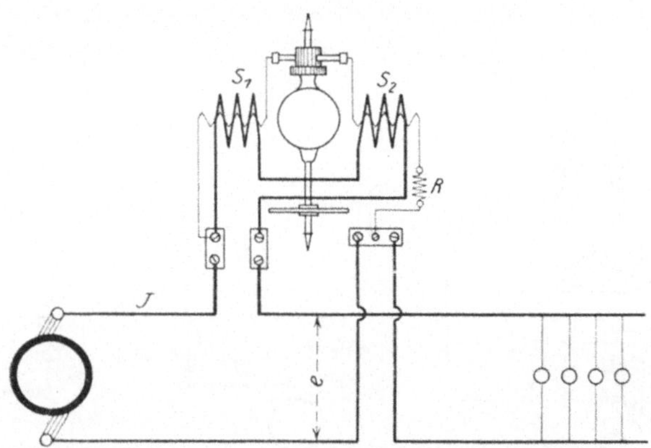

Fig. 94.  Schaltung eines Motorzählers für Gleichstrom.

wickelung H der Zähler auf richtigen Gang eingestellt.  Ein
Vorschaltwiderstand R ist wie beim Voltmeter vorhanden. Man
legt den Anker gewöhnlich an die Spannung, weil dann die
Bürsten b und der Kollektor, auf dem sie schleifen wegen des
schwachen Stromes klein ausfallen und dann wenig Reibung
verursachen.  Damit Kollektor und Bürsten gut leitend sind
und möglichst sauber bleiben, stellt man sie fast immer aus
Silber her.  $S_1$ und $S_2$ sind die feststehenden Stromspulen, von
denen mitunter nur eine vorhanden ist.  Sie werden nach Fig.
94 vom Strom durchflossen; der Zähler ist daher ein Wattstundenzähler.  Die Übertragung der Ankerdrehung auf
das Zählwerk geschieht durch Schnecke und Schneckenrad.
Damit der Anker immer eine Geschwindigkeit besitzt, die in
bestimmtem Verhältnis zu den hindurch geleiteten Watt steht,

muß die auf ihn übertragene Drehung abgebremst werden. Diese Bremsung geschieht durch eine Kupferscheibe B, die sich zwischen Stahlmagneten m hindurch dreht, so daß in ihr Ströme induziert werden, die auf Kosten der Drehung des Ankers enstehen. Dieser kann deshalb erst schneller laufen, wenn ein größeres Drehmoment auf ihn übertragen wird, also wenn eine stärkere Leistung durch ihn hindurch geht. Außerdem bewirkt die Bremsscheibe B auch, daß der Anker sogleich steht, wenn die Energieentnahme aus der Leitung aufhört.

Ebenfalls nur für Gleichstrom und als Amperstundenzähler ausgeführt ist der Motorzähler nach Fig. 95. Er wird

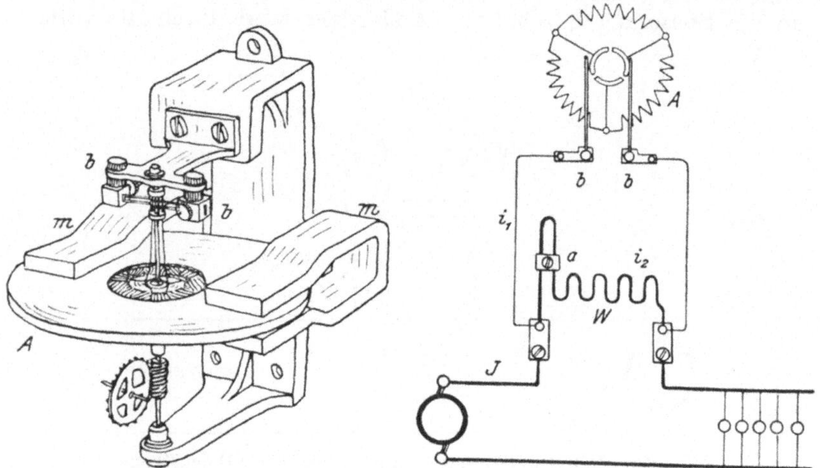

Fig. 95.  Amperstundenzähler für   Fig. 96.  Schaltung eines Zählers
        Gleichstrom.                         nach Fig. 95.

mit voneinander in konstruktiver Hinsicht abweichender Ausführung von den Siemens-Schuckert-Werken und den Isaria-Werken in München geliefert. Das Prinzip ist genau dasselbe wie bei den Drehspul-Gleichstrom-Instrumenten. Ein gewöhnlich mit drei Wickelungen versehener scheibenförmiger Anker A steht so im Felde von Stahlmagneten m, daß er, wenn Strom in der Wickelung fließt, gedreht wird. Ebenso wie schon beim vorigen Zähler gezeigt wurde, muß der Anker gebremst werden, was dadurch bewirkt wird, daß der Anker wie Fig. 95 zeigt, fast vollkommen in einem Blechgehäuse aus Aluminium liegt, oder daß die Wickelung auf einer ebensolchen Scheibe liegt. Die Bürsten sind in Fig. 95 mit b bezeichnet

und bestehen auch hier nebst den drei Kollektorlamellen aus
Silber. Zur Schaltung des Zählers in Fig. 96 muß noch bemerkt

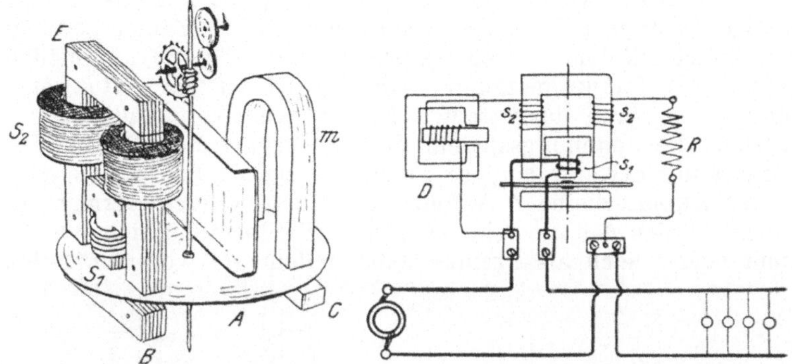

Fig. 97. Wechselstrommotor-            Fig. 98. Schaltung des Zählers nach
zähler von A r o n.                          Fig. 97.

werden, daß der Anker A nicht vom vollen Strom I durchfloßen
wird, sondern ähnlich wie in Fig. 65 und 66 nur von einem schwachen

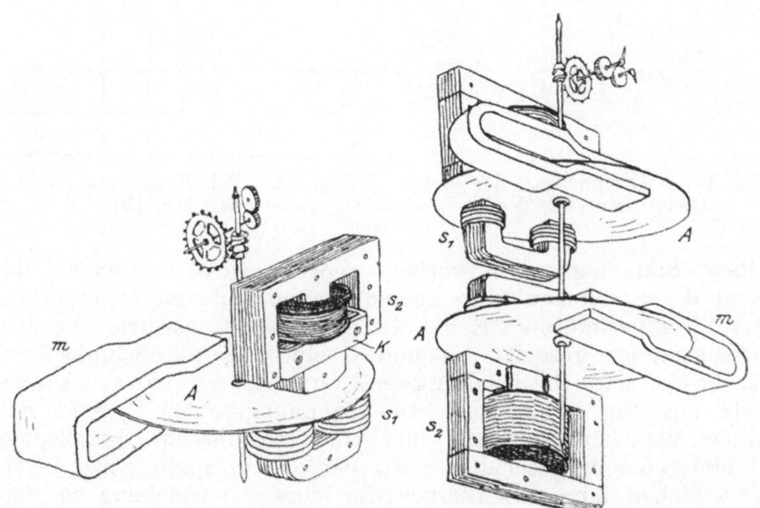

Fig. 99. Wechselstrom-Induktionszähler      Fig. 100.  Dreiphasenzähler der
der Isaria-Werke.                                Isaria-Werke.

Teilstrom $i_1$, während der größte Teil von I, der Strom $i_2$
durch einen Meßwiderstand W geleitet wird, dessen Größe

7*

durch Verschieben eines Klemm- Kontaktes a verändert werden kann, falls der Zähler nicht richtig zeigt.

Für Wechselstrommotorzähler sind keine Anker mit Kollektoren und Bürsten erforderlich. Diese Zähler beruhen gewöhnlich auf dem Ferraris prinzip (vgl. Fig. 83) und heißen dann auch Induktionszähler. In Fig. 97 ist ein Induktionszähler von Aron dargestellt. Es ist ein Wattstundenzähler. $S_2$ sind die Spannungsspulen, $S_1$ die Stromspule. Unter der Einwirkung der durch diese Spulen erzeugten Felder entstehen in der Kupferscheibe A Ströme, durch deren Rückwirkung auf die Kraftlinien sich die Scheibe dreht. Dieselbe Induktionsscheibe dient auch gleich als Bremsscheibe, indem sie vor den Polen

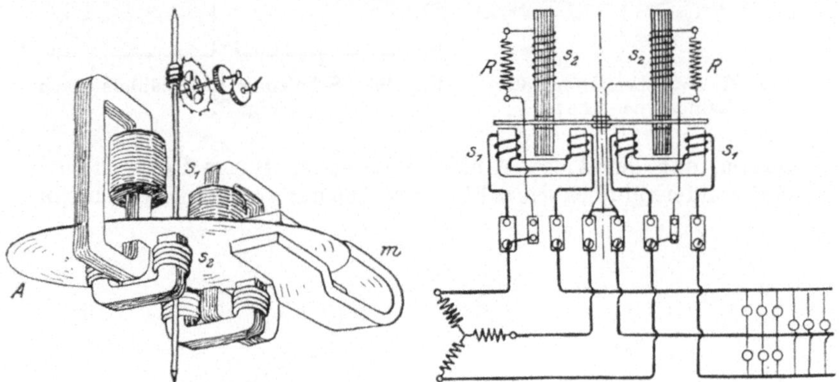

Fig. 101.  Dreiphasenzähler der Bergmann El.-Werke.

Fig. 102.  Schaltung zum Zähler nach Fig. 101.

eines Stahlmagnets m vorbei gedreht wird.   Damit das Feld des Stahlmagnets m keinen Einfluß auf das Wechselfeld des Eisenblechkörpers E hat, ist ein Eisenblechschirm vor den Bremsmagnet gesetzt.   B und C sind eiserne Schlußstücke für die Magnete. Die Schaltung des Aron-Induktionszählers geht aus Fig. 98 hervor.   Die Spannungsspulen $S_2$ sind mit einem Vorschaltwiderstand und einer regelbaren Drosselspule D hintereinandergeschaltet.   Mit der Drosselspule wird durch Verschieben ihres Eisenkernes die Phasenverschiebung in den Spannungsspulen so eingestellt, daß das Feld der Spannungsspulen mit dem Feld der Stromspule zusammen ein allerdings unregelmäßiges sich drehendes Feld, ein Drehfeld ergibt, dessen Zustandekommen später noch genauer (vgl. Fig. 197) erklärt wird.   Dieses Drehfeld versetzt die Scheibe in Drehung.

Ähnlich wie der vorige Zähler ist der **Induktionszähler** der **Isaria-Werke**, München in Fig. 99 aufgebaut. $S_2$ ist die Spannungsspule, $S_1$ sind die Stromspulen. Auch hier wird mit Hilfe von Drosselspule, Vorschaltwiderstand und Kurzschlußring K ein Drehfeld erzeugt, zur Drehung der Scheibe A, deren Bremsmagnet der Stahlmagnet m ist.

Für Dreiphasenstrom wendet man die Zwei-Wattmeter-methode Fig. 46 an. In Fig. 100 ist ein aus **zwei gekuppelten Einphasenzählern** bestehender Induktionszähler der **Isaria-Werke**, München dargestellt, dessen Wirkungweise nach dem vorhin Gesagten verständlich ist.

Man kann aber auch die Spannungs- und Stromspulen anstatt sie auf 2 gekuppelte Scheiben wirken zu lassen, gleich auf eine Scheibe wirken lassen, wie in Fig. 101 und der Schaltung dazu in Fig. 102 gezeigt ist, denn es ist für die Wirkung gleichgültig, ob man 2 besondere Scheiben auf eine Achse setzt oder gleich eine Scheibe verwendet.

# V. Stromerzeuger (Generatoren) für Gleichstrom.

Im dritten Abschnitt war schon gezeigt worden, wie man durch Bewegen eines Leiters in einem magnetischen Felde in dem Leiter elektromotorische Kräfte erregt. Wendet man eine gewöhnliche Drahtschleife an, deren Enden mit Schleifringen verbunden sind (Fig. 51), so erhält man einen Wechselstrom, dessen Wechselzahl von der Zahl der Magnetpole und der Umdrehungszahl der Drahtschleife abhängt. Will man Gleichstrom erhalten, dann muß man den Stromwender oder Kollektor anwenden, der bei Fig. 52 erklärt wurde. Weiter wurde bei der Beschreibung der Faradayschen Scheibe Fig. 47 bemerkt, daß die erregte elektrische Kraft um so größer wird, je größer die Geschwindigkeit des bewegten Leiters und je stärker das magnetische Feld ist. Hieraus folgt, daß man elektrische Maschinen oder Dynamos mit

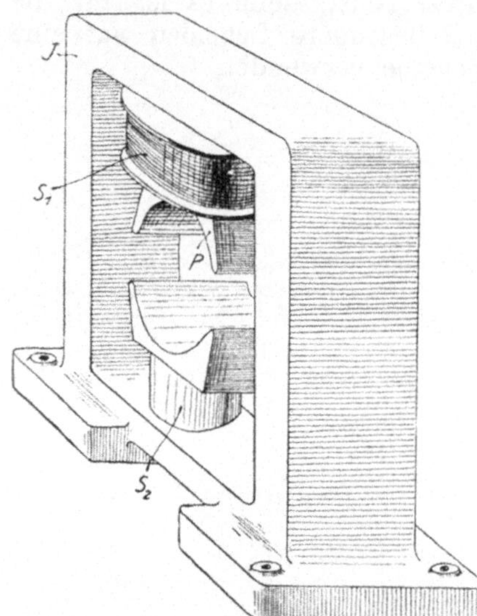

Fig. 103. Älteres zweipoliges Magnetsystem.

möglichst starken Magneten, also Elektromagneten ausführt, und sie möglichst schnell laufen läßt, um kleine billige Maschinen zu erhalten. Da man Elektromagnete verwendet, muß man weiches Eisen verwenden. Für die Magnete benutzt man man gewöhnlich weichen Stahlguß und weiches Flußeisen auch Schmiedeeisen, selten weiches Gußeisen. Man unterscheidet zweipolige und mehrpolige Magnetsysteme. Ein zweipoliges Magnetsystem älterer Ausführung zeigt Fig. 103. Die einzelnen Teile desselben sind das Joch oder der Umschluß auch Gehäuse I, an

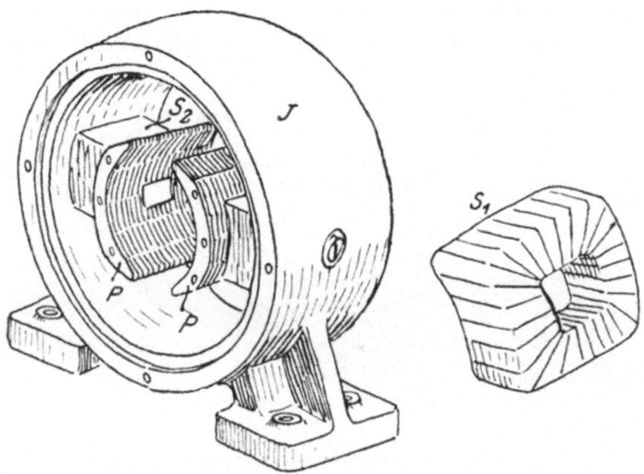

Fig. 104.  Neues zweipoliges Magnetsystem.

welchem die hier mit rundem Querschnitt versehenen Schenkel $S_2$ angegossen oder auch angeschraubt sein können.  Letzteres

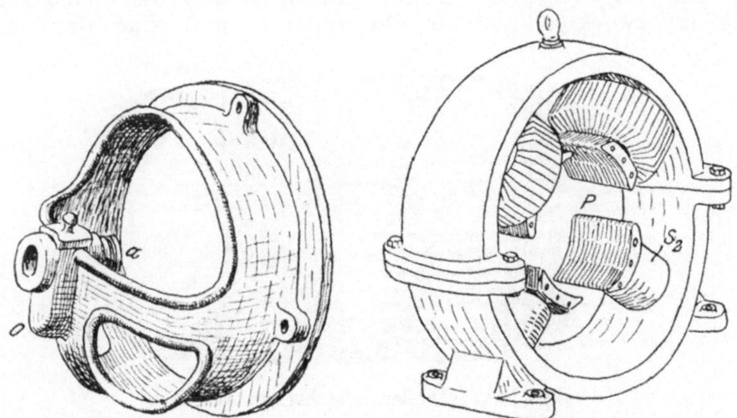

Fig. 105.  Lager für eine Maschine nach Fig. 104.

Fig. 106.  Vierpoliges Magnetsystem.

ist nötig, wenn sie mit den Polschuhen aus einem Stück sind, damit man die Wickelung $S_1$ oder Feldspule aufbringen kann. Gewöhnlich sind die Feldspulen, von denen nur eine gezeichnet ist, auf den Schenkeln angeordnet. Ein neueres zweipoliges Magnetsystem zeigt Fig. 104. Die einzelnen Teile sind ebenso bezeichnet wie in Fig. 103. Die Schenkel $S_2$ sind hier vierkantig und besitzen besondere aus Eisenblech hergestellte Polschuhe P. Die Spulen $S_1$ für die Schenkel werden auf

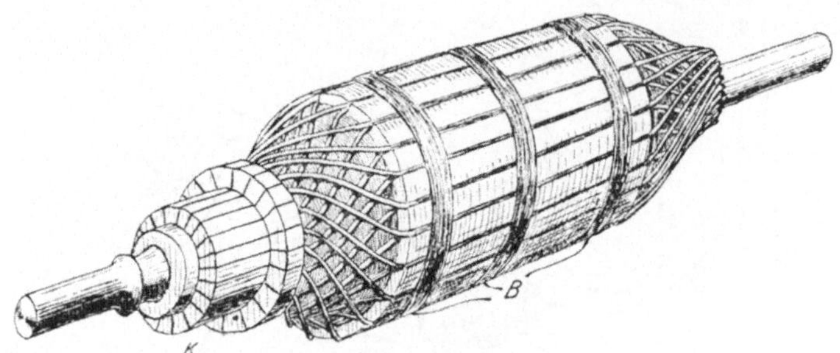

Fig. 107. Kleiner Gleichstrom-Anker.

einer rechteckigen Form gewickelt und dann in der angedeuteten Weise rund gebogen. Darauf wird die Spule mit Band umwickelt und lackiert.

Ein Magnetsystem in der runden Ausführung nach Fig. 104 ist zweckmäßiger als ein anderes, weil man dann ein

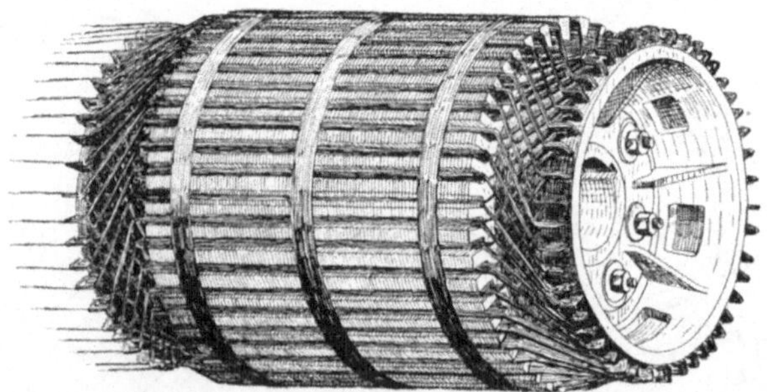

Fig. 108. Großer Gleichstrom-Anker.

rundes Lagerschild verwenden muß, etwa nach Fig. 105, welches aber unabhängig von der Stellung des Motors immer so an das Magnetsystem angeschraubt werden kann, daß der Ölbehälter O des Ringschmierlagers nach unten steht, während der Motor mit dem Fuß des Magnetsystems auf dem Fußboden, an

der Wand oder an der Decke befestigt werden kann. A ist
ein Ansatz, auf.den die Bürstenbrücke Fig. 124 aufgesetzt wird.

Ein **vierpoliges Magnetsystem** mit runden Polen
$S_2$ und angeschraubten Blechpolschuhen P zeigt Fig. 106. Es
besteht aus zwei zusammengeschraubten Hälften und kann dann
kein Lager nach Fig. 105 erhalten, sondern muß nach Fig. 126
ausgeführt werden.

Zwischen den Polen P der Magnete dreht sich der **Anker**.
Das äußere Bild eines kleineren Ankers zeigt Fig. 107, während
in Fig. 108 ein Anker für eine mehrpolige (etwa vier bis sechs
Pole) Maschine abgebildet ist, an den aber der Kollektor, der
bei dem kleineren Anker mit K bezeichnet ist, noch nicht an-

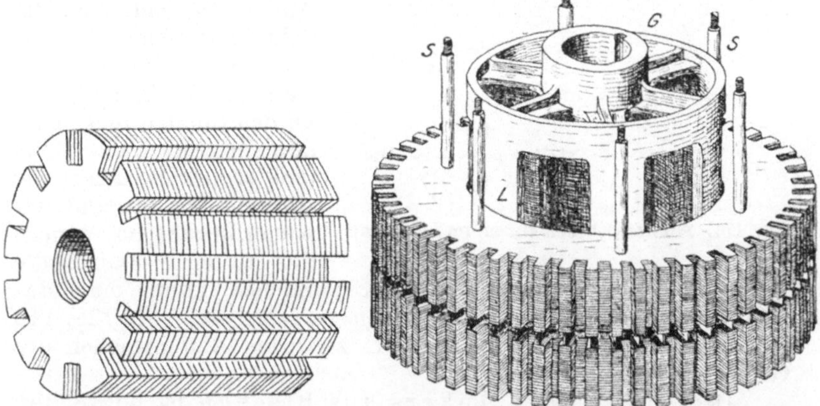


Fig. 109. Schema eines Nuten-   Fig. 110. Zusammenbau eines Ankers
Ankers.   mit Lüftung.

geschlossen wurde. Die Anker der elektrischen Maschinen sind
heute allgemein nur noch Trommelanker mit Nuten am Umfang,
in denen die Drahtwickelung liegt. Der Ankerkörper ist aus
einzelnen Schmiedeisenblechen von 0,8 mm Dicke aufgebaut,
vgl. Fig. 109.

Die Nuten werden in diese Bleche entweder vor dem Zusammen-
bau eingestanzt, oder nach dem Zusammenbau eingefräst. In
Fig. 110 ist der Zusammenbau eines Ankerkörpers dargestellt.
Die Bleche, in welche die Nuten und die Löcher für die Schrauben
S eingestanzt sind, werden auf ein gußeisernes Ankergehäuse
G zusammengebaut und durch Schrauben S, auf deren oberes
Ende ein Preßring aus Gußeisen kommt, zusammengehalten. In
Fig. 108 ist der Preßring mit den Muttern der Schrauben zu

erkennen. Er besitzt dort gleich einen Wickelungsträger, auf dem die Köpfe der Drahtwickelung des Ankers liegen. Weil die Maschinen im Betriebe stets warm werden, lüftet man gewöhnlich die Anker. Dies ist aber nur möglich, wenn die Bleche nicht wie bei kleinen Ankern dicht auf der Welle aufsitzen, sondern auf einem Gehäuse nach Fig. 110. Es werden dann Luftspalte zwischen den Blechen angebracht, wie deren einer in Fig. 110 schon vorhanden ist. Man legt zu diesem Zweck besondere Abstandsbleche oder auch Messingstücke zwischen die Eisenbleche, damit ein Luftspalt entsteht. In Fig. 111 ist ein gestanztes Abstandsblech gezeichnet. Die Zähne Z werden nach dem Ausstanzen umgebogen wie bei $Z_1$ zu sehen ist und liegen zwischen den Zähnen der Bleche.

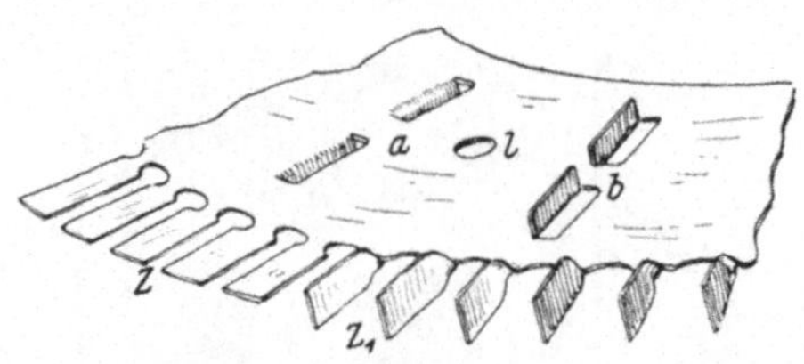

Fig. 111. Abstandsblech für einen Luftspalt.

Außerdem sind noch die Schraubenlöcher l und Spalten a und b eingestanzt. Die Blechstücke an den Spalten biegt man abwechselnd nach links und rechts heraus. Sie wahren den Abstand der Ankerbleche im Innern des Ankers. Damit die Luft durch die Luftspalte hindurchstreichen kann, muß das Gehäuse mit den nötigen Öffnungen versehen sein. In Fig. 110 sind zu dem Zweck die Löcher L zwischen den Speichen des Gehäuses angebracht.

Der Aufbau des Ankers aus Blechen ist notwendig, weil in dem Eisenkörper, genau wie in der Scheibe S Fig. 47 starke elektrische Ströme entstehen würden, wenn er massiv wäre. Diese Ströme, die sogenannten Wirbelströme, werden durch die Unterteilung in Bleche zum größten Teil vermieden. Vollständig lassen sie sich allerdings nicht vermeiden. Man benutzt zum Aufbau des Ankerkörpers gewöhnlich 0,8 mm starke Bleche, die voneinander isoliert sein müssen. Dies geschieht dadurch, daß die Bleche mit besonderen Maschinen nach dem Stanzen auf einer Seite lackiert werden.

Wenn man einer elektrischen Maschine elektrische Arbeit oder Wattstunden entnehmen will, dann müssen wir ihr eine entsprechende mechaniche Arbeit durch eine Dampfmaschine, Gasmaschine oder Wasserkraftmaschine zuführen. Da auch die Wirbelströme Arbeit verbrauchen, so geht ein Teil der zugeführten mechanischen Arbeit zur Erzeugung der Wirbelströme verloren und man erhält entsprechend weniger nutzbare Watt aus der Maschine.  Die Wirbelströme sind ein Verlust und deshalb möglichst klein zu halten. Ein weiterer Verlust in jeder elektrischen Maschine ist der Ummagnetisierungs- oder Hysteresis-Verlust.  Er tritt ebenfalls im Eisen des Ankers auf und rührt daher, daß die Moleküle des Eisens bei der Drehung des Ankers fortwährend ihre Lage ändern müssen unter der anziehenden Wirkung der Feldmagnete.

In Fig. 112 ist der Vorgang der Ummagnetisierung des Ankereisens schematisch gezeichnet. Betrachtet man ein einzelnes Ankermolekül, so muß dasselbe vor dem Nordpol N die Stellung 1 einnehmen.  Dreht sich der Anker, so nimmt das Molekül nacheinander die Lagen 2, 3 usw. an.  Diese fortwährende Lagenänderung müssen sämtliche Moleküle im Eisen ausführen und hierbei reiben sie sich aneinander.  Diese Reibung verlangt wieder einen Teil der zugeführten mechanischen Arbeit zur Überwindung, ist also ein weiterer Verlust.

Man könnte nun einwenden, warum man denn überhaupt den Kern des Ankers aus Eisen herstellt, wo doch in diesem Eisen Verluste auftreten. Man erhält aber durch die Anwendung des Eisens ein viel stärkeres Magnetfeld in der Maschine und außerdem wird auch die Form des Magnetfeldes durch das Ankereisen in eine für die Induktion der Ankerdrähte sehr günstige gebracht, wie schon aus der Kraftlinienverteilung in Fig. 19 hervorgeht, in welcher zwischen den Magnetpolen sich ebenfalls ein schmiedeiserner Zylinder befindet. Ähnlich wie der Ankerkern einer elektrischen Maschine.  Die genannten Verluste, Wirbelströme und Ummagnetisierung treten aber nicht nur im Ankereisen auf, sondern wegen der Nuten des Ankers auch in geringerem Maße in den Polschuhen, aus diesem Grunde stellt man gewöhnlich auch die Polschuhe ebenso wie den Ankerkörper aus Eisenblech her.

Ein dritter Verlust in jeder elektrischen Maschine rührt daher, daß die Drahtwickelung des Ankers und der Magnete dem Strom einen Widerstand entgegensetzt, es wird deshalb, wie schon im Abschnitt II gezeigt wurde, ein Teil der elektromotorischen Kraft des Ankers verbraucht, um den Strom durch

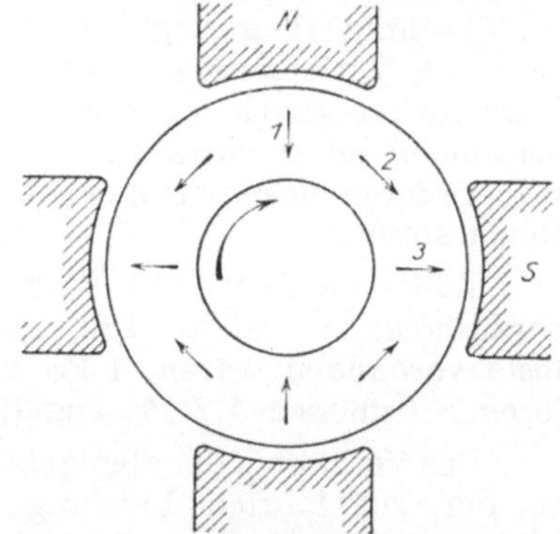


Fig. 112.  Ummagnetisierung des Ankereisens.

die Widerstände der Wickelung zu treiben, so daß die Spannung, die aus dem Anker herauskommt, kleiner ist, als die erzeugte elektromotorische Kraft.

Ein vierter Verlust ist die R e i b u n g der sich drehenden Teile, besonders also der Zapfen der Welle in den Lagern, ferner die Reibung zwischen Kollektor und Bürsten und bei schnellaufenden Maschinen die Reibung der Wickelung an der Luft.

Alle diese Verluste erwärmen die Maschine, daher führt man, wie schon bei Fig. 110 gezeigt wurde, die Anker gerne mit Lüftungsspalten aus, desgleichen auch die Magnetspulen.

Infolge der Verluste werden in einer elektrischen Maschine nicht 736 Watt für jede zugeführte Pferdestärke erzeugt, wie im Abschnitt II gezeigt wurde, sondern weniger. Allerdings sind die Verluste bei elektrischen Maschinen verhältnismäßig klein im Vergleich mit anderen Maschinen, denn bei kleineren Maschinen gehen etwa 20 % der zugeführten Leistung verloren, bei größeren noch weniger, bis zu 8 % herauf für ganz große Generatoren.

Will man z. B. 736 Watt aus einer elektrischen Maschine herausholen, so müßte ihre Antriebsmaschine, wenn keine Verluste vorhanden wären, 1 PS zuführen. Gehen aber 20 % verloren, so müssen 1,2 PS zugeführt werden.

Das Verhältnis der abgegebenen Leistung einer jeden Maschine zu der zugeführten Leistung nennt man W i r k u n g s g r a d. Liefert z. B. eine Dampfmaschine 200 PS an eine elektrische Maschine und liefert diese dafür eine elektrische Energie von 667 Amper bei 220 Volt, dann sind dies 667 $\times$ 220 = 132 400 Watt oder 132,4 Kilowatt. Unter Wirkungsgrad versteht man nun nach dem vorhin Gesagten:

$$\text{Wirkungsgrad} = \frac{\text{abgegebene Leistung}}{\text{zugeführte Leistung}}$$

Da in dem vorigen Beispiel die abgegebene Leistung in Watt und die zugeführte in PS ausgedrückt ist, und man nicht zwei verschiedenartige Größen durcheinander teilen kann, muß man beides in PS verwandeln, indem man die Watt durch 736 teilt. In unserem Falle wird dann der Wirkungsgrad

$$\frac{132\,400}{736 \cdot 200} = 0{,}89$$

Der Wirkungsgrad ist maßgebend für die gute Ausführung einer Maschine; man muß ihn daher bei Abnahme-Versuchen häufig bestimmen, um festzustellen, ob die Firma, welche die

Maschine aufstellte, dieselbe den gestellten Bedingungen entsprechend ausgeführt hat [1]).

Einige Beispiele mögen die Anwendung des Wirkungsgrades noch erläutern:

Beispiel: Eine Dynamo soll 80 Amp. bei 125 Volt liefern. Nach dem Katalog einer Firma für elektrische Maschinen ist der Wirkungsgrad einer solchen Maschine angegeben mit 0,88. Wie viel PS muß ein Dieselmotor zum Antrieb der Maschine besitzen?

Die abgegebene Leistung der Dynamo beträgt 80 . 125 = 100 000 Watt. Dies sind

$$\frac{100\,00}{7.36} = 13,6 \text{ PS ohne Verluste.}$$

Nun ist Wirkungsgrad $= \dfrac{\text{abgegebene Leistung}}{\text{zugeführte Leistung}}$ folglich,

zugeführte Leistung $= \dfrac{\text{abgegebene Leistung}}{\text{Wirkungsgrad}} = \dfrac{13,6}{0,88} = 15,5 \text{ PS,}$

diese Leistung muß also der Dieselmotor besitzen.

Beispiel: Eine Dampfmaschine liefert 300 PS. Sie ist mit einer Dynamo gekuppelt, welche 500 Volt und 400 Amper gibt, wie groß ist ihr Wirkungsgrad?

Die abgegebene Leistung ist $\dfrac{500 \cdot 400}{736} = 272 \text{ PS, folglich:}$

$$\text{Wirkungsgrad} = \frac{272}{300} = 0,905.$$

Beispiel: Eine Dynamo hat einen Wirkungsgrad von 0,9 und erhält durch eine Turbine 35 PS zugeführt. Welche Stromstärke liefert sie bei 150 Volt?

Abgegebene Leistung = zugeführte Leistung $\times$ Wirkungsgrad = 35 . 09 = 31,5 PS, dies sind 31,5 . 736 = 23 200 Watt und bei 150 Volt wird der Strom:

$$I = \frac{23\,200}{150} = 155 \text{ Amper.}$$

Wir wollen uns nun zunächst mit dem Anker der elektrischen Gleichstrommaschinen etwas genauer befassen. Die Drähte des Ankers liegen, wie schon gesagt wurde, in den Nuten. Die Zahl der Nuten und Drähte ist in Wirklichkeit so groß, daß man eine übersichtliche Zeichnung einer Wickelung schwer machen kann. Um aber dem Leser einen Begriff von dem Verlauf der

---

[1]) Genaueres über die Bestimmung des Wirkungsgrades, sowie überhaupt über Maschinenmessungen enthält das kleine Buch des Verfassers: „Messungen an elektrischen Maschinen" von R. Krause, zweite Auflage, Verlag von Julius Springer, Berlin.

Drähte auf dem Anker zu geben, ist in Fig. 113 eine möglichst vereinfachte Trommelankerwickelung dargestellt, bei welcher nur 12 Nuten angenommen sind und der Kollektor K

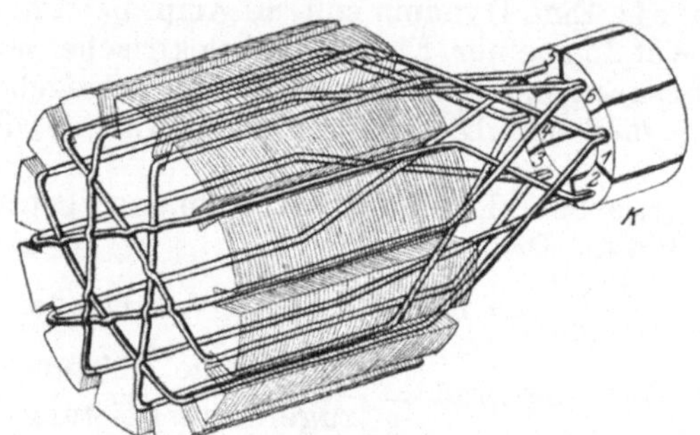

Fig. 113.  Schema einer Trommelanker-Wickelung.

aus 6 Lamellen besteht.  Man erkennt schon an Fig. 113, daß die Wickelung eines Ankers in ganz bestimmter, gesetzmäßiger Weise ausgeführt werden muß, die sich, wie am ausführlichsten zuerst Prof. Arnold getan hat, auch in mathematische Form

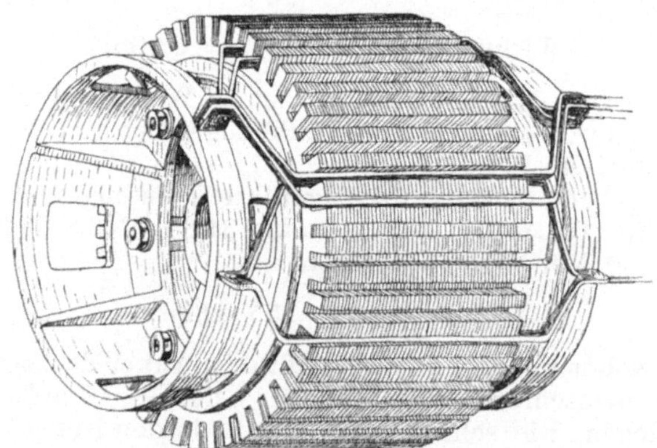

Fig. 114.  Einlegen von Formspulen.

bringen lassen.  Diese Theorie der Ankerwickelungen ist ein großes Gebiet für sich und würde unmöglich in den Umfang dieses Buches hineinpassen.  Es soll deshalb nur auf die äußeren Ausführungsformen der Wickelungen etwas näher eingegangen werden. Man muß unterscheiden zwischen Handwickelung und Formspulenwickelung.

In beiden Fällen besteht die Wickelung aus Drähten, die im ersten Fall gleich auf den Anker aufgewickelt werden, im zweiten Fall früher auf Holzschablonen, heute auf Scheren vor dem Einlegen des Ankers zu einzelnen Spulen gewickelt werden. Außerdem kommt bei größeren Ankern und stärkeren Strömen die Stabwickelung vor, bei der die Drähte durch Stäbe von größerem Querschnitt ersetzt sind. Hand-wickelung wird höch-

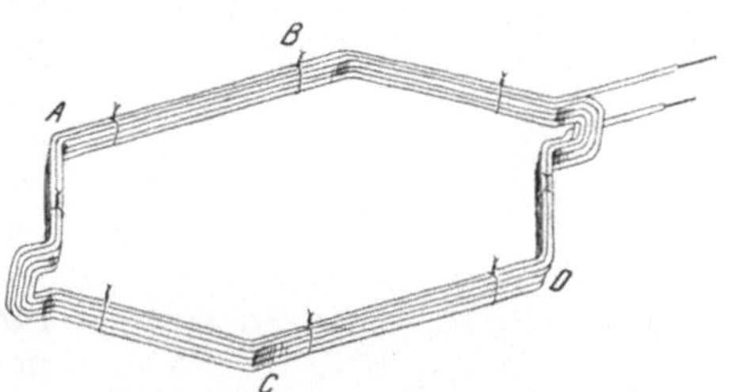

Fig. 115. Einzelne Formspule.

stens noch für kleine zweipolige Anker ausgeführt und auch dort selten, sonst sind Drahtwickelungen nur noch Form-spulen- oder Schablonenwickelungen. Der Unterschied zwischen beiden Wickelungsarten ergibt sich aus den Figuren 107 und 108. Bei der Handwickelung in Fig. 107 erhält man stets ein Drahtknäuel auf den Stirnseiten des Ankers, nur die oben liegenden Windungen lassen sich gleich-mäßiger anordnen. Bei Reparaturen muß man unter ungünstigen Um-ständen sehr viel vom Anker abwickeln, wäh-rend die Formspulen-Wickelung sehr leicht repariert werden kann, denn sie besteht aus lauter gleichen Spulen,

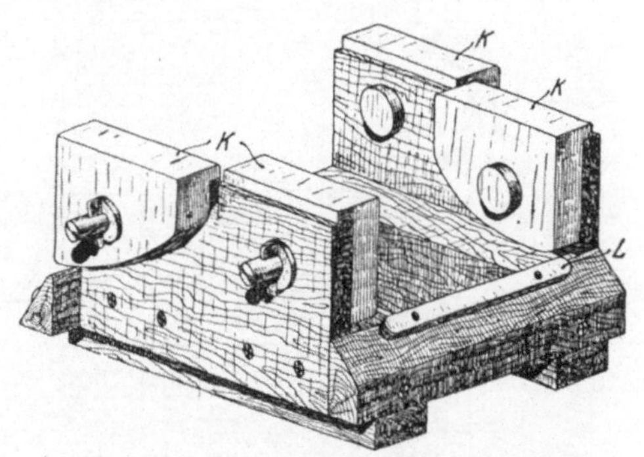

Fig. 116. Holzschablone für Formspulen.

deren Einlegen in die Ankernuten aus Fig. 114 zu ersehen ist. Eine einzelne Spule zeigt Fig. 115[1]). Aus der Form dieser Spulen ersieht man weiter, daß ein Anker mit Form-

---

[1]) Die Ausführung von Formspulen-Wickelungen bringt ausführlich das kleine Buch des Verfassers: „Formspulen-Wickelung für Gleich- und Wechselstrommaschinen" von R. Krause, Verlag Julius Springer, Berlin, aus dem einige der Figuren entnommen sind.

spulen-Wickelung besser gekühlt ist als bei Handwickelung, weil die einzelnen Spulen weniger dicht liegen. Die Form der Spulen 114 und 115 ergibt die sogenannte Mantelwickelung.

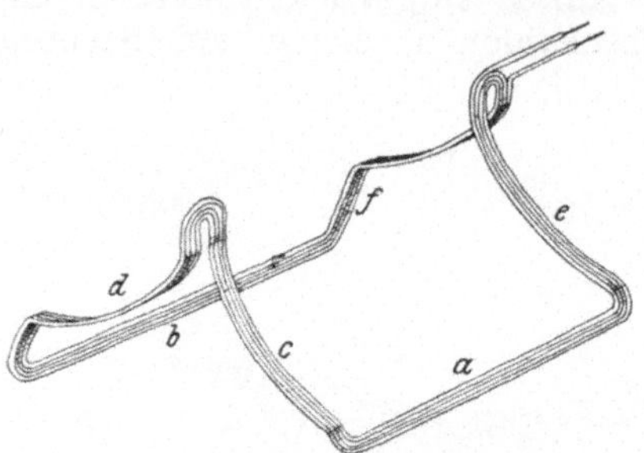

Fig. 117. Formspule mit Schablone Fig. 116 gewickelt.

Sie ist die heute fast allgemein übliche, weil sich die Spulen dazu auf einfachen für mehrere Maschinen einstellbaren Metallscheren wickeln lassen, während früher die Spulen auf teueren Holzschablonen gewickelt wurden, von denen für jede Maschine eine eigens passende angefertigt werden mußte. Zum Vergleich zeigt Fig. 116 eine ältere Holzschablone, durch Auflegen des Drahtes und Umwinden um die Leisten L und die gebogenen Seiten der Klötze K ergibt sich eine Spule nach Fig. 117, welche dann mit den Seiten a und b in die Nuten des Ankers gelegt

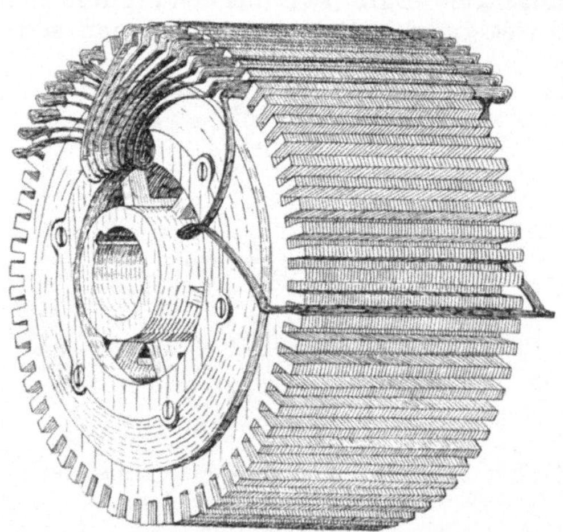

Fig. 118. Anker mit Formspulen-Stirnwickelung.

wird, während die gebogenen Seiten c d und e f auf den Stirnseiten des Ankers liegen, wie Fig. 118 bei einem teilweise bewickelten Anker zeigt. Zum Unterschied von der schon als Mantelwickelung bezeichneteu in Fig. 114 und 108 nennt man eine Wickelung nach Fig. 118 Stirnwickelung.

Für größere Anker mit nicht zu hoher Spannung kommt auch häufig Stabwickelung vor. Hierbei liegen in einer Nut Stäbe aus Kupfer, welche nach Fig. 119 in Stirnwickelung oder nach Fig. 120 in Mantelwickelung verbunden sein können. Bei der Stabwickelung biegt man die Kupferstäbe vor dem Einlegen in den Anker und erhält dann ebenfalls eine sehr gut

gelüftete Wickelung, welche das Vorbild für die Formspulen-
wickelung mit Drähten abgegeben hat.

Ein sehr wichtiger Teil jeder elektrischen Gleichstrommaschine ist der Kollektor oder Stromwender. Sein Zweck
und seine Wirkungsweise sind schon bei Fig. 52 erklärt.  In

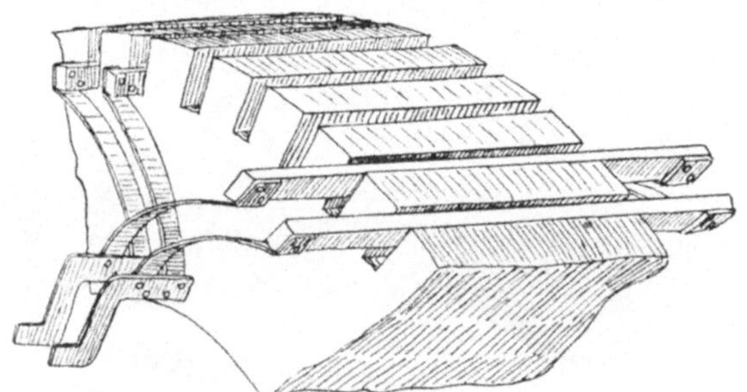

Fig. 119.  Stäbe mit Stirnverbindungen.

Wirklichkeit besteht er immer aus einer größeren Zahl von
Kupferlamellen L, welche nach Fig. 121 auf der Kollektorbüchse B sitzen.  Die einzelnen Lamellen sind voneinander
durch zwischengelegte Glimmer- oder Mikanitscheiben isoliert,
deren Enden man gewöhnlich bei f herausragen läßt, weil in

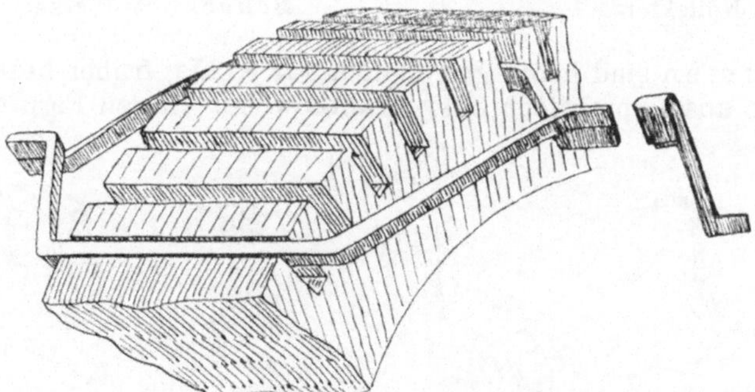

Fig. 120.  Stäbe in Mantelwickelung.

die dort befindlichen Fahnen der Lamellen die Verbindungen
mit den Ankerdrähten eingelötet werden.  Die Kollektorbüchse
ist ebenfalls außen mit Mikanit überzogen, welches noch einen
Teil des hinten an ihr sitzenden konisch ausgedrehten Ringes
überdeckt.  Auf die Vorderseite wird ein Preßring P gegen die
Lamellen durch Schrauben befestigt.  Er ist auch, so weit er

die Lamellen berührt, mit Mikanit überzogen und konisch aus-
gedreht.  Der Kollektor dreht sich unter den Bürsten hindurch.

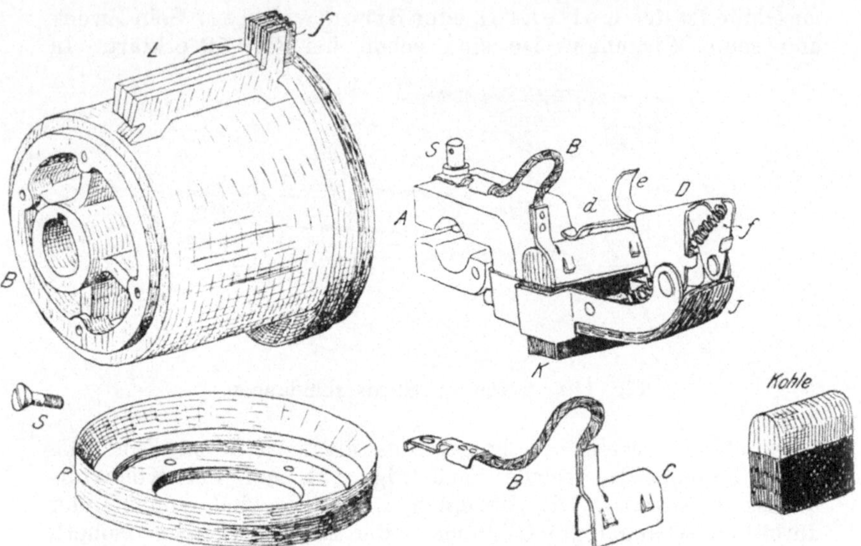

Fig. 121. Zusammenbau eines<br>Kollektors.
Fig. 122. Kohlenbürste der Siemens-<br>Schuckert-Werke.

Die Bürsten sind heute gewöhnlich aus Kohle, früher bestanden
sie auch aus Kupferblech oder Drahtgewebe.  In den Figuren 122

Fig. 123.    Kohlenhalter Fig. 122<br>hochgeklappt.
Fig. 124.  Bürstenbrücken.

und 123 ist eine Kohlenbürste von den Siemens-Schuckert-
Werken dargestellt. Die eigentliche Kohle K ist oben verkupfert,
so daß das Klemmstück C gute Verbindung mit dem Kohlenkopf

Fig. 125. Riemendynamo.

Fig- 126. Riemendynamo auf Spannschlitten.

erhält. Mit dem Klemmstück A und der Schraube S wird der Kohlenhalter auf dem Bürstenbolzen b Fig. 124 festgeklemmt, und von diesem Stück führt ein biegsames Kabel B als Leitung

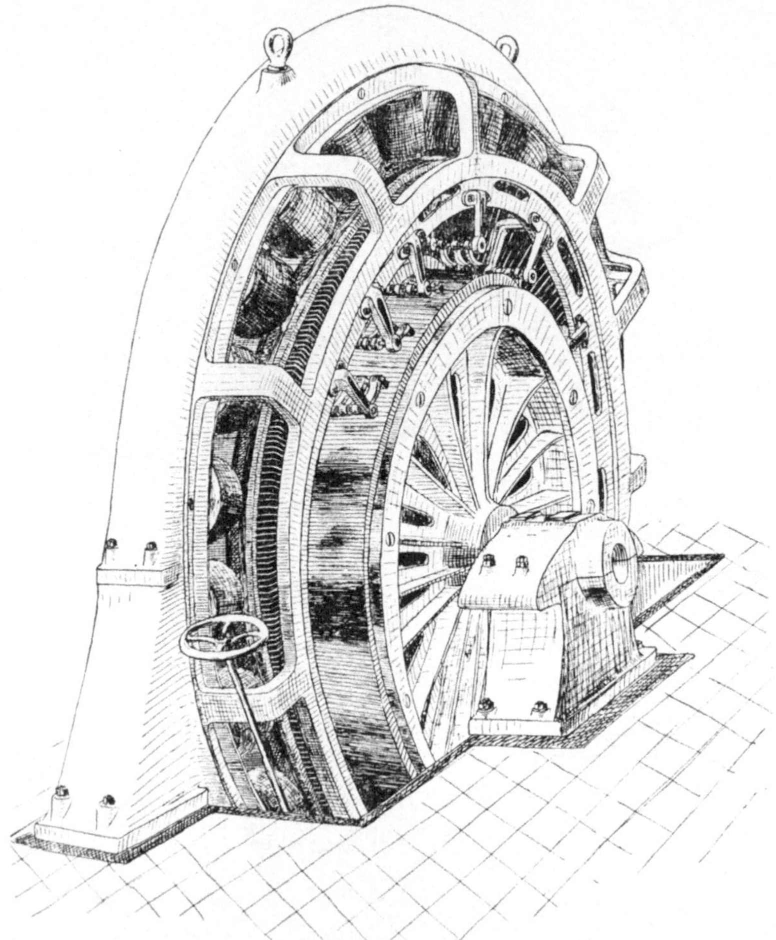

Fig. 127.  Dynamo für direkte Kuppelung.

für den Strom zur Kohle.  Eine Feder f drückt vermittelst des Blechstückes D und des Armes d die Kohle auf den Kollektor. Will man eine Kohle auswechseln, wenn sie sich stark abgeschliffen hat, so faßt man bei e mit dem Finger an und klappt

nach Fig. 123 das ganze Blechstück D hoch. Die Feder f hält
es dann in der aufgeklappten Lage fest, sobald es genügend
weit bewegt wurde. Bei I ist der Kohlenhalter durch eine
Isolationsplatte vor Überschlag von Lichtbögen zum Kollektor
geschützt, was bei falscher Bürstenstellung eintreten kann.

Die Kohlen werden an die Bürstenbolzen b befestigt, die
isoliert in der Bürstenbrücke sitzen. In Fig. 124 ist eine
zweiarmige und eine vierarmige Bürstenbrücke gezeichnet. Bei
der vierarmigen werden die gleichpoligen gegenüberliegenden

Fig. 128. Dampfdynamo.

Bolzen elektrisch durch Kupferbügel $\gamma$ verbunden, die aus
blankem Kupfer gebogen und mit Band umwickelt und lackiert
sind. Die Bürstenbrücken sitzen auf einem Ansatz des Lagers
(a in Fig. 105) oder bei geteilten Lagern (Fig. 125 und 126)
auf einem besonderen an das Lager geschraubten Ring oder
bei noch größeren Maschinen Fig. 127 und 128 wird für die
Bürsten ein Gußring am Magnetsystem befestigt und der Bürstenträger mit Handrad gedreht, während kleinere Bürstenträger
einfach einen Handgriff besitzen. In Fig. 125 ist eine vierpolige
Riemenmaschine zusammengestellt. Der Anker A bewegt
sich mit möglichst wenig Luft (einige Millimeter) zwischen den
Polen. K ist der Kollektor, B die Bürsten, T die Bürstenbrücke.

Die Ableitung des Stromes erfolgt durch biegsame Kabel D zu den Klemmen E.   Von dort werden Kabel oder blanke Schienen auf Porzellanglocken in Kanälen mit eisernen Abdeckplatten zur Schalttafel geführt.   Zum Spannen des Riemens setzt man die Maschinen auf Spannschienen und spannt den Riemen durch Druckschrauben wie aus Fig. 126 hervorgeht.   Größere Maschinen werden häufig mit der Kraftmaschine d i r e k t  g e k u p p e l t und da sie dann viel langsamer laufen müssen, als die normalen Riemenmaschinen, werden sie größer als diese und erhalten eine größere Zahl Pole.   Die obere Hälfte eines solchen Magnetsystems ist schon in Fig. 14 gezeichnet und eine vollständige derartige Maschine zeigen die Figuren 127 und 128.   In der letzten Figur ist eine Dampfdynamo abgebildet.   Da bei großen

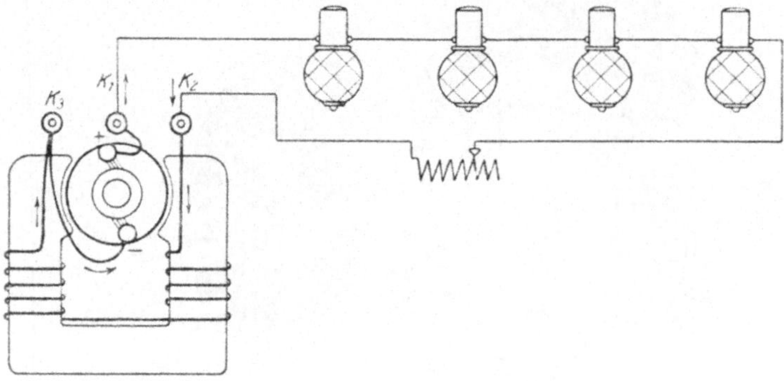

Fig. 129.   Hauptstrommaschine.

Dampfmaschinen die Wellen meist niedrig liegen, läßt man die Dynamos teilweise in den Boden ein.

Nachdem bis jetzt die wesentlichsten äußeren Teile der elektrischen Maschinen vorgeführt sind, soll etwas näher auf ihre Wirkungsweise und Schaltung eingegangen werden.   Die Schaltung bezieht sich immer auf die Verbindung des Ankers mit der Magnetwickelung.   Da die Magnete Elektromagnete sind, erhalten sie ihren Magnetisierungsstrom aus dem Anker und man unterscheidet Hauptstrommaschine, Nebenschlußmaschine und Maschine mit gemischter Schaltung.

Die H a u p t s t r o m m a s c h i n e ist gekennzeichnet durch Fig. 129, wo eine ältere Form, die Hufeisenform gezeichnet ist, während in Fig. 130 eine neuere Form entsprechend Fig. 104 dargestellt ist, bei der der Anschluß des äußeren Stromkreises genau so erfolgt.   Beide Maschinen sind zweipolig, aus der letzten, Fig. 130, ergibt sich aber ohne weiteres auch die Schaltung einer mehrpoligen Hauptstrommaschine. Wenn eine solche Hauptstrommaschine in Betrieb gesetzt werden soll, dann muß zunächst der sie antreibende Kraftmotor anlaufen, und wenn die normale Umdrehungszahl erreicht ist, muß der äußere Stromkreis, der an die Klemmen $K_1 K_2$ angeschlossen ist, eingeschaltet werden. Nun wurde schon auf Seite 24 erklärt, daß in dem Magnetsystem der Maschine von dem vorhergegangenen Betrieb der remanente Magnetismus zurückgeblieben ist, der zwar sehr schwach ist, aber trotzdem zum Selbsterregen der Maschine verwendet werden kann, wie zuerst Werner von Siemens erkannte (vergl. Einleitung). Es entsteht nämlich durch die Drehung des Ankers vor den schwachen Magnetpolen eine entsprechend niedrige elektromotorische Kraft in den Drähten der Ankerwickelung und bei geschlossenem äußeren Stromkreis entsteht nach dem Ohmschen Gesetz ein entsprechender schwacher Strom, welcher, wie aus Fig. 129 zu ersehen ist, auch durch die Wickelung der Magnete mit hindurchgeht, folglich den schwachen Magnetismus verstärkt. Infolge dieser geringen Verstärkung des Magnetismus wird aber auch die in den Ankerdrähten erregte

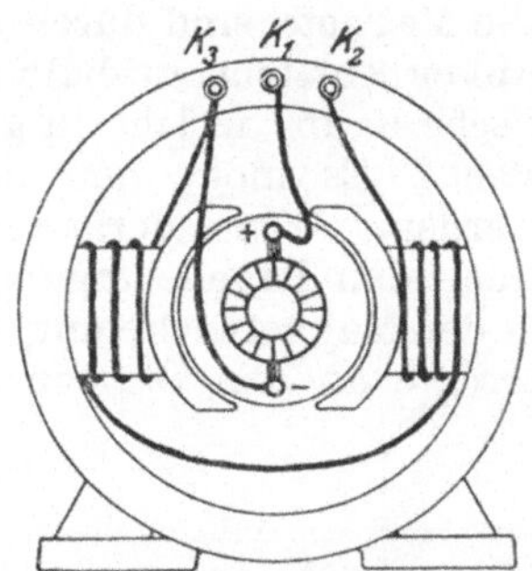


Fig. 130. Hauptstrommaschine mit rundem Gehäuse.

elektromotorische Kraft verstärkt, folglich der Strom stärker, dadurch weiter der Magnetismus stärker usf. Allerdings geht diese gegenseitige Verstärkung von elektromotorischer Kraft, Stromstärke und Magnetismus nicht etwa fortwährend weiter, sondern die Spannung erreicht eine Grenze, die abhängt vom Widerstand der Magnetwickelung und der Magnetisierbarkeit der Maschine. Zum besseren Verständnis des eben Gesagten muß zunächst auf die frühere Fig. 13 zurückgegriffen werden.

In Fig. 13 ist eine Versuchsordnung gezeichnet, durch welche man in den Stand gesetzt wird, Eisen auf seine Magnetisierbarkeit zu untersuchen. Führt man einen solchen Versuch aus, so beobachtet man, daß der Magnet M, der aus dem zu untersuchenden Eisen gebogen ist, um so mehr Belastung P in der Wagschale an seinem Anker E festhält, je stärker der Strom ist; aber nur für schwächere Ströme nimmt der Magnetismus, der ja gleichbedeutend mit der Tragkraft des Magnets ist, in demselben Verhältnis zu, wie der Strom I, der durch die Windungen des Magnets fließt. Für stärkere Ströme nimmt der Magnetismus allmählich

immer weniger zu, als der Strom, bis schließlich bei ganz starken
Strömen eine Erhöhung des Magnetismus nicht mehr oder kaum
noch merkbar erreicht wird. Bei einer elektrischen Maschine
kann man sehr einfach die Magnetisierbarkeit durch Aufnahme
der sogenannten Leerlaufscharakteristik feststellen. Hierbei wird
die Maschine durch einen Riemen oder sonstwie in gewöhnlicher
Weise angetrieben, so daß sie ihre normale Umlaufszahl macht.
Zu den Magnetklemmen $K_2$, $K_3$ Fig. 129 und 130 wird aus einer
Akkumulatorenbatterie ein fremder Strom I geleitet, wobei die
Verbindung von der Bürste — nach $K_3$ unterbrochen sein muß
und an die Bürsten $+$ und $—$ wird ein Voltmeter angeschlossen.
Die Magnete sind durch den Akkumulatorenstrom erregt, und im
Anker entsteht deshalb durch die Drehung eine elektromotorische Kraft, welche in genauem Verhältnis zu dem Magnetismus
steht. Es möge nun das Weitere an einem Beispiel gezeigt
werden. Eine derartige Messung soll die Werte der nach-
stehenden Tabelle ergeben haben, wobei unter I die Stromstärke
in der Magnetwickelung und unter E die in der Ankerwickelung
erregte an den Bürsten gemessene Spannung vorhanden ist:

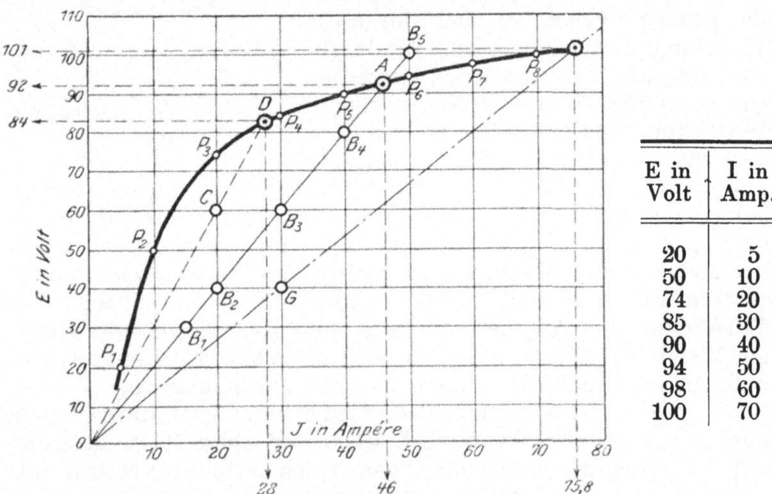


| E in Volt | I in Amp. |
|---|---|
| 20 | 5 |
| 50 | 10 |
| 74 | 20 |
| 85 | 30 |
| 90 | 40 |
| 94 | 50 |
| 98 | 60 |
| 100 | 70 |

Fig. 131. Leerlaufscharakteristik einer Hauptstrommaschine.

Die gemessenen Werte aus der Tabelle werden als Kurve
aufgetragen, indem man nach Fig. 131 eine senkrechte Linie
in 10 Teile und eine wagrechte in 7 Teile einteilt. Auf der
Senkrechten bedeutet 1 Teilstück jedesmal 10 Volt und auf der

Wagrechten 1 Teilstück 10 Amper. Es entspricht dann Punkt $P_1$ dem mit 20 bezeichneten Teilstrich auf der Senkrechten und dem mit 5 bezeichneten auf der Wagrechten, ist also der erste Punkt der Tabelle, 20 Volt bei 5 Amper. Ebenso entspricht $P_2$ dem zweiten Punkt 50 Volt bei 10 Amper usw. also die Punkte $P_1$, $P_2$, $P_3$ bis $P_8$ sind die aufgezeichneten Tabellenwerte. Durch Verbindung aller Punkte erhält man die Leerlaufscharakteristik. Diese Kurve ist natürlich für jede Maschine eine andere. Um mit Hilfe dieser Kurve erkennen zu können, wie hoch die Maschine sich selbst erregt, muß man noch den Widerstand des Stromkreises kennen. Der Widerstand des ganzen Stromkreises setzt sich bei der Hauptstrommaschine zusammen aus dem Widerstand des Ankers, dem Widerstand des äußeren Stromkreises und dem Widerstand der Magnetwickelung, denn in dieser Reihenfolge durchfließt der Strom nach Fig. 129 die verschiedenen Widerstände.

Es sei der Ankerwiderstand 0,02 Ohm, ebenfalls sei der Magnetwiderstand 0,02 Ohm und der äußere Stromkreis möge 1,96 Ohm haben. Dann ist der ganze Widerstand des Stromkreises $0,02 + 0,02 + 1,96 = 2$ Ohm. Nach dem Ohmschen Gesetz wird

$$\text{Strom} = \frac{\text{Elektromotorische Kraft}}{\text{Widerstand}}.$$ Bezeichnen wir den Strom mit I, die elektromotorische Kraft mit E und den Widerstand mit W, so ergibt sich also:

$$I = \frac{E}{W}.$$

Ist die elektromotorische Kraft der Maschine z. B. $E = 60$ Volt, dann wird, weil $W = 2$ Ohm ist, die Stromstärke $I = \dfrac{60}{2} = 30$ Amper.

Rechnen wir noch mehr Werte aus, so finden wir für

$$E = \ \ 30 \text{ Volt} : I = \frac{30}{2} = 15 \text{ Amp.}$$

$$E = \ \ 40 \ \ \text{„} \ \ : I = \frac{40}{2} = 20 \ \ \text{„}$$

$$E = \ \ 80 \ \ \text{„} \ \ : I = \frac{80}{2} = 40 \ \ \text{„}$$

$$E = 100 \ \ \text{„} \ \ : I = \frac{100}{2} = 50 \ \ \text{„}$$

Tragen wir diese nach dem Ohmschen Gesetz zusammengehörigen Werte ebenfalls als Kurve in Fig. 131 auf, so erhalten wir durch Verbindung der entsprechenden Punkte $B_1$ $B_2$

bis $B_5$ eine gerade Linie. Verfolgen wir nun einmal genau den Vorgang bei der Selbsterregung unter der Voraussetzung, daß der Widerstand des ganzen Stromkreises 2 Ohm beträgt. Der im Magnetgestell vorhandene schwache Magnetismus erzeuge zunächst eine elektromotorische Kraft von E = 20 Volt, dann würde diese nach dem Ohmschen Gesetz einen Strom erzeugen von $I = \dfrac{20}{2} = 10$ Amper.

Nach der Leerlaufscharakteristik Fig. 131 entsteht aber bei 10 Amper ein Magnetismus in den Magneten, durch den 50 Volt elektromotorische Kraft im Anker erzeugt werden, denn zu 10 Amper gehört Punkt $P_2$, der 50 Volt entspricht. Bei 50 Volt und 2 Ohm entstehen aber $\dfrac{50}{2} = 25$ Amper und durch diesen Strom werden wieder 80 Volt im Anker erzeugt. Diese 80 Volt rufen einen Strom von $\dfrac{80}{2} = 40$ Amper im Stromkreis hervor, wodurch weiter 90 Volt (Punkt $P_5$) im Anker entstehen usf. bis auf diese Weise allmählich Punkt A erreicht wird; dann hört die Steigerung auf, denn jetzt erzeugt der Strom 46 Amper in den Magneten ein Feld, durch welches im Anker eine elektromotorische Kraft von E = 92 Volt induziert wird und nach dem Ohmschen Gesetz entsteht durch 92 Volt bei 2 Ohm auch ein Strom von $\dfrac{92}{2} = 46$ Amper. Weiter kann also bei diesem Widerstand von 2 Ohm im Stromkreis die elektromotorische Kraft des Ankers nicht mehr steigen. Man kann aus der Fig. 131 erkennen, daß, so lange die Leerlaufscharakteristik höher liegt, als die dem Ohmschen Gesetz für den betreffenden Stromkreis entsprechende gerade Linie aus den Punkten $B_1$, $B_2$, $B_3$ bis $B_5$, die durch den von dem Strom I erzeugten Magnetismus hervorgerufene elektromotorische Kraft immer größer ist, als sie nach dem Ohmschen Gesetz sein muß; erst beim Schnittpunkt A genügt die elektromotorische Kraft gleichzeitig dem Ohmschen Gesetz und der Leerlaufscharakteristik.

Untersuchen wir jetzt das Verhalten der Maschine bei einem anderen äußeren Widerstand, z. B. 2,96 Ohm, dann beträgt, da ja Anker- und Magnetwiderstand je 0,02 Ohm sind, der gesamte Widerstand des Stromkreises jetzt $0,02 + 0,02 + 2,96 = 3$ Ohm und nach dem Ohmschen Gesetz erhalten wir z. B. für 60 Volt eine Stromstärke von

$$I = \frac{60}{3} = 20 \text{ Amp.}$$

Wollen wir nun die gerade Linie für 3 Ohm Widerstand des Stromkreises aufzeichnen, so braucht man nur einen Punkt dazu, z. B. den Punkt C in Fig. 131, der 20 Amp. und 60 Volt entspricht. Durch diesen Punkt und durch den Punkt O ist dann die gerade Linie bestimmt, auf welcher sämtliche nach dem Ohmschen Gesetz zusammengehörenden Werte von elektromotorischen Kräften und Strömen liegen für einen Stromkreiswiderstand von 3 Ohm. (Auch bei der Bestimmung der geraden Linie $B_1 B_2$ bis $B_5$ war es nur nötig einen Punkt z. B. bei 60 Volt $I = \dfrac{60}{2} = 30$ also Punkt $B_3$ aufzuzeichnen und mit O zu verbinden, es wurden nur deshalb mehrere Punkte berechnet, um zu zeigen, daß alle auf einer geraden Linie liegen.)

Da nun die neue Linie OC für 3 Ohm Widerstand die Leerlaufscharakteristik in Punkt D schneidet, so ergibt sich, daß jetzt, wo der Widerstand des Stromkreises höher ist, die Maschine sich nur noch bis zum Punkt D also bis 84 Volt erregen kann. Der Strom kann daher jetzt nicht stärker als $\dfrac{84}{3} = 28$ Amp. werden.

Wäre der gesamte Widerstand des Stromkreises nur noch 1,333 Ohm, dann erhielte man z. B. für 40 Volt einen Strom von $I = \dfrac{40}{1,333} = 30$ Amp., dem entspricht Punkt G; zieht man nun die Linie O G, so erhält man durch deren Verlängerung den Schnittpunkt F, d. h. jetzt erregt sich die Maschine bis 101 Volt und liefert dabei einen Strom von $I = \dfrac{101}{1,333} = 75,8$ Amp.

Man erkennt nun auch gleichzeitig das Verhalten der Hauptstrommaschine bei Änderung des Widerstandes im äußeren Stromkreise. Je kleiner der Widerstand wird, um so größer wird die elektromotorische Kraft und um so mehr Strom liefert die Hauptstrommaschine. Bei zunehmender Belastung oder Stromentnahme steigt auch die Spannung bei der Hauptstrommaschine.

Wie aber schon bei Fig. 131 bemerkt steht, ist die dort gezeichnete Konstruktion nicht ganz richtig und zwar deshalb nicht, weil die Leerlaufscharakteristik nur, wie schon der Name sagt, für die leer laufende Maschine also für stromlosen Anker gültig ist. Wenn aber eine elektrische Maschine im Betriebe ist, liefert der Anker Strom und dadurch treten Erscheinungen auf, die man als Rückwirkung des Ankerstromes bezeichnet. Um diese Rückwirkung zu untersuchen, soll zunächst die Lage der Bürsten auf dem Kollektor festgestellt werden.

In Fig. 132 ist noch einmal schematisch der schon in Fig. 113 dargestellte Anker gezeichnet. Wenn die Drehung im Sinne des Pfeiles über dem Anker erfolgt, dann entstehen nach der auf Seite 56 angegebenen Handregel in den Drähten 2, 3, 4, 5, 6 elektromotorische Kräfte, die von hinten nach vorne gerichtet sind, während in den Drähten 8, 9, 10, 11, 12 elektromotorische Kräfte entstehen, die nach hinten zu gerichtet sind. Verfolgt man nun die dadurch in den Ankerdrähten entstehenden Ströme, so findet man, daß an dem Punkt A von Draht 8 aus durch den nicht induzierten Draht 1 hindurch und von Draht 6 aus

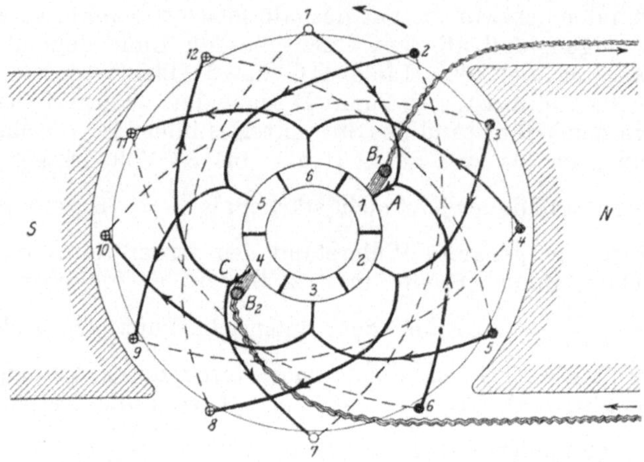

Fig. 132.  Schema der Wickelung nach Fig. 113.

die Ströme zusammenstoßen, legt man daher auf die Lamelle 1 eine Bürste $B_1$, dann fließen die bei A zusammenkommenden Ströme nach der Lamelle 1 und in die Bürste $B_1$ hinein und von dort weiter in die Leitung $L_1$. Durch die Leitung $L_2$ kehrt dann der Strom wieder zur Bürste $B_2$ zurück und dann durch Lamelle 4 zum Punkt C, wo er sich nach links und rechts hin in die Ankerdrähte verteilt. Man erkennt, daß Lamelle 1 mit Draht 1 und Lamelle 4 mit Draht 7 verbunden ist, also mit denjenigen beiden Drähten, die gerade in der Mitte zwischen den Polen liegen. Hieraus ergibt sich für jede Gleichstrommaschine, Generator oder Motor, für die Auflagestelle der Bürsten die Regel: Man muß die Bürsten stets auf solche Kollektorlamellen auflegen, die mit Drähten in der Mitte zwischen zwei Polen verbunden sind.

In Fig. 20 wurde schon gezeigt, daß ein stromdurchflossener Draht ein kreisförmig um ihn verlaufendes Kraftlinienfeld besitzt.   Folglich verlaufen, ähnlich wie in Fig. 24 die Kraftlinien des Ankerstromes so, wie die punktierten Linien in Fig. 133

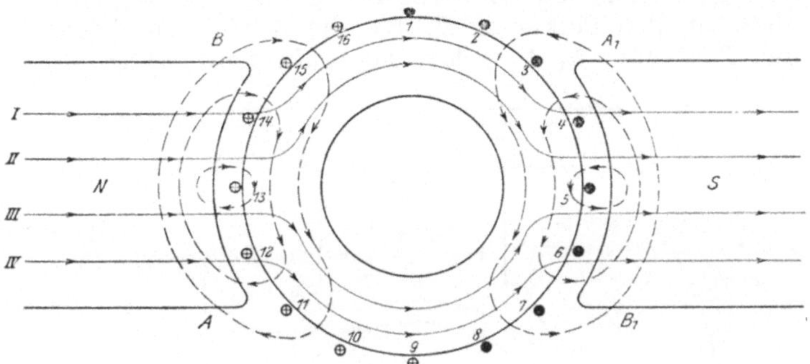

Fig. 133.  Ankerfeld und Hauptfeld.

angeben.   Die Linien I, II, III, IV sind der Verlauf der Kraftlinien des Hauptfeldes, welches die Magnete der Maschine erzeugen, und man erkennt aus Fig. 133, daß die punktierten Ankerkraftlinien den Hauptkraftlinien III und IV an der Kante A des Poles N entgegengesetzt gerichtet sind, während an der

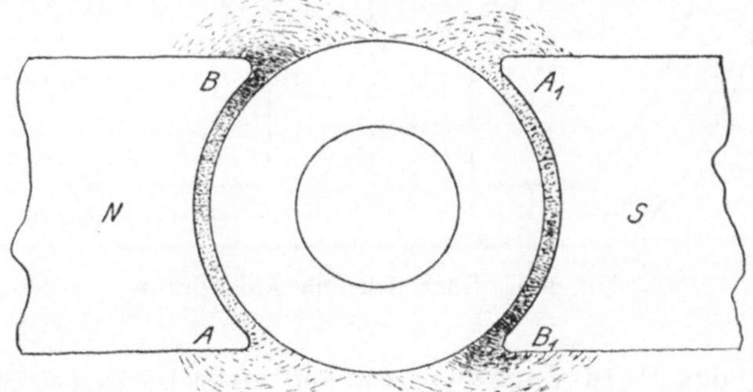

Fig. 134.  Feld einer belasteten Maschine.

Kante B des Poles N Ankerkraftlinien und Hauptkraftlinien gleiche Richtung haben.  Bei Pol S sind die entsprechenden Kanten mit $A_1$ und $B_1$ bezeichnet.  Es sind natürlich nur die Drähte 3, 4, 5, 6, 7 und 11, 12, 13, 14, 15, welche gerade vor den Polen liegen, imstande, ihre Kraftlinien in der ange-

gebenen Weise durch die Pole zu senden.  Die Folge davon
ist, daß an den Kanten A und $A_1$ das Feld schwächer und an
den Kanten B, $B_1$ verstärkt wird.  Das Feld einer belasteten
Maschine verläuft also nicht mehr in der Weise, wie schon in
Fig. 19 gezeichnet ist, sondern wie in Fig. 134 angedeutet ist
so, daß an den Polkanten B, $B_1$ die Kraftlinien dichter uud
an den Polkanten A, $A_1$ schwächer auftreten.  Es ist gewisser-

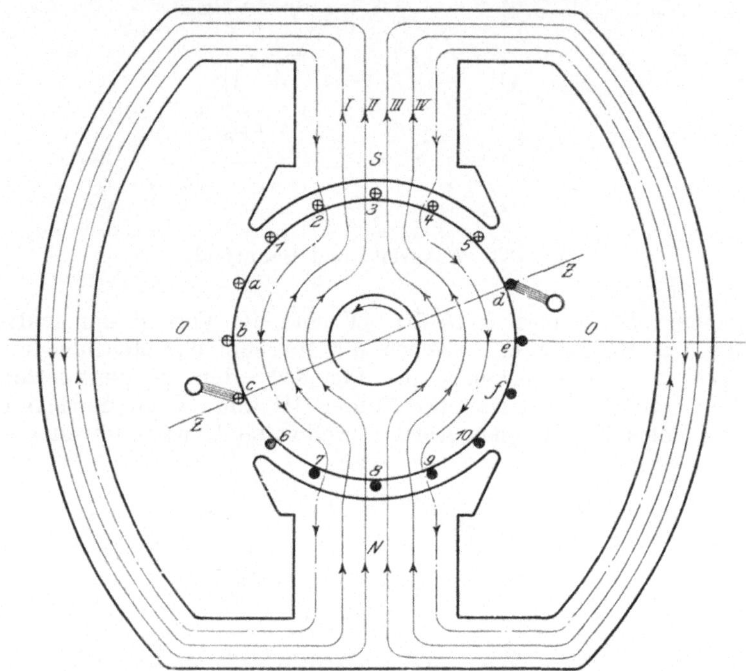

Fig. 135.  Rückwirkende Ankerdrähte.

maßen das Feld verschoben und zwar ist es bei Stromerzeugern oder Generatoren immer in der Richtung verschoben,
wie der Anker umläuft, bei Motoren aber, die bei derselben Anker-
strom- und Magnetfeldrichtung umgekehrt laufen, wie noch
gezeigt werden soll, ist die Feldverschiebung entgegen dem
Umlaufssinne.  Daß das Feld in den Figuren 133 und 134 sich
scheinbar gerade entgegengesetzt verhält, wie soeben gesagt
wurde, liegt daran, daß in Fig. 133 die Pole N und S gegen
die gleichen Pole in Fig. 132 vertauscht sind.

Aus der Verschiebung des Feldes, welche sich wie ohne weiteres klar ist, mit der Stromstärke des Ankers derartig ändert, daß bei starkem Strom die Verschiebung ebenfalls stark ist und bei schwacher Belastung klein, ergibt sich, daß die Bürsten der Maschine ebenfalls verschoben werden müssen, wenn sich die Stromstärke des Ankers, also die Belastung der Maschine ändert. Neuerdings wird aber bei Gleichstrommaschinen unter anderem gewöhnlich auch die Bedingung gestellt, daß die Bürstenstellung bei jeder Belastung zwischen Vollast und und Leerlauf dieselbe bleiben soll. Man kann dies dadurch erreichen, daß man das Ankerfeld möglichst klein hält, also wenig Drähte auf dem Anker anordnet, und außerdem kann man durch besondere Form der Polschuhe die Feldverteilung beeinflussen. Auch die später bei den Figuren 142 143 erklärten Wendepole und Kompensationswickelungen wirken in diesem Sinne.

Die Wirkung der stromdurchflossenen Ankerdrähte besteht aber nicht nur in einer Verschiebung des Feldes sondern auch in einer Schwächung des Hauptfeldes. Diese Schwächung, die eigentliche Rückwirkung des Ankers, wird durch die zwischen den Polen liegenden Ankerdrähte hervorgerufen. Diese Drähte sind in Fig. 135 mit a, b, c und d, e, f bezeichnet und von diesen Drähten rühren die in Fig. 135 mit Strich, Punkt (— . —) bezeichneten Kraftlinien her, welche den Hauptkraftlinien I, II, III, IV direkt entgegen gerichtet sind. Es wird also das Feld durch die Drähte unter den Polen verschoben und durch die Drähte zwischen den Polen geschwächt, beides um so mehr, je stärker die Maschine belastet ist, je stärker also der Strom im Anker ist. Wegen dieser soeben beschriebenen Schwächung des Hauptfeldes durch den Ankerstrom ist die Ableitung in Fig. 131 nicht ganz richtig, denn sie ist ja bei Leerlauf aufgenommen, während sich die Hauptstrommaschine nur bei Belastung erregen kann. Man darf deshalb bei der Hauptstrommaschine nicht die Leerlaufcharakteristik zur Darstellung des Vorganges der Selbsterregung benutzen, sondern nach Fig. 136 eine Kurve II, welche man erhält, wenn man

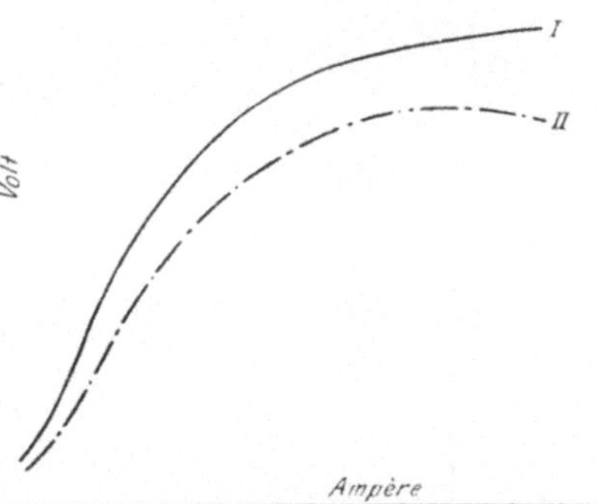



Fig. 136.  Leerlaufs- und Belastungscharakteristik.

von der Leerlaufscharakteristik I die mit dem Strom I immer größer werdende Ankerrückwirkung abzieht. Wie diese Konstruktion auszuführen ist, würde hier zu weit führen. Man sieht aber aus Fig. 136, daß der Verlauf der Kurve II ähnlich ist, wie derjenige der Kurve I, außerdem ist auch bei neueren Maschinen die Ankerrückwirkung nicht sehr groß.

Fassen wir nun noch einmal die **Arbeitsweise der Hauptstrommaschine** Fig. 129 und 130 kurz zusammen. Derselbe Strom, der im Anker fließt, fließt auch bei der Hauptstrommaschine durch die Magnetwickelung und den äußeren

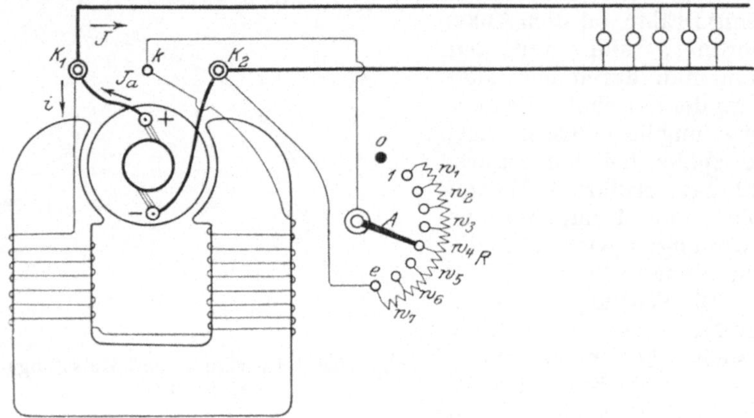

Fig. 137.   Nebenschlußmaschine.

Stromkreis hintereinander. Wenn die Hauptstrommaschine stark belastet wird, also starken Strom liefern muß, dann wird, da dieser Strom auch durch die Magnetwickelung fließt, ein starkes Feld erzeugt, welches allerdings wegen der eben besprochenen Ankerrückwirkung etwas, aber meist nur sehr wenig geschwächt wird. Infolge des starken Feldes entsteht auch eine hohe elektromotorische Kraft im Anker der Maschine. Wird also eine Hauptstrommaschine stärker belastet, dann nimmt mit dem Strom auch die Spannung zu. Beide werden um so größer, je kleiner der Widerstand im äußeren Stromkreis wird, und Strom und Spannung nehmen den größten Wert an, bei einem sogenannten Kurzschluß, der dann vorhanden ist, wenn die von der Maschine abgehenden Leitungen in Fig. 129 schon vor den Bogen-Lampen direkt miteinander in Verbindung kommen, indem sie z. B. beide gleichzeitig infolge schlechter Verlegung ein Gasrohr oder einen eisernen Träger berühren, so daß der Widerstand im äußeren

Stromkreis nur aus den Leitungen besteht und sehr klein ist. Ein Kurzschluß oder auch zu hohe Stromstärke infolge Überlastung ist bei der Hauptstrommaschine deshalb gefährlich, weil die Maschine dann auch eine zu hohe Spannung liefert und Hauptstrommaschinen müssen stets mit selbsttätigen Schaltern gegen Überlastung versehen sein. Solche Schalter (vergl. Fig. 341) werden später noch erklärt werden in dem Abschnitt über Arbeitsübertragung.

Eine zweite viel häufiger angewendete Maschine ist die Nebenschlußmaschine. Ihre Schaltung ist in Fig. 137 und 138 angegeben und zwar in Fig. 137 für eine zweipolige ältere Type und in Fig. 138 für eine vierpolige Type, bei welcher der Regler R und der äußere Stromkreis genau so angeschlossen wird, wie in Fig. 137. Außerdem sind auch bei der Maschine in Fig. 138 die Verbindungskabel γ, die schon bei Fig. 124 erwähnt wurden, angegeben. Aus der Schaltung Fig. 137 erkennt man, daß nur ein Teil des Stromes, der aus dem Anker fließt, durch die Magnetwickelung geleitet wird,

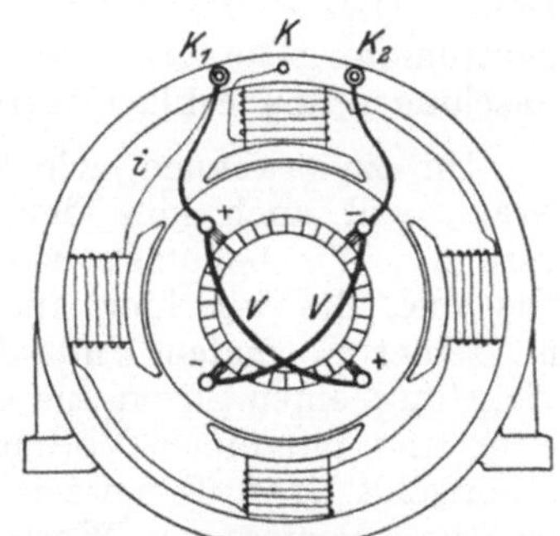

Fig. 138. Vierpolige Nebenschlußmaschine.

denn an der Klemme $K_1$ verzweigt sich der Strom $I_a$, der durch die Bürste + aus dem Anker kommt, in die beiden Zweige I und i, von denen der Strom I in den äußeren Stromkreis fließt und von da nach der Klemme $K_2$ zurückkehrt, während i die Magnetwickelung durchfließt, dann zur Klemme K und von dort durch den Regler R ebenfalls zur Klemme $K_2$ zurückkehrt, sich dort mit dem äußeren Strom I vereint und gemeinsam mit diesem zur Bürste — und in den Anker zurückfließt. Man hält natürlich den Zweigstrom i, der zur Magnetisierung der Maschine dient, möglichst klein, gegenüber dem Strom I. Da aber ein schwacher Strom auch nur schwachen Magnetismus erzeugt, so muß er in vielen Windungen um die Magnete herumgeleitet werden. Hieraus ergibt sich ein äußerlich erkennbarer Unterschied zwischen der Hauptstrom- und der Nebenschlußmaschine. Die Hauptstrommaschine besitzt nur wenige Windungen aus dickem Draht auf ihrer Magnetwickelung, während die Nebenschlußmaschine viele Windungen aus dünnem Draht besitzt.

Auch die Nebenschlußmaschine kann sich selbst erregen. Dabei muß aber der äußere Stromkreis ausgeschaltet sein. Man läßt nur die Antriebsmaschine anlaufen und wenn die normale Umlaufzahl erreicht ist, dreht man die Kurbel A des Reglers R in Fig. 137 von dem Kontrakt 0 auf irgend einen der Kontakte zwischen 1 und e. Dadurch ist für den Magnetstrom i ein geschlossener Stromkreis hergestellt, welcher von der Bürste $+$ nach $K_1$ durch die Magnetwickelung nach k, durch R nach $K_2$ zur Bürste — verläuft. Durch den von dem vorhergegangenen Betrieb zurückgebliebenen schwachen Magnetismus entsteht dann auch hier im Anker eine schwache elektromotorische Kraft, die einen ebenfalls schwachen Strom durch die Magnetwickelung treibt. Dieser verstärkt das Feld, dadurch wird wieder die elektromotorische Kraft verstärkt usf., wie bei der Hauptstrommaschine schon erklärt wurde.

Um zu erkennen, wie hoch sich die Nebenschlußmaschine erregt, soll auch hier der Vorgang etwas genauer behandelt werden. Wir benutzen wieder die Leerlaufscharakteristik der Maschine, die wir hier auch erhalten, indem wir den Anker mit seiner normalen Umlaufzahl antreiben, durch die Magnetwickelung einen Strom aus einer fremden Stromquelle hindurchleiten und mit einem Voltmeter die im Anker erzeugte elektromotorische Kraft E messen. Durch Aufzeichnen der zusammengehörigen gemessenen Werte von E und i erhält man die Punkte $P_1$, $P_2$ bis $P_6$ und daraus die Leerlaufscharakteristik in Fig. 139. Nehmen wir, um ein Beispiel zu haben, an, der Magnetwiderstand der Nebenschlußmaschine sei 20 Ohm, die Kurbel A des Reglers in Fig. 137 stehe so, daß von dem Widerstand desselben noch 10 Ohm eingeschaltet sind. Der Regler besteht wie in Fig. 137 schematisch angegeben ist, aus Kontakten 0, 1, 2 bis e, auf denen die Kurbel A verschoben werden kann. Die einzelnen Kontakte mit Ausnahme von 0 sind durch abgeglichene Widerstände $w_1$, $w_2$, $w_3$ usw. verbunden. Steht die Kurbel A auf 1, dann muß der Strom durch alle Widerstände $w_1$, $w_2$, $w_3$ bis $w_7$ hindurch. Steht A auf Kontakt e, dann ist kein Widerstand mehr eingeschaltet. In der gezeichneten Stellung der Kurbel sind die Widerstandsstufen $w_5$, $w_6$, $w_7$ eingeschaltet, diese würden also zusammen in dem oben angenommenen Beispiel 10 Ohm betragen. Der gesamte Widerstand im Magnetstromkreis beträgt dann $20 + 10 = 30$ Ohm, folglich würden z. B. bei 60 Volt $i = \dfrac{60}{30} = 2$ Amp. in der Magnetwickelung fließen. Um zu erkennen, wie hoch sich die Maschine bei 30 Ohm Magnetkreiswiderstand erregen wird, zeichnet man den Punkt $B_1$ ein, welcher 2 Amp. bei 60 Volt entspricht, verbindet $B_1$ mit 0 und findet durch den Schnittpunkt A dieser Geraden 69 Volt bei 2,3 Amp. Magnetstrom.

Die Selbsterregung erfolgt also genau so, wie bei der Hauptstrommaschine, und ist die Bestimmung nach Fig. 139 für die Nebenschlußmaschine streng richtig, wie noch erklärt werden soll. Die elektromotorische Kraft, bis zu der sich die Nebenschlußmaschine erregt, hängt ab vom Widerstand des Magnetstromkreises. Es muß ja, wie schon bemerkt wurde, bei der Selbsterregung der äußere Stromkreis der Maschine, der an die Klemmen $K_1$, $K_2$ angeschlossen ist, ausgeschaltet sein. In diesem

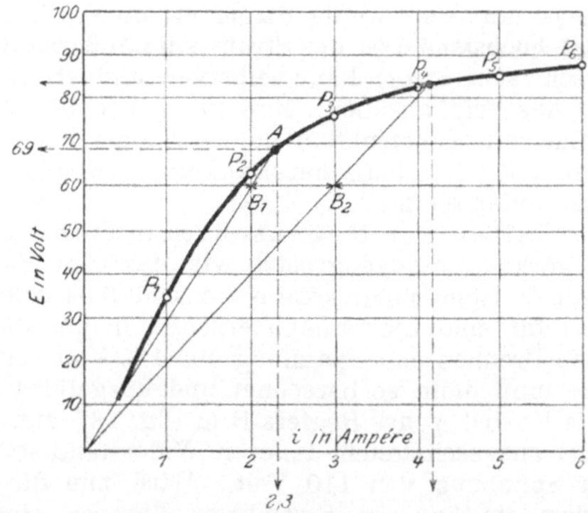


Fig. 139. Leerlaufscharakteristik einer Nebenschlußmaschine.

Fall wirkt die Maschine wie die Hauptstrommaschine, man braucht nur den Widerstand des Reglers R an die Stelle des äußeren Stromkreises zu setzen. Die höchste Spannung, bis zu der sich die Nebenschlußmaschine in dem angenommenen Beispiel erregen kann, findet man für den kleinsten Magnetkreiswiderstand, also für $R = 0$ (wenn die Kurbel A auf e steht), dann ist also der Magnetkreiswiderstand 20 Ohm. Für diesen Fall würden 60 Volt einen Strom $i = \dfrac{60}{20} = 3$ Amp. hervorrufen und die Gerade verläuft durch Punkt $B_2$, deren Schnitt mit der Leerlaufscharakteristik bei 83 Volt und $i = 4,15$ Amp. liegt. Je weniger Widerstand also am Regler eingeschaltet ist, um so höher erregt sich die Maschine und auch um so schneller. Letzteres benutzen gewöhnlich die Maschinenwärter, indem sie

9*

die Reglerkurbel beim Selbsterregen der Maschine auf den letzten Kontakt stellen (also $R = 0$) und dann drehen sie, während das Voltmeter die wachsende Größe von E anzeigt, die Kurbel so weit zurück, bis die normale Spannung vorhanden ist. Das weitere Einschalten der Maschine soll später genauer beschrieben werden. Wie schon erwähnt, ist die Konstruktion der Selbsterregung für die Nebenschlußmaschine nach Fig. 139 richtig, denn die Störung, von der bei der Hauptstrommaschine die Rede war, wird durch den Ankerstrom hervorgerufen. Dieser ist bei der Selbsterregung der Nebenschlußmaschine aber, weil der äußere Stromkreis abgeschaltet ist, nur sehr schwach, weil die Magnete ja nur sehr wenig Strom erhalten. Der Magnetstrom beträgt höchstens $5\,^0/_0$ des Stromes im äußeren Stromkreis und dieser schwache Strom kann selbstverständlich keine Rückwirkung auf das Feld ausüben. Man kann also bei der Nebenschlußmaschine zur Konstruktion der Vorgänge bei der Selbsterregung direkt die Leerlaufscharakteristik verwenden, weil die Maschine leer anlaufen muß.

Das Verhalten der Nebenschlußmaschine im Betriebe ist gerade entgegengesetzt wie das der Hauptstrommaschine. Als Beispiel möge eine Nebenschlußmaschine dienen, welche Strom für eine Lichtanlage erzeugt, in der die Lampen zum normalen Brennen eine Spannung von 110 Volt verbrauchen. Die Maschine muß dann so berechnet und ausgeführt sein, daß sie, wenn die Kurbel A des Reglers R in Fig. 137 auf Kontakt 1 steht, sich bei ausgeschaltetem äußeren Widerstand selbst erregt bis zu einer Spannung von 110 Volt. Wird nun die Maschine belastet, indem im äußeren Stromkreis Lampen eingeschaltet werden, so liefert der Anker außer dem schwachen Magnetstrom i noch den starken Strom I für den äußeren Stromkreis, es fließt also ein starker Strom in den Drähten des Ankers und jetzt tritt auch eine Rückwirkung des Ankerstroms auf das Feld der Maschine ein. Diese Rückwirkung äußert sich genau so, wie schon bei den Figuren 133 und 135 erklärt wurde; sie verschiebt das Hauptfeld und schwächt es. Da aber bei der Nebenschlußmaschine nach Fig. 137 die Stärke des Magnetstroms i von der Spannung zwischen den Klemmen $K_1$, $K_2$ abhängig ist und für diese Klemmenspannung nach Seite 16 die Beziehung gilt:

Klemmenspannung = elektromotorische Kraft — Spannungsverlust im Anker, so nimmt der Magnetstrom i ab, wenn der Strom I im äußeren Stromkreis zunimmt, denn der Spannungsverlust im Anker berechnet sich ja nach Seite 15 zu:

Spannungsverlust im Anker = Ankerstrom $\times$ Ankerwiderstand, er nimmt also mit zunehmendem äußeren Strom zu.

Außerdem nimmt auch noch die elektromotorische Kraft im Anker, infolge der Feldschwächung durch die Rückwirkung bei zunehmendem äußeren Strom ab. In dem besonderen Fall eines Kurzschlusses, wo also die Klemmen $K_1$, $K_2$ durch eine Leitung von fast gar keinem Widerstand verbunden sind, würde zwar im Augenblick der Herstellung der Verbindung ein sehr starker Strom entstehen, aber es bestände auch sogleich zwischen den Klemmen $K_1$, $K_2$ kein Spannungsunterschied mehr, die Klemmenspannung ist fast Null geworden, weil der Widerstand im äußeren Stromkreis fast Null ist und die ganze im Anker erzeugte elektromotorische Kraft würde nur für den Anker allein verbraucht. Wenn aber die Klemmenspannung zu Null wird, dann wird auch der Magnetstrom i zu Null, d. h. bei Kurzschluß verliert die Nebenschlußmaschine ihren Magnetstrom, ihr Feld verschwindet und sie wird stromlos, also gerade das Umgekehrte wie bei der Hauptstrommaschine.

Da auch, wie schon gesagt, bei zunehmender Belastung die Klemmenspannung der Nebenschlußmaschine abnimmt, die an die Maschine angeschlossenen Lampen oder Motoren zum normalen Arbeiten aber eine konstant bleibende Spannung verlangen, so muß man mit Hilfe des Reglers R (Fig. 137) die Spannung der Maschine nachregulieren, wenn die Belastung zunimmt. Erhält man von der leerlaufenden Maschine bei Stellung der Regler-Kurbel A auf Kontakt 1 eine Spannung von 110 Volt und wird dann die Maschine durch Einschalten von Lampen im äußeren Stromkreis belastet, dann nimmt die Klemmenspannung ab und es muß die Kurbel A von Kontakt 1 weiter nach Kontakt e hin gedreht werden. Dadurch wird der Widerstand des Reglers verkleinert, also der Magnetstrom i verstärkt, so daß die Feldschwächung infolge der Rückwirkung des Ankers ausgeglichen wird. Je stärker die Maschine belastet wird, um so weiter muß die Reglerkurbel nach e hin gedreht werden. Bei voller Belastung der Maschine steht sie auf dem letzten Kontakt e.

In großen Zentralen und überall, wo nicht nur eine Maschine vorhanden ist, liegt die Magnetwickelung der Nebenschlußmaschine an den sogenannten Sammelmaschinen, an welche alle Maschinen, und wenn eine Akkumulatorenbatterie vorhanden ist, auch diese angeschlossen sind. Zwischen diesen Sammelmaschinen herrscht dann konstante Spannung und es kann infolgedessen bei zunehmender Belastung der Magnetstrom nicht mehr abnehmen, er bleibt ebenfalls konstant. In der Maschine nimmt aber wegen der stärkeren Ankerrückwirkung das Feld trotzdem ab und die elektromotorische Kraft der Maschine sinkt, wodurch die Akkumulatoren stärker belastet würden. Man muß also auch dann mit einem Regler den Magnetstrom ändern. Genaueres über diesen Zustand der Nebenschlußmaschine, den man auch Maschine mit Fremderregung nennt, soll später im Abschnitt XII gesagt werden.

Als dritte Schaltung führt man bei den elektrischen Gleichstromerzeugern noch die Maschine mit gemischter Schaltung aus. Bei dieser Maschine, die auch Compoundmaschine heißt, liegen zwei Arten von Wickelungen auf den Magneten, die eine aus wenigen dicken Windungen und die zweite aus vielen dünnen Windungen. Die dünne Wickelung kann

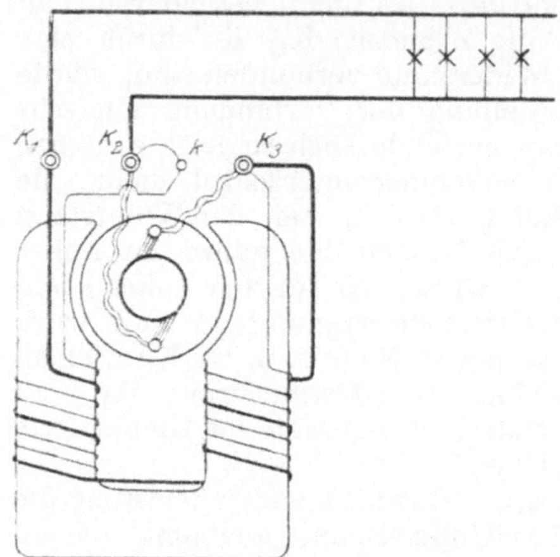

Fig. 140. Maschine mit gemischter Schaltung (Klemmenanschluß).

nach Fig. 140 an die Klemmen $K_1$, $K_2$ geschaltet werden, an denen der äußere Stromkreis liegt oder nach Fig. 141 direkt an die Bürsten, denn diese sind ja mit den Klemmen $K_2$, $K_3$ verbunden. Beide Schaltungen, die man auch Verbundmaschine mit langem Schluß (Fig. 140) und Verbundmaschine mit kurzem Schluß (Fig. 141) nennt, haben keine Vorzüge vor einander und sind in ihrer Wirkung vollkommen gleich. Wie man aus den Figuren erkennt, ist die Maschine mit gemischter Schaltung eine Vereinigung der beiden

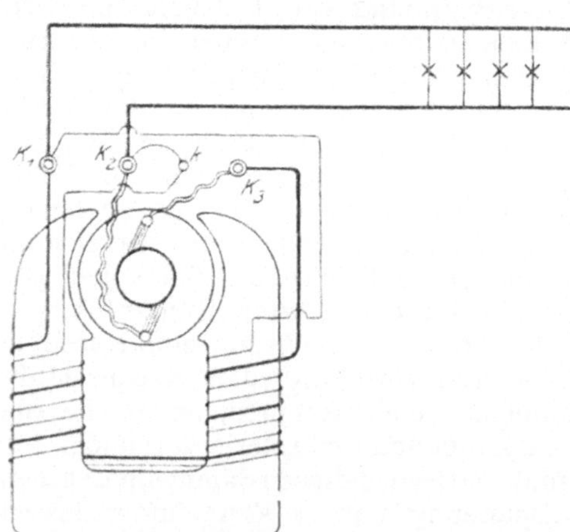

Fig. 141. Maschine mit gemischter Schaltung (Bürstenanschluß).

bisher besprochenen Schaltungen, der Nebenschluß- und der Hauptstrommaschine. Sie wird daher auch Eigenschaften von beiden Maschinenschaltungen aufweisen. Da bei der Nebenschlußmaschine die Spannung sinkt, wenn die Belastung zunimmt, bei der Hauptstrommaschine aber unter gleichen Umständen die Spannung steigt, so kann man die Maschine mit gemischter Schaltung so ausführen, daß sie bei allen Belastungen mit unveränderter Klemmenspannung arbeitet. Man braucht deshalb eine Maschine mit gemischter Schaltung nicht zu regulieren, wie die Nebenschlußmaschine, wenn man Lampen im äußeren Stromkreis ein- oder ausschaltet. Die Maschinen mit gemischter Schaltung eignen sich aber nur für kleinere Anlagen und können nur schwierig mit Akkumulatoren zusammen arbeiten. Will man mit mehreren Maschinen parallel arbeiten, dann muß man sie doch regulieren, indem man zwischen die Klemmen $K_2$, k in den Figuren 140 und 141 einen Regler einschaltet, mit dem man dann die Belastung auf beide Maschinen beliebig verteilen kann und der auch notwendig ist zum Ein- und Ausschalten der Maschinen. Man wendet daher in größeren Zentralen immer die Nebenschlußmaschine an, in der Schaltung als fremd erregte Maschine, während die Hauptstrommaschine nur für besondere Fälle z. B. Bogenlicht mit hintereinander geschalteten Lampen wie in Fig. 129 und Arbeitsübertragung auf größere Entfernung angewendet werden kann.

In betreff der Größe der Gleichstrommaschinen im allgemeinen muß noch hinzugefügt werden, daß die Maschinen um so kleiner und leichter werden, je schneller sie laufen; denn je schneller sich die Ankerdrähte bewegen, um so weniger Drähte sind auf dem Anker erforderlich, um so kleiner kann also derselbe werden und um so weniger Kraftlinien sind notwendig, um so kleiner werden also die Magnete. Da die Umlaufszahl von den gewöhnlichen Kraftmaschinen, Dampf-, Gas- und Wassermotoren im allgemeinen immer kleiner ist, als diejenige von elektrischen Maschinen derselben Leistung, so kann man normal gebaute elektrische Maschinen nicht mit der antreibenden Kraftmaschine direkt kuppeln, sondern muß mit Hilfe eines Riemens eine Übersetzung ins Schnelle herbeiführen. Die normalen Gleichstrommaschinen sind daher Riemenmaschinen nach Fig. 125 und 126 und können für größere Leistungen bis zu etwa 8 Pole erhalten. Eine solche durch Riemen angetriebene Maschine braucht aber mit der Kraftmaschine zusammen einen größeren Raum, als wenn beide Maschinen gekuppelt sind. Wo man also mit dem Raum sparen muß und auch bei größeren Leistungen wendet man die direkt gekuppelten Maschinen nach Fig. 127 und 128 an. Durch die Elektrotechnik wurden die Maschinenbauer veranlaßt, die Umlaufszahlen ihrer Kraftmaschinen gegen früher zu erhöhen, damit die elektrischen Maschinen direkt gekuppelt werden konnten und nicht gar zu groß ausfielen. Heute ist der umgekehrte Fall eingetreten infolge der immer häufiger werdenden Anwendung der Dampfturbinen, deren Umlaufszahl sehr viel höher ist als die der bisher angewendeten Kraftmaschinen. So macht z. B. eine normale Dampfmaschine für 75 PS etwa 200 bis 250 Umdrehungen in der Minute, dagegen macht eine Dampfturbine derselben Leistung 3000 Touren. Eine normale elektrische Maschine für Riemenantrieb, passend zu einer Kraftmaschine von 75 PS wäre eine Maschine für 50 Kilowatt, die mit etwa 900 Umdrehungen laufen

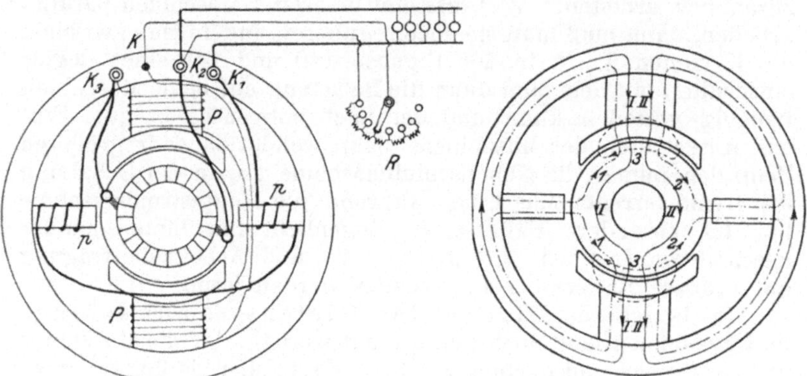

Fig. 142.    Nebenschlußmaschine mit Wendepolen.     Fig. 143. Wirkung der Wendepole.

würde. Man muß also, wenn man Dampfturbinen zum Antrieb von Dynamos benutzen will, durch Riemen oder Zahnräder eine Übersetzung der hohen Umlaufszahl ins Langsamere vornehmen oder man muß die elektrischen Maschinen für höhere Umlaufszahl einrichten. Letzteres ist heute durch die Erfindung der Wendepole und der Kompensationswickelungen möglich geworden. Die Wendepole, welche nicht nur bei den sogenannten Turbodynamos angewendet werden, sondern sehr häufig bei größeren Motoren mit stark veränderlicher Umlaufszahl, wie noch gezeigt werden soll, sind kleine Hilfspole p, welche nach Fig. 142 zwischen die Hauptpole P an das Joch angeschraubt werden und mit einer dickdrähtigen Wickelung aus wenigen Windungen versehen sind, welche vom Ankerstrom durchflossen wird. Im übrigen sind die Maschinen ganz normal wie Fig. 142 zeigt, die eine zweipolige Nebenschlußmaschine mit Wendepolen darstellt. Die Wirkungsweise der Wendepole ergibt sich aus Fig. 143. Dort sind die Kraftlinien des Hauptfeldes mit I, II bezeichnet und die schon in Fig. 133 und Seite 125 erklärten Querkraftlinien der Windungen unter den Polen mit 3 und 4. Die Wendepole erzeugen nun Kraftlinien, die mit 1 und 2 bezeichnet sind und die nach Fig. 143 gerade entgegengesetzt verlaufen, wie die Querkraftlinien 3, 4 und diese demnach aufgehoben werden. Da die Wendepole vom Ankerstrom erregt werden, so sind ihre Kraftlinien 1, 2 genau wie die Querkraftlinien 3 und 4 bei schwacher Belastung schwach

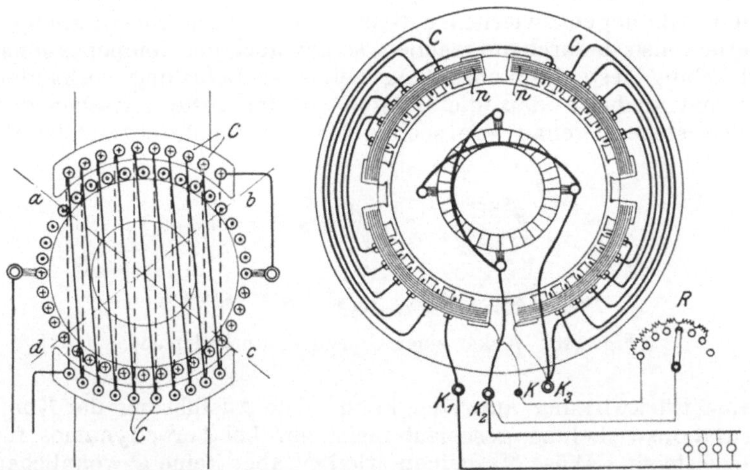

Fig. 144. Kompensations-<br>windungen.
Fig. 145. Gleichstromturbodynamo mit<br>Kompensations-Wickelung.

und bei starker Belastung stark. Es werden also die Querkraftlinien vollkommen aufgehoben durch die Wendepole und die Folge ist, daß bei Wendepolen die in Fig. 134 erklärte Feldverschiebung nicht eintreten kann und die Bürsten bei jeder Belastung an derselben Stelle bleiben können. Maschinen mit Wendepolen besitzen also feste Bürstenstellung. Wenn die Bürsten aber in der Lage 0 0 Fig. 135 stehen, so fließt in denjenigen Drähten a b c und d e f, welche die Feldschwächung hervorrufen nur zur Hälfte auf jeder Ankerseite Strom von gleicher Richtung, die Stromverteilung im Anker ist dann genau so, wie in Fig. 144 angegeben ist. Diejenigen Ankerwindungen, welche die Rückwirkung hervorrufen, liegen zwischen den Polen, also zwischen den Punkten a und d und b und f in Fig. 144. Stehen die Bürsten in der in Fig. 144 gezeichneten Lage mitten zwischen beiden Polen (also auf der Linie 0 0 in Fig. 135), so sind die rückwirkenden Windungen durch die Bürsten in 2 Hälften geteilt, in denen nicht mehr gleiche Ströme fließen. Es kann also auch keine nennenswerte Rückwirkung mehr auftreten.

Dieselbe Wirkung wie die Wendepole haben auch die Kompensationswindungen, deren Prinzip aus Fig. 144 erkannt werden kann. Die Pole besitzen Bohrungen in welchen die Windungen C untergebracht sind, die auch vom Ankerstrom durchflossen werden. Sie sind so geschaltet, daß in ihnen der Strom entgegengesetzt fließt, als in den vor ihnen liegenden Ankerwindungen zwischen a b und c d. Diese Querwindungen werden also dadurch aufgehoben, so daß auch bei Kompensationswickelung feste Bürstenstellung bei jeder Belastung vorhanden ist und dadurch daß die Bürsten in der Mitte zwischen den Polen stehen, genau wie soeben für Wendepole erklärt wurde

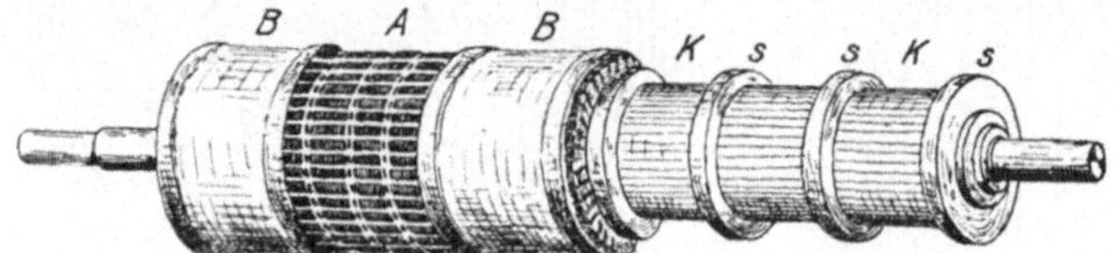

Fig. 146.   Anker einer Gleichstromturbodynamo.

keine Rückwirkung auftreten kann. Die Ausführung der Kompensationswickelung geschieht meist nur bei Turbodynamos für Gleichstrom. Diese Maschinen erhalten aber keine gewöhnlichen Magnetsysteme aus massivem Eisen, sondern wie zuerst Déri angegeben hat, ein aus Blech und mit Nuten versehenes Magnetsystem ohne ausgeprägte Pole nach Fig. 145. Die dort gezeichnete Maschine ist eine vierpolige Nebenschlußdynamo. Die vier Magnetspulen n liegen in etwas größeren Nuten und zwischen ihnen liegen die Kompensationswindungen C, die aus Kupferstäben bestehen. Das Magnetsystem einer derartigen kompensierten Maschine hat Ähnlichkeit mit einem Feld für einen asynchronen Drehfeldmotor, während der Anker in der gewöhnlichen Weise ausgeführt ist. Nur müssen die Anker von Turbodynamos wegen der hohen Umlaufzahl mechanisch viel fester ausgeführt werden und die Wickelungsstäbe oder Spulen müssen viel besser gegen Herausfliegen gesichert werden als bei gewöhnlichen Ankern, wo nach Fig. 107 einfache Drahtbänder B genügen. In Fig. 146 ist ein Anker einer Turbodynamos abgebildet. A ist der Eisenkörper, in dem die Wickelung in teilweise geschlossenen Nuten liegt wie diejenigen im Magnetsystem von

Fig. 145. Man schiebt dann Keile von der Seite in die Nut über die Kupferstäbe und sichert die sonst mehr frei auf den Wickelungsträgern (vergl. Fig. 108, dort sind aber die Bandagen auf den Wickelköpfen fortgelassen, die aus einem ebensolchen Drahtring bestehen wie die drei Bandagen auf dem Anker) liegenden Wickelungsköpfe durch feste Nickelstahlbüchsen B. Die Kollektoren fallen meist sehr lang aus und die Lamellen K müssen deshalb durch mehrere Schrumpfringe S gesichert werden. Ein Turbodynamo wird immer, wie schon Fig. 146 zeigt, viel länger als hoch, weil man eine Vergrößerung des Durchmessers vom Anker möglichst vermeidet, denn je größer der Durchmesser ist, um so stärker wirkt die Fliehkraft und um so schwieriger wird es die Wickelung und den Kollektor genügend mechanisch zu sichern. Maschinen von verschiedener Leistung unterscheiden sich also mehr durch ihre Länge als ihre Höhe. Als Stromabnehmer benutzt man bei Turbodynamos keine Kohlenbürsten sondern Bürsten aus Kupferblech.

# VI. Stromerzeuger für Wechselstrom, ein- und mehrphasig.

Wie schon im Abschnitt III bei Fig. 51 gezeigt wurde, erhält man durch Drehung einer Drahtschleife vor den Polen eines Magneten eine elektromotorische Kraft, deren Richtung bei einer Umdrehung der Schleife so oft wechselt, als das Magnetsystem Pole hat. Da man mit wenigstens 80 Wechseln in der Sekunde arbeiten muß, wenn man Glühlicht mit Wechselstrom betreiben will, wie schon früher erklärt wurde und weil man aus praktischen Gründen mit der Umlaufszahl nicht zu hoch gehen kann, muß man bei normalen Wechselstrommaschinen immer mehr als zwei Pole anwenden, wie auch schon auf Seite 61 gesagt wurde.

Eine Ausnahme machen Turbodynamos für Wechselstrom, die auch zweipolig ausgeführt werden. Die Wechselstrommaschinen wurden aus später zu erörternden Gründen sehr häufig für hohe Spannungen ausgeführt. Da man aber Wickelungen mit hoher Spannung dann besser isolieren kann, wenn sie still stehen, so führt man bei Wechselstrom den Anker mit der Bewickelung ruhend aus, während das Magnetrad mit den Polen umlaufend ausgeführt wird. Das Schema einer wirklichen Wechselstrommaschine mit stillstehendem Anker und umlaufendem Magnetrad zeigt Fig. 147. Die Wickelung besteht aus vier Stäben, die mit 1, 2, 3, 4 bezeichnet sind. Diese Stäbe stecken in Löchern des aus Blechen aufgebauten eisernen Ankerkörpers A. Wendet man die auf Seite 56 gegebene Handregel für den Fall an, daß das Feld sich bewegt, so erhält man bei der augenblicklichen Stellung des Magnetrades in den einzelnen Drähten elektromotorische Kräfte von der Richtung der angezeichneten Pfeile. Hat sich das Magnetrad so weit gedreht, daß der Pol $N_1$ vor dem Draht 2 steht, dann sind in sämtlichen Drähten die elektromotorischen Kräfte umgekehrt gerichtet; steht das Magnetrad mit dem Pol $N_1$ vor Draht 3, dann haben die elektromotorischen Kräfte wieder die Richtung der gezeichneten Pfeile und steht es schließlich mit $N_1$ vor Draht 4, so sind die elektromotorischen Kräfte so gerichtet als wie dann, wenn $N_1$ vor Draht 2 steht. Man erhält also für eine Umdrehung des Polrades in diesem Fall eine viermal wechselnde elektromotorische Kraft und wenn man, wie in der Praxis meist üblich, 100 Wechsel in einer Sekunde erzeugen will, so muß das Polrad mit $\dfrac{100}{4} = 25$ Umdrehungen in der Sekunde oder mit $25 \cdot 60 = 1\,500$ Umdrehungen in der Minute umlaufen. Wie auch schon auf Seite 61 gesagt wurde, erhalten die für direkte Kuppelung mit Dampf- und anderen Kraftmaschinen bestimmten Wechselstrommaschinen

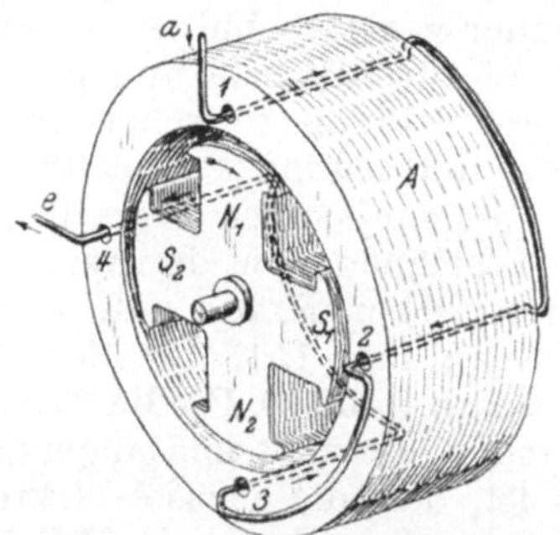

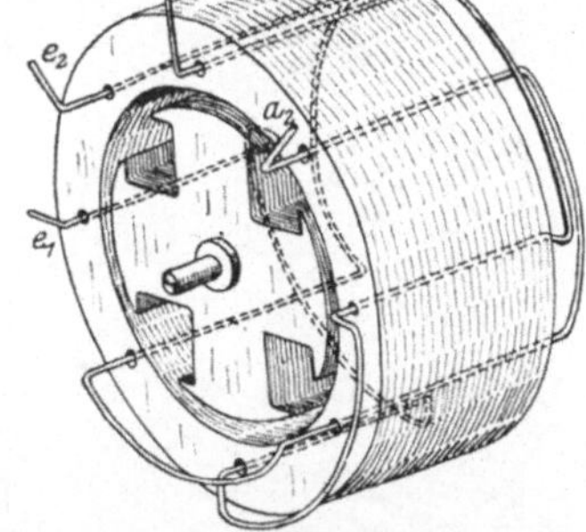

Fig. 147.  Schema einer einphasigen   Fig. 148.  Schema einer zweiphasigen
       Wechselstrommaschine.                 Wechselstrommaschine.

eine große Zahl Pole, bis zu 50 und mehr, weil sie dann sehr langsam laufen.

Man unterscheidet bei Wechselstrommaschinen zwischen ein- und mehrphasigen Maschinen. Hat die Maschine nur eine Wickelung, wie in Fig. 147, dann ist sie einphasig. In Fig. 148 sind zwei Wickelungen auf dem Anker angeordnet: $a_1$ $e_1$ sind Anfang und Ende der ersten Wickelung und $a_2$ $e_2$ sind Anfang und Ende der zweiten Wickelung. Man erkennt aus der Figur, daß beide Wickelungen um die halbe Polteilung gegeneinander versetzt sind, denn wenn das Polrad mit den Magnetpolen gerade vor den Drähten der einen Wickelung steht, liegen die Drähte der zweiten Wickelung gerade mitten zwischen den Polen. Demnach ist der Strom in dieser zweiten Wickelung gerade null, wenn er in der ersten einen höchsten Wert hat. Solche zweiphasigen Maschinen werden aber fast gar nicht angewendet, wohl aber die einphasigen und die dreiphasigen Wechselstromerzeuger. Es soll deshalb auch auf die Zweiphasenmaschinen nicht weiter eingegangen werden und es sollen gleich die dreiphasigen Maschinen besprochen werden.

Eine **dreiphasige Maschine** besitzt drei Wickelungen, die nach Fig. 149 auf dem Anker angeordnet sind. Anfang und Ende der ersten Wickelung sind mit $a_1$ und $e_1$ bezeichnet, desgleichen bedeuten $a_2$ und $e_2$ Anfang und Ende der zweiten und $a_3$ und $e_3$ Anfang und Ende der dritten Wickelung. Die drei Wickelungen sind um $^2/_3$ der Polteilung gegeneinander versetzt, wie noch besser aus Fig. 150 hervorgeht, wo die Wickelung gerade von vorn gegen die Stirnseite gesehen aufgezeichnet ist und das Polrad mit dargestellt ist. Da die drei Anfänge $a_1$ $a_2$ $a_3$ um $^2/_3$ der Polteilung gegeneinander versetzt sind, so müssen auch die drei Ströme und ebenso die drei elektromotorischen Kräfte um $^2/_3$ der Zeitdauer eines Wechsels gegeneinander verschoben sein. Zeichnet man die drei elektromotorischen Kräfte auf, so erhält man Fig. 151, bei der die wagrechte Linie O $P_8$ die Zeit in Sekunden darstellt und angenommen ist, daß die höchste elektromotorische Kraft in den drei Wickelungen 30 Volt beträgt, daher ist die senkrechte Linie O $P_1$ in 30 Teile geteilt und zwar von O nach oben positiv und von O nach unten negativ. Wenn die Maschine in Fig. 150 in einer Sekunde 100 Wechsel erzeugen soll, dann hat sich ein Wechsel in $^1/_{100}$ Sekunde vollzogen. Da nun bei der in Fig. 150 gezeichneten Stellung des Polrades in dem Draht 1 die Spannung den höcheten Wert, also 30 Volt hat, so erhält man Punkt $P_1$. Nach $^1/_{100}$ Sekunde hat die elektromotorische Kraft ihre Richtung gewechselt und besitzt ihren höchsten negativen Wert, man erhält also Punkt $P_5$ und in der Mitte zwischen beiden Werten, bei $^1/_{200}$ Sekunde, ist die Spannung null, dem entspricht der Punkt $P_4$. Von $P_1$ nach $P_4$ nimmt die elektromotorische Kraft ab, wie die Kurve 1 in Fig. 151 zeigt, von $P_4$ nach $P_5$ nimmt sie wieder zu, aber umgekehrt wie vorher; bei $P_5$ hat sie ihren negativen Höchstwert, nimmt von $P_5$ bis $P_6$ allmählich wiederab, bis siebei $P_6$ null geworden ist. Dann nimmt sie wieder zu von $P_6$ bis zu einem positiven Höchstwert $P_7$ usw. Im Augenblick, wo die Spannung im Draht 1 den Wert $P_1$ hat, steht das Polrad in der gezeichneten

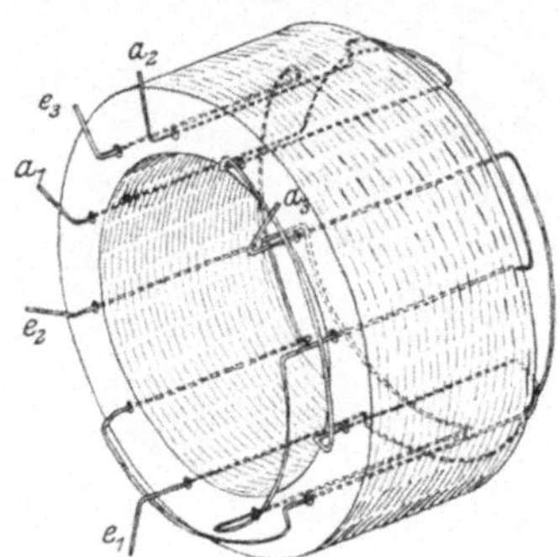


Fig. 149. Schema der Anker-wickelung einer dreiphasigen Maschine.

Lage, also mit dem Pol $N_1$ gerade vor dem Draht 1. Hat die Spannung im Draht 1 den Wert null, entsprechend dem Punkt $P_4$, dann hat sich das Polrad so weit gedreht, daß es mit dem

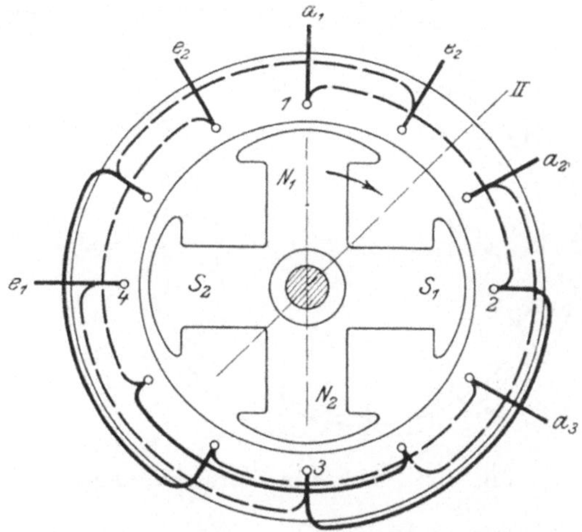

Fig. 150. Schema der Wickelung in Fig. 149.

Pol $N_1$ auf der Linie II in Fig. 150 steht. Es liegt dann der Draht 1 in der Mitte zwischen $N_1$ und $S_2$. Dreht sich das Polrad weiter, dann gelangt $N_1$ vor $a_2$ und man erhält in der-

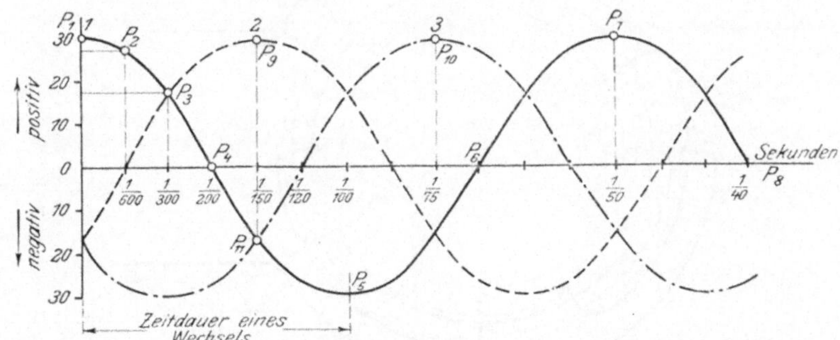

Fig. 151. Verlauf der Ströme in Fig. 150.

jenigen Wickelung, deren Anfang $a_2$ ist, die höchste Spannung von 30 Volt und die Zeit, die verstrichen ist zwischen der Stellung des Poles $N_1$ vor 1 und $N_1$ vor $a_2$ beträgt $^2/_3$ von $^1/_{100}$ Sekunde also $^1/_{150}$ Sekunde, demnach entspricht Punkt $P_9$

der augenblicklich im Draht $a_2$ erzeugten elektromotorischen Kraft. Gleichzeitig ist auch der Pol $S_2$ näher an den Draht 1

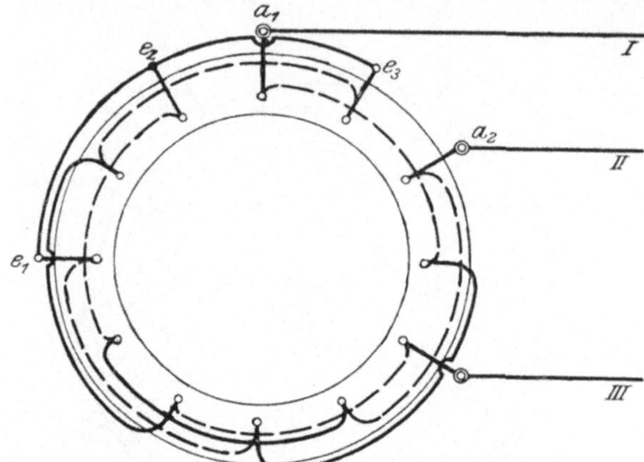

Fig. 152.  Anker in Sternschaltung.

herangekommen, es entsteht also in diesem Draht eine umgekehrte elektromotorische Kraft, wie im Draht $a_2$ entsprechend

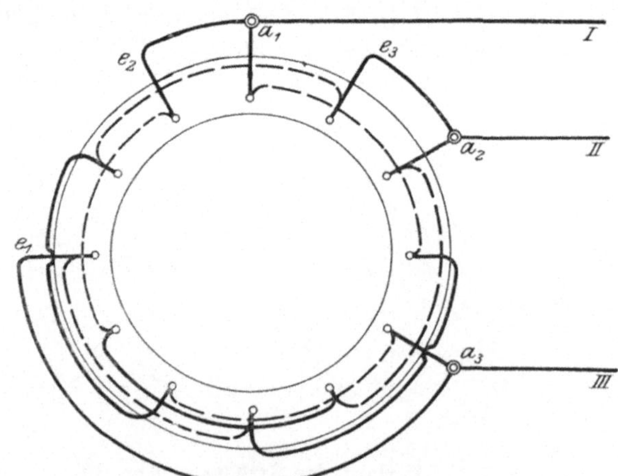

Fig. 153.  Anker in Dreiecksschaltung.

dem Wert $P_{11}$ auf der Kurve 1.  Da sich bei weiterer Drehung der Pol $S_2$ dem Draht 1 immer mehr nähert, so nimmt auch in ihm die Spannung immer mehr zu, während sie in dem

Draht $a_3$ immer mehr abnimmt, weil der Pol $S_1$ sich von ihm immer weiter entfernt. Man erkennt aus dem Vorstehenden und aus der Fig. 151, daß die drei Spannungen und demnach auch die drei Ströme, die durch die Maschine in Fig. 149 erzeugt werden, genau so verlaufen, wie schon in Fig. 39 angegeben ist. Wie auch bei dieser Figur schon bewiesen wurde, kann man die drei Wickelungen auf dem Anker in Fig. 149 zu Sternschaltung (Fig. 41) verbinden, indem man die drei Endpunkte $e_1$, $e_2$, $e_3$ zu einem Knotenpunkt vereinigt, während man von den drei Anfängen $a_1$, $a_2$, $a_3$ die drei Leistungen I, II, III fortführt. Die Sternschaltung erhält dann auf den Anker in Fig. 150 und 149 angewendet das Aussehen von Fig. 152 oder führt man die Wickelung in Dreiecksschaltung aus, (vgl. Fig. 42), so erhält man Fig. 153.

Bei Stromerzeugern wird, wie schon früher gesagt wurde, gewöhnlich Sternschaltung ausgeführt und zwar deshalb, weil man dann bei ungleichmäßiger Belastung der drei Phasen, die in Elektrizitätswellen mit Lichtbetrieb vorkommt, einen Ausgleich durch die Knotenpunktsleitung herbeiführen kann (vgl. Fig. 233).

Die Vorzüge des Dreiphasenstromes gegenüber der Einphasenmaschine liegen in den Maschinen und in den Leitungen. Zunächst läßt sich die Einphasenmaschine nicht so vollständig bewickeln als eine Dreiphasenmaschine, weil zwischen zwei Spulen ein freier Raum bleiben muß (vgl. Fig. 166). Dann aber kann man die dreifache Leistung mit nur 3 Drähten und nicht mit 6 fortleiten. Fügt man also zu einem bestehenden Einphasenleitungsnetz nur noch einen Draht hinzu, so läßt sich die dreifache Leistung verteilen, wenn nur noch in der Zentrale eine Dreiphasenmaschine aufgestellt wird. Allerdings müßten natürlich die Kraftmaschinen-Kessel usw. ebenfalls für die dreifache Leistung vergrößert werden.

Äußerlich unterscheidet man auch bei den Wechselstrommaschinen Feld und Anker. Das Feld, oder Magnetsystem ist immer aus weichem Eisen hergestellt, es kommt also in Frage Stahlguß, Flußeisen, Schmiedeisen, seltener auch Gußeisen. Die gewöhnliche Form des Feldes ist ein Rad mit angesetzten Polen. Bei Einphasenmaschinen muß der Teil des Polrades, der zum Leiten der Kraftlinien dient, ganz aus Eisenblech hergestellt sein, denn bei diesen Maschinen erzeugt die Ankerrückwirkung entsprechend den Wechseln des Ankerstromes auch ein schwankendes Rückwirkungsfeld, welches bei massiven Polen und Magneträdern starke Wirbelstromverluste hervorrufen würde. Man baut daher die Magneträder nach Fig. 154 aus Eisenblech auf. Bei der Größe der Räder kann man gewöhnlich, wie auch schon bei größeren Gleichstromankern, die einzelnen Bleche nicht mehr rund aus einem Stück schneiden, sondern muß sie

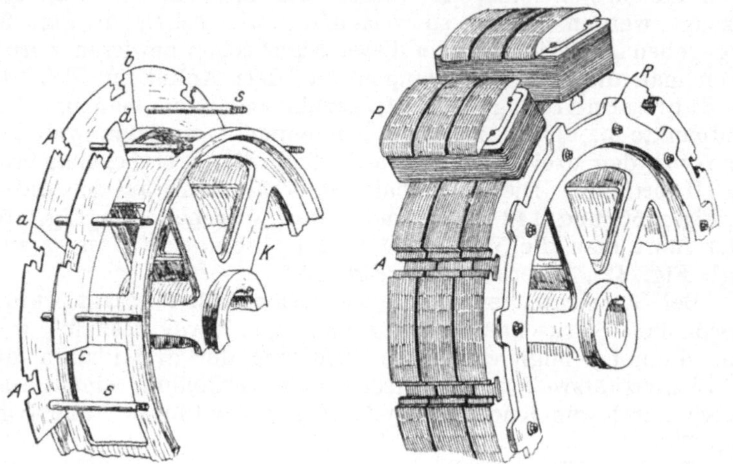

Fig. 154.  Zusammenbau von Ma-       Fig. 155.  Magnetrad aus Blech mit
gneträdern aus Blech.                         Lüftung.

zusammensetzen. Man stanzt daher Bleche von der Form B in Fig. 156 aus und setzt diese nach Fig. 154 so auf die Schrauben S auf, daß die Stoßfugen a, b des ersten Blechringes gegen diejenigen c, d des nächsten versetzt sind. Zuletzt wird dann

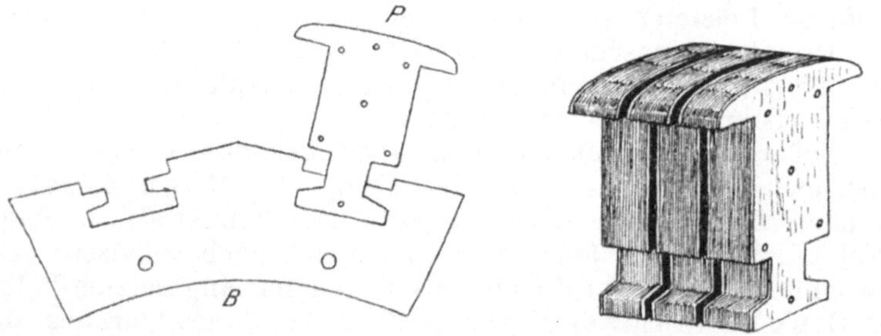

Fig. 156.  Feldblech mit Polblech.      Fig. 157.  Blechpol mit Lüftung.

mit den Schrauben S ein Preßring R nach Fig. 155 gegen die Bleche geschraubt, die auch wie schon bei Gleichstromankern gezeigt wurde, Lüftungsspalte erhalten können, zum besseren Ableiten der Wärme. Es besitzt deshalb der Gußkörper K, auf den die Bleche nach Fig. 154 aufgesetzt werden, auf seinem Umfang größere Durchbrechungen. Die Pole, welche ebenfalls aus Blech hergestellt werden, deren Form Fig. 156 mit P bezeichnet darstellt, schiebt man mit ihren Füßen seitlich in die

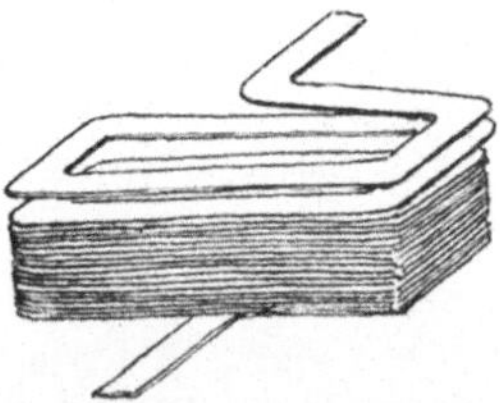

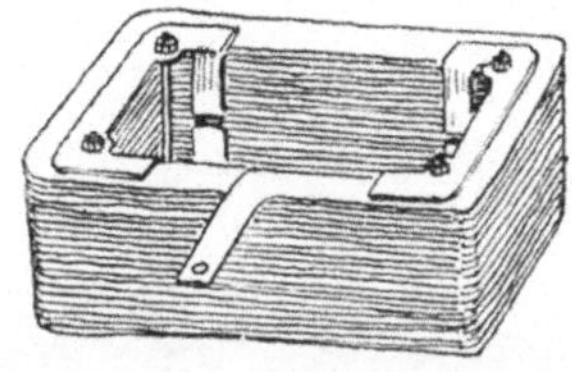

Fig. 158. Spule aus Flachkupfer.

Fig. 159. Zusammengeschraubte Spule.

Aussparungen A Fig. 154 und 155 des Blechringes ein, nachdem sie mit der Wickelung versehen sind. Einen zusammengebauten Pol zeigt Fig. 157. Die Bleche werden dabei durch Nieten zusammengehalten, die quer durch die Bleche führen. Die Wickelung für die Pole, die Feldspulen, biegt man nach Fig. 158 sehr häufig aus Flachkupfer und legt zur Isolation Papierstreifen zwischen die einzelnen Lagen oder man isoliert die einzelnen Lagen voneinander durch Emaillelack. Die fertig gebogene Spule wird noch durch Schrauben und Bleche oder Gußstücke zusammengehalten wie Fig. 159 zeigt.

Während die Magneträder für Einphasenmaschinen wegen der veränderlichen Ankerrückwirkung aus Blech aufgebaut sein müssen, kann man die Polräder für Dreiphasenmaschinen aus massivem Eisen herstellen, denn das Ankerrückwirkungs-

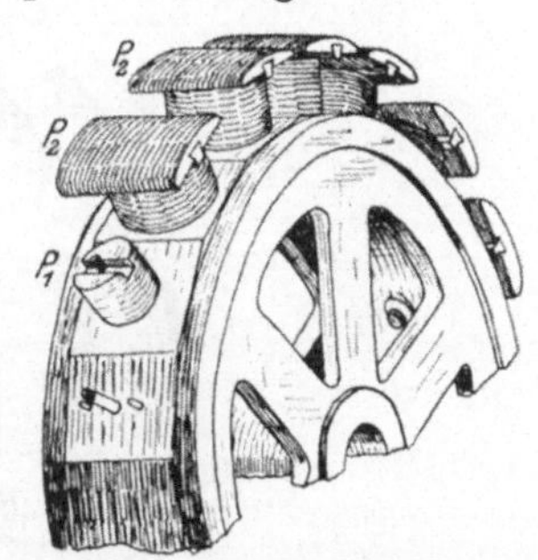

Fig. 160. Polrad aus massivem Eisen für Dreiphasenmaschinen.

feld ist bei der Dreiphasenmaschine ein mit derselben Geschwindigkeit wie das Polrad umlaufendes gleichmäßiges Drehfeld, dessen Stärke sich nicht ändert. Es bleibt also in bezug auf das sich ebenfalls drehende Polrad relativ zu diesem in Ruhe, und im Eisen des Poles können keine Wirbelströme entstehen. Ein derartiges Magnetrad für eine Dreiphasenmaschine zeigt Fig. 160. Es ist ein schwungradartiges Gußstück, auf welches runde oder viereckige Pole $P_1$ mit Schrauben und durch Präzisionsstifte gegen Verdrehung gesichert, befestigt werden. Auf die Pole

10*

setzt man die Polschuhe auf, die gewöhnlich wie die Fig. 160 bei $P_2$ zeigt, aus Blech bestehen und einen schwalbenschwanzförmigen Einsatz aus massivem Eisen besitzen, in den die Schraube, die den Pol hält, mit hineingeschraubt wird.  Häufig findet man noch an den Polen der Wechselstrommaschinen besondere

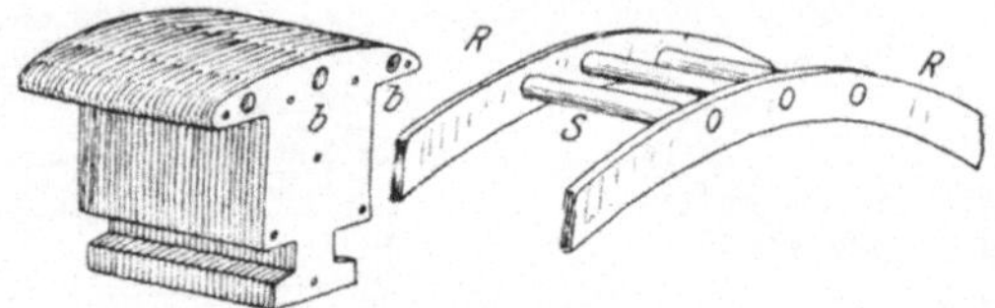

Fig. 161.  Pole mit Kurzschlußstäben gegen das Pendeln.

Schutzeinrichtungen gegen das Pendeln. Das Pendeln ist eine unangenehme Erscheinung, die beim Zusammenarbeiten mehrerer Maschinen auftreten kann und darin besteht, daß bald die eine und bald wieder die andere Maschine abwechselnd voreilt und zurückbleibt. Die voreilende Maschine liefert dann

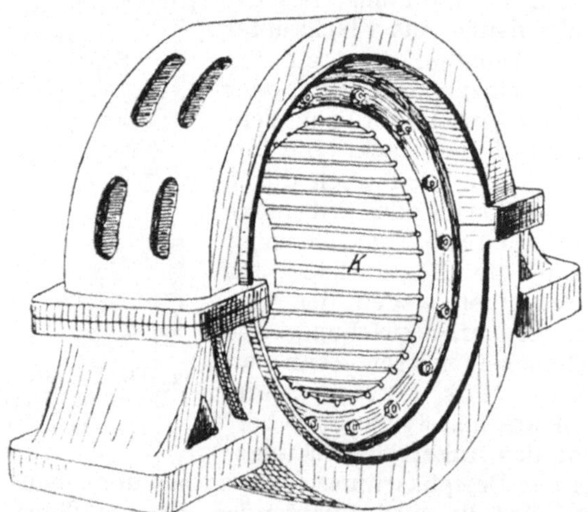

Fig. 162.  Anker einer kleineren Wechselstrommaschine ohne Wickelung.

infolge höherer Spannung einen Strom in die nachgebliebene. Diese letztere läuft also als Motor und wird dadurch beschleunigt, während die Geschwindigkeit der ersteren verzögert wird. Hierdurch vertauschen dann beide Maschinen ihre Rollen, indem jetzt die zweite den Strom in die erste liefert usf.  Dieser zwischen den Maschinen hin- und herfließende Strom ist zwar fast wattlos, erhitzt aber unnötigerweise die Maschinen. Das Pendeln rührt hauptsächlich von den Schwungmassen und der Arbeitsweise der Antriebsmaschinen her und man kann es vermeiden durch besondere Ausführung dieser Maschinen. Außer-

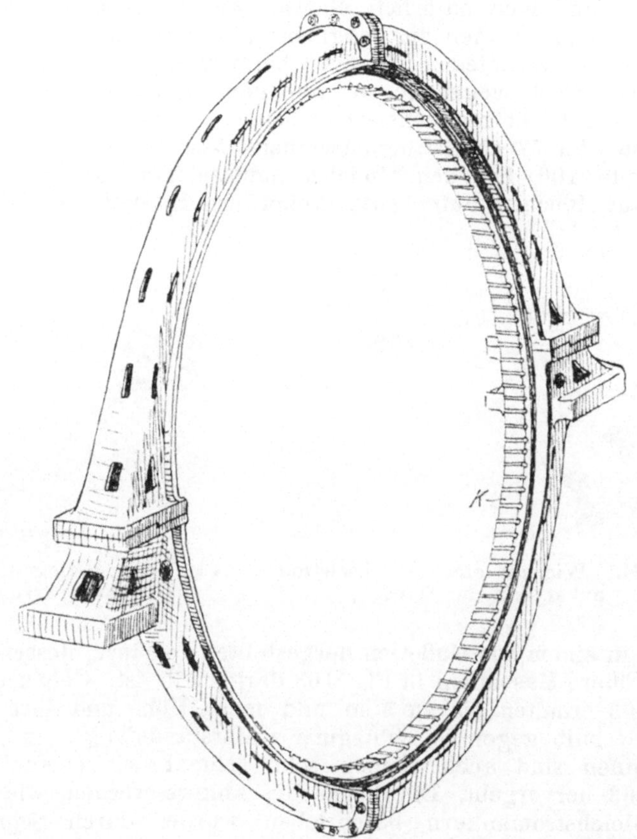

Fig. 163. Anker einer größeren Wechselstrommaschine ohne Wickelung.

dem läßt es sich auch durch die Dämpferwickelungen vermeiden, von denen eine in Fig. 161 gezeichnet ist. Die Pole sind dort mit Löchern b versehen. In diese Löcher kommen die blanken Kupferstäbe S. Sämtliche Stäbe sind dann durch Kupferringe R miteinander verbunden. Beim Voreilen einer Maschine entstehen in diesen Kurzschluß- oder Dämpferwickelungen wegen ihres kleinen Widerstandes sehr starke Ströme, dadurch wird, ähnlich wie bei der Dämpfung von Meßinstrumenten, das Voreilen vermieden.

Der Anker der Wechsel- und Drehstrommaschinen ist, wie schon gesagt wurde, der feststehende Teil. Der Kern des Ankers muß hier natürlich ebenso wie bei den Ankern der Gleichstrommaschinen zur möglichsten Vermeidung von Wirbelströmen aus Schmiedeisenblechen hergestellt werden, und ebenso muß das Blech wegen der auftretenden Ummagnetisierung sehr weich und leicht magnetisierbar sein. Überhaupt gilt für die Verluste der Wechselstrommaschinen dasselbe, was auch schon auf Seite 106 bei den Gleichstrommaschinen gesagt wurde. Der aus Blechen aufgebaute Ankerkern K sitzt wie Fig. 162

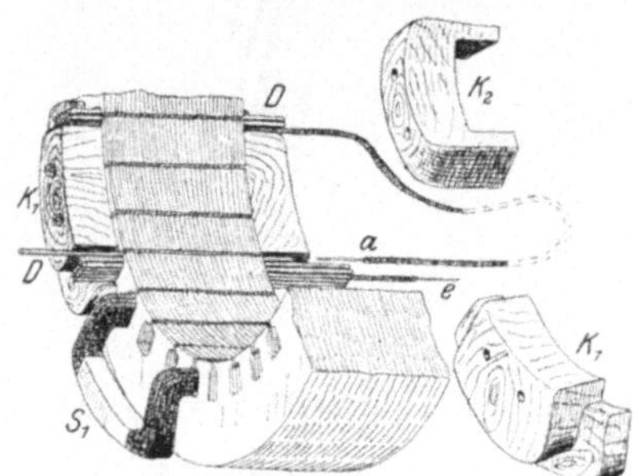
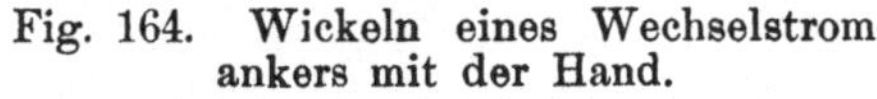
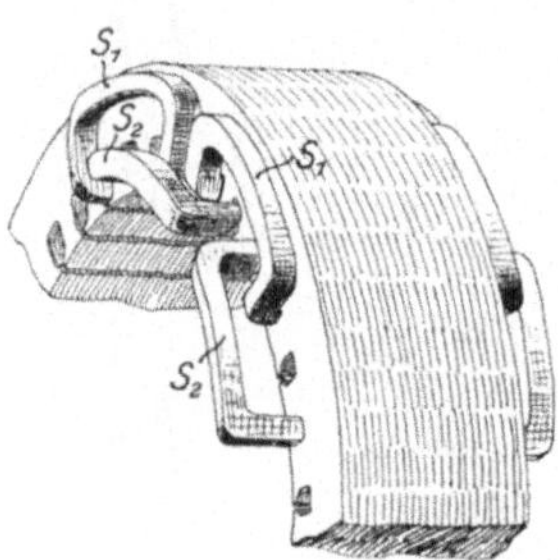

Fig. 164.   Wickeln eines Wechselstrom-
ankers mit der Hand.

Fig. 165.   Handgewickelte
Dreiphasenstränge.

zeigt, in einem aus Gußeisen hergestellten Gehäuse, dessen Form für größere Maschinen in Fig. 163 dargestellt ist. Gehäuse nach Fig. 163 erhalten bis zu 5 m und mehr Höhe und ihre Form muß deshalb gegen Durchbiegung widerstandsfähig sein. Große Maschinen sind auch immer sehr schmal wie ebenfalls aus Fig. 163 hervorgeht. Die Bleche des Ankers werden, wie schon bei Gleichstromankern beschrieben wurde, durch Schrauben und Preßringe im Gehäuse gehalten und können auch mit Lüftungsspalten versehen werden. Es erhalten dann die Gehäuse außen Löcher, wie die Figuren 162 und 163 zeigen.

Die Wickelung der Anker kann als Draht- und als Stabwickelung ausgeführt werden und die Drahtwickelung läßt sich von Hand oder als Formspulenwickelung ausführen. Die Handwickelung ist bei Wechselstrom heute noch sehr verbreitet. Sie muß angewendet werden bei vollkommen geschlossenen Nuten. Gewöhnlich sind aber die Nuten der Wechselstromanker halbgeschlossen ausgeführt, sie besitzen dann oben einen Schlitz und durch diesen Schlitz kann man gewöhnlich mit einem einzigen Draht hindurch. Hierauf beruhen dann die **Formspulenwickelungen** bei Wechselstrom[1]). Die **Handwickelung** ist nach Fig. 164 erläutert. Diejenigen Nuten, welche zu einer Spule gehören, werden zunächst, nachdem das Isolierrohr hineingeschoben ist, mit ebensovielen Drähten D angefüllt, als wie die Spule Windungen erhalten soll. Diese Drähte, welche aus Eisen oder Messing oder irgend einem anderen Metall bestehen, haben genau denselben Durchmesser, als wie der einzufädelnde Draht der Spule über seine Isolation gemessen. Man zieht nun der Reihe nach, wie in Fig. 164 gezeichnet ist, einen blanken Draht nach dem anderen heraus und schiebt den Anfang a des einzufädelnden isolierten Drahtes hinterher. Der isolierte Kupferdraht für die Spule muß von vornherein so lang abgeschnitten werden, wie es die ganze Spule erfordert, deshalb ist namentlich zuerst das Hindurchziehen des langen Drahtstückes ziemlich unbequem, zumal man den Draht möglichst wenig biegen soll, weil er dadurch hart wird und man außerdem auch seine Umspinnung schonen muß. Damit die Spulen alle gleiches Aussehen und gleiche Länge erhalten, schraubt man auf die Stirnseiten des Ankers Holzklötze $K_1$, über welche man den Draht biegt, so daß die fertigen Spulen die Form der mit $S_1$ bezeichneten erhalten. Bei einphasigem Wechselstrom biegt man nur solche Spulen. Bei Dreiphasenstrom wird aber die eine Hälfte der Spulen über Klötze von der Form $K_1$ gewickelt, während die andere Hälfte über Klötze von der Form $K_2$ gewickelt wird. Die fertigen Spulen eines dreiphasigen Ankers haben dann die Form, wie sie Fig. 165 zeigt, und zwar sind $S_1$ diejenigen, welche über die Klötze $K_1$ gewickelt werden, während $S_2$ über $K_2$ gewickelt ist.

Wie schon gesagt wurde, kann man bei Einphasenstrom die Nuten des Ankers, die allerdings trotzdem der Einfachheit wegen genau wie für Dreiphasenstrom sämtlich in die Bleche eingestanzt werden, nicht alle bewickeln. In Fig. 166 ist eine Einphasenwickelung dargestellt. Man läßt dabei innerhalb der Spulen, die mit $S_1$, $S_2$, $S_3$, $S_4$ bezeichnet sind, einige Löcher oder Nuten hier 4, 5, 6 unbewickelt. Würde man diese auch noch bewickeln, so würden sich in ihnen die induzierten Spannungen aufheben, sie wären also zwecklos und vergrößerten

---

[1]) Ausführliches über Formspulen bei Wechselstrom bringt das schon erwähnte kleine Buch des Verfassers: „Formspulen-Wickelung für Gleich- und Wechselstrommaschinen" von R. Krause, Verlag von Julius Springer, Berlin.

nur den Ankerwiderstand. Wie auch aus Fig. 166 hervorgeht, verteilt man eine Spule immer auf mehrere Nuten und unterscheidet danach Einloch- und Mehrlochwickelungen. In Fig. 166

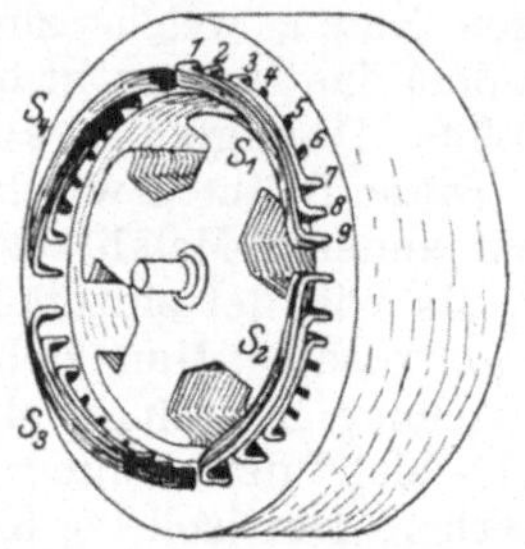

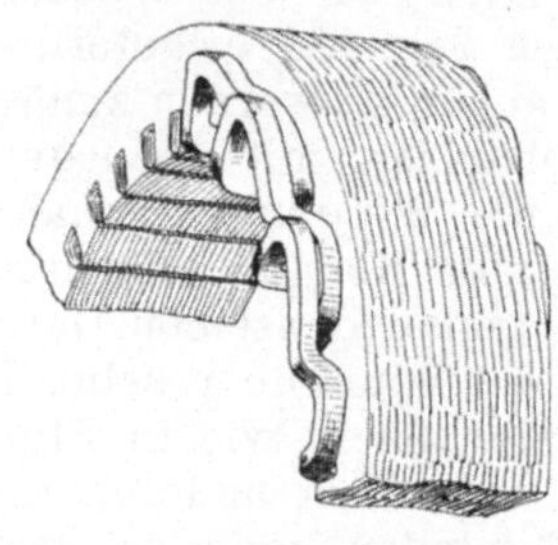

Fig. 166. Einphasenwickelung.    Fig. 167. Dreiphasenwickelung mit gleichen Spulen.

ist die Wickelung eine Dreilochwickelung. Die übrigen gezeichneten Wickelungen sind der Einfachheit wegen alle als Einlochwickelungen dargestellt. Während bei der Dreiphasenwickelung

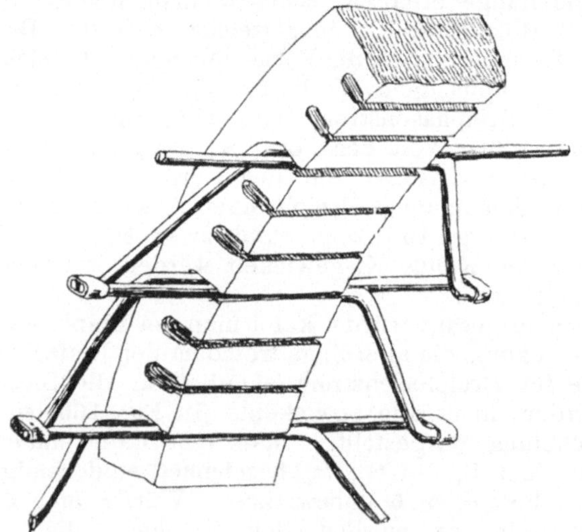

Fig. 168. Stabwickelung für Wechselstrom.

nach Fig. 165 zwei verschiedene Spulen vorhanden sind, kann man aber auch sämtliche Spulen in gleicher Weise ausführen, dann erhalten die Anker das Aussehen nach Fig. 167.

Bei Wechselstrom kommt hauptsächlich Drahtwickelung vor, weil die Maschinen meist höhere Spannungen liefern. Es läßt sich aber bei stärkeren Strömen auch sehr gut Stabwickelung ausführen, wie Fig. 168 zeigt. In Wirklichkeit sind natürlich alle Nuten vollgewickelt. Die einzelnen Stäbe werden zuerst gebogen und lassen sich dann abwechselnd von links und rechts in die Nuten einschieben. Darauf werden sie mit den über ihre Köpfe geschobenen Hülsen verlötet.

Wie bei Gleichstrommaschinen kann man auch die Wechselstrommaschinen für R i e m e n a n t r i e b und für direkte Kuppelung mit der Kraftmaschne ausführen. In Fig. 169 ist eine Riemenmaschine abgebildet, welche mit ihrer Erregermaschine, die den Gleichstrom für das Magnetrad liefert, direkt gekuppelt ist. Das Magnetsystem G der Erregermaschine erhält bei dieser direkten Kuppelung gewöhnlich verhältnismäßig viele Pole, da diese Maschine dann für ihre Leistung sehr langsam läuft. B ist in Fig. 169 der Griff zum Verstellen der Bürsten der Gleichstrommaschine.

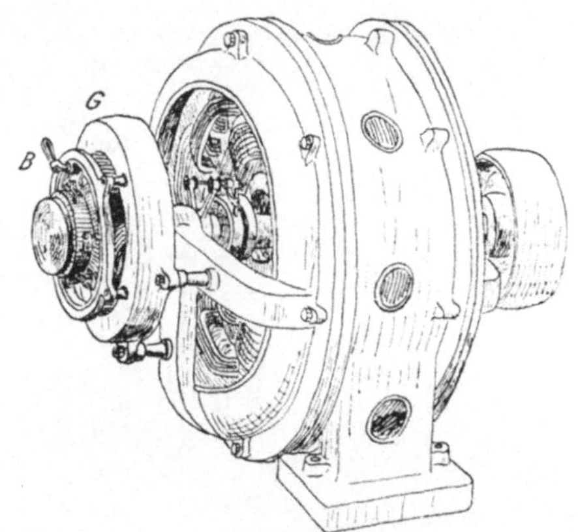

Fig. 169. Wechselstrommaschine für Riemenbetrieb.

Hinter dem Lager, an dessen Arme das Magnetsystem G mit Schrauben befestigt ist, sind die Schleifringe sichtbar, durch welche vermittels der Bürsten der Gleichstrom für die Erregung der Pole der Wechselstrommaschine zugeführt wird. Eine Maschine für d i r e k t e K u p p e l u n g zeigt Fig. 170. Sie ist, damit man bei Hochspannung die Wickelung nicht berühren kann, durch Wickelungsschilde und gelochte Bleche abgeschlossen. Nur die Schleifringe für die Zuführung des Gleichstromes zu den Polen liegen zugänglich neben dem Lager.

Die E r r e g e r m a s c h i n e der Wechselstrommaschinen kann, wie schon bemerkt direkt gekuppelt werden, wobei sie abnormal ausfällt oder aber man treibt sie, indem dann eine gewöhnliche Gleichstrommaschine verwendet wird, besonders durch eine kleinere Kraftmaschine an. Die Schaltung der Erregung zeigt Fig. 171. Die Erregermaschine ist mit EM bezeichnet, als Nebenschlußmaschine geschaltet und besitzt den

Regler $R_1$. Der Strom, den sie liefert, wird, nachdem er einen weiteren Regler $R_2$ durchflossen hat, durch die Wickelung der Pole des Wechselstromgenerators geleitet. Der Wechselstromgenerator kann einphasigen oder mehrphasigen Strom erzeugen, die Schaltung der Erregung bleibt dieselbe. Wenn im äußeren Stromkreis der Wechselstrommaschinen Lampen, Motoren und andere Verbrauchskörper eingeschaltet sind, also der Anker der großen Maschine Strom liefert, dann tritt auch hier eine Rückwirkung des Ankerstromes auf das Hauptfeld der Maschine

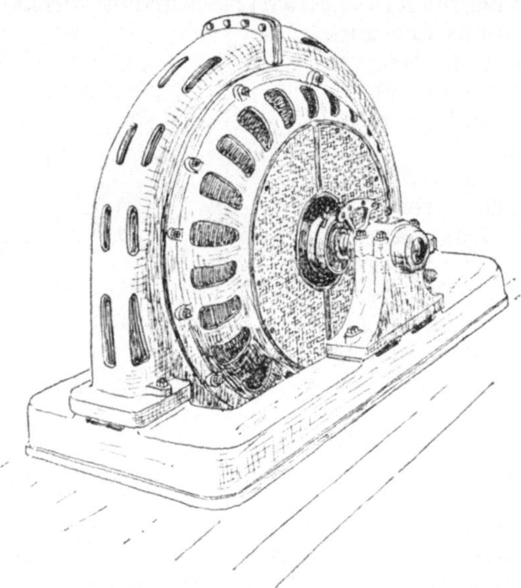

Fig. 170.  Wechselstrommaschine für direkte Kuppelung.

ein und es geht die Spannung zurück. Man muß dann mit Hilfe des Reglers $R_2$ die Wechselstrommaschine stärker erregen, während der Regler $R_1$ zum Konstanthalten der Gleichstromspannung dient, denn gewöhnlich betreibt man mit einer Erregermaschine, zu der auch häufig noch eine kleine Akkumulatorenbatterie kommt, mehrere Magneträder und außerdem wird in großen Wechselstromzentralen der Gleichstrom auch für verschiedene selbsttätige Apparate gebraucht, wie im Abschnitt über elektrische Anlagen noch gezeigt wird.

Während man bei Nebenschluß-Gleichstrommaschinen die Belastung mit Hilfe der Regler beliebig auf die einzelnen Maschinen verteilen kann, wenn mehrere parallel arbeiten, läßt sich dies bei Wechselstrommaschinen nicht mehr mit den Reglern ausführen. Man ändert mit Hilfe der Regler nur die Spannung und ihre Phasenverschiebung, aber um die Leistung der Wechselstrommaschine zu ändern, muß man, wie noch ge-

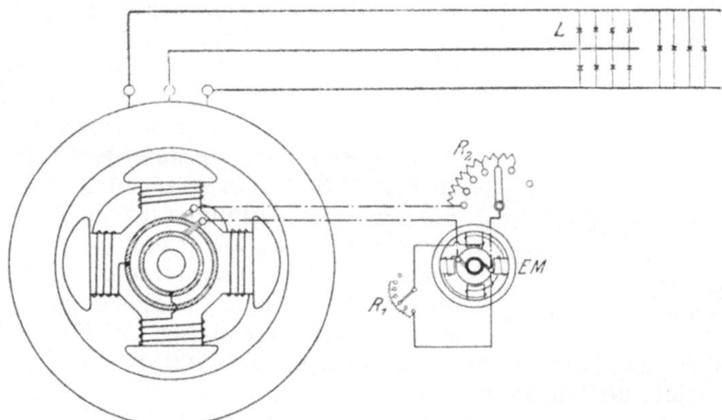

Fig. 171.  Schaltung der Erregung für Wechselstrommaschinen.

zeigt wird, den Regulator der antreibenden Kraftmaschinen beeinflussen.

Ebenso wie man die Gleichstrommaschinen mit den sehr rasch laufenden Dampfturbinen kuppelt, führt man auch Wechselstrom-Turbo-Dynamos aus. Solche Maschinen erhalten dann wegen der hohen Umlaufszahl der Dampfturbinen nur

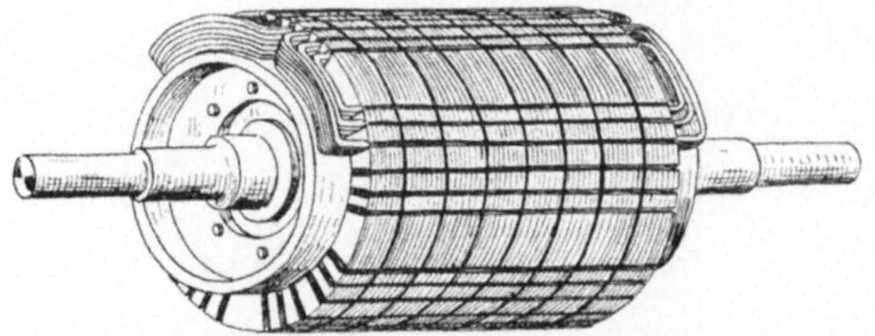

Fig. 172.  Polrad für Wechselstrom-Turbogenerator.

sehr wenig Pole. Die Anker machen meist keine Schwierigkeit, wohl aber die Polräder. Sie können nicht mehr in der gewöhnlichen Art mit aufgesetzten Polen ausgeführt werden, weil dann die Wickelung abfliegen würde. Man bringt deshalb die Wickelung in Form von unterteilten Spulen in Nuten an und setzt den Eisenkörper der Polräder aus Blechen zusammen.

In Fig. 172 ist ein 6 poliges Magnetrad für einen Wechsel-strom-Turbo-Generator gezeichnet, auf welchem 2 in drei Ab-teilungen unterteilte Feldspulen liegen, während die übrigen Nuten noch un-bewickelt sind. Der Eisenkörper ist mit vielen Lüftungsspalten versehen und die Feldspulen werden durch Bronzekeile, die oben über den Draht in die halbgeschlossenen Nuten seitlich hineingeschoben werden, festgehalten. In Fig. 173 ist ein Blech für den Eisen-körper eines 4 poligen Turbo-Wechsel-stromgenerators dargestellt. Es werden sogar 2 polige Magneträder für diese Maschinen gebaut, obgleich man für gewöhnliche Maschinen 2 Pole nicht

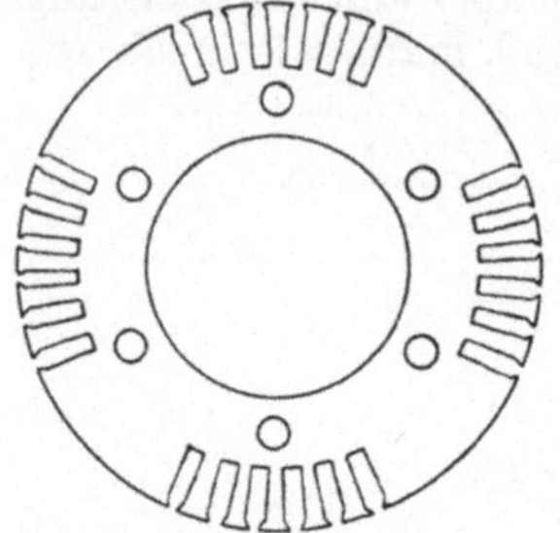

Fig. 173. Feldblech für vier-poliges Magnetrad einer Wechselstromdynamo.

ausführt, da dann ja die Umlaufszahl bei 100 Wechseln 3000 in der Minute betragen muß.

# VII. Motoren für Gleichstrom.

Im ersten Abschnitt wurde schon unter den Wirkungen des elektrischen Stromes der Einfluß auf die Magnetnadel erwähnt, der umgekehrte Fall, feststehende Pole und beweglich gelagerter Strom ist das Prinzip des Gleichstrommotors. In Fig. 174 ist s c h e m a t i s c h ein G l e i c h s t r o m m o t o r gezeichnet. Zwischen den Polen N und S eines Magneten befindet sich genau wie in Fig. 52 eine Drahtschleife. Nur wird in Fig.

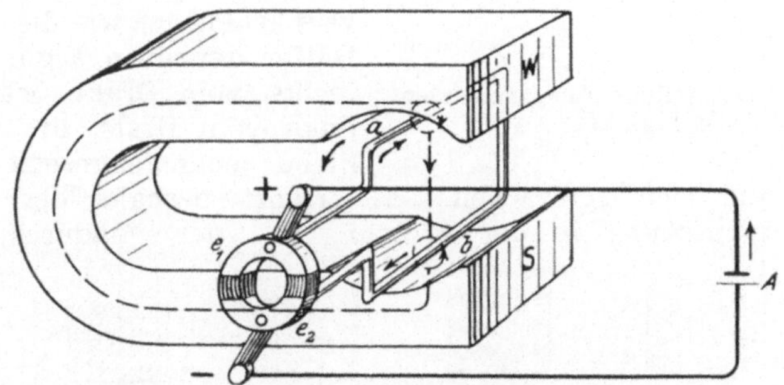

Fig. 174.  Schema des Gleichstrommotors.

174 durch eine fremde Stromquelle z. B. einen Akkumulator A oder einen Generator ein Strom zu den Bürsten $+$ — eingeleitet. Steht die Drahtschleife so, wie in Fig. 174 gezeichnet ist, dann erhält sie durch die Bürste $+$ und die Lamelle $e_1$ des Kollektors einen Strom von der Pfeilrichtung und nach der Korkzieherregel (Seite 30) entsteht um die Drähte a und b ein Kraftlinienfeld von der Form der punktierten Kreise. In Fig. 175 ist deutlicher zu erkennen, daß an den Kanten B, $B_1$ das kreisförmige Feld des Stromes in der Schleife und das Hauptfeld des Magnets gleiche Richtung haben und sich verstärken, während an den Kanten A, $A_1$ die

beiden Felder entgegengesetzt verlaufen und sich daher auf-
haben. Man erhält deshalb genau so, wie schon in Fig. 133

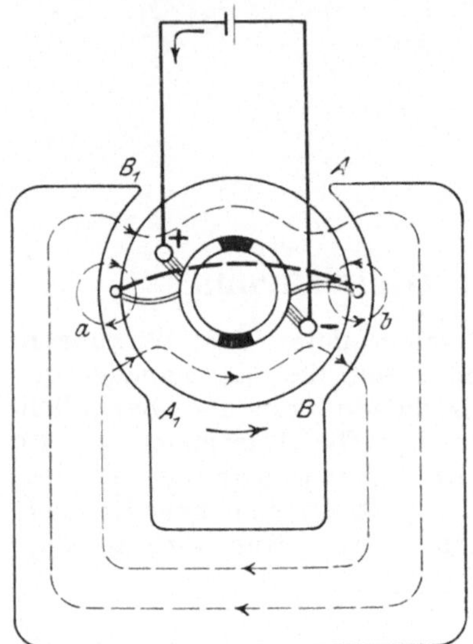

Fig. 175. Darstellung der Kraftlinien
in Fig. 174.

und 134 dargestellt ist, an
den Kanten B und $B_1$ der
Pole eine Verstärkung des
Magnetfeldes und an den
Kanten A und $A_1$ eine
Schwächung. Hierdurch
kommt eine Drehung des
Ankers in der Pfeilrichtung
zustande, wie noch genauer
bei Fig. 176, 177, 178 und
179 gezeigt ist. In Fig. 176
liegt ein Strom, der nach
hinten fließt, vor einem Nordpol N. Wie die obere Hälfte
der Fig. 176 zeigt, sind das
kreisförmige Stromfeld und
das Hauptfeld rechts vom
Draht gleich gerichtet und
verstärken sich wie die untere
Hälfte derselben Figur zeigt
rechts vom Draht, während
links vom Draht die Kraftlinien entgegengesetzt ver-

laufen und sich schwächen. Es erfährt deshalb der Draht
eine Kraftwirkung in der Richtung $K_1$, denn dadurch, daß

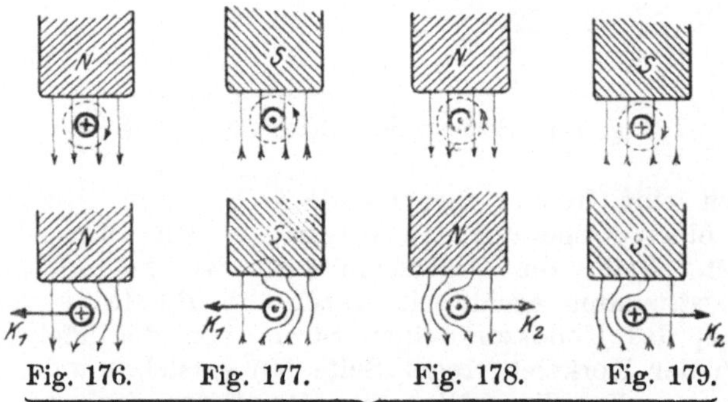

Fig. 176.  Fig. 177.  Fig. 178.  Fig. 179.

Kraftwirkung von Pol und Strom aufeinander.

er in dieser Richtung aus dem Felde herausbewegt wird,
wird die Störung des Feldes beseitigt. Aus Fig. 177 geht

dann hervor, daß ein Strom von umgekehrter Richtung, der vor einem ebenfalls entgegengesetzten Pol S steht, wieder eine Kraft $K_1$ von derselben Richtung erfährt wie in Fig. 176. Soll die Kraftwirkung auf den Draht entgegengesetzt erfolgen wie in Fig. 176 und 177, so muß man entweder nur den Strom, oder nur den Pol umkehren. In Fig. 178 ist der Pol derselbe wie in Fig. 176, aber da der Strom in beiden Figuren entgegengesetzt fließt, so erfährt der Draht in Fig. 178 eine entgegengesetzte Kraftwirkung $K_2$ als wie der Draht in Fig. 176. In Fig. 179 ist der Strom von derselben Richtung wie in Fig. 176, aber da der Pol in beiden Figuren entgegengesetzt ist, sind auch hier die Kräfte entgegengesetzt. Aus dem Vergleich der Figuren 176 und 177 ergibt sich für einen Elektromotor, daß das Umschalten der Zuleitungen keine Änderung der

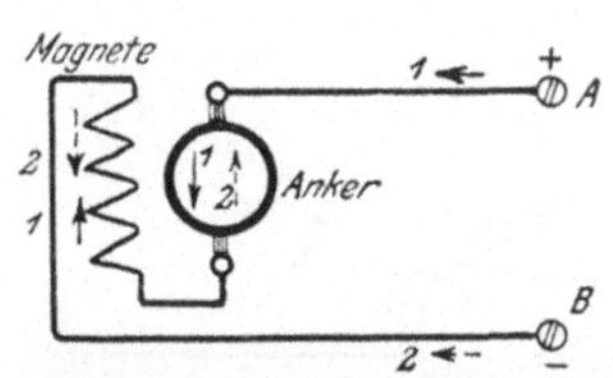


Fig. 180. Umschalten der Zuleitungen bewirkt keine Änderung der Drehrichtung (Hauptstrommotor).

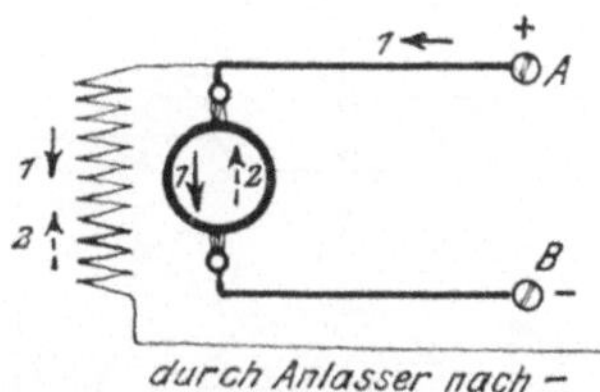


Fig. 181. Umschalten der Zuleitungen bewirkt keine Änderung der Drehrichtung (Nebenschlußmotor).

Drehrichtung des Ankers herbeiführen kann, denn dadurch schaltet man, wie aus den Figuren 180 und 181 hervorgeht, immer den Pol und den Ankerstrom gleichzeitig um, indem beim Anschluß der + Zuleitung an die Klemme A der Strom in der Pfeilrichtung 1 durch Anker und Magnete fließt, während er in beiden Teilen umgekehrt fließt, wenn man die + Leitung an die Klemme B anschließt. Sollen daher die Motoren (Nebenschluß) Fig. 182 und 183 und Fig. 185 (Hauptstrom), wenn sie beim ersten Ingangsetzen verkehrt herumlaufen, in ihrer Drehrichtung umgekehrt werden, so braucht man nur die Drähte $d_1$ und $d_2$ miteinander zu vertauschen. Dadurch schaltet man den Strom in der Magnetwickelung um, während er im Anker dieselbe Richtung behält und deshalb wird nach Fig. 176 und 179 die Drehrichtung umgekehrt. Ebenso könnte man auch den Strom in der Magnetwickelung unverändert lassen und nur den Strom im Anker umkehren. Dies geschieht gewöhnlich bei Motoren, deren Drehrichtung bald links, bald rechts herum sein muß (vergl. die Figuren 186 und 187).

Um einen Elektromotor in Betrieb zu setzen, muß man einen Anlaßwiderstand oder kurz Anlasser verwenden. Zur Erklärung desselben diene folgende Überlegung: Der Widerstand der Ankerwickelung einer elektrischen Maschine, gleichgültig ob Motor oder Generator, ist stets sehr klein, z. B. beträgt er für einen Motor von 10 PS für 220 Volt etwa 0,1 Ohm und die normale Stromstärke für diesen Motor würde etwa 42 Amper betragen. Schaltet man nun an den Anker eines solchen Motors ohne weiteres 220 Volt, so erhält man nach dem Ohmschen

Gesetz einen Strom von $I = \dfrac{220}{0,1} = 2200$ Amper, anstatt 42 Amper;

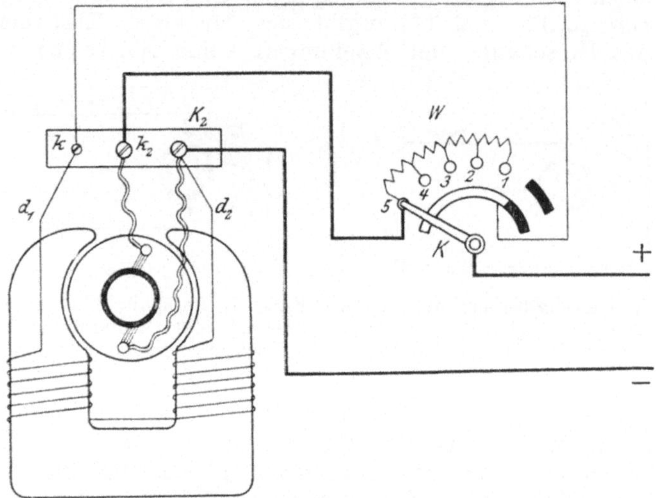


Fig. 182.  Älterer Anlasser für Nebenschlußmotoren.

der Anker würde also verbrennen. Um dies zu vermeiden, müssen wir einen abstufbaren Widerstand W, den Anlasser nach Fig. 182 vor den Anker schalten. In Fig. 182 ist ein Nebenschlußmotor gezeichnet. Man führt im allgemeinen Nebenschluß- und Hauptstrommotoren aus, deren Schaltung ebenso ist, wie die entsprechende der Generatoren.

Der in Fig. 182 gezeichnete Anlasser besitzt eine Kurbel K, die über die Kontakte 1 bis 5 hinweggedreht werden kann. Steht diese Kurbel auf den schwarzen Schienen, dann ist der Motor ausgeschaltet. Will man ihn anlassen, so dreht man die Kurbel langsam vom Kontakt 1 bis auf den letzten Kontakt 5 (natürlich kann die Zahl der Kontakte auch eine andere sein).

Hierbei gelangt die Kurbel zuerst auf die Schiene, so daß ein Strom von + durch die Schiene nach k, durch die Magnetwickelung hindurch nach $K_2$ und — fließen kann; es werden also zunächst die Magnete sogleich voll erregt. Kommt dann die Kurbel auf den Kontakt 1, so fließt von + ein zweiter Strom durch die Kurbel nach 1, durch den ganzen Widerstand W bis 5, nach $k_2$ durch den Anker nach $K_2$ und —. Da die Magnete schon erregt sind, so wird der Anker, falls der Widerstand W so berechnet ist, daß der Ankerstrom etwas stärker ist als der normale Strom (in unserem Falle vielleicht 50 Amper anstatt 42), sich langsam drehen. Bei diesem langsamen Drehen entsteht aber in der Wickelung des Ankers eine elektromotorische Kraft, denn immer, wenn sich Leiter in einem Kraftlinienfeld bewegen, erhalten wir in den Leitern elektromotorische Kräfte, also auch hier. Um die Richtung dieser elektromotorischen Kraft zu bestimmen, wenden wir die Handregel (S. 56) an. Danach erhalten wir in Fig. 175 z. B. im Draht a eine elektromotorische Kraft, die von hinten nach vorn gerichtet ist, also gerade entgegengesetzt, wie der Strom, den diejenige Spannung durch den Anker treibt, welche an die Klemmen des Motors angeschlossen ist. Man nennt deshalb diese elektromotorische Kraft „G e g e n - e l e k t r o m o t o r i s c h e“. Der Strom, der durch den Anker fließt, wird, sobald also der Anker läuft, durch eine Spannung hervorgerufen, die man erhält, wenn man von der zugeführten Klemmenspannung die Gegenelektromotorische im Anker abzieht. Die Gegenelektromotorische entsteht durch die Drehung. Wenn der Anker stillsteht, ist sie nicht vorhanden. Es wird deshalb die Geschwindigkeit des Ankers so lange steigen, bis eine Gegenelektromotorische in ihm entsteht, die den normalen Strom hindurchläßt. Man kann leicht durch eine Rechnung den Vorgang verfolgen. Der schon besprochene Motor soll also mit 50 Amper anlaufen, während er normal mit 42 Amper läuft. Würde man ihm nur 42 Amper zuführen, so könnte er nicht in Gang kommen, dazu muß er beschleunigt werden und deshalb immer einen stärkeren Strom zum Anlaufen erhalten. Der Anlaufstrom richtet sich nach der Arbeitsweise des Motors. Treibt derselbe z. B. eine große Plandrehbank, so braucht er, weil schwere Massen in Gang zu setzen sind, einen viel stärkeren Anlaufstrom, als wenn er nur eine Pumpe antreibt. Ein Straßenbahnmotor braucht zum Anfahren gewöhnlich dreimal mehr Strom, als wenn der Wagen fährt. Man erkennt hieraus schon, daß die Berechnung eines Anlassers, seiner Stufung und Stufenzahl aus der Anlaufstromstärke des Motors folgt und sich alles nach den Betriebsverhältnissen des Motors richtet. Ein und derselbe Motor, z. B.

ein Motor von 5 PS muß also je nach seinen Betriebsverhältnissen ganz verschiedene Anlasser erhalten[1]). Damit der von
uns gewählte Motor 50 Amper Anlaufstrom erhält, muß man
bei 220 Volt zugeführter Klemmenspannung und 0,1 Ohm Ankerwiderstand einen Widerstand W im Anlasser haben von

$$W = \frac{220}{50} - 0,1 = 4,3 \text{ Ohm.}$$

Der Motor beginnt dann sich zu drehen, wodurch die Gegenelektromotorische in ihm entsteht. Damit nun der normale Strom
von 42 Amper durch den Motor fließt, muß eine Spannung wirken
von 42 . 4,4 = 185 Volt, denn der Widerstand von Anlasser und
Anker zusammen beträgt 4,3 + 0,1 = 4,4 Ohm und nach dem
O h m schen Gesetz ist Spannung = Strom × Widerstand. Die
Klemmenspannung des Motors beträgt aber 220 Volt, es wird
deshalb beim Anlaufen, wenn die Kurbel des Anlassers auf den
ersten Kontakt gedreht ist, die Geschwindigkeit des Ankers so
lange zunehmen, bis eine Gegenelektromotorische entsteht von
220 — 185 = 35 Volt.

Sobald diese Gegenelektromotorische entsteht, nimmt die
Umlaufszahl des Motors nicht mehr weiter zu und man muß die
Kurbel des Anlassers auf den nächsten Kontakt 2 drehen. Dadurch verkleinert man den vorgeschalteten Widerstand, indem
man den Teil des Anlassers, der zwischen die Kontakte 1 und 2
angeschlossen ist, abschaltet. Der Anker hat vom ersten Kontakt
her eine Gegenelektromotorische von 35 Volt; da aber jetzt der
Widerstand kleiner geworden ist, so entsteht zunächst beim
Auftreffen der Kurbel auf Kontakt 2 wieder ein stärkerer Strom
und die Geschwindigkeit des Motors nimmt weiter zu, bis jetzt
eine höhere Gegenelektromotorische entwickelt ist, durch deren
Einfluß der Strom wieder auf 42 Amper heruntergeht. Das Anlassen geschieht also durch allmähliches Abschalten der Widerstandsstufen des Anlassers, wodurch die Geschwindigkeit des
Motors allmählich zunimmt, bis schließlich auf dem letzten Kontakt 5 die normale Umdrehungszahl des Motors erreicht ist.
Jetzt kann natürlich, obgleich die volle Spannung von 220 Volt
an den Motor ohne Widerstand W angeschlossen ist, nicht mehr
ein zu starker Strom entstehen, weil der Anker läuft und in
ihm die Gegenelektromotorische vorhanden ist. Diese ist jetzt
natürlich viel höher als für den Kontakt 1 ausgerechnet wurde,
denn der Widerstand ist nur noch der kleine Ankerwiderstand
von 0,1 Ohm und damit durch diesen 42 Amper gehen, ist eine

---

[1]) Über die Berechnung der Anlasser belehrt das kleine Buch des
Verfassers: „Anlasser und Regler“, zweite Auflage, von R. K r a u s e,
Verlag von Julius Springer, Berlin.

Spannung nötig von $42 \times 0,1 = 4,2$ Volt; die Gegenelektromotorische muß deshalb betragen:

$$220 - 4,2 = 215,8 \text{ Volt.}$$

Wir wollen nun untersuchen, wie sich der Nebenschlußmotor im Betriebe verhält. Wird er stärker belastet, so muß er, damit er stärker durchzieht, mehr Strom erhalten. Das kann er nur, wenn seine Gegenelektromotorische abnimmt; diese hängt aber ab von der Stärke des Feldes und der Umdrehungsgeschwindigkeit. Das Feld des Nebenschlußmotors ist immer von derselben Stärke, denn der Magnetstrom, der das Feld erzeugt, wird durch die konstante Klemmenspannung erzeugt, und die Schwächung durch die Ankerrückwirkung ist nur sehr gering, wie auch bei den Generatoren. Damit also bei stärkerer Belastung die Gegenelektromotorische abnimmt, muß der Motor etwas langsamer laufen. Um zu erkennen, wie weit seine Umlaufszahl abnimmt, rechnet man am besten wieder. Die normale Umlaufszahl des Motors sei 1000 in der Minute. Der Motor werde nun so stark belastet, daß er 60 Amper erhalten muß. Die wirksame Spannung muß dann betragen: $60 . 0,1 = 6$ Volt und seine Gegenelektromotorische wird $220 - 6 = 214$ Volt. Bei konstantem Magnetfeld müssen sich die gegenelektromotorischen Kräfte verhalten wie die Umlaufszahlen und da bei 1000 Umdrehungen eine Gegenelektromotorische von 215,8 Volt

vorhanden war, so sind jetzt $1000 \dfrac{214}{215,8} = 993$ Umdrehungen vor

handen. Die Umdrehungszahl hat also bei der Belastungszunahme von 42 auf 60 Amper um 7 Umdrehungen oder $0,7\,^0/_0$ abgenommen. In Wirklichkeit wird sie sogar noch weniger abnehmen, denn bei stärkerem Strom nimmt auch die Feldschwächung durch die Rückwirkung des Ankerstromes zu und wenn das Feld etwas schwächer wird, muß sich der Anker, obgleich er eine geringere Gegenelektromotorische entwickeln muß, etwas schneller drehen, als wenn das Feld konstant ist. Man kann hieraus erkennen, daß der Nebenschlußmotor bei Belastungsänderungen seine Umdrehungszahl unwesentlich oder gar nicht ändert.

Bezüglich der Anlasser der Nebenschlußmotoren ist noch zu bemerken, daß die Schaltung in Fig. 182 veraltet ist. Eine neuere Schaltung zeigt Fig. 183. Es sind aber bei diesem Anlasser zugleich noch einige Schutzeinrichtungen angebracht, die ebenfalls erklärt werden sollen. Der Widerstand des Anlassers besteht aus Drahtspiralen, die aber so dünn sind, daß sie den Strom nur in kurzer Zeit, in der der Motor anläuft, also etwa 30 Sekunden, aushalten können. Man darf deshalb den Anlasser nur zum Einschalten benutzen und nicht die Kurbel auf einem der Zwischenkontakte dauernd stehen lassen. Sie darf nur in der ausgeschalteten oder in der eingeschalteten Lage (auf Kontakt 5 in Fig. 182 und Kontakt 4 in Fig. 183) dauernd stehen, die Zwischenkontakte sind nur vorübergehend zu benutzen. Da aber die Motoren auch von unkundigen Leuten bedient werden müssen, muß man die Anlaßvorrichtungen so ausführen, daß Irrtümer ausgeschlossen sind. Durch Anordnung einer Feder f in Fig. 183 wird zunächst erreicht, daß die Kurbel immer selbsttätig auf „ausgeschaltet" gezogen wird, wenn man sie stehen läßt, bevor sie auf den letzten Kontakt 4

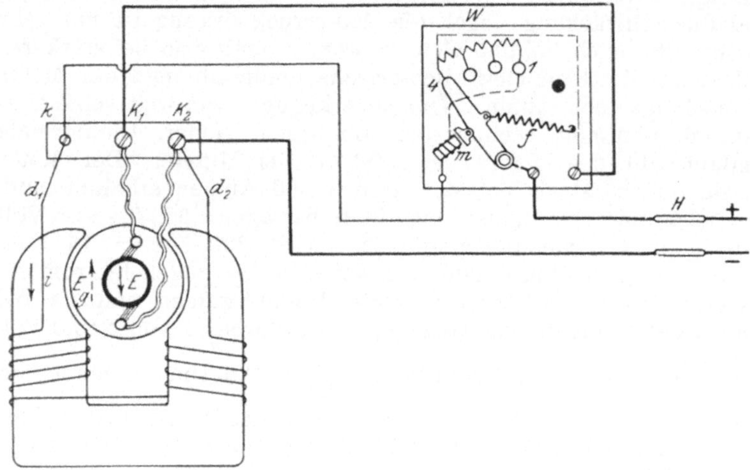

Fig. 183. Nebenschlußmotor mit Anlasser für Nullstromausschaltung.

gedreht ist: es können also die Widerstandsspiralen, dadurch daß infolge Stehenlassens der Kurbel auf einem Zwischenkontakt dauernd Strom hindurchgeht, nicht mehr verbrennen. Damit die Kurbel auf dem letzten Kontakt 4 nicht durch die Feder wieder zurückgezogen werden kann, bringt man einen kleinen Magnet m dort an, der die Kurbel festhält. Dieser Magnet ist mit der Magnetwickelung des Motors hintereinander geschaltet; er kann also nur dann die Kurbel festhalten, wenn die Magnete des Motors erregt sind. Schaltet man z. B. mit dem Hauptschalter H aus, so verliert der Motor seinen Strom und der kleine Magnet m demnach auch; es schaltet sich dann der Anlasser von selbst aus, was bei der Schaltung in Fig. 182 nicht eintritt. Würde man dort mit dem Hauptschalter die Zuleitungen abschalten und vergessen, die Kurbel des Anlassers zurückzudrehen, so erhielte man beim neuen Einschalten mit dem Hauptschalter, wie schon auf Seite 160 gezeigt wurde, einen viel zu starken Strom, weil man dann so einschaltet, als ob kein Anlasser vorhanden wäre. Ferner ist die Schaltung in Fig. 183 noch von Vorteil gegenüber der in Fig. 182, weil sie funkenfreies Ausschalten des Motors bewirkt. Schaltet man in Fig. 182 aus, dann entsteht beim Abgleiten der Kurbel von der Schiene ein starkes Feuer, welches dadurch zustande kommt, daß das Kraftlinienfeld der Maschine verschwindet und hierbei eine Extraspannung entsteht (vergl. Seite 35). Dieses Feuer zerstört erstens nach und nach die Schiene der Anlassers, wenn man nicht Hilfskontakte aus Kohle anwendet und dann kann wie auch schon früher erklärt wurde, durch die Extraspannung die Isolierung der Magnetwickelung durchschlagen werden (vergl. Seite 35). Alles dies ist unmöglich bei der Schaltung nach Fig. 183. Das Ausschalten muß hier immer mit dem Schalter H besorgt werden, weil man die Kurbel des Anlassers nur sehr schwer von dem Magnet m losreißen kann. Durch das Ausschalten verschwindet die zugeführte Spannung E. Der Motor läuft aber noch nach dem Ausschalten infolge des Schwunges, den sein Anker besitzt, kurze Zeit nach und dabei verschwindet sein Magnetfeld nur langsam, ganz unabhängig von der Geschwindigkeit des Ausschaltens, denn im ersten Augenblick, anch dem Ausschalten ist noch die Gegenelektromotorische $E_g$ die ja kaum von der zugeführten Spannung E abweicht, im Anker wirksam. Da die Magnetwickelung durch ihren Anschluß an Kontakt 1 des Anlassers immer mit dem Anker verbunden ist, so treibt die Gegenelektromotorische einen Strom i durch die Magnetwickelung von derselben Richtung und fast genau der Stärke als vorher die zugeführte Spannung E. In dem Maße, wie die Tourenzahl des Motors abnimmt, nimmt dann auch der Magnetstrom i ab, weil die Gegenelektromotorische $E_g$ entsprechend der abnehmenden Tourenzahl immer schwächer wird. Schließlich kann der Magnet m, dessen Wickelung ja auch von dem Magnetstrom i durchflossen wird, die Kurbel nicht mehr halten und die Feder F zieht die Kurbel in die ausgeschaltete Stellung. Aber auch dann ist die Verbindung zwischen Anker und Magnetwickelung nicht unterbrochen, und es kann der Magnetstrom bei der Schaltung nach Fig. 183 gar nicht plötzlich unterbrochen werden, das Kraftlinienfeld des Motors verschwindet immer nur ganz allmählich, so daß die gefährliche Extraspannung nicht auftreten kann. Es ist also ein Anlasser nach dem Schema Fig. 183, der außerdem noch mit Schutz gegen Überlastung des Motors und mit Vorrichtungen zum langsamen Einschalten versehen werden kann, geeignet, von ganz unkundigen Leuten bedient zu werden; eine Bedingung, die der Konstrukteur von Anlassern unbedingt erfüllen muß, da die Lebensdauer des Motors gerade vom Anlasser und seiner Bedienung sehr abhängig ist. Bei dem Schema in Fig. 183 ist dann, wenn die Kurbel auf dem Betriebskontakt 4 steht, der ganze Widerstand W des Anlassers vor die Magnetwickelung geschaltet. Da aber der Anlaßwiderstand nur klein ist gegen den Magnetwiderstand, so ist die Schaltung ohne Nachteil.

Die Ausführung des eben erläuterten Anlassers zeigt Fig. 184.

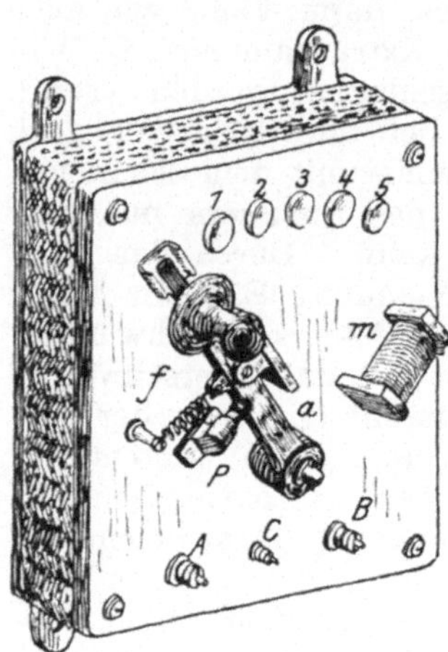

Fig. 184. Ausführung eines Anlassers nach Schaltung Fig. 183.

Man unterscheidet bei den Anlassern immer zwei Teile, das Gehäuse mit dem Widerstand und die Platte mit Schalthebel und Kontakten. Gewöhnlich sind beide Teile wie in Fig. 184 zusammengeschraubt, indem die Kontaktplatte der Deckel für den aus Flacheisen und gelochtem Blech oder aus Gußeisen hergestellten Kasten ist, in welchem die Widerstandsspiralen untergebracht sind. Auf der Kontaktplatte sind die Anschlußklemmen A, B, C angebracht, A für die Leitung, B für den Anker und C für die Magnetwickelung. Die Anlaufkontakte sind 1, 2, 3, 4, der Kontakt 5 ist der Dauer- oder Betriebskontakt. Der Nullstrommagnet m, dessen Namen schon sagt, daß er ausschaltet, wenn er ohne Strom ist, hält die Kurbel mit Hilfe des Ankers a auf Kontakt 5 fest. Die Ausschaltfeder ist f. Damit die Kurbel beim Ausschalten durch die Feder keinen zu starken Stoß erhält, setzt man einen Gummipuffer P auf die Platte, die aus Schiefer oder Marmor besteht.

Etwas einfacher noch ist die Schaltung zum Anlassen der Hauptstrommotoren. Sie ist in Fig. 185 dargestellt und bedarf nach dem bisher Gesagten keiner weiteren Erläutenurg. Beim Ausschalten eines Hauptstrommotors kann keine so hohe Extraspannung entstehen, weil seine Magnete viel weniger Windungen besitzen, als ein Nebenschlußmotor; man braucht daher auch nicht derartige Schutzvorrichtungen anzuwenden, wie bei diesen.

Im Betrieb verhält sich der Hauptstrommotor ganz anders als der Nebenschlußmotor.  Selbstverständlich entsteht auch im Anker des Hauptstrommotors eine gegenelektromotorische Kraft.  Wenn aber beim Nebenschlußmotor das Magnetfeld unabhängig von der Belastung konstant bleibt, so hängt es beim Hauptstrommotor von der Belastung ab, denn der Strom, der im Anker fließt, fließt auch durch die Magnetwickelung, da Anker und Magnetspulen hintereinander geschaltet sind.  Es ist demnach bei starker Belastung des Motors auch ein starkes Kraftlinienfeld vorhanden und die Umlaufszahl des Motors ist dann klein, denn bei einem starken Magnetfeld gehört zur Erzeugung der erforderlichen nur wenig von der Betriebsspannung ver-

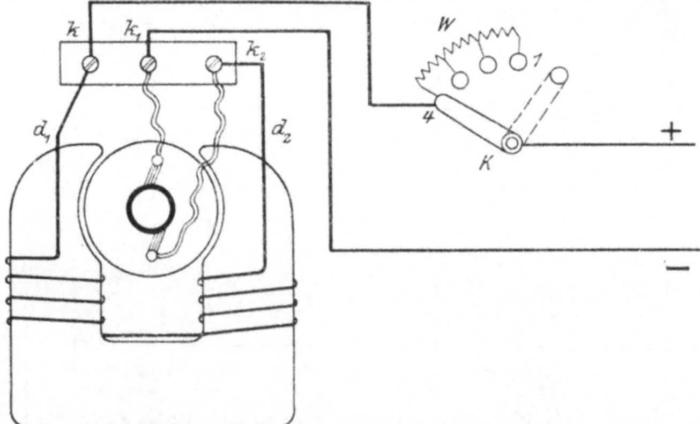

Fig. 185.  Hauptstrommotor mit Anlasser.

schiedenen Gegenelektromotorischen eine geringe Umlaufszahl. Ist dagegen der Hauptstrommotor nur wenig belastet, so läuft er schnell, denn er hat dann nur schwachen Strom und demnach nur ein schwaches Feld und muß deshalb schnell laufen, damit er die Gegenelektromotorische erzeugen kann.  Der Hauptstrommotor läuft also bei starker Belastung langsam und bei schwacher Belastung schnell.

Aus dem Verhalten der Motoren bei Belastung ergibt sich auch ihre Verwendung.  Der Nebenschlußmotor wird zum Antrieb von Werkzeugmaschinen, Drehbänken, Hobelmaschinen, Sägen und allgemein auch dort verwendet, wo häufige und plötzliche Änderungen in der Belastung auftreten können und sich trotzdem die Tourenzahl nicht ändern darf.  Der Hauptstrommotor wird zum Antrieb von Pumpen und Ventilatoren

benutzt, bei denen die Belastung sich nicht ändert oder als
Motor zum Heben von Lasten und als Straßenbahnmotor. In
den beiden letzten Fällen paßt er seine Geschwindigkeit der
Belastung an, indem er als Hubmotor den leeren Kranhaken
schnell bewegt und die schwere Last langsam hebt und beim
Straßenbahnwagen zum Anfahren mit großer Zugkraft langsam
anläuft, während er den in Gang gesetzten Wagen schnell befördert.

　　In den letzten Fällen muß man auch immer die Drehrichtung des Motors umkehren können. Wie schon auf

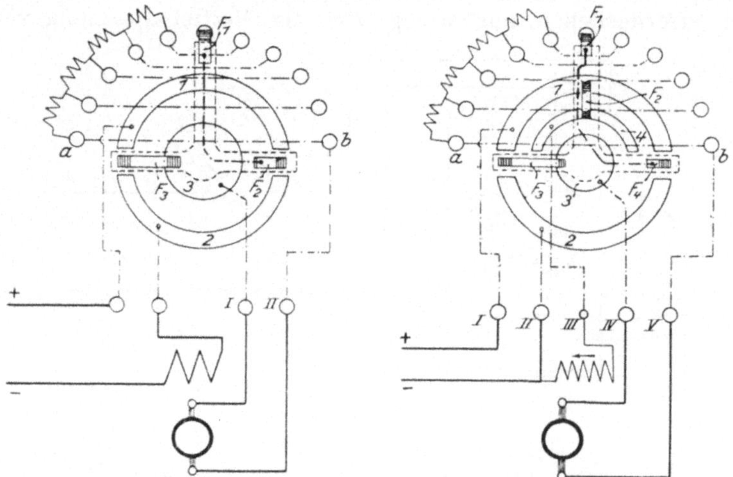

Fig. 186. Wendeanlasser für Haupt-　　　Fig. 187. Wendeanlasser für Neben-
　　　　　strommotoren.　　　　　　　　　　　　schlußmotoren.

Seite 159 und bei den Figuren 180 und 181 gezeigt wurde, muß
man zum Vorwärts- und Rückswärtslaufen eines Motors immer nur
entweder den Strom im Anker oder nur den Strom in der Magnetwickelung umkehren. Gewöhnlich schaltet man die Drehrichtung
mit Wendeanlassern um oder mit den später im Abschnitt XII
beschriebenen Schaltwalzen, und zwar wird, wie auch schon gesagt wurde, in den Fällen wo der Motor bald links, bald rechts
herumlaufen muß, immer nur der Ankerstrom umgeschaltet und
der Strom in der Magnetwickelung beibehalten, weil in letzterer
das Umschalten wegen der auftretenden Extraspannung schwieriger
ist, die im Anker weit weniger stark wird, weil derselbe immer
weniger Drähte besitzt. In Fig. 186 ist das Schema eines
Wendeanlassers für Hauptstrommotoren gezeichnet, welches eben-

so wie das Schema für Nebenschlußmotoren in Fig. 187 teilweise einer Ausführung der Firma Klöckner in Köln a. R. entspricht, die hauptsächlich Anlasser und Schaltwalzen baut. In Fig. 186 steht die dreiteilige Kurbel mit der Feder $F_1$ während des Betriebes entweder auf a oder auf b und dementsprechend läuft der Motor entweder links oder rechts herum. Es sei die Kurbel mit der Feder $F_1$ auf a gestellt, dann ist der Stromlauf folgender: +, Schiene 1, Feder $F_2$, Feder $F_1$, a, b, II, Anker, I, Schiene 3, Feder $F_3$, Schiene 2, Magnete, —; Verfolgt man den Stromlauf, wenn die Kurbel nach rechts gedreht ist, $F_1$ also auf b steht, dann erkennt man, daß die Stromrichtung im Anker umgekehrt, in der Magnetwickelung aber noch dieselbe wie vorhin ist, nämlich: +, Schiene 1, Feder $F_3$, Schiene 3, I, Anker, II, b, Feder $F_1$, Feder $F_2$, Schiene 2, Magnete, —.

Die drei Federn, $F_1$, $F_2$, $F_3$ sind von der Kurbel isoliert und $F_1$ ist mit $F_2$ leitend verbunden. Man kann auch $F_1$ und $F_2$ unisoliert auf die Kurbel setzen, welche dann als Verbindung zwischen diesen beiden Federn dient, die Feder $F_3$ muß aber immer isoliert aufgesetzt werden.

Die Schaltung des Wendeanlassers für Nebenschlußmotoren zeigt Fig. 187.

Steht die Kurbel nach links, also $F_1$ auf a, dann ist der Stromlauf folgender:

$$+, \text{ I, } 1 \left\{ \begin{array}{l} F_4, F_1, \text{ a, b, V, Anker, IV, 3, } F_3, \text{ 2, II,} \\ F_2, \text{ 4, III; Magnetwickelung} \end{array} \right\} -;$$

bei Schiene 1 tritt die Abzweigung in die Nebenschlußwickelung ein, in welcher der Strom immer dieselbe Richtung beibehält, wie der Stromlauf für die Kurbelstellung nach rechts, also $F_1$ auf b zeigt:

$$+, \text{ I, } 1 \left\{ \begin{array}{l} F_3, \text{ 3, IV, Anker, V, b, } F_1, F_4, \text{ 2, II,} \\ F_2, \text{ 4, III, Magnetwickelung} \end{array} \right\} -.$$

Für besondere Fälle verwendet man auch Motoren mit gemischter Schaltung oder Compoundwickelung. Es erhält dann der Motor wie schon bei der Fig. 140 und 141 dargestellt ist, über seine Nebenschlußwickelung noch eine Hauptstromwickelung. Diese in Fig. 188 mit $w_H$ bezeichnete Wickelung wird aber nur beim Anlauf benutzt, denn im Betriebe arbeitet der Motor als Nebenschlußmotor. Die Hauptstromwickelung befähigt ihn, mit starker Zugkraft anzulaufen, man benutzt daher einen solchen Motor in Fällen, wo sehr schwere Massen beim Anlauf in Gang zu setzen sind. In der Betriebsstellung des Anlassers ist aber die Compoundwickelung $w_H$ kurzgeschlossen,

sie braucht deshalb auch nicht aus sehr starkem Draht zu bestehen, da sie nur in der kurzen Anlaufszeit Strom erhält.

Das Äussere der Motoren weicht im allgemeinen von

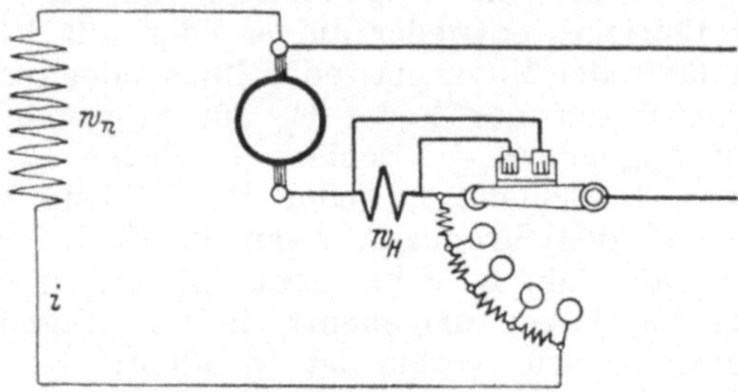

Fig. 188.   Anlasser für Motor mit Compoundwickelung zum Anlauf.

dem der Generatoren nicht viel ab.   Gewöhnlich kommen als
Motoren die für Riemenbetrieb bezeichneten Maschinen nach
Fig. 125 und 126 mehr in Frage als die langsamlaufenden

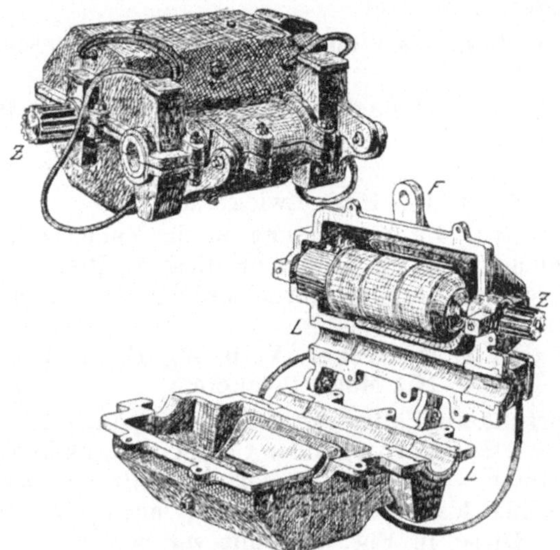

Fig. 189.   Straßenbahn-Motor.

Maschinen.   Für besondere Zwecke werden allerdings die Motoren
in ganz anderer Form ausgeführt.   So stellt man vollkommen
geschlossene Motoren her, die staubsicher abgeschlossen sind

für Gießereien, ferner wasserdicht geschlossene, die mit der Pumpe gekuppelt ganz unter Wasser arbeiten können und solche die außer der staubsicheren und teilweise wasserdichten Kapselung auch noch auf sehr beschränktem Raum unterzubringen sind wie die Motoren für Straßenbahnen. Für diese Zwecke müssen die Motoren dann trotz staubsicherer und teilweise wasserdichter Einkapselung doch wieder gut gelüftet sein, damit sie ihre Wärme gut abgeben können. Es treten also bei der Konstruktion dieser Motoren allerlei Schwierigkeiten auf, die der moderne Elektromaschinenbau aber gelöst hat. In Fig. 189 ist ein Straßenbahnmotor dargestellt, oben geschlossen unten aufgeklappt. In der oberen Hälfte des Gehäuses ist der Anker sichtbar, in der unteren erkennt man einen der vier

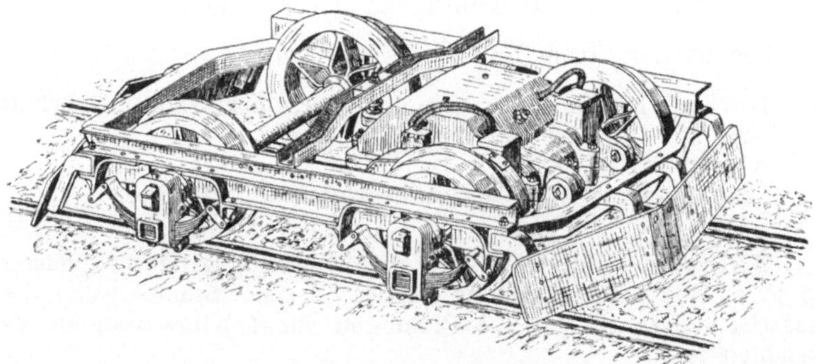

Fig. 190. Untergestell für Straßenbahnwagen mit eingebautem Motor.

Pole. Der Motor treibt die Laufachse des Wagens durch Zahnräder Z an und wird nach Fig. 190 so aufgehängt, daß die Laufradachse durch die Lagerung L hindurchgeht, während er mit dem Flansch F federnd am Untergestell befestigt ist.

Die Verluste welche in den Motoren auftreten, sind dieselben wie für Generatoren, es genügt also das auf Seite 106 gesagte darüber nachzulesen. Nur sind beim Motor zugeführte und abgegebene Leistung umgekehrt wie beim Generator. Während Generatoren mechanische Arbeit in PS zugeführt bekommen, und Watt abgeben, geben die Motoren mechanische Arbeit in PS ab und erhalten Watt zugeführt. Es wird daher die Gleichung von früher (Seite 108)

$$\text{Wirkungsgrad} = \frac{\text{abgegebene Leistung}}{\text{zugeführte Leistung}}$$

für einen Motor verwandelt in:

$$\text{Wirkungsgrad} = \frac{\text{abgegebene PS} \times 736}{\text{zugeführte Watt}}$$

Die Anwendung der Gleichung möge auch durch einige Beispiele erklärt werden.

Beispiel: Ein Motor leistet 20 PS und erhält bei 500 Volt 32 Amp. wie groß ist sein Wirkungsgrad?

$$\text{Wirkungsgrad} = \frac{20 \cdot 736}{500 \cdot 32} = 0{,}92.$$

Beispiel: Ein Motor hat einen Wirkungsgrad von 0,89 und leistet 15 PS. Er ist an 220 Volt angeschlossen, mit welchem Strom arbeitet er?

$$\text{zugeführte Watt} = \frac{\text{abgegebene PS} \cdot 736}{\text{Wirkungsgrad}} = \frac{15 \cdot 736}{0{,}89} = 12\,400 \text{ Watt.}$$

Folglich ist der Strom $I = \frac{12\,400}{220}$ 56,5 Amp.

Beispiel: Ein Motor mit dem Wirkungsgrad 0,87 erhält 60 Amp. bei 120 Volt. Wieviel PS leistet er?

Abgegeben

$$PS = \frac{\text{zugeführte Watt} \times \text{Wirkungsgrad}}{736} = \frac{60 \cdot 120 \cdot 0{,}88}{736} = 8{,}6 \text{ PS.}$$

Beispiel: Ein Motor mit dem Wirkungsgrad 0,87 leistet 15 PS. Wie teuer wird der Betrieb in einer Stunde wenn die elektrische Energie mit 18 Pfennigen für 1 Kilowattstunde zu bezahlen ist?

$$\text{zugeführte Watt} = \frac{15 \cdot 736}{0{,}87} = 12\,700 \text{ Watt oder } 12{,}7 \text{ Kilowatt}$$

folglich kostet der Betrieb in einer Stunde $12{,}7 \times 18 = 229$ Pfg. oder 2,29 Mk.

Beispiel: Ein Motor für eine Hauswasserpumpe wird täglich $^1/_2$ Stunde im Durchschnitt benutzt. Sein Wirkungsgrad ist 0,82 und seine Leistung 0,5 PS. Die Kosten für die elektrische Energie betragen 20 Pfg. für eine Kilowattstunde, wie teuer wird der Betrieb im Jahr?

$$\text{Zugeführte Watt} = \frac{0{,}5 \cdot 736}{0{,}82} = 449 \text{ Watt. Bei 360 Tagen täglich}$$

$^1/_2$ Stunde betragen die verbrauchten Wattstunden $449 \cdot 360 \cdot {}^1/_2 =$ 80 800 Wattstunden oder 80,8 Kilowattstunden. Der Betrieb kostet also im Jahr $80{,}8 \cdot 20 = 1616$ Pfg. oder 16,16 Mk.

Über die Regelung der Umlaufszahl der Gleichstrommotoren muß noch bemerkt werden, daß durch Vorschalten von Widerstand vor den Anker der Motor langsam läuft. Diese

Methode ist aber teuer, da der Zähler vor dem Motor die volle
Energie zählt, aber der Motor nur einen Teil umsetzt, sie wird
nur bei kleinen Motoren angewendet. Sonst ändert man die Umlaufszahl dadurch, daß man die Feldstärke, also den Magnetismus
schwächt, beim Neben-
schlußmotor dadurch, daß
man in den Magnetstrom-
kreis einen Widerstand
einschaltet, beim Haupt-
strommotor durch Par-
allelschalten eines Widerstandes zur Feldwicke-
lung. Wird der Magnetis-
mus schwächer, dann
muß der Motor um die

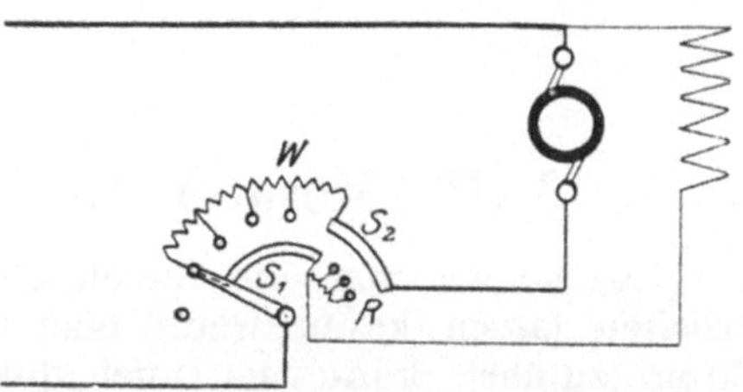

Fig. 191.  Anlasser mit Tourenregelung.

erforderliche Gegenelektromotorische zu erzeugen, entsprechend
schneller laufen.

Gewöhnlich führt man den Anlasser bei Nebenschlußmotoren
gleich zum Regeln der Umlaufszahl aus, indem man wie Fig. 191
zeigt bei W den Anlasser anordnet.  Dreht man nachdem der
Motor beim Auftreffen der Kurbel auf die Schiene $S_2$ richtig
läuft, den Hebel noch weiter, auf die Kontakte R, so schaltet
man Widerstand in den Magnetstromkreis und der Motor läuft
schneller.

# VIII. Motoren für Wechselstrom.

Ebenso wie man die Gleichstrom-Generatoren als Motoren arbeiten lassen kann, wenn man ihnen aus einer Stromquelle Strom zuführt, kann man auch die Wechselstrom-Generatoren, die in Abschnitt VI beschrieben wurden, als Motoren benutzen. Derartige als Motoren benutzte, wie die Generatoren ausgeführte Wechselstrommaschinen nennt man Synchron-Motoren. Der Ausdruck synchron bedeutet so viel wie im Takt arbeiten, es

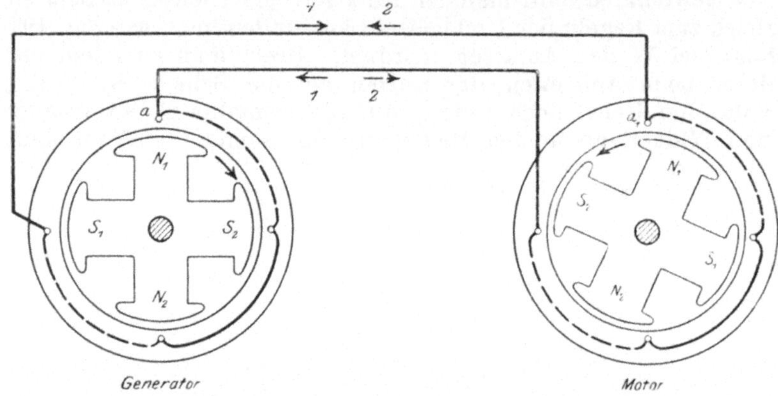


Fig. 192.  Arbeitsübertragung zwischen Synchronmaschinen.

muß nämlich die Umlaufszahl des synchronen Motors in ganz bestimmten Verhältnissen zu den Stromwechseln stehen wie aus der Wirkungsweise der Maschinen hervorgeht, die nach Fig. 192 geschaltet werden. Für unsere Betrachtung ist nun ganz gleichgültig, ob die Maschinen einphasig oder mehrphasig sind. In Fig. 192 ist einphasiger Wechselstrom angenommen. Bei der gezeichneten Drehrichtung des Stromerzeugers (Generators) entsteht augenblicklich (vergl. S. 56) in dem Draht a des Generators eine nach hinten gerichtete elektromotorische Kraft, folglich hat der Strom die Richtung des Pfeiles 1. Wegen der Phasenver-

schiebung zwischen elektromotorischer Kraft und Strom entsteht
aber der Strom erst später, als die elektromotorische Kraft,
sodaß sich das Polrad schon etwas weiter gedreht haben muß
als gezeichnet ist. Leitet man nun den Wechselstrom in den
Motor ein, welcher in diesem Falle genau so ausgeführt ist, wie
der Generator, so üben die Magnetpole des Polrandes und die
stromdurchflossenen Ankerdrähte eine Kraft aufeinander aus,
wie schon mit den Figuren 176 bis 179 erklärt wurde. Dort
waren aber die Drähte beweglich auf dem Anker, hier steht
der Anker fest und die Pole drehen sich, daher soll zur Erklärung die Fig. 193 benutzt werden. In Fig. 193, I möge
der Strom im Draht nach hinten fließen, das Kreisfeld des
Stromes und die Kraftlinien des Poles N sind dann links vom
Draht gleichgerichtet und verstärken sich, rechts vom Draht

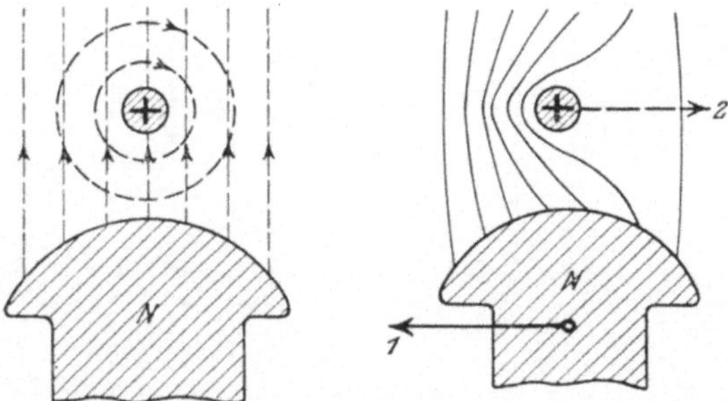

Fig. 193. Kraftwirkung von Pol und Strom aufeinander.

schwächen sie sich. Das infolge der gegenseitigen Beeinflussung
beider Felder entstehende wirkliche Feld besitzt demnach das
Aussehen von Fig. 193, II. Da aber die Kraftlinien bestrebt
sind, die ungleichmäßige Verteilung wieder gleichförmig zu
gestalten, so muß entweder der Draht in der Richtung 2, oder
der Pol in der Richtung 1 ausweichen, und bei der synchronen
Maschine sind die Pole beweglich, sodaß sich danach aus Fig.
193 für den Motor in Fig. 192 die eingezeichnete Drehrichtung
(entgegen dem gewöhnlichen Uhrzeigersinn) ergibt. Man erkennt
aber auch, daß der Pol $S_1$ in Fig. 192 ebenso rasch an die
Stelle von $N_1$ getreten sein muß, als der Strom in dem Anker
des Motors seine Richtung wechselt, daß also bei jedem Stromwechsel das Polrad sich um einen Pol weiter gedreht haben
muß. Hieraus ist zunächst zu ersehen, daß der stillstehende
Synchron-Motor nicht von selbst anlaufen kann und weiter,
daß. ein im Betriebe befindlicher Motor nicht überlastet werden

darf, denn dadurch würde er beginnen langsamer zu laufen
und wenn die Pole noch nicht vor die nächsten Drähte gekommen sind und der Strom schon gewechselt hat, erhalten sie
von den alten Drähfen her einen umgekehrt wirkenden Antrieb
und dadurch bleibt das Polrad stehen. Man nennt diesen Vorgang: der Motor fällt aus dem Tritt.

　　Da die Motoren nicht von selbst anlaufen, so muß man
sie, bevor man den Ankerstrom einschaltet, zunächst künstlich auf die erforderliche synchrone Umlaufszahl bringen. Es
kann dies durch die Erregermaschine geschehen, wenn dieselbe
mit dem Wechselstrommotor direkt gekuppelt ist. Die Erregermaschine läuft dann von einer ebenfalls notwendigen Akkumula-

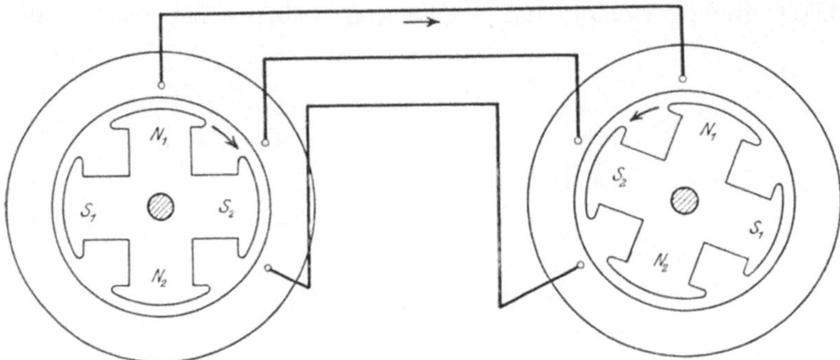

Fig. 194. Arbeitsübertragung zwischen Synchronmaschinen, dreiphasig.

torenbatterie betrieben als Motor und dreht das leerlaufende
Polrad an. Es können also Synchronmotoren nur dort verwendet werden, wo eine Akkumulatorenbatterie die direkt gekuppelte Erregermaschine oder auch bei Synchron-Umformern
für Bahnanlagen die direkt gekuppelte Gleichstromdynamo speisen
können. Solche Synchron-Umformer dienen dann zum
Umformen des hochgespannten Wechselstromes, der von der
Zentrale durch eine Fernleitung dem Synchronmotor zugeführt
wird in Gleichstrom für Straßenbahnbetrieb. Das Verwendungs-
gebiet der Synchronmotoren ist hiernach nur sehr beschränkt
und nur für große Leistungen möglich. Es genügt aber beim
Anlassen nicht, dem Polrad die synchrone Umlaufszahl zu erteilen, wenn die Drehung nach einer bestimmten Richtung erfolgen soll, muß auch der Pol zu dem Strom im Draht passen.
Es ist daher für den Maschinisten noch ein besonderer Apparat
notwendig, der anzeigt, wann die Stellung des Polrades und
seine Umlaufszahl die richtige zum Einschalten des Stromes

vom Generator aus ist.   Solch ein Apparat heißt Synchronismusanzeiger, seine Wirkungsweise soll später im Abschnitt XII beschrieben werden.   In Fig. 194 ist der Vollständigkeit wegen
auch noch eine Arbeitsübertragung zwischen zwei dreiphasigen
Maschinen gezeichnet, deren Wickelung nach Fig. 152 oder 153
ausgeführt sein kann.   Die Wirkungsweise des synchronen
Dreiphasenmotors ist natürlich genau dieselbe, als die des
synchronen Einphasenmotors.   In den Figuren 192 und 194 ist
stets das Polrad des Motors noch vor dem Draht befindlich
gezeichnet, während das Polrad des Generators sich schon
gerade unter einem Draht befindet.   Es steht z. B. in Fig. 192
der Pol $N_1$ des Generators gerade unter dem Draht a, während
der Pol $N_1$ des Motors noch vor dem Draht $a_1$ steht.   Diese

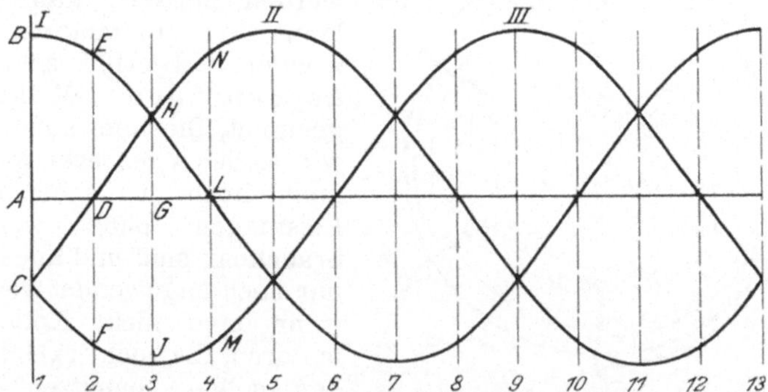

Fig. 195.  Drei um 120° verschobene Ströme.

Verdrehung der Polräder gegeneinander rührt von der Phasenverschiebung zwischen Strom und elektromotorischer Kraft her.
Der Generator erzeugt die elektromotorische Kraft, die früher
da sein muß, als der Strom, der im Motor wirken soll.

Aus dem vorstehend erwähnten Umstand, daß das Polrad
sich so schnell (synchron) drehen muß, daß es sich gerade um
die Polteilung verschoben hat, wenn der Strom seine Richtung
wechselt, ergibt sich, daß ein Synchronmotor genau dieselbe
Umlaufszahl haben muß wie der Generator, der ihm den Strom
liefert, wenn beide Maschinen gleich viel Pole haben.   Hat der
Motor weniger Pole, so läuft er schneller als der Generator.
Nehmen wir einen Generator an, der 80 Stromwechsel in der
Sekunde erzeugt, so muß sich dessen Polrad bei 8 Polen in
jeder Sekunde 10 mal herumdrehen, die minutliche Umlaufszahl
des Generators wird also $10 \times 60 = 600$.   Der Synchronmotor,
welcher durch den Strom dieses Generators betrieben wird,

möge nur 6 Pole besitzen. Da der Strom 80 mal in der Sekunde wechselt, so muß das Polrad des Motors sich um $^1/_6$ seines Umfanges (Polteilung) in $^1/_{80}$ Sekunde gedreht haben, also in einer Sekunde $\dfrac{80}{6}$ und in der Minute $\dfrac{80 \cdot 60}{6} = 800$ Umdrehungen machen.

Die Synchronmotoren können wegen ihrer Umständlichkeit, wie schon bemerkt wurde, nur für große Leistungen in Anwendung kommen. Für den Antrieb von Werkzeugmaschinen, Pumpen und dergleichen, also für kleinere und mittlere Leistungen und vor allen Dingen auch dann, wenn die Maschinen häufig ein- und ausgeschaltet werden müssen, kann man keine Synchronmotoren anwenden. Hierfür sind die asynchronen Motoren geeignet, die aber außerdem, wie sogleich bemerkt werden muß, auch für sehr große Leistungen ohne weiteres brauchbar sind und auch fast nur noch angewendet werden, wenn man nicht Kollektormotoren, die noch erklärt werden sollen, benutzen muß, während Synchronmotoren kaum noch aufgestellt werden.

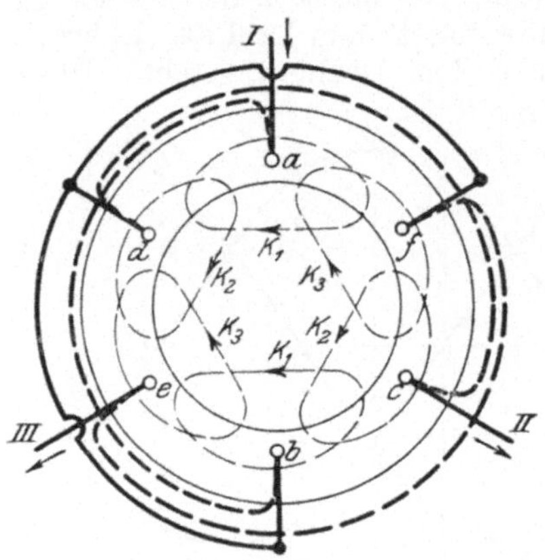

Fig. 196. Entstehung der einzelnen Felder in zweipoliger Dreiphasenwickelung.

Die asynchronen Motoren haben vor den synchronen die Vorzüge, daß sie ohne besondere Schwierigkeit anlaufen, keine Erregermaschine nötig haben und bei Überlastung nicht so leicht stehen bleiben.

Die einfachsten asynchronen Motoren sind diejenigen, die durch zweiphasigen oder dreiphasigen Wechselstrom betrieben werden und die man kurzweg meist als Drehstrommotoren, richtiger Drehfeldmotoren bezeichnet. Zur Erklärung ihrer Wirkungsweise muß zunächst die Erscheinung des Drehfeldes erklärt werden. Dazu dienen die Figuren 195, 196 und 197. In Fig. 195 sind zunächst noch einmal drei um 120° in der Phase verschobene Ströme (vgl. Seite 50) dargestellt und in Fig. 196 ist die Feldwickelung oder Ständerwickelung (auch Statorwickelung) eines Drehfeldmotors gezeichnet, welche aber genau so ausgeführt wird, wie die Ankerwickelung einer Dreiphasenmaschine also wie Fig. 149 zeigt. Greifen wir nun den

in Fig. 195 mit 1 bezeichneten Augenblick heraus.  Der Strom I
soll in den in Fig. 196 mit I bezeichneten Draht eintreten, dann
würde in dem Draht a der Strom von vorn nach hinten fließen

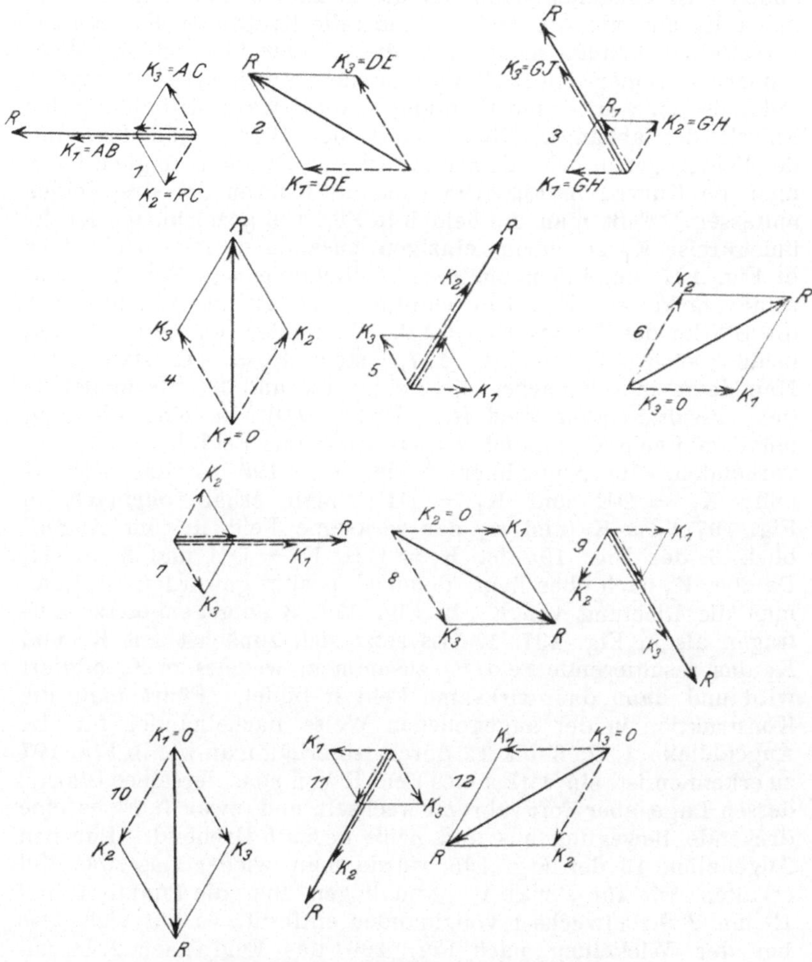

Fig. 197.  Entstehung des Drehfeldes.

und in dem mit ihm verbundenen Draht b wieder von hinten
nach vorn.  Nach der Korkzieherregel (Seite 30) bildet sich um
beide Drähte ein Feld $K_1$.  Der Strom II hat, wie aus Fig. 195
hervorgeht, ebenso wie der Strom III in dem Augenblick 1

12*

entgegengesetzte Richtung wie I, folglich wird in Fig. 196 im Draht c und im Draht e der Strom von hinten nach vorn fließen und in den beiden Drähten d und f wieder von vorn nach hinten. Es entstehen dann um die Drähte c und d die Kraftlinien $K_2$ und um die Drähte e und f die Kraftlinien $K_3$. Selbstverständlich können nicht diese drei Felder für sich bestehen, sondern sie setzen sich zusammen zu einem einzigen resultierenden Feld, dessen Stärke und Richtung von Stärke und Richtung der Einzelfelder abhängt. Nun ändert sich Stärke und Richtung der Felder genau wie die Ströme in den Drähten, folglich kann man die Kurven in Fig. 195 auch als Kurven der drei Felder auffassen. Faßt man die beiden in Fig. 196 gezeichneten Kraftlinienkreise $K_1$ zu einem einzigen zusammen und zeichnet es in Fig. 197 ein, indem man seine Richtung aus Fig. 196 und seine Stärke aus Fig. 195 entnimmt, so ist im Augenblick 1 die Stärke des Feldes $K_1 = AB$, die Felder $K_2$ und $K_3$ sind beide gleich $AC$ (in Fig. 197,1 steht $K_2 = RC$ statt $AC$). Man setzt nun zunächst die Felder $K_2$ und $K_3$ zusammen zu dem resultierenden Feld $R_1$. Dieses fällt in eine Richtung mit dem Felde $K_1$ folglich ist das wirksame Feld $R = K_1 + R_1$ vorhanden. Im Augenblick 2 der Fig. 195 ist das Feld II null, $K_1 = DE$ und $K_3 = DF$, man erhält demnach in Fig. 197,2 aus $K_1$ und $K_3$ das wirksame Feld R. Im Augenblick 3 der Fig. 195 ist $K_1 = GH$, $K_2 = GH$ und $K_3 = GI$, Da aber $K_2$ nach oben liegt, demnach positiv geworden ist, kann man die Richtung von $K_2$ in Fig. 197, 3 entgegengesetzt auftragen als in Fig. 197, 1. Es setzt sich zunächst aus $K_2$ und $K_1$ das resultierende Feld $R_1$ zusammen, welches zu $K_3$ addiert wird und dann das wirksame Feld R bildet. Führt man die Konstruktion in der angegebenen Weise nacheinander für die Augenblicke 1, 2, 3 bis 12 durch, so erhält man wie in Fig. 197 zu erkennen ist, ein wirksames Feld R von stets derselben Stärke, dessen Lage aber fortwährend wechselt und zwar führt es eine drehende Bewegung aus und heißt deshalb Drehfeld. Für den Augenblick 13 der Fig. 195 würde man wieder dasselbe Bild erhalten, wie für Punkt 1. Nun liegen aber die Punkte 1 und 13 um 2 Stromwechsel voneinander entfernt, es hat sich also bei der Wickelung nach Fig. 196 das Feld nach 2 Stromwechseln einmal herumgedreht. Es läßt sich hiernach leicht ausrechnen, wie groß die Umlaufsgeschwindigkeit des Feldes in der Minute ist. Es sei z. B. die Zahl der Stromwechsel in der Sekunde 100, dann würde das Drehfeld also in der Sekunde 50 Umdrehungen und in der Minute $50 \cdot 60 = 3000$ Umdrehungen machen. Diese hohe Zahl wendet man in der Praxis bei gewöhnlichen Motoren nicht an und um sie zu erniedrigen, macht man die Wickelungen nicht zweipolig, sondern stets mehrpolig und führt auch ganz kleine Drehfeldmotoren schon mit vier Polen aus. Die Wickelung in Fig. 196 ist eine zweipolige, weil das wirksame Feld nach Fig. 198 denselben Verlauf zeigt, wie bei einem zweipoligen Magnetrad. Eine vierpolige Wickelung zeigt Fig. 199, deren wirksames Feld die Form nach Fig. 200 besitzt, weil sich die Felder $K_1$, $K_2$, $K_3$ in Fig. 199 in dieser Weise zusammensetzen. Wie man aus Fig. 201 erkennt, dreht sich auch das vierpolige Feld. In

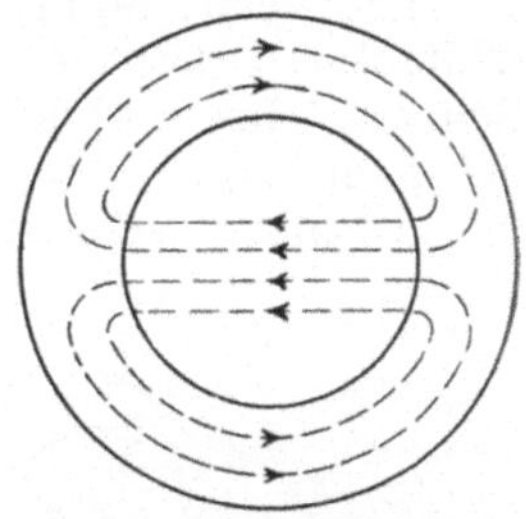

Fig. 198. Zweipoliges Feld.

Fig. 201 entspricht 1 dem Augenblick 1 in Fig. 195, während 3 dem Augenblick 3 und 5 dem Augenblick 5 entspricht. Im Augenblick 3 hat sich das Feld $K_2$ umgekehrt, im Augenblick 5 das Feld $K_1$ ebenfalls. Berücksichtigt man dies in der Weise, wie Fig. 201 zeigt, so erkennt man,

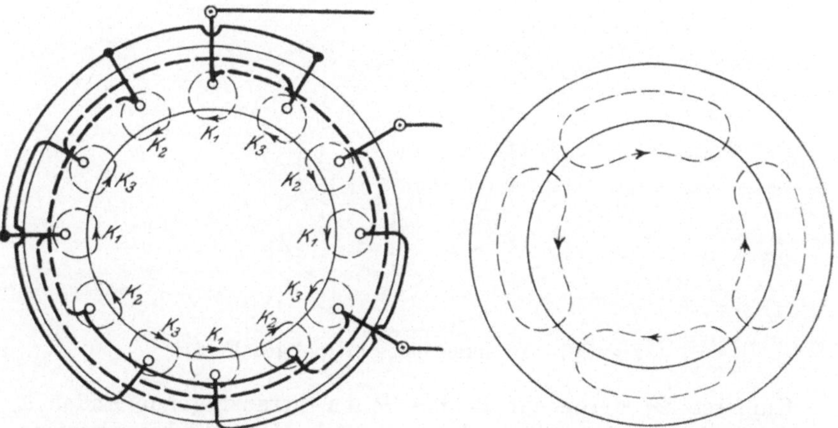

Fig. 199.  Vierpolige Wickelung.

Fig. 200.  Vierpoliges Feld.

daß das wirksame resultierende Feld sich ebenfalls dreht. Auch seine Umlaufsgeschwindigkeit erkennt man aus Fig. 201, denn wenn man die Aufzeichnung in der dort angefangenen Weise fortsetzt, so hat sich das Feld beim Augenblick 7 um 90° gegen die Lage bei 1 verschoben, demnach beim Augenblick 13 um 180°, es führt also bei zwei Stromwechseln eine halbe Umdrehung aus und bei einer vierpoligen Wickelung wird daher das Feld nur noch halb so schnell umlaufen, als bei einer zweipoligen, bei einer sechspoligen nur noch $1/3$ so schnell usw.

Die Verwendung des Drehfeldes bei den asynchronen Drehfeldmotoren ist mit der Fig. 202 erläutert. Im Innern der Bohrung des Ständers oder Feldes befindet sich der Läufer, der nach Fig. 203 aus Eisenblechen E zusammengesetzt ist, die mit Löchern versehen sind. In den Löchern liegen blanke

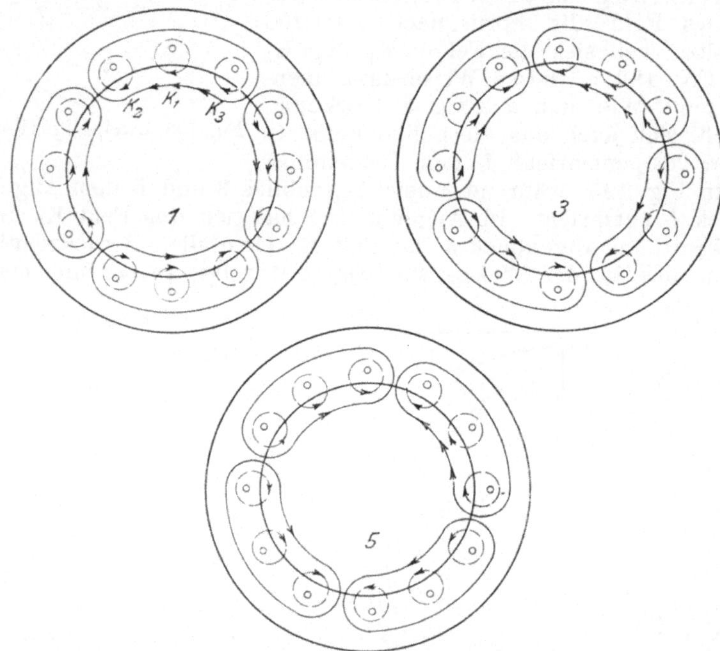

Fig. 201. Drehung eines vierpoligen Feldes.

Kupferstäbe, deren auf beiden Seiten herausragende Enden a durch Kupferringe R verbunden sind. Die Wickelung eines solchen Läufers heißt Kurzschluß- oder auch Käfigwickelung. Betrachten wir nun die Wirkung des Drehfeldes auf einen solchen Läufer.

Schaltet man in der Feldwickelung den dreiphasigen Strom ein, so dreht sich das Drehfeld und seine Kraftlinien schneiden die Kupferstäbe des vorläufig noch stillstehenden Läufers. Wo aber Drähte und Kraftlinien sich schneiden, da entstehen in den Drähten elektromotorische Kräfte. Der Leitungswiderstand der dicken Kupferstäbe mit den Kurzschlußringen R ist aber sehr gering, so daß starke Ströme in der Käfigwickelung entstehen. Da aber auf Ströme in einem Magnetfeld Kräfte ausgeübt werden (vgl. Fig. 193 und 176 bis 179), so wird der Läufer anfangen sich zu drehen. Um die Richtung seiner Drehung zu bestimmen, zeichnen wir in Fig. 204,I die Felder auf, die z. B. in Fig. 202 links oben bei dem dort vorhandenen Läuferdraht entstehen. Das Drehfeld R hat die Richtung 1, wie schon gezeigt wurde. In dem Stab des Läufers wird dann nach der Handregel (Seite 56) eine elektromotorische Kraft von vorn nach hinten entstehen, folglich ist auch der Strom in dem Stab von vorn nach hinten gerichtet und erzeugt nach der Korkzieherregel (Seite 30) das kreisförmige Feld.

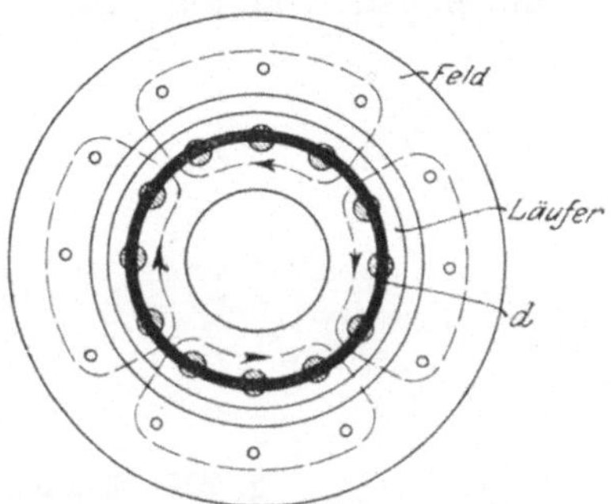

Fig. 202. Schema des Kurzschlußläufers im Drehfeld.

Beide Felder sind unter dem Draht gleich gerichtet und über ihm entgegengesetzt. Es entsteht daher die Feldverschiebung nach Fig. 204, II durch welche der Draht in der Richtung 2

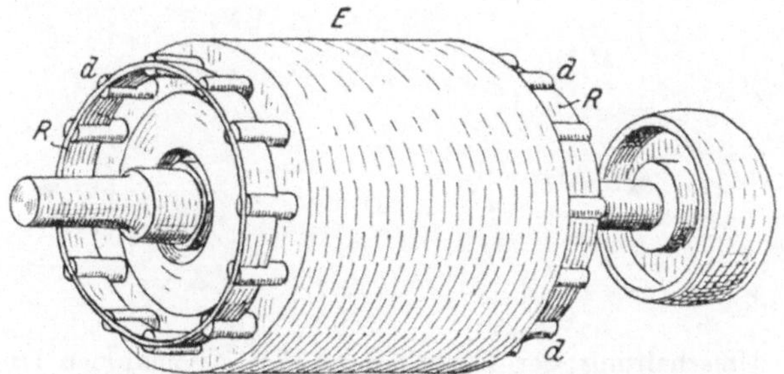

Fig. 203. Kurzschlußläufer mit Käfigwickelung.

fortgedrängt wird. Die Drehrichtung des Läufers ist also dieselbe wie diejenige des Drehfeldes.

Hieraus folgt weiter: Will man die Umlaufsrichtung eines Drehfeldmotors umkehren, so muß man das Drehfeld umgekehrt laufen lassen. Zu diesem Zweck braucht man nur von den drei Zuleitungen zum Feld zwei zu vertauschen, wie Fig. 205 zeigt, es läuft dann das

Drehfeld und mit ihm der Läufer umgekehrt. Vertauscht man
z. B. in Fig. 199 die Zuleitungen zu I und II, so würden die
Felder $K_1$ und $K_2$ ebenfalls vertauscht und die drei in Figur
201 dargestellten Lagen des Drehfeldes würden sich verwandeln
in diejenigen von Fig. 206, woraus man erkennt, daß sich

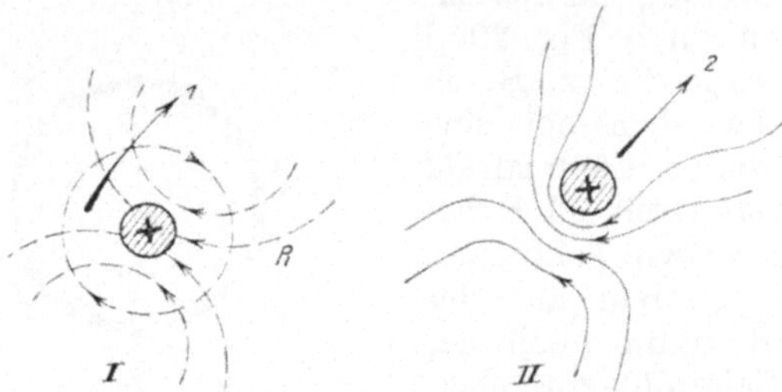

Fig. 204.  Läuferstrom im Drehfeld.

jetzt das Feld entgegengesetzt umdreht als vorher. Dasselbe
würde man natürlich auch erreicht haben durch Vertauschen
der Leitungen II und III oder I und III.

Wenden wir uns nun wieder zu der Fig. 202, um die
Arbeitsweise des asynchronen Motors zn betrachten. Es war

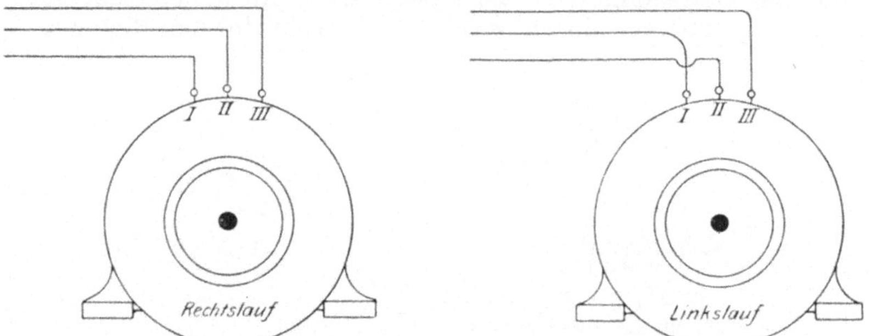


Fig. 205.  Umschaltung der Drehrichtung bei asynchronen Dreiphasen-
motoren.

gezeigt, daß ein solcher Motor mit Kurzschlußläufer beim Einschalten des dreiphasigen Feldstromes zu laufen beginnt. Nehmen
wir an, der Motor habe wenig Arbeit zu leisten, dann kann
auch die Kraft, die auf die Drähte des Läufers ausgeübt wird,
klein sein. Diese Kraft hängt aber ab von der Stärke des
Feldes und der Stärke des Stromes im Draht, wird eines oder
beides größer, so wird auch die Kraft größer und umgekehrt.

Das Feld behält im wesentlichem aber immer dieselbe Stärke,
folglich braucht bei schwacher Belastung des Motors in seinen
Läuferstäben auch nur ein schwacher Strom zu entstehen, es
braucht also nur eine schwache elektromotorische Kraft in den
Stäben des Läufers erzeugt zu werden. Die elektrische Kraft
hängt aber ab von der Geschwindigkeit, mit der Stäbe und
Kraftlinien sich schneiden und diese ist offenbar dann am

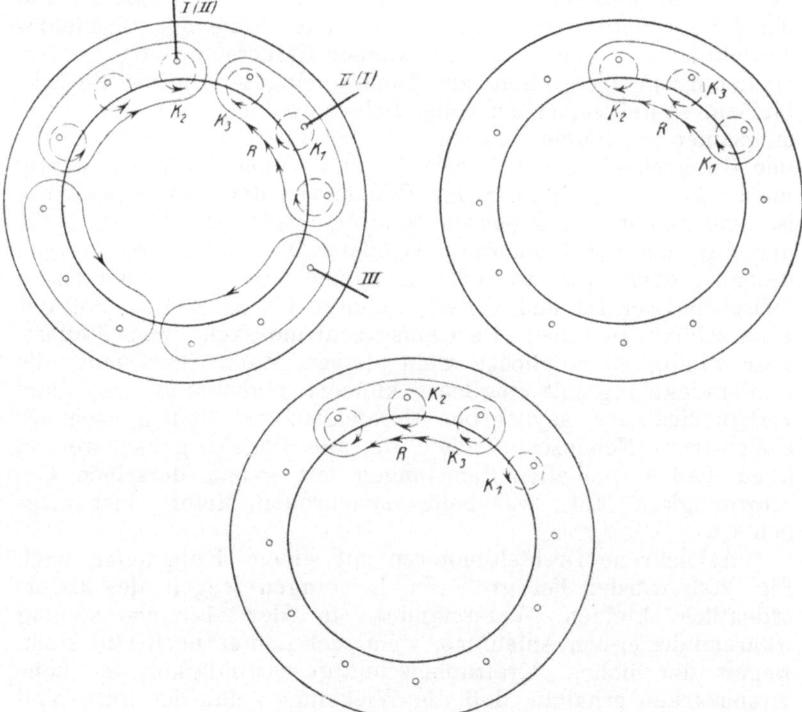

Fig. 206. Umkehrung des Feldes in Fig. 201.

größten, wenn der Läufer noch still steht; je schneller er aber
läuft, um so größer wird diese Kraftlinienschnitt-Geschwindigkeit.
Denkt man sich den Läufer ebenso schnell gedreht, wie das
Drehfeld umläuft, dann würden Kraftlinien und Drähte sich gar
nicht schneiden und es könnte kein Strom in den Läuferstäben
entstehen. Dann würde aber keine drehende Kraft auf den
Läufer wirken, folglich muß der Läufer immer etwas langsamer
laufen, wie das Drehfeld. Da aber der Widerstand des Läufers

absichtlich durch Anwendung von dicken Stäben und breiten Verbindungsringen möglichst klein gehalten wird, so gehört immer nur eine geringere elektromotorische Kraft dazu, um trotzdem einen starken Strom im Läufer zu erzeugen, es braucht also der Läufer nur ganz wenig hinter der Umlaufszahl des Drehfeldes zurückzubleiben, damit in ihm eine genügende elektromotorische Kraft erzeugt wird. Wird dann der Motor stärker belastet, so muß ein stärkerer Strom im Läufer entstehen und der Läufer muß weiter hinter der Umlaufszahl des Drehfeldes zurückbleiben, aber bei dem kleinen Widerstand der Läuferwickelung genügt schon ein ganz geringes weiteres Zurückbleiben, so daß selbst bei voller Belastung der Läufer nur wenig langsamer zu laufen braucht als bei Leerlauf, und zwar ist der Unterschied in der Leerlaufs- und Vollast-Umdrehungszahl um so kleiner, je kleiner der Widerstand der Läuferwickelung ist, und das ist bei größeren Motoren wieder in höherem Maße der Fall als bei kleineren. Größere Drehfeldmotoren zeigen deshalb etwa bis zu 5 % Abnahme in der Umlaufszahl zwischen Leerlauf und Vollast, kleinere bis zu 20 %. Soll der Unterschied zwischen Leerlaufsgeschwindigkeit und Vollastgeschwindigkeit möglichst klein bleiben, dann führt man die Läuferwickelung mit möglichst kleinem Widerstand aus, dann verhält sich der asynchrone Drehfeldsmotor ähnlich, wie der Gleichstrom- Nebenschlußmotor, der allerdings so gebaut werden kann, daß er bei allen Belastungen mit genau derselben Geschwindigkeit läuft, was beim asynchronen Motor nicht möglich ist.

Asynchrone Drehfeldmotoren mit einem Käfigläufer nach Fig. 203 würden bei größeren Leistungen wegen des außerordentlich kleinen Widerstandes in der Läuferwickelung während des ersten Anlaufens, wenn der Läufer noch still steht, wegen der hohen Kraftlinienschnittgeschwindigkeit so hohe Stromstärken erhalten, daß die Wickelung gefährdet wäre, und außerdem kann ein solcher Motor, da diese gewaltigen Läuferströme eine sehr starke Schwächung des Feldes bewirkten, nicht anlaufen. Man muß deshalb bei größeren Motoren während des Anlaufes den Widerstand der Läuferwickelung künstlich vergrößern. Dies geschieht, indem man den Läufer mit einer Draht- oder Stabwickelung versieht, die dreiphasig gewickelt und in Sternschaltung verbunden ist. Das Schema eines solchen Motors zeigt Fig. 207. Die drei Wickelungsanfänge führen zu einem Schleifring, auf dem Bürsten aufliegen, durch welche der Läufer mit einem dreiteiligen Anlasser A verbunden ist, durch den beim Anlaufen der Läuferwiderstand

so weit vergrößert wird, daß der Läufer-Strom keinen zu
hohen Wert annehmen kann und seine Rückwirkung das Feld
nur noch so wenig schwächt, daß der Motor anläuft.  Beginnt
der Motor zu laufen, so dreht man allmählich die dreiteilige
Kurbel des Anlassers von dem Kontakt 1 nach dem Kontakt e.
In dieser letzten Stellung der Kurbel ist aller Widerstand
des Anlassers ausgeschaltet und die Läuferwickelung ist kurzgeschlossen.  Es wirkt jetzt ein solcher Motor ebenso, wie
einer mit Käfiganker. Gewöhnlich versieht man aber die Schleifringanker noch mit Kurzschluß- und Bürstenabhebevorrichtung,
weil der Widerstand der Bürsten und der Leitungen bis zum
Anlasser zweckmäßig im Betrieb noch vermieden wird.  Zu
diesem Zweck versieht man den Motor mit einem Hebel, durch
dessen Bewegung zuerst die drei Schleifringe direkt verbunden werden und dann weiter die Bürsten, die dann ja über-

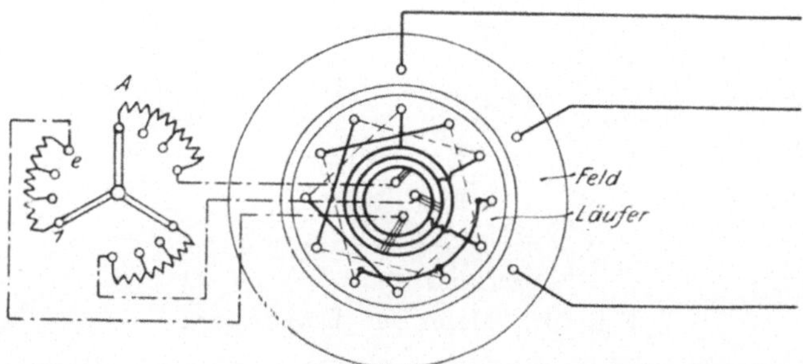



Fig. 207.  Asynchroner Drehfeldmotor mit Schleifringanker.

flüssig sind, abgehoben werden, damit sie sich nicht unnötig
abnutzen und zwecklos Reibung veranlassen. Durch diese Einrichtung wird der Motor aber schon ziemlich kompliziert und
es erfordert seine Bedienung mehr Aufmerksamkeit, denn man
muß beim Anlassen zuerst den dreipoligen Schalter im Feld-
stromkreis einschalten, darauf den Anlasser eindrehen und zuletzt die Kurzschließung und Bürstenabhebung bewirken, während
beim Stillsetzen umgekehrt vorzugehen ist.  Da auch die
Elektrizitätswerke gewöhnlich vorschreiben, daß Motoren von
5 PS ab schon Schleifringanker erhalten sollen, damit kein
plötzlicher Stromstoß beim Anlassen, der zu Lichtschwankungen
in der Nachbarschaft des Motors führt, auftritt, so hat man
versucht den Motor, der sonst sehr gute Betriebseigenschaften
hat, da er ohne Schwierigkeit anläuft und meist die dreifache
Überlastung aushalten kann, natürlich nur auf ganz kurze
Zeit, einfacher zu gestalten.  Zur Vermeidung des plötzlichen

Stromstoßes benutzt man den Stern-Dreieckschalter, das ist ein Umschalter, mit dem aber nur das Feld während des Einschaltens in Stern geschaltet ist, und dann im Betrieb auf Dreieck umgeschaltet wird. Der Motor besitzt dabei einen gewöhnlichen Kurzschlußläufer mit Käfigwickelung. Bei der Sternschaltung des Feldes kann, da immer auf eine Wickelung die Spannung $\frac{e}{\sqrt{3}}$ wirkt, nicht so hoher Strom entstehen, als bei Dreieckschaltung, wo dann auf jede der drei Feldwickelungen die volle Spannung e wirkt. Hier muß noch bemerkt werden, daß der Strom im Feld dem Strom im Läufer entspricht, indem

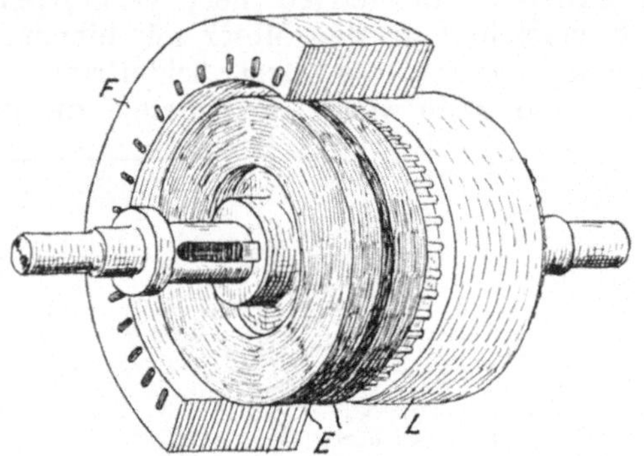

Fig. 208. Motor von Dassenoy.

bei starkem Läuferstrom auch im Feld ein starker Strom zugeführt wird, wie schon Seite 60 beim Prinzip des Transformators erklärt wurde. Für größere Leistungen kann man aber die Sterndreieckschaltung auch nicht verwenden, da nur der plötzliche Stromstoß beim Einschalten gemildert wird, aber die Rückwirkung der starken Läuferströme auf das Feld beim Einschalten nicht vermieden wird. Man verwendet daher einfache Motoren mit Kurzschlußläufer, die nur mit dem dreipoligen Zuleitungsschalter für das Feld eingeschaltet werden bis zu etwa 2 PS, dann Motoren mit Kurzschlußläufer aber mit Sterndreiecksschalter im Feld bis zu etwa 5 PS und von da ab Motoren mit Schleifringanker. Die einzelnen Elektrizitätswerke weichen aber in ihren Vorschriften darüber etwas voneinander ab. Die Vorschriften haben natürlich nur den Zweck, die Lichtschwankungen zu vermeiden, denn anlaufen tun die Motoren nicht nach Vorschrift, sondern nach ihrem Strom.

Um die Nachteile des komplizierten Anlassens auch bei größeren Motoren zu vermeiden, führt die Firma „Paul

Dassenoy" in Metz einen sehr hübschen Gedanken aus, der
durch Fig. 208 näher erläutert ist.  Der Motor besitzt einen
Kurzschlußläufer L, welcher mit Käfigwickelung nach Fig. 203
versehen ist.  Neben diesem Läufer sind zwei massive Eisenkörper E, voneinander durch einen Luftspalt getrennt ange-

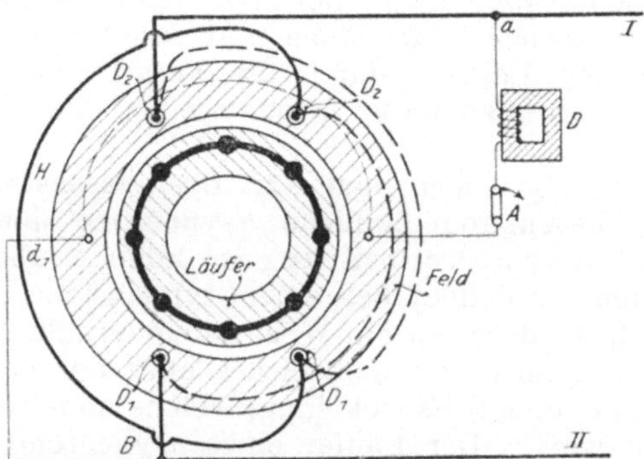



Fig. 209.  Asynchroner Einphasenmotor.

ordnet und das Ganze, also die Teile E und der Läufer L
verschiebbar auf der Welle befestigt.  In Fig. 208 bedeutet F
den Eisenkörper des Feldes, welches geschnitten und ohne
Wickelung aufgezeichnet wurde, um den drehbaren Teil des
Motors zeigen zu können.  Beim Anlauf steht der Läufer in der
gezeichneten Lage, so daß also die Kraftlinien des Drehfeldes

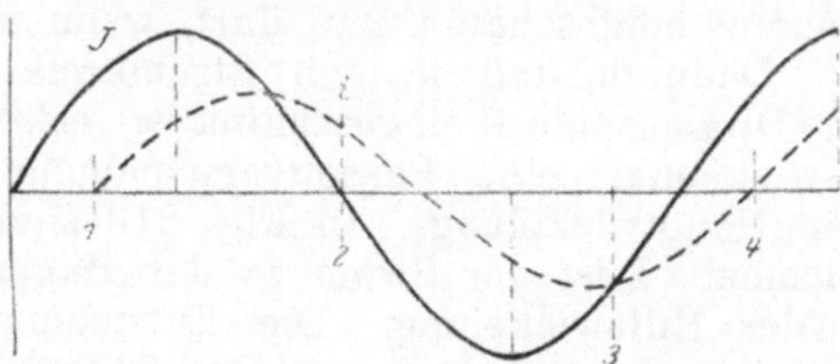



Fig. 210.  Verschiebung der Ströme in beiden Wickelungen nacheinander.

sich durch die eisernen Körper E drehen und da diese massiv sind,
entstehen in ihnen starke Ströme.  Die Einwirkung des Feldes
auf diese Ströme bewirkt eine Drehung und nun verschiebt
man allmählich den ganzen Läufer, wodurch die Eisenkörper
E herausbewegt werden und der Kurzschlußläufer L an ihre
Stelle tritt.  Das Verschieben des Läufers auf der Welle geschieht mit einem am Lager des Motors angebrachten Hand-

rad. Da hier der Kurzschlußläufer schon mit der Geschwindigkeit, die ihm die Eisenkörper E erteilen, in das Drehfeld hineingelangt, können nicht mehr so starke Anlaufströme entstehen als bei gewöhnlichen Kurzschlußläufern und es kann der einfache Käfiganker ohne Schleifringe auch für größere Leistungen benutzt werden. Man muß allerdings neben dem Käfiganker noch die Eisenkörper E anordnen und den Motor etwas breiter bauen an seinen Lagern, damit die Verschiebung ausführbar ist. Jedoch spart man dafür auch wieder den Platz für die Schleifringe.

Man baut aber nicht nur für Dreiphasenstrom, sondern auch für Einphasenstrom ähnliche asynchrone Motoren. Diese Einphasen-Asynchronmotoren können aber nicht von selbst anlaufen, weil man bei einem einphasigen Wechselstrom kein Drehfeld, sondern nur ein Wechselfeld erhält. Die Motoren erhalten daher zum Anlaufen, welches aber nur ohne Belastung geschehen kann, eine Hilfswickelung, welche im normalen Betrieb ausgeschaltet wird. Der Läufer eines asynchronen Einphasenmotors kann genau so ausgeführt werden, wie der eines dreiphasigen, also als Käfiganker (Fig. 203) oder als dreiphasige Läufer mit Schleifringen und Anlasser nach Fig. 207.

Die Wirkungsweise eines asynchronen Einphasenmotors soll mit Fig. 209 erläutert werden. Man erkennt aus dieser Figur, daß das Feld des Motors zwei Wickelungen besitzt, eine Hauptwickelung, welche stark gezeichnet ist und eine nur zum Anlaufen bestimmte Hilfswickelung H, welche aus dünnem Draht hergestellt ist, und deshalb nur während der kurzen Zeit des Anlaufens eingeschaltet sein darf, wenn sie nicht verbrennen soll. Dadurch, daß in den Stromkreis dieser Hilfswickelung eine Drosselspule D eingeschaltet ist, erfährt der Strom in der Hilfswickelung eine Phasenverschiebung gegen den Strom in der Hauptwickelung. In Fig. 210 sind die beiden Ströme gezeichnet. I ist der Strom in der Hauptwickelung, i derjenige in der Hilfswickelung. Die Entstehung des durch diese beiden Ströme hervorgerufenen Drehfeldes ist mit Hilfe der Figuren 210 und 211 erklärt. In Fig. 210 ist zu der Zeit, die dem Punkt 1 entspricht, der Strom in der Hilfswickelung null, folglich wirkt nur die Hauptwickelung mit den Drähten $D_1$, $D_1$, $D_2$, $D_2$ und das Feld hat die Richtung R, Fig. 211, 1. Im Augenblick 2 ist der Strom I null, es wirkt also nur die Hilfswickelung. Der Strom im Draht $d_1$ muß aber, da dieser mit $D_1$ nach Fig. 209 verbunden ist, so gerichtet sein, als vorher der Strom I in $D_1$, weil in Fig. 210 im Augenblick 1 der Strom I nach oben also positiv gerichtet

ist und im Augenblick 2 i ebenfalls positiv ist.  Folglich hat
das Feld die in Fig. 211, 2 bezeichnete Richtung R.  Die Stärke
dieses Feldes ist aber schwächer, als die des Feldes im Augenblick 1, weil die Hilfswickelung weniger Windungen besitzt,
es bleibt also die Stärke des Drehfeldes hier nicht immer dieselbe,
sondern schwankt.  Im Augenblick 3 sind I und i umgekehrt
wie vorher und wir erhalten aus beiden Feldern das resultierende
Feld R, für Augenblick 4 würde man wieder dieselbe Figur
erhalten wie für Augenblick 1.

Da in Figur 210 die Punkte 1, 2, 3 genau gleichen Abstand
voneinander haben, trotzdem aber, wie aus Fig. 211 zu ersehen
ist, das Feld R sich aus der Lage 1 in die Lage 2 viel stärker
verdreht hat als aus der Lage 2 in die Lage 3 und von Lage 3

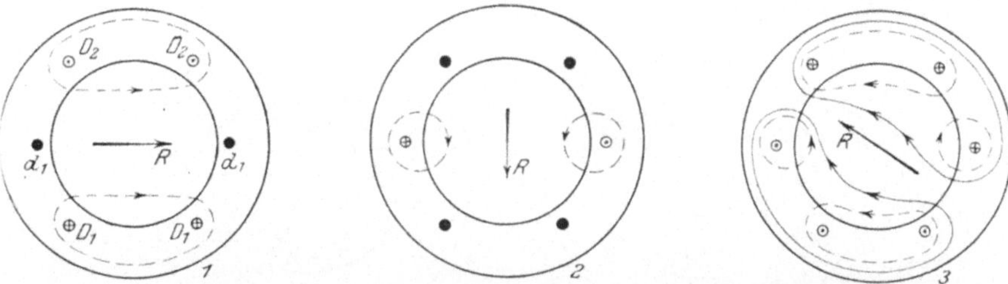

Fig. 211.  Entstehung des Drehfeldes im asynchronen Einphasenmotor.

in die dem Augenblick 4 entsprechende Lage 1 sich wieder sehr
stark verdrehen muß, erkennt man, daß dieses Drehfeld nicht
nur seine Stärke wechselt, sondern auch während einer Umdrehung noch seine Geschwindigkeit verändert.  Hieraus ergibt
sich, daß der asynchrone Einphasenmotor nur mit sehr schwacher
Belastung, am besten natürlich leer, anlaufen kann, denn die
Wirkung dieses mit der Hilfsphase entstandenen, schwankenden
und unregelmäßig umlaufenden Drehfeldes ist längst nicht so
stark als die Wirkung des ganz gleichmäßig umlaufenden und
fortwährend gleichstarken Drehfeldes bei dreiphasigen Motoren.
Aus Fig. 211 erkennt man, daß das Drehfeld R entgegengesetzt
umlaufen wird, wenn man den Strom in den Hilfsdrähten $d_1$, $d_1$
umkehrt.  Dies läßt sich nach Fig. 209 dadurch erreichen, daß
man dort $d_1$ mit Punkt a anstatt mit B verbindet und gleichzeitig den Draht a nach Leitung II herüberlegt.  Es läuft dann
das Drehfeld entgegengesetzt um und der Läufer des Motors
wird natürlich ebenfalls entgegengesetzt umlaufen, denn die
Drehung des Läufers kommt auch hier durch die Einwirkung
des Drehfeldes auf den Läuferstrom nach Fig. 204 zustande.

Sobald der Läufer aber in Gang gesetzt ist und eine bestimmte Geschwindigkeit erreicht hat, kann die Hilfswickelung
abgeschaltet werden; es bleibt dann der Läufer in Bewegung
und er kann auch belastet werden, darf allerdings nicht zu stark
überlastet werden, es eignen sich also diese Motoren schlecht
zum Betrieb von Hebezeugen und Fahrzeugen, und man verwendet in solchen Fällen die noch zu besprechenden Kollektormotoren. Das Ausschalten der Hilfsphase geschieht nach Fig. 209
mit dem Schalter A.

Wir haben uns nun noch darüber Rechenschaft abzulegen,
warum der einmal in Gang gebrachte Läufer ohne Hilfsphase
nur mit der Hauptwickelung des Feldes weiter läuft und benutzen dazu die Fig. 212, wo bei I der Augenblick gezeichnet

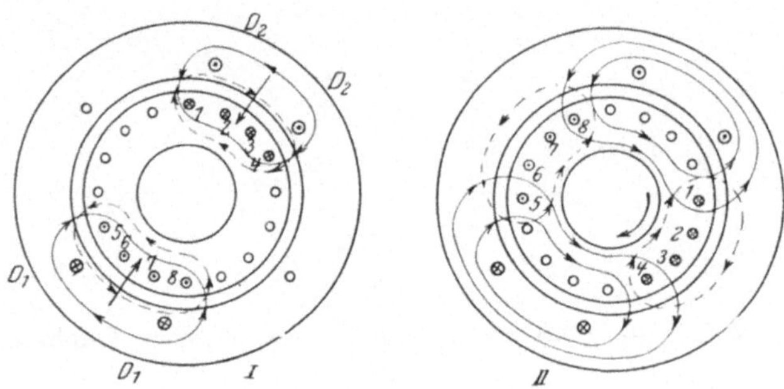

Fig. 212. Läufer des Einphasenmotors im Wechselfeld.

ist, in welchem das Wechselfeld sich entwickelt. Es entsteht
aus den Drähten $D_2$, $D_2$ und $D_1$, $D_1$ heraus, und die Kraftlinien,
die als ausgezogene Linien dargestellt sind, schneiden dabei
die Läuferdrähte 1, 2, 3, 4 und 5, 6, 7, 8 in der Richtung der
Pfeile, also auf den Mittelpunkt des Läufers zu. Stände der
Läufer still, so würde das Feld der Läuferströme, welches
punktiert gezeichnet ist, gerade entgegengesetzt verlaufen, und
es könnte die Verschiebung des Feldes, die in Fig. 207 dargestellt ist, welche die Drehung bewirkt, nicht eintreten. Nun
braucht aber das Feld zu seiner Entstehung Zeit und ebenfalls
der Strom in den Läuferdrähten. Wenn sich der Läufer so
schnell dreht, daß die Drähte 1, 2, 3, 4 in die in Fig. 212 bei II
dargestellte Lage gelangt sind, während noch Strom in ihnen fließt,
und gleichzeitig das Feld sich voll entwickelt hat, wie gezeichnet
ist, so tritt die bei Fig. 204 erklärte Verschiebung des Feldes
ein, die eine Drehung des Läufers bewirkt. Dreht sich der
Läufer aus der Lage II weiter, so verschwindet das Feld wieder;

dabei werden die Drähte 1, 2, 3, 4, die fast in die Lage gekommen sind, die in Fig. 210 I die Drähte 5, 6, 7, 8 haben,
wieder denselben Strom erhalten wie vorher, also die Drehung
wird in demselben Sinne fortgesetzt. Das Feld verschwindet
und entsteht umgekehrt wieder, weil sich jetzt der Strom in
den Drähten $D_1$, $D_1$ und $D_2$, $D_2$ umgekehrt hat. Mittlerweile sind
aber die Läuferdrähte 1, 2, 3, 4 vollständig in die Lage der
Drähte 5, 6, 7, 8 der Fig. 211, I hineingelangt; sie werden also
durch das Entstehen des umgekehrten Feldes auch einen umgekehrten Strom erhalten, der noch in ihnen fließt, wenn sie
sich in die Lage der Drähte 5, 6, 7, 8 der Fig. 211, II gedreht
haben; da aber das Feld auch die umgekehrte Richtung hat,
ist die Richtung der dem Läufer erteilten Drehung dieselbe wie
vorher und es bleibt der Läufer auch bei dem einfachen Wechselfeld im Gang, wenn man ihn vorher mit der Hilfsphase an-
drehte.

Man erkennt aus der eben beschriebenen Wirkungsweise,
daß auf den Läufer dann die stärkste Kraft ausgeübt wird,
wenn die Feldverschiebung, durch welche die Drehung hervorgerufen wird, voll eintreten kann, d. h. wenn er sich so schnell
dreht, daß die Drähte 1, 2, 3, 4 in die Lage der Fig. 212, II
gelangt sind, während das Hauptfeld seine stärkste Einwirkung
besitzt; wenn also der Strom im Feld von null bis zu seinem
Höchstwert gestiegen ist, muß auch der Läufer bei der zweipoligen Wickelung in den Figuren 209 und 212 eine Viertel-
drehung vollführt haben; demnach wird während zweier Stromwechsel der Läufer bei einer zweipoligen Wickelung eine volle Umdrehung machen müssen, wenn er die stärkste mögliche Leistung
abgeben soll. Aber auch, wenn er etwas weniger schnell läuft, so
daß die Drähte des Läufers nur zum Teil die erwähnten Stellungen
erreichen, während das Hauptfeld voll entwickelt ist, wird noch
eine Kraft auf die Läuferdrähte ausgeübt; allerdings darf die Geschwindigkeit des Läufers nicht unter eine bestimmte Grenze
sinken, sonst bleibt er stehen. Es ist die Umlaufszahl des asynchronen Einphasenmotors demnach in ähnlicher Weise von der
Wechselzahl des Stromes abhängig wie beim asynchronen Drei-
phasenmotor, d. h. er würde bei einer zweipoligen Wickelung
und zwei Stromwechseln ungefähr 1 Umdrehung ausführen, bei
4 Polen aber nur $^1/_2$ Umdrehung usw. Die einphasigen asynchronen Motoren können bei ganz kleinen Leistungen auch ohne
Hilfsphase leer anlaufen. Man muß dann, damit der Läufer
in Gang kommt, am Riemen ziehen, dann läuft nach einigen
Zügen der Motor allein weiter. Auch ist hierbei das Wenden
der Drehrichtung sehr einfach, denn wenn der Motor umgekehrt

laufen soll, braucht man den Riemen nur nach der anderen
Seite zu ziehen.

Da die asynchronen Einphasenmotoren nur leer anlaufen
und auch wenig überlastbar sind, hat man schon sehr früh-
zeitig versucht, bessere Motoren auszubilden. Es sind das die
Kollektormotoren, welche darauf beruhen, daß, wie schon
bei Fig. 176, 177 und Fig. 180, 181 dargestellt ist, ein Umkehren von Feld und Ankerstrom gleichzeitig, also ein Umschalten der Zuleitungen keine Änderung der Drehrichtung
bewirkt und daß man daher solche Motoren auch mit Wechselstrom betreiben kann, nur darf man dann das Magnetgestell
nicht mehr aus massivem Eisen ausführen, sondern wegen des
Wechselfeldes aus Blech. Besondere Schwierigkeiten machte
früher auch der Kollektor, da zwischen ihm und den Bürsten leicht
sehr heftiges Feuer auftrat. Man ließ deshalb diese Kollektormotoren früher nur in der Schaltung als Hauptstrommotoren
(vgl. Fig. 180) anlaufen. Nach dem Anlauf wurde dann der
Motor umgeschaltet, wobei die Ankerwickelung kurz geschlossen
und dann die Bürsten abgehoben wurden. Der Motor arbeitete
dann im Betriebe wie der vorhin erklärte Einphasen-Asynchron-
Motor mit Kurzschlußläufer im Wechselfeld. Die Schwierigkeiten
bezüglich der Funkenbildung am Kollektor sind aber durch die
Erfindung der Wendepole (Fig. 142, 143) und die Ausgleich-
oder Kompensationswickelung Fig. 144, 145 beseitigt und man
kann heute die Kollektormotoren ohne weiteres mit ihrem Kollektor arbeiten lassen. Gewöhnlich besitzen aber diese Motoren
ähnlich wie der Déri-Generator (Fig. 145) keine ausgeprägten
Pole, nur für große Lokomotivmotoren, wie sie heute für Vollbahnen mit elektrischem Betriebe benutzt werden, führt man
die Einphasenkollektormotoren mit ausgeprägten Polen und
Wendepolen aus, natürlich das Magnetsystem ebenso wie der
Anker aus Blech. Die ausgeprägten Pole sind aber nur bei den
im Betriebe üblichen sehr niedrigen Stromwechseln (etwa 30)
zweckmäßig. Motoren, die in den gewöhnlichen Anlagen mit
Kraft- und Lichtbetrieb arbeiten, erhalten keine ausgeprägten
Pole und werden dann mit Kompensationswickelung versehen.

In Fig. 213 ist ein als Reihenschluß- oder Hauptstrommotor geschalteter Kollektormotor dargestellt. Der
Anker ist ein Gleichstromanker mit Kollektor, die Feldwickelung F ist vierpolig und mit Anker und Kompensationswickelung C hintereinander geschaltet, wie noch einmal schematisch
in Fig. 214 gezeichnet ist. Man braucht aber die Kompensationswickelung nicht mit der Feldwickelung hintereinander zu
schalten, da sie durch das Wechselfeld doch induziert wird und

kann sie auch, wie Fig. 215 zeigt, einfach kurz schließen. Die Wirkungsweise des Motors wird ·dadurch nicht geändert und der einphasige Wechselstrom-Reihenschlußmotor verhält sich im Betriebe ähnlich wie der Gleichstrom-Hauptstrommotor

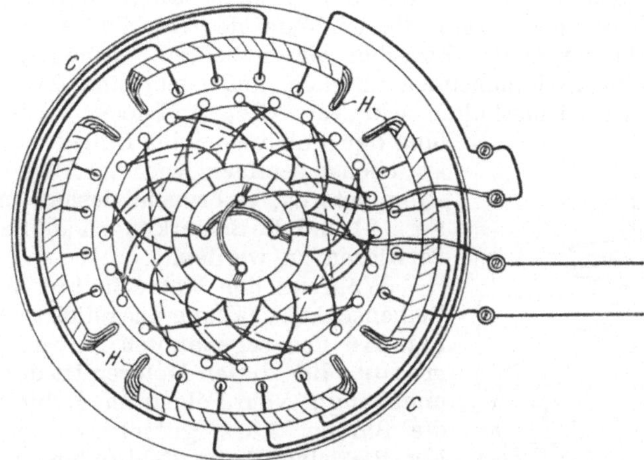

Fig. 213.  Einphasiger Wechselstrom-Reihenschlußmotor.

(Fig. 185), er läuft bei schwacher Belastung rasch, geht bei Leerlauf durch und läuft bei starker Last langsam. Er ist deshalb auch besonders gut geeignet für Hebezeuge und Eisenbahnen. Ein besonderer Vorzug der Kollektormotoren ist auch

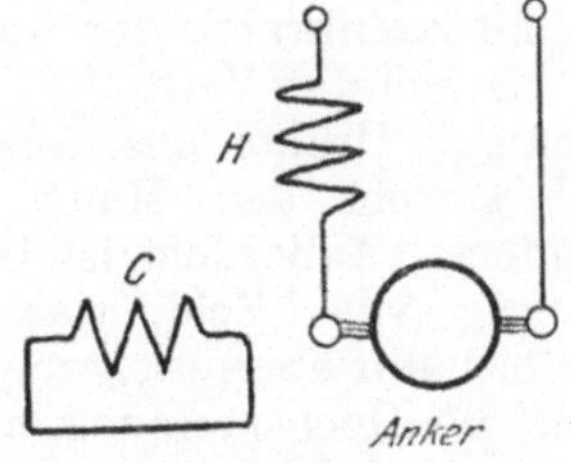


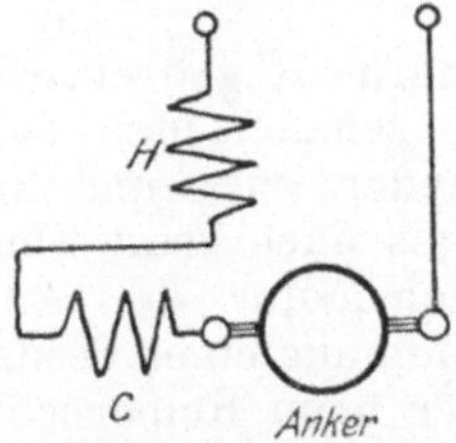


Fig. 214.  Schaltung des Motors in Fig. 213.

Fig. 215. Einphasiger Wechselstrom-Reihenschlußmotor mit kurzgeschlossener Kompensationswickelung.

ihre einfache Tourenregelung.  Will man bei einem asynchronen Motor, sowohl dreiphasigem als einphasigem, die Umlaufszahl ändern, so kann das zweckmäßig nur durch Ändern der Polzahl geschehen, denn der Läufer dreht sich ja mit fast

13*

derselben Geschwindigkeit, wie das Drehfeld, und dessen Umlaufszahl hängt von der Polzahl ab. Man muß also die Motoren mit einer besonderen Wickelung und einem Umschalter versehen, um die Polzahl zu ändern und kann bei einem kleinen Motor höchstens von 4 auf 6 Pole umschalten, wodurch man bei 100 Stromwechseln die Umläufe des Drehfeldes von 1500 auf 1000 verändert. Zwischen diesen beiden Geschwindigkeiten sind keine Zwischenstufen möglich, außerdem sind die Einrichtungen zum Umschalten sehr verwickelt und teuer. Die Regelung der Umläufe bei den Kollektormotoren ist ebenso einfach wie bei den Gleichstrommotoren, es braucht deshalb nur auf Fig. 191 und die Bemerkungen auf Seite 172 verwiesen zu werden.

Während der Motor in Fig. 213 mit Reihenschlußschaltung ausgeführt ist, zeigt Fig. 216 den sogenannten Repulsionsmotor. Bei diesen Motoren ist der Anker unabhängig vom Feldstrom dadurch, daß die Bürsten kurz geschlossen sind. In Fig. 216 sind F die Feldspulen, während auf dem Kollektor die beiden Bürsten $b_1$ feststehend angeordnet sind, während die Bürsten $b_2$ verschoben werden können. In Fig. 217 ist die Einrichtung zum Bürstenverschieben deutlicher. Dort sind F die Feldspulen, in zweipoliger Wickelung. Die verschiebbaren Bürsten $b_2$ sitzen an einem Ring mit Zahnkranz, der durch ein Handrad R gedreht werden kann. Durch das Verdrehen der Bürsten schaltet man mehr oder weniger Drähte des Ankers miteinander kurz und kann dadurch sowohl den Motor anlassen als auch seine Umlaufzahl ändern. Außerdem ist beim Repulsionsmotor der Anker unabhängig vom Feld, was bei Hochspannung einen besonderen Transformator überflüssig macht, der aber beim Reihenschlußmotor, um die Hochspannung nicht am Kollektor zu haben, vor den Motor geschaltet werden muß.

Auch für Dreiphasenstrom können Kollektormotoren benutzt werden. Da aber der schon beschriebene asynchrone Drehfeldmotor für Dreiphasenstrom ziemlich einfach ist und gute Betriebseigenschaften hat, verwendet man bei Dreiphasenstrom die Kollektormotoren auch wenn die Tourenzahl auf einfache Weise geändert werden muß. Wie schon erwähnt ist dies bei den asynchronen Motoren nur durch Ändern der

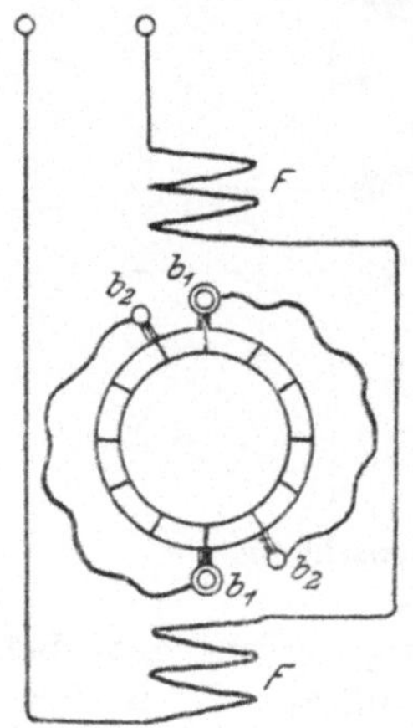


Fig. 216. Schaltung des einphasigen Repulsionsmotors.

Polzahl auf umständliche Weise ausführbar, bei Motoren mit
Schleifringanker nach Fig. 207 allerdings auch mit Hilfe des
Anlassers A, den man dann für dauernde Belastung einrichtet
und den Widerstand zum Teil eingeschaltet läßt. Diese Tourenregelung ermöglicht zwar mehr Geschwindigkeitsstufen als die
Polumschaltung, ist aber mit großen Verlusten verbunden, indem
nur ein Teil des auf den Läufer übertragenen Effektes in mechanische Leistung umgesetzt wird, während der andere Teil
im Anlasser nutzlos in Wärme verwandelt wird. Man wendet
daher diese Tourenregelung kaum an und benutzt für solche
Fälle Kollektormotoren, die man auch ähnlich wie bei ein-

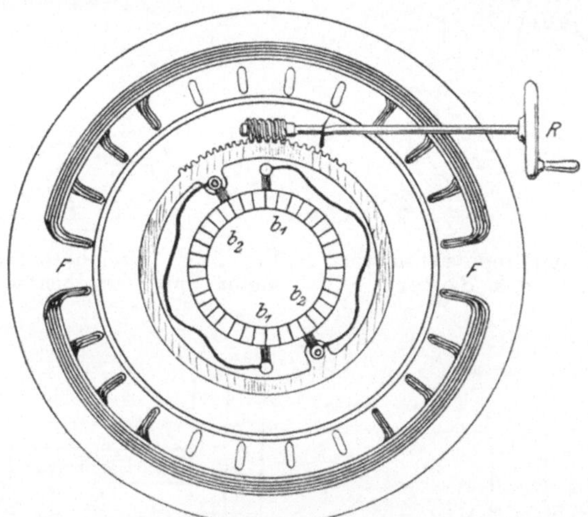

Fig. 217. Tourenregelung durch Bürstenverschiebung beim Repulsionsmotor.

phasigem Strom als Repulsionsmotoren, als Reihenschlußmotoren
und als Nebenschlußmotoren ausführt. In Fig. 218 ist der
Doppelrepulsionsmotor von Brown und Boveri dar-
gestellt, der aus zwei gekuppelten Motoren $M_1$, $M_2$ besteht, dessen
dreiphasiger Strom durch die Leitung L zugeführt wird, während
jeder der beiden Motoren durch den vorgeschalteten Transformator, der in sogenannter Scottscher Schaltung ausgeführt ist,
einphasigen Wechselstrom erhält. Im übrigen gilt dann für
jeden einzelnen der beiden Motore dasselbe, wie für den schon
behandelten Einphasen-Repulsionsmotor. Die Betriebseigenschaften des Repulsionsmotors sind ähnliche wie beim Reihenschlußmotor, der in Fig. 219 gezeichnet ist. Der schematisch

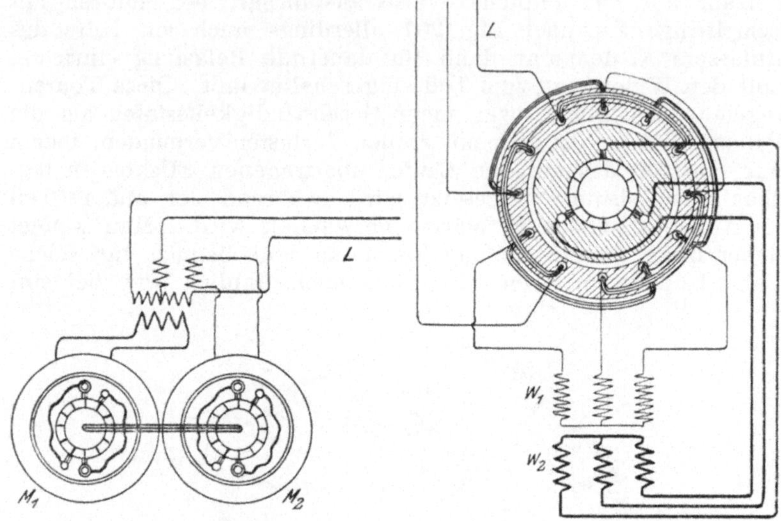

Fig. 218.  Doppelrepulsionsmotor
von Brown & Boveri.

Fig. 219.  Dreiphasenreihenschluß-
motor  mit  Zwischentransformator.

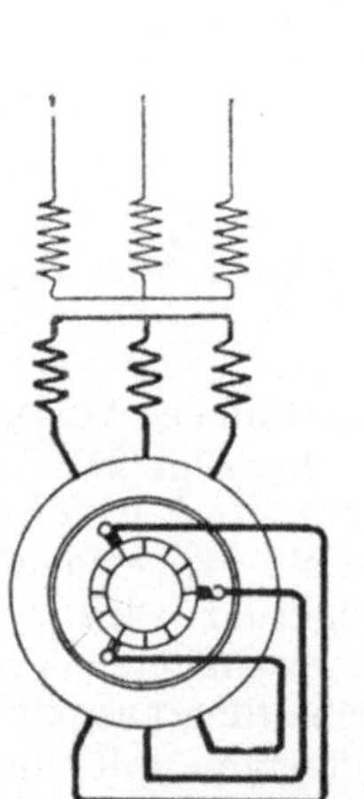

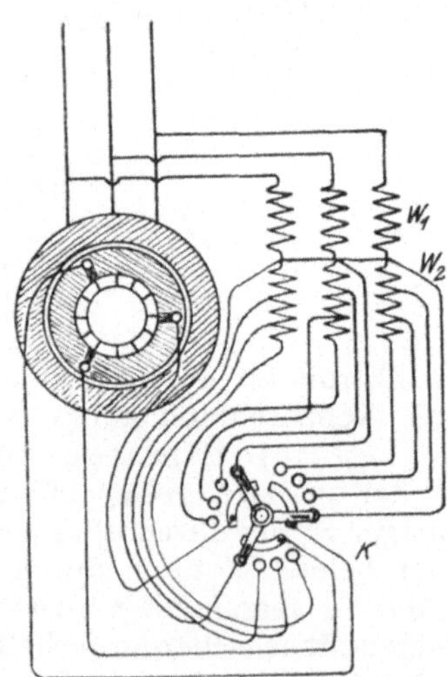

Fig. 220.  Dreiphasenreihen-
schlußmotor mit Vordertrans-
formator.

Fig. 221.  Dreiphasennebenschlußmotor
von Winter & Eichberg.

dargestellte Motor ist mit vierpoliger Feldwickelung gezeichnet und würde durch die Zuleitung L Hochspannung in die Feldwickelung erhalten. Anker und Feld sind hintereinander, aber unter Zwischenschaltung eines Zwischentransformators, der die Hochspannung in der Wickelung $W_1$ umsetzt in Niederspannung, die aus der Wickelung $W_2$ in den Anker geführt wird, denn dem Kollektor kann man nicht gut Hochspannung zuführen. Will man auch dem Feld keine Hochspannung zuführen, so wendet man die Schaltung nach Fig. 220 an, wo der Transformator vor den Motor geschaltet ist.

Ein dreiphasiger Kollektormotor mit Nebenschlußeigenschaften, also mit wenig oder kleiner Änderung der Umlaufszahl bei verschiedener Belastung, ist der Motor von Winter und Eichberg in Fig. 221, der von der Allgemeinen Elektrizitätsgesellschaft gebaut wird. Damit auch hier der Anker nicht Hochspannung erhält, ist der Regeltransformator vorgeschaltet, während das Feld direkte Stromzuführung besitzt. Die Wickelung $W_1$ des Regeltransformators liegt immer im Betriebe vor dem Anker, dessen Anlassen mit der dreifachen Kurbel K erfolgt, während der scheinbare Widerstand der Wickelung $W_2$ verändert werden kann, um den Anker anzulassen.

# IX. Umformer und Spannungswandler (Transformatoren).

Häufig ist bei elektrischen Anlagen die Anwendung einer hohen Spannung geboten, nämlich dann, wenn die Erzeugerstation und der Verbrauchsort weit voneinander entfernt sind, wie bei Ausnützung einer ungünstig gelegenen Wasserkraft oder eines Braunkohlenlagers usw. Nehmen wir z. B. an, es sollen 100 PS auf 2 km fortgeleitet werden, so wird man dazu kaum einen dickeren Draht als von etwa 8 mm Durchmesser verwenden, denn bei ausgedehnten Anlagen sind immer die Kosten für die Leitungen die höchsten der Anlage, sie sind stets größer als die Kosten für die Maschinen. Ein Draht von 8 mm Durchmesser hat 50 qmm Querschnitt, und nach den Sicherheits-Vorschriften des Verbandes deutscher Elektrotechniker darf man durch diesen Querschnitt 160 Amp. hindurchleiten. Da nun 736 Watt $= 1$ PS sind, so sind 100 PS $= 73\,600$ Watt und bei 160 Amp. wird die Spannung $\dfrac{73\,600}{160} = 460$ Volt. Beträgt aber die Entfernung der Übertragung 2 km, so muß die Leitung, weil Hin- und Rückleitung erforderlich sind, 4000 m lang sein und ihr Widerstand wird nach Seite 12 $\dfrac{0{,}0174 \cdot 4000}{50} =$ $= 1{,}39$ Ohm, es wird demnach zum Hindurchleiten des Stromes von 160 Amp. für die Leitung eine Spannung verbracht von $1{,}39 \cdot 160 = 222$ Volt, d. h. die Anlage ist unmöglich. Man darf höchstens $10\,^0/_0$ Spannungsverlust in solchen Leitungen zulassen, und dafür würde sich im vorliegenden Fall folgendes ergeben: Bei $10\,^0/_0$ Spannungsverlust und $73\,600$ Watt beträgt der Wattverlust in der Leitung $10\,^0/_0$ von $73\,600 = 7360$ Watt. Da der Widerstand der Leitung 1,39 Ohm ist und Watt $=$ Strom $\times$ Spannung, Spannung $=$ Strom $\times$ Widerstand, so sind Watt $=$ Strom $\times$ (Strom $\times$ Widerstand) $=$ Strom$^2 \times$ Widerstand und bei 7360 Watt Verlust sind Strom $= \sqrt{\dfrac{3760}{1{,}39}} = 73$ Amp. bei 73 Amp.

und 73 600 Watt wird dann die Spannung $\dfrac{73600}{73} = 1010$ Volt.

Man muß also bei längeren Leitungen immer mit schwächeren Strömen arbeiten, als man sie nach den Sicherheitsvorschriften durch die Leitungen fortleiten darf, damit kein zu großer Spannungsverbrauch für die Leitung nötig ist, sonst ist die Anlage wirtschaftlich nicht möglich. Je länger eine Leitung und je ausgedehnter eine Anlage ist, um so höher wählt man die Spannung und in den letzten Jahren ist man infolge der Verbesserungen der Apparate und der Erfahrungen mit Hochspannung allmählich auf ganz außerordentlich hohe Betriebsspannungen übergegangen, wodurch es möglich ist, Überlandzentralen einzurichten, die gleichzeitig eine ganze Anzahl Ortschaften mit elektrischer Energie versorgen. Bei der ersten elektrischen Arbeitsübertragung zwischen Laufen am Neckar und Frankfurt a. M. im Jahre 1890 bei Gelegenheit der schon mehrfach erwähnten Frankfurter elektrotechnischen Ausstellung betrug die Entfernung zwischen Erzeugerort und Verbrauchsort 175 km und die Spannung war 8500 Volt. Bald darauf entstanden zuerst in Amerika, dann in Oberitalien Anlagen zur Ausnutzung von Wasserkräften, die mit viel höheren Spannungen arbeiteten. Die höchste Spannung in Europa wird zurzeit das demnächst zu eröffnende Elektrizitätswerk der A. G. Lauchhammer, Lauchhammer - Gröditz—Riesa—Gröba, welches auf einen Umkreis von 50 km eine Leistung von 20 000 Kilowatt auf eine ganze Anzahl Gemeinden verteilt, besitzen da es mit 110 000 Volt arbeiten soll. Schon vorher sind Anlagen mit 60 000 Volt und 80 000 Volt in Oberitalien und auch in Deutschland ausgeführt worden, in Amerika hat man allerdings auch schon Spannungen über 100 000 Volt.

Derartig hohe Spannungen sind aber, wenn die elektrische Energie am Verbrauchsort für Licht und andere Zwecke bei vielen Abnehmern verteilt werden soll, viel zu gefährlich, denn sie sind unbedingt tödlich, und man muß dann in den Verbrauchsorten Spannungswandler aufstellen, welche die Hochspannung in ungefährliche Niederspannung verwandeln. Außerdem kann es vorkommen, daß die Stromart nicht verwendet werden kann, z. B. muß man, während die Übertragung mit Wechselstrom geschieht, am Verbrauchsort Gleichstrom haben, wenn man dort Akkumulatoren benutzen will oder wenn man Straßenbahnbetrieb hat, der ja gewöhnlich noch mit Gleichstrom durchgeführt wird. Das Umwandeln der Stromart aus Wechselstrom in Gleichstrom besorgen sogenannte Umformer.

Man unterscheidet Drehformer und ruhende Umformer.

Letztere sind die nur für Wechselstrom anwendbaren Transformatoren, deren Prinzip schon früher bei Fig. 50 erklärt wurde. Die Drehumformer werden nur angewendet, wenn man Wechselstrom in Gleichstrom oder umgekehrt verwandeln will, und es können entweder zwei gekuppelte Maschinen sein, von denen eine als Motor läuft und die andere, die die zu liefernde Stromart erzeugt, antreibt oder auch nur eine einzige Maschine, ein sogenannter Einanker-Umformer, dessen Anker auf einer Seite Schleifringe, auf der anderen einen Kollektor besitzt, während das Magnetsystem ein gewöhnliches Gleichstrommagnetgestell ist. Diejenigen Umformer, welche aus zwei gekuppelten Maschinen bestehen, brauchen wir nicht weiter zu behandeln, wohl aber wollen wir uns noch mit den Einanker-Umformern befassen. In Fig. 222 ist im Schema solch ein Anker gezeichnet, dessen Wikkelung nach Fig. 132 ausgeführt sein würde, nur sind zwei einander gegenüberliegende Kollektorlamellen mit Schleifringen verbunden, auf denen die Bürsten $b_1$, $b_2$ auf liegen.

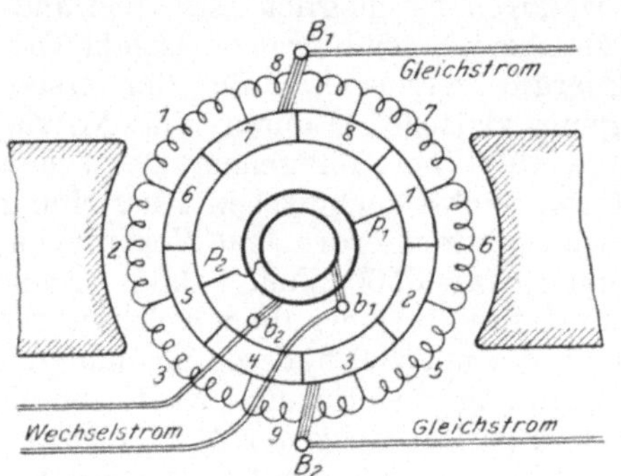


Fig. 222. Schema des Einanker-Umformers.

Leitet man zu den Bürsten $B_1$ $B_2$ Gleichstrom ein, so erhält man aus den Bürsten $b_1$, $b_2$ einen Wechselstrom, wie man sich leicht klar machen kann. Denkt man sich in Fig. 222 die Lamelle 1 unter der Bürste $B_1$, dann steht Lamelle 5 unter der Bürste $B_2$. Es würde dann von $B_1$ aus der Strom durch Lamelle 1 über $P_1$ und den Schleifring durch $b_1$ in die Wechselstromleitung fließen, aus dieser zurück durch $b_2$ über $P_2$ durch 5 und $B_2$ wieder in die Gleichstromleitung. Denken wir uns jetzt den Anker um eine halbe Umdrehung verschoben, dann steht Lamelle 1 unter $B_2$ und Lamelle 5 unter $B_1$; wie man erkennt, würde jetzt in der Wechselstromleitung der Strom umgekehrte Richtung haben.

Nun kann man aber nicht nur einphasigen Wechselstrom aus solch einer Maschine entnehmen, sondern auch dreiphasigen; man würde dann nur drei Schleifringe anwenden und an drei um $120^0$ gegeneinander versetzten Lamellen diese Schleifringe ausschließen. In Fig. 222 ist der Umformer zweipolig, man führt diese Maschinen aber gewöhnlich mit mehr als zwei

Polen aus, da sie bei 100 Stromwechseln zu schnell laufen müßten, wie ja schon mehrfach erklärt wurde. Während bei der vorhin gegebenen Erläuterung angenommen wurde, daß der Umformer von der Gleichstromseite aus als Motor läuft, kann man ihn auch von der Wechselstromseite als Motor laufen lassen, er verwandelt dann den Wechselstrom in Gleichstrom was z. B. in Wechselstromzentralen geschieht, wo man Akkumulatoren aufstellen will. Da diese nur mit Gleichstrom geladen werden können, stellt man Einankerformer auf. Diese verwandeln Wechselstrom in Gleichstrom, womit die Akkumulatoren geladen werden. Beim Entladen der Akkumulatoren betreibt man die Umformer wieder umgekehrt, indem man sie von der Batterie aus mit Gleichstrom antreibt, den sie dann mit ihren Kollektoren in Wechselstrom umschalten. Der Wechselstrom wird im Netz verteilt. Auf diese Weise kann man auch Akkumulatoren in Wechselstromanlagen benutzen. Laufen die Einankerumformer von der Wechselstromseite als Motoren, so müssen sie als Synchronmotoren arbeiten, man muß sie daher beim Anlassen von der Akkumulatorenbatterie aus auf die der Wechselzahl des Wechselstromes entsprechende Umlaufszahl bringen und braucht die noch zu besprechenden sogenannten Synchronismusanzeiger.

Da der Wechselstrom immer nur dann denselben Wert erreicht, wie der Gleichstrom, wenn gerade die Lamellen mit den Schleifringanschlüssen unter den Gleichstrombürsten stehen, so ist der Effektivwert des Wechselstromes kleiner, und zwar liefern solche Einanker-Umformer ungefähr bei einphasigem Wechselstrom einer Wechselstromspannung von $0{,}707 \times$ der Gleichstromspannung, und bei dreiphasigem Wechselstrom ist die Spannung des Wechselstromes $0{,}612 \times$ der Gleichstromspannung. Würde also solch ein Einanker-Umformer 500 Volt Gleichstrom erhalten, so verwandelte er denselben in $500 \cdot 0{,}707 = 353$ Volt einphasigen Wechselstrom und in $500 \cdot 0{,}612 = 306$ Volt dreiphasigen Wechselstrom.

Das Aussehen eines Einanker-Umformers geht aus Fig. 223 hervor. Auf der einen Seite des Ankers bei K liegt der Kollektor, während auf der anderen Seite bei S die Schleifringe für den Wechselstrom liegen. Da die Einanker-Umformer wegen des Kollektors und der bei Gleichstrom gewöhnlich nicht so hohen Spannung im Vergleich zu den Wechselstrommaschinen, die meist höhere Spannung erzeugen, verhältnismäßig stärkere Ströme liefern, sind für die Schleifringe meist viele Bürsten notwendig, die an einem besonderen Träger sitzen, der auf der Grundplatte der Maschine festgeschraubt ist.

Da man mit den Einanker-Umformern nicht die Spannung umformen kann, sondern nur die Stromart ändern kann, sind sie nicht geeignet um Hochspannung in Niederspannung zu verwandeln oder umgekehrt. Wenn dabei gleichzeitig die Stromart geändert werden soll, z. B. Hochspannungswechselstrom in niedrig gespannten Gleichstrom, so muß man in die Hochspannungsleitung vor die Schleifringseite des Umformers einen Transformator schalten, der die Hochspannung in die entsprechende Wechselstrom-Niederspannung verwandelt und diese formt dann der Einanker-Umformer in Gleichstrom um oder aber man nimmt an Stelle des Einanker-Umformers einen M o t o r - G e n e r a t o r, also zwei gekuppelte Maschinen, einen

Fig. 223.    Einanker-Umformer.

Hochspannungsmotor gekuppelt mit einem Gleichstromgenerator. Weniger Verluste treten bei der ersten Umformung, Einanker-Umformer mit Transformator auf, weil ein Transformator immer geringere Verluste hat als eine Maschine. Aus diesem Grunde verwendet man auch dann, wenn nur Wechselstrom verwandelt werden soll, r u h e n d e  T r a n s f o r m a t o r e n, deren Prinzip schon in Fig. 50 erklärt wurde. Da ein solcher ruhender Transformator keine beweglichen Teile hat, so besitzt er nur Verluste im Eisen und in der Wickelung. Die bei Maschinen noch außerdem auftretenden Reibungsverluste fallen fort, es treten also bei einem ruhenden Transformator nur Ummagnetisierungs- und Wirbelstrom-Verluste im Eisen auf (vgl. Seite 106) und in der Wickelung Stromwärme-Verluste. Große Transformatoren lassen sich wirtschaftlich mit sehr hohen Wirkungsgraden ausführen, die bis zu 0,97 betragen können, während bei Maschinen von gleicher Leistung der Wirkungsgrad etwa 0,92 beträgt. Eine kurze Rechnung zeigt nun, daß, wie schon behauptet wurde, ein Einanker-Umformer mit Transformater weniger Verluste besitzt als ein Motor-Generator. Es mögen 12000 Watt einphasiger Wechselstrom von 2000 Volt in Gleichstrom von 500 Volt umgewandelt werden, die Maschinen haben jede einen Wirkungsgrad von 0,92 und der Transformator 0,97. Bei Verwendung des Transformators mit Einankerumformer muß zunächst der Transformator den Wechselstrom von 2000 Volt umwandeln in 500 . 0,707 = 353 Volt, dabei erhält der Transformator 12000 Watt zugeführt und gibt ab 12000 . 0,97

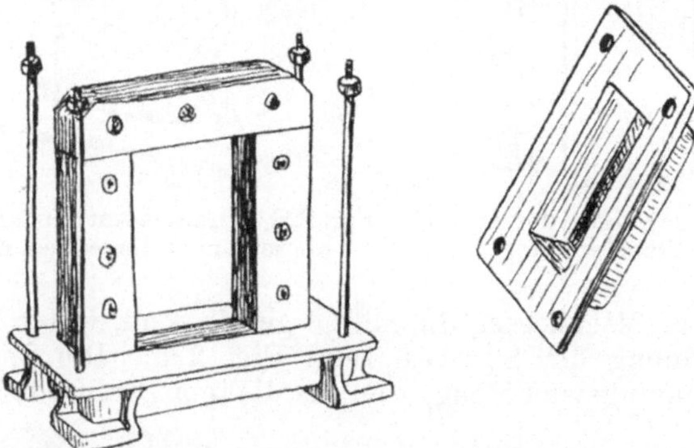

Fig. 224. Eisenkörper eines einphasigen Wechselstromtransformators.

= 11620 Watt. Diese Watt setzt der Einankerumformer weiter um in Gleichstrom von 500 Volt. Dabei beträgt dann die vom Einanker abgegebene Leistung 11620 . 0,92 = 10680 Watt. Wird ein Motor-Generator benutzt, so ist die abgegebene Wattleistung des Hochspannungsmotors 12000 . 0,92 und weiter die abgegebene Wattleistung des Gleichstromgenerators (12000 . 0,92) . 0,92 = 10140 Watte, es gehen dabei also 540 Watt mehr verloren als beim Einanker-Umformer mit Transformator.

Wie schon früher bei Fig. 50 erklärt wurde, besitzen die ruhenden Transformatoren einen E i s e n k ö r p e r, der aus Blechen aufgebaut ist und auf dem die Spulen der Wickelung angebracht sind. Der Eisenkörper wird durch Schrauben und Gußstücke zusammengehalten wie die Figuren 224 und 226 zeigen. In Fig. 224 sind die Spulen noch nicht auf den Eisenkörper aufgesetzt, in Fig. 226 sind sie nur auf dem einen Schenkel gezeichnet. Nach dem Aufsetzen der Spulen werden

die Transformatoren von außen noch mit einem Mantel aus
gelochtem Blech umgeben, damit eine Berührung der Hochspannungswickelung unmöglich ist. Größere Transformatoren

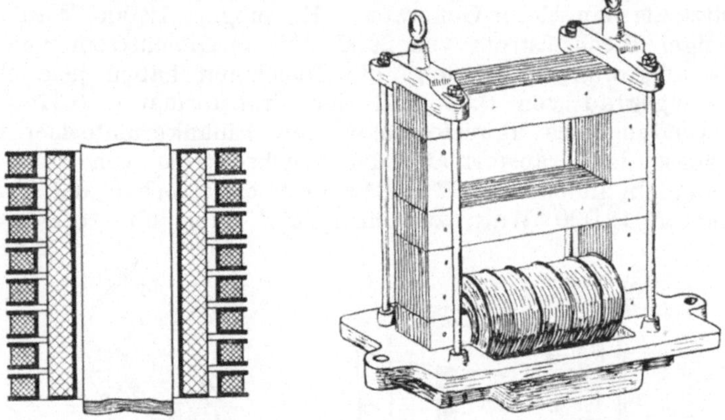

Fig. 225.  Anordnung der Spulen
beim Transformator.

Fig. 226.  Dreiphasentransformator mit
übereinander liegenden Kernen.

setzt man in Blechkessel, die mit Öl gefüllt sind, wie in Fig. 229.
Die Anordnung der S p u l e n zeigt Fig. 225.  Die Spulen der
Niederspannungswickelung, die aus dickem Draht oder Kupfer-

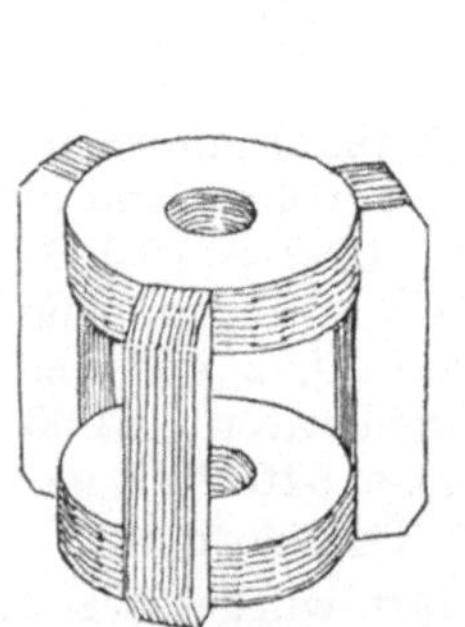

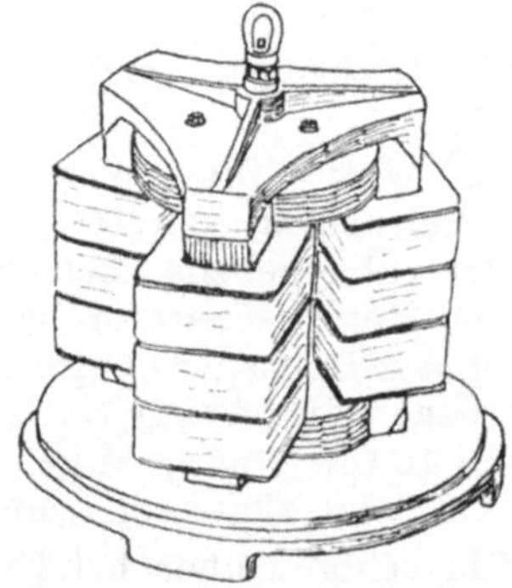

Fig. 227.  Dreiphasentransforma-
tor-Eisenkörper.

Fig. 228.  Transformator nach Fig. 227
bewickelt und zusammengeschraubt
ohne Schutzmantel.

band besteht, liegt gewöhnlich gleich über dem Eisenkern und
außen über ihr liegt die Hochspannungswickelung, die aus vielen
einzelnen Spulen besteht, damit die Gefahr des Durchschlags

der Isolation verringert wird und gleichzeitig ein Auswechseln
schadhafter Spulen einfacher möglich ist.   Als Isolation verwendet man meist Mikanit und Lack und außerdem, wie schon
bemerkt wurde, Öl.

Fig. 229.   Aufstellung von größeren Öltransformatoren.

Während die Fig. 224 den Eisenkörper eines einphasigen
Transformators zeigt, ist in den Figuren 226 und 227 der Eisenkörper für einen dreiphasigen Transformator dargestellt.   Die

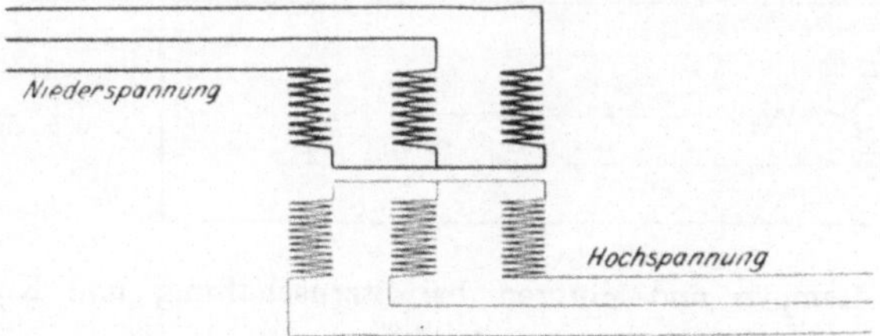


Fig. 230.  Dreiphasiger Transformator mit beiden Wickelungen in Sternschaltung.

Ausführungen sind bei dreiphasigem Strom verschieden, indem
nach Fig. 226 die Blechkerne übereinander liegen können oder
nach Fig. 227 nebeneinander im Kreise stehen können.   Jedesmal werden die Eisenbleche an den Stoßstellen, wo die Pakete

aneinander liegen, durch Gußstücke und Bolzen zusammenge-
drückt, wie auch Fig. 228 zeigt, damit an diesen Stellen kein
Luftspalt im Eisenweg der Kraftlinien entsteht und das Feld
möglichst stark wird.

Wie schon bemerkt wurde, setzt man namentlich große
Transformatoren und solche für hohe Spannungen meist in

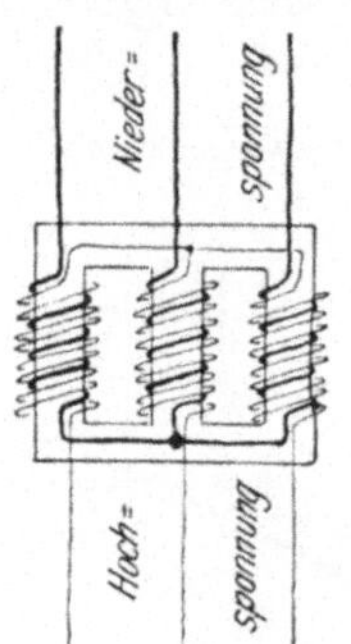


Fig. 231. Beide Wickelungen in
Sternschaltung.

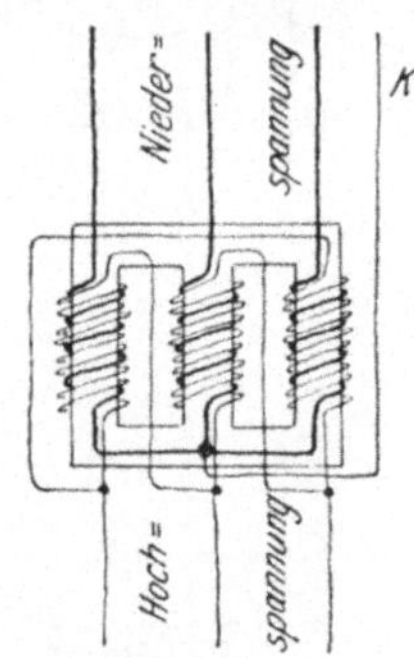


Fig. 232. Niederspannung, Stern mit
Knotenpunktleitung, Hochspannung,
Dreieck.

Blechkessel, die mit Öl gefüllt sind, weil Öl ein sehr gutes
Isoliermittel ist. In Fig. 229 sind zwei solche Öl-Transformatoren
aufgestellt. Sie besitzen unten einen Ablaufhahn zum Entleeren
der Kessel und oben einen Ölstandszeiger. Da an den Hochspannungsspulen der Transformatoren leicht Schäden auftreten
können, trifft man bei der Aufstellung stets bequeme Einrichtungen,

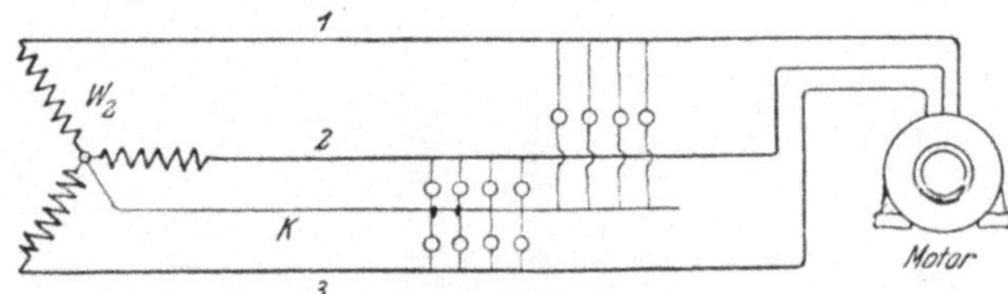


Fig. 233. Lampen und Motoren bei Sternschaltung und Knotenpunktleitung.

um die Transformatoren leicht zum Ausbessern des Schadens
in die Werkstatt befördern zu können. Gewöhnlich stellt man
sie fahrbar auf Rädern und Schienen auf, wie Fig. 229 zeigt,
und kann sie dann leicht auf einen kleinen Wagen schieben,
mit dem sie dann in den Reparaturraum gefahren werden.

Die Wickelung der dreiphasigen Transformatoren

kann in Stern oder in Dreieck geschaltet werden.   Es können auch
beide Wickelungen, Hoch- und Niederspannungswickelung verschieden geschaltet werden, die eine Wickelung in Dreieck, die
andere in Stern.   In Fig. 230 sind beide Wickelungen in Stern
geschaltet, ebenso wie in Fig. 231, welche der wirklichen Ausführung eines Transformators mehr entspricht.   Gewöhnlich
benutzt man aber bei Sternschaltung eine Knotenpunktsleitung K
Fig. 233 zum Ausgleich ungleicher Belastung, denn man kann
die Lampen nur zwischen je 2 Phasenleitungen schalten und
wenn dann nicht immer in den drei Gruppen genau gleichviel
Lampen brennen, würde die Summe der
Ströme nicht mehr Null sein und man muß
zum Ausgleich die Knotenpunktsleitung benutzen, die nach Fig. 40 aus den zusammen-
gelegten drei Rückleitungen IV, V und VI
besteht, aber nur sehr dünn zu sein braucht,
weil man die Lampen nach Möglichkeit so
verteilt, daß keine großen Unterschiede in
der Belastung der drei Phasen auftreten können.
Bei dieser Schaltung, die nur für die Lampen
die Knotenpunktsleitung erfordert, aber nicht
für Motoren, wie Fig. 233 zeigt, muß die
Primärwickelung, welche die Hochspannung
führt, in Dreieck geschaltet sein, wie in
Fig. 232 gezeichnet ist, weil sonst die verschiedenen Spannungsverluste in der Niederspannungswickelung, die auf die Hoch-

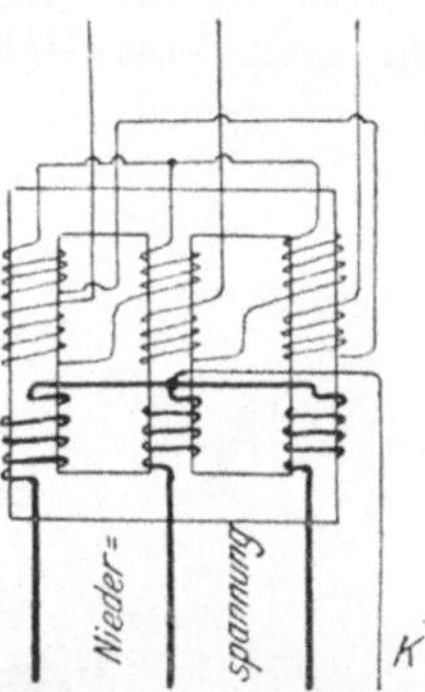


Fig. 234.   Zick-Zack-
schaltung der Hoch-
spannung.

spannung zurückwirken, sich in dieser nicht ausgleichen können.
Es wird aber durch die Dreieckschaltung die Isolation der
Hochspannungsspulen stärker beansprucht als bei Sternschaltung
und um deshalb bei höheren Spannungen doch Sternschaltung
anwenden zu können, wird vielfach die sogenannte Zick-Zack-
Schaltung in der Primärwickelung ausgeführt, wenn die Niederspannungswickelung Knotenpunktsleitung besitzt und dort un-
gleiche Belastung der drei Phasen auftreten kann.   Bei dieser
Zick-Zack-Schaltung wird jede Hochspannungsphase in
zwei Teile geteilt und die Hälfte der ersten Phase nach
Fig. 234 mit der anderen Hälfte der nächsten Phase hintereinander geschaltet, wodurch die Ungleichmäßigkeiten sich ausgleichen.

Für Meßinstrumente in Hochspannungsanlagen verwendet
man ebenfalls kleine Transformatoren wie schon auf Seite 92
erwähnt ist und wie sie auch in den Figuren 85, 86 und 87 dargestellt sind.

Eine auf ganz anderem Prinzip als die bisher besprochenen Umformer und Spannungswandler beruhende Art von Stromwandlern sind die Quecksilber - Gleichrichter. Sie dienen zum Umwandeln von Wechselstrom in Gleichstrom und da sie nur bis etwa 40 Amp. benutzt werden können, verwendet man sie zum Laden von kleinen Akkumulatoren in Wechselstrom - Anlagen auch zum Laden der Akkumulatorenbatterien für Elektromobile und zum Betriebe von Projektionsbogenlampen in Wechselstromnetzen, die für Kinematographen usw. mit Gleichstrom betrieben werden müssen. Die Spannungen, für welche diese Gleichrichter ausgeführt sind, betragen 10 bis bis 4000 Volt Gleichstrom.    Das Prinzip ist folgendes: Zwischen

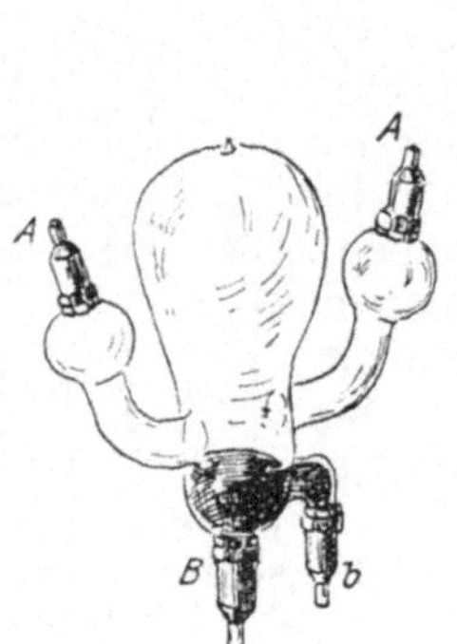

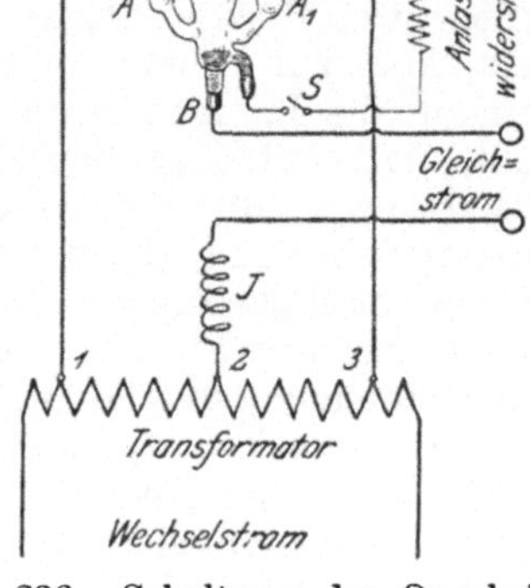


Fig. 235. Quecksilberdampfgleich-   Fig. 236.  Schaltung des Quecksilber-
richter.   dampfgleichrichters.

einer Graphit- und einer Quecksilber - Elektrode, die in einem hoch luftleer gemachten Glaskörper eingeschlossen sind, kommt nur dann ein Strom zustande, wenn die Graphit - Elektrode positiv ist und die Quecksilber - Elektrode negativ.    Genaue Erklärung der Erscheinung ist noch nicht möglich, es sind verschiedene Erklärungen versucht worden, die aber hier übergangen werden können, da ja die Entdeckung des eigenartigen Verhaltens beider Elektroden zur Anwendung in der Technik genügt. Das Aussehen eines Gleichrichters zeigt Fig. 235.  A sind die Graphit - Elektroden, welche nur Anoden sein können und die immer zu zweien ausgeführt werden, B ist die Quecksilber - Elektrode, die stets als Kathode arbeitet, neben ihr ist noch eine kleine Hilfselektrode b zum Anlassen der Vorrichtung vorhanden.    Die Schaltung des Apparates geht aus Fig. 236 hervor. Der Wechselstrom wird durch einen Transformator geleitet, der nur eine Wickelung besitzt. Je nach der gewünschten Gleichstromspannung schließt man den Gleichrichter nur an einen Teil der Windungen an und entnimmt die eine Gleichstromleitung, die zum Schutz gegen Wechselstrom mit einer Drosselspule I versehen ist, aus der Mitte 2 des Transformators, während die beiden Anoden A und $A_1$ an die Punkte 1 und 3 angeschlossen sind. Es übernimmt nun für zwei aufeinander folgende Stromwechsel jedesmal abwechselnd die eine Anode A und dann die andere $A_1$ die Zuleitung in den Gleichrichter, so daß auch die negativen Wechsel ausgenutzt werden. Die Gleichstromspannung ist ungefähr 0,43 mal der Wechselstromspannung, die dem Apparat zwischen den Anschlußpunkten 1 und 2 oder, was dasselbe ist, 2 und 3 zugeführt wird. Beträgt z. B. die Wechselspannung 600 Volt und soll die Gleichstromspannung 80 Volt betragen, so muß die Wechselspannung, an die der Apparat angeschlossen ist, $\dfrac{80}{0,43} = 186$ Volt zwischen den Punkten 1 und 3 sein, und wenn der ganze Transformator 2000 Windungen hat, müssen zwischen den Punkten 1 und 3 $\dfrac{2000 \cdot 186}{600} = 620$ Windungen liegen. Um einen Quecksilberdampf-Gleichrichter in Gang zu setzen, muß er so weit gekippt werden, bis das Quecksilber aus der Hilfselektrode b zur Anlaßanode $A_1$ fließt, wobei der Schalter S zu schließen ist. Nachdem das Quecksilber die Verbindung hergestellt hat, wird der Apparat wieder gerade gerichtet, das Quecksilber fließt zurück, zerreißt und es entsteht der das Quecksilber verdampfende Lichtbogen, der dann bestehen bleibt und mit den leitenden Dämpfen den Glaskörper füllt. Für dreiphasigen Wechselstrom erhält der Gleichrichter drei Graphit-Anoden. Der Transformator ist mit einer Sternschaltung ausgeführt, aus dem Knotenpunkt führt die eine Gleichstromleitung mit der Induktionsspule, während die dritte Anode an einen Teil der Windungen der dritten Phase angeschlossen ist, es ist also im übrigen genau dieselbe Schaltung angewendet wie in Fig. 236.

# X. Schalter, Sicherungen und Schutzvorrichtungen gegen Überstrom und Überspannungen nebst Isolatoren.

Die Schalter dienen zum Ein- und Ausschalten eines Stromes und werden sowohl in der Maschinenstation als auch in den sogenannten Installationsanlagen bei den Abnehmern der elektrischen Energie verwendet. Im letzten Fall sind es gewöhnlich die bekannten kleinen Dosenschalter zum Ein- und Ausschalten des elektrischen Lichtes, auf die wir nicht näher eingehen wollen. Die Schalter in den Maschinenstationen sind immer für viel stärkere Ströme und häufig mit allerlei Schutzeinrichtungen gegen den beim Ausschalten entstehenden Öffnungslichtbogen ausgerüstet. Man unterscheidet einfache Hebelausschalter und Momentschalter. Da die einfachen Hebelschalter ähnliche Kontakte besitzen wie die Momentschalter, nur fällt bei ihnen die Einrichtung zum plötzlichen Ausschalten fort, so sollen sie nicht weiter beschrieben werden und gleich die Momentschalter erklärt werden.

In Fig. 237 ist ein gewöhnlicher Hebelschalter mit Momentausschaltung dargestellt. Die plötzliche schnelle Unterbrechung des Schalters tritt ganz unabhängig von der sonstigen Bewegung des Schalthebels ein und die Wirkungsweise ist folgende: Beim Bewegen des Griffes nach links wird zunächst die Feder F gespannt und dann die Nase N gegen den Stift S des Schalthebels gedrückt. Bei weiterer Bewegung nach links drückt dann die Nase N das Schaltmesser aus seinen Klemmkontakten so weit heraus bis die Reibung zwischen Messer und Kontakten durch die gespannte Feder überwunden werden kann und durch Zusammenziehen der Feder plötzlich das Messer aus den Kontakten herausgerissen wird. Dabei wird aber das Schaltmesser gleich so weit herausgeschnellt, daß es bis gegen die Knagge K des Hebels stößt. Dieses Herausschnellen des Schaltmessers geschieht also unabhängig von der Bewegung des Griffes und auch dann, wenn dieser ängstlich und zaghaft bewegt würde, unterbricht doch die gespannte Feder ganz plötzlich. Denselben Schalter, der in Fig. 237 schematisch dargestellt ist, zeigt Fig. 238 im Bild. Man erkennt dort, daß die Feder doppelt ausgeführt ist und daß die Leitungen L auf der Rückseite angeschlossen werden.

Hebelschalter der beschriebenen Art können für sehr starke Ströme nicht mehr gut benutzt werden, da die Berührungs-Flächen zwischen Kontakten und Schaltmesser zu klein sind. Man wendet daher bei stärkeren Strömen Kontakte aus Blattkupferfedern an, die durch Kniehebel gegen die Anschluß-kontakte der Leitungen gedrückt werden. In Fig. 239 ist solch ein Schalter, der auch mit Momentauslösung ausgeführt wird,

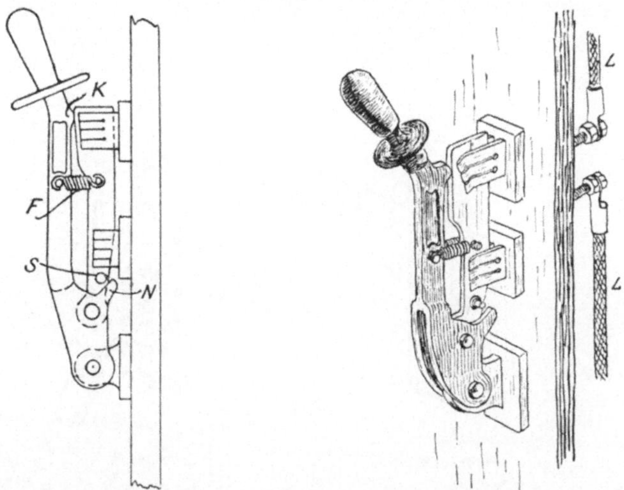

Fig. 237. Hebelschalter mit Momentausschaltung.    Fig. 238. Bild des Schalters nach Fig. 237.

dargestellt. Die Blattkupferfeder K ist an einem um d drehbaren Hebel befestigt. Der Drehpunkt für den Griff H ist bei a. Der Hebel des Griffes besitzt 2 Anschläge 1 und 2 und ist durch Federn, welche die Momentausschaltung bewirken, mit dem Hebel der Kupferfeder verbunden. Außerdem besteht zwischen dem Drehpunkt a und dem Hebel der Kupferfeder eine Verbinduug durch Kniehebel, deren Gelenke bei c und b liegen. A und B sind die Anschlußkontakte für die Leitungen, die rückwärts angeschraubt werden, und f ist ein Hilfskontakt, der derartig federnd eingerichtet ist, daß er sich erst öffnet, wenn die große Kontaktfeder K sich schon von ihren Kontakt-flächen abgehoben hat. Es nehmen also die Hilfskontakte den

Öffnungslichtbogen auf, der bei der plötzlichen Ausschaltbewegung nicht stark wird. Die Hilfskontakte sind leicht auswechselbar und dienen hauptsächlich zum Schutze des Schalters, falls einmal ein Lichtbogen auftreten sollte.

In Fig. 240 ist ein Hebelschalter für die Rückseite der Schalttafel gezeichnet, wie die Firma Voigt & Häffner Frankfurt a. M. sie ausführt. Auf einer gußeisernen Platte, die in der Mitte ein Loch hat, sitzen durch Porzellanisolatoren isoliert die Kontakte C mit den Anschlußschrauben für die Leitungen. M ist das Kontaktmesser, welches beide Kontakte verbindet. Der Schalthebel sitzt auf der Vorderseite der Schalt-

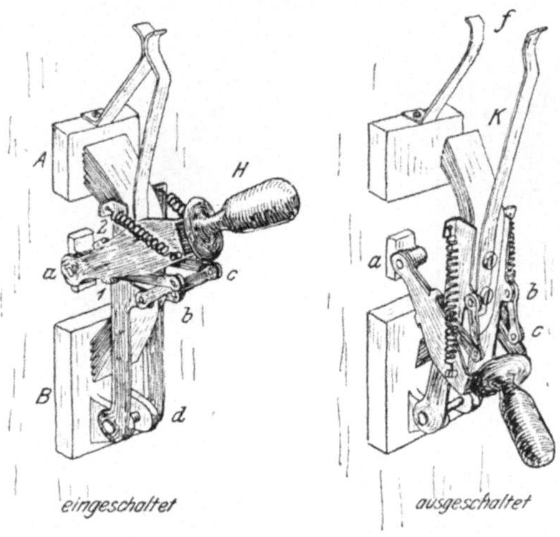



Fig. 239. Kniehebelmomentschalter.

tafel. Wird mit ihm ausgeschaltet, so bewegt sich zunächst das U förmige Stück U, welches mit einem Schlitz versehen ist, und bei a mit dem Schaltmesser verbunden ist, leer vorwärts, bis das andere Ende des Schlitzes das Messer aus dem oberen Kontakt herausdrückt und die gespannte Feder F das Messer dann plötzlich so weit herausreißt, bis sich der Angriffspunkt a wieder gegen das obere Ende des Schlitzes legt.

Ein ganz einfacher Schalter, ein sogenannter Trennschalter ist in Fig. 241 dargestellt. Er dient nur zum Abtrennen von Anschlußleitungen oder Sammelschienenteilen bei vorkommenden Reparaturen und wird nicht unter Strom ausgeschaltet. Da er gewöhnlich hoch hinter der Schalttafel an den Sammelschienen liegt, ist er zum Ausschalten vermittelst einer Stange eingerichtet, die einen Haken besitzt, den man in die Öse O hakt. Das Schaltmesser läßt sich dann aus dem Kontakt $C_1$ herausziehen, während es in $C_2$ drehbar gelagert ist. Beide Kontakte $C_1$ und $C_2$ sitzen auch hier auf Porzellanisolatoren.

Für höhere Spannungen und bei Freileitungen wendet man gerne die Hörnerschalter Fig. 242 an. Eine andere Anwendung der Hörner ist schon in Fig. 27 gezeigt, während Fig. 243 die in Verbindung mit Hörnerschaltern gerne verwendete Induktionsspule darstellt, die ebenfalls schon früher bei Fig. 27 erwähnt ist. Nach Fig. 242 besitzt der Hörner-

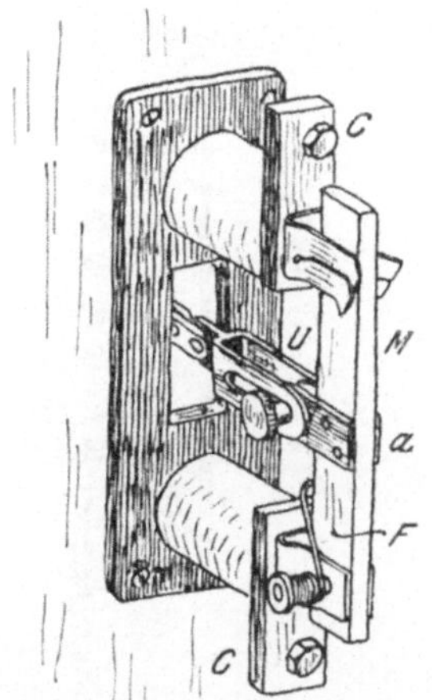

Fig. 240. Momenthebelschalter für Schalttafelrückseite mit Griff vorne.
Fig. 241. Einfacher Trennschalter.

schalter zwei sich immer weiter voneinander entfernende Drähte d und einen an einer Achse drehbaren Isolator mit einem aufgesetzten Schalter, der mit dem Feder-Kontakt h eingeschaltet ist, indem durch ein bewegliches Kupferband b die Verbindung des Schalters mit der Leitung 2 bewirkt wird. Um auszuschalten, dreht man durch Ziehen an den am Mast, auf dem der Schalter sitzt, nach unten führenden Zugdrähten den mittleren Isolator nach links herüber. Dadurch wird zunächst das Kontaktstück dieses Isolators aus dem Federkontakt h herausgezogen, aber der Stromkreis noch nicht unterbrochen, weil das uförmige obere Stück U den rechten Hörnerdraht noch berührt, bis es nach e an die engste Stelle der Hörner gelangt ist. Dort tritt dann zwischen U und dem rechten

Hörnerdraht eine Unterbrechung des Stromes ein und zwischen U und dem rechten Hörnerdraht entsteht ein Lichtbogen, der bei weiterer Drehung des mittleren Isolators, sobald das Stück U zu dem zweiten Hörnerdraht gelangt, nach diesem übergeleitet wird, so daß jetzt der Lichtbogen zwischen beiden Hörnern d übergeht. Die Hörner bringen aber selbsttätig den Lichtbogen zum Verlöschen, weil dieser erstens durch die aufsteigende, von ihm erwärmte Luft, und zweitens durch die Wirkung des Stromes in den festen Drahthörnern auf den beweglichen Lichtbogen, immer weiter nach oben getrieben wird. Dadurch muß

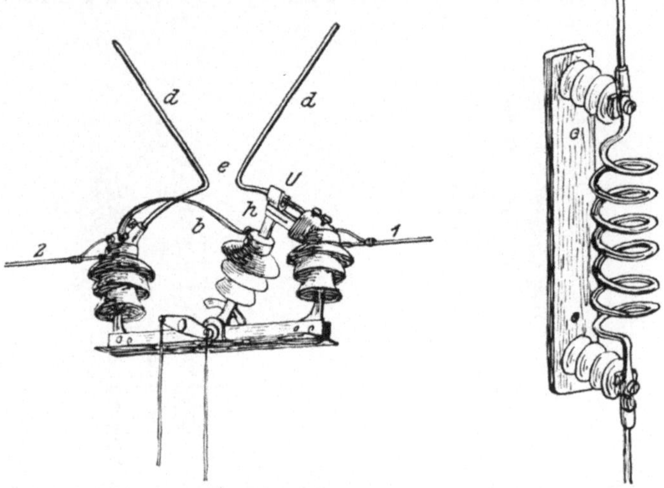

Fig. 242.  Hörnerschalter für Freileitung.     Fig. 243.  Induktionsspule
mit Blitzschutz.

der Lichtbogen einen immer größer werdenden Luftzwischenraum überwinden und kommt fortwährend an neue, noch kalte Stellen der Hörnerdrähte, so daß er wegen zu starker Wärmeentziehung und schließlich zu großer Länge nach oben hin ausflackert und mit einem Knall abreißt. Der ganze Vorgang spielt sich natürlich in ganz kurzer Zeit ab, und bei höheren Spannungen entstehen zwischen den Hörnern Flammenbögen, die zuweilen 1 m Höhe erreichen und mit starkem knatternden Getöse abreißen. Trotz des gefährlichen Aussehens dieses Flammenbogens hinterläßt er an den Hörnerdrähten kaum irgendwelche Spuren. Eine wichtige Anwendung der Hörner geschieht dann auch, wie schon bei Fig. 27 gesagt wurde, beim Blitzschutz und überhaupt beim Schutz von Anlagen gegen

Überspannungen. Überspannungen treten in Freileitungen durch atmosphärische Entladungen in die Leitungen und durch die sogenannten Spannungswogen beim Einschalten und Ausschalten auf. Durch Verbinden einer Leitung mit einer Hochspannungs-Stromquelle pflanzt sich die elektrische Ladung durch den Draht fort ähnlich wie eine Wasserwoge und prallt am Ende der Leitung zurück, wodurch gefährliche Überspannungen entstehen können, die namentlich bei Kabeln zu Durchschlägen der Isolation führen können und deshalb abgeleitet werden müssen. Hierzu benutzt man die Schaltung nach Fig. 27, wo dann die Überspannung zwischen den Hörnern und durch den Wasserwiderstand in die Erde abgeleitet wird. Der Wasserwiderstand besteht aus einer Tonröhre mit eisernem Deckel und eisernem Fuß. Diese beiden Metallteile sind durch das Wasser in der Röhre, welches sehr hohen Widerstand besitzt, verbunden. Die Formen der Wasserwiderstände sind verschieden. Die Maschinenfabrik Örlikon wendet solche mit fließendem Wasser an, die Allgemeine Elektrizitätsgesellschaft und Voigt & Häffner benutzen solche mit stehendem Wasser.

Außer den Hörnerableitern von Schrottke und Oehlschläger, die heute allgemein als Überspannungsschutz bei höheren Spannungen benutzt werden, verwendet man für den gleichen Zweck auch die Vielfachfunkenstrecke oder den Rollenableiter von Wurts oder Wirt. Bei diesen Ableitern wird die Überspannung zwischen einer größeren Anzahl dicht nebeneinander liegender Metallrollen abgeleitet, wodurch der Lichtbogen zwischen diesen Rollen in sehr viele kleine hintereinander geschaltete Teilstrecken zerlegt wird, die ihn rasch zum Verlöschen bringen, da die vielen Rollen dem Lichtbogen sehr viel Wärme entziehen. Auch diese Rollenableiter oder elektrischen Ventile müssen noch sogenannte Dämpfungswiderstände in Form von Wasserwiderständen erhalten. Namentlich in Amerika sind die Elektrolytableiter stark verbreitet, welche eine eigentümliche Ventilwirkung des Aluminiums ausnutzen. Die Ableiter bestehen aus einer Zelle, welche zwei Aluminiumelektrodengruppen enthält, die in eine geeignete Flüssigkeit eintauchen. Beim Anschließen einer Wechselspannung nimmt die Zelle zunächst einen starken Strom auf, durch den sie formiert wird, indem sich auf dem Aluminium ein sehr dünnes, netzartig durchbrochenes, isolierendes Häutchen aus Aluminiumhydroxyd gebildet hat, dessen Lücken mit Wasserstoff gefüllt sind. Nach dieser Formierung wirkt die Zelle wie ein Kondensator (vergl. Seite 48 und Fig. 36) und nimmt nur noch einen ganz schwachen Ladestrom auf. Die beiden Belegungen des Kondensators sind das Aluminium und die leitende Flüssigkeit, beide sind durch das isolierende Häutchen getrennt. Die Dicke des Häutchens bildet sich abhängig von der Spannung. Steigt die Spannung, so wird es durchschlagen, es fließt aber dann Formierungsstrom in die Zelle, der sofort ein neues, dickeres Häutchen für die höhere Spannung erzeugt. Da die Elektrolytzellen durch den Ladestrom erwärmt werden, darf man sie nicht dauernd eingeschaltet lassen. Sie werden deshalb auch in Verbindung mit Hörnern benutzt, müssen aber dann, da sich das Häutchen nur bildet, wenn sie eingeschaltet sind und sich im Laufe mehrerer Stunden allmählich verliert, täglich neu formiert werden. Dies geschieht durch Formierungsschalter. Diese Formierungsschalter sind Hörnerschalter, die man einen Augenblick kurz schließt, so daß ein Strom übergeht, der zum Formieren genügt. In Fig. 244 ist der Zusammenbau eines Elektrolytableiters gezeigt. Eine Anzahl kegelförmiger Aluminiumnäpfe A sind übereinander zusammengesetzt und durch Bolzen B an einem Deckel befestigt, der einen Durchführungsisolator I zum Anschluß der Leitung besitzt. Die Näpfe behalten durch zwischengelegte Isolierplättchen einen kleinen Abstand voneinander und werden bis zu $^2/_3$ mit der leitenden Flüssigkeit gefüllt. Darauf kommt der ganze Apparat nach Fig. 244 in einen Blechkessel, der mit Öl gefüllt wird, das sowohl zur Isolation als auch zur Verhinderung des Verdunstens der Leitflüssigkeit dient. Die Verbindung der Hörner H und der Erdleitung E mit den Elektrolytableitern A sowie deren Aufstellung zeigt Fig. 245.

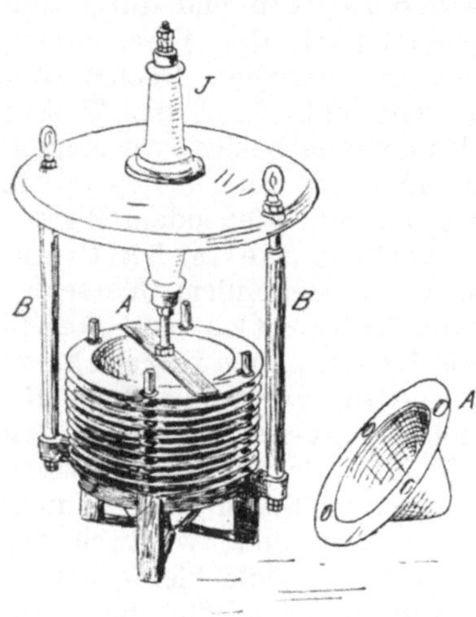

Fig. 244.  Elektrolytableiter der A. E. G.

Bei allen Schutzeinrichtungen gegen Überspannung führt man die drei Abstufungen: Feinschutz, Mittelschutz und Grobschutz aus, welche sich durch verschieden weite Einstellung der Hörner und verschieden große Widerstände unterscheiden.

Die Schalter in Hochspannnugsanlagen lassen sich nicht mehr in der Weise wie schon besprochen ausführen, weil

man in Hochspannungsanlagen mit ganz anderen Lichtbogen-
erscheinungen rechnen muß als bei Niederspannung. Für
Freileitungen benutzt man die schon erwähnten Hörnerschalter.
Für Schalttafeln und im Innern von Gebäuden verwendet man
aber heute für Hochspannung ganz allgemein die Ölschalter.
Bei diesen Ölschaltern liegen die Kontakte (vergl. Fig. 252) in
einem Gußkasten, der mit Öl gefüllt ist. Dadurch daß die Kontakte
unter Öl liegen, lassen sich sehr hohe Spannungen ohne Schwierigkeit ausschalten, denn die isolierende und Wärme ableitende Wirkung des Öles unterdrückt einen Lichtbogen vollständig. Gewöhnlich ordnet man die Schalter bei Hochspannung nach Fig. 246
vollkommen getrennt von dem Bedienungsgriff G an, der sich

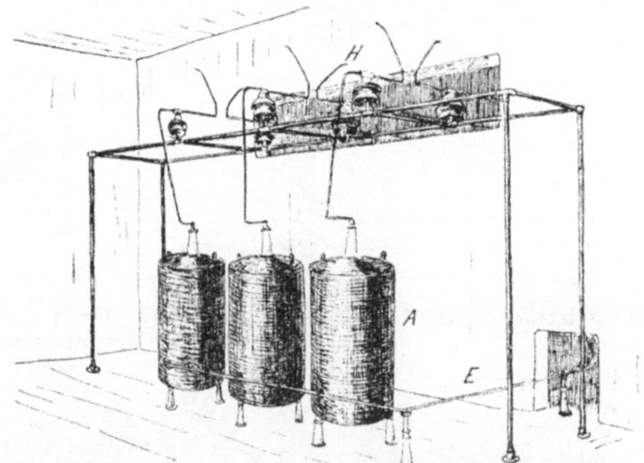


Fig. 245.  Aufstellung der Elektrolytableiter.

auf der Vorderseite der Schalttafel S befindet und eine kleine
Anzeigevorrichtung A besitzt, an der man nach Fig. 247 erkennen kann, ob ein- oder ausgeschaltet ist. Der Griff wird
dann durch ein Gestänge g mit dem Ölschalter verbunden.
Häufig besitzen die Ölschalter selbsttätige Überstromauslösung,
wozu der Magnet M dient, auf diese selbsttätigen Schalteinrich-
tungen soll noch näher eingegangen werden.

Zunächst ist in Fig. 248 ein einfacher Nullstromschalter
für Niederspannung gezeichnet. Diese Schalter werden
in Akkumulatoren-Anlagen verwendet und heißen auch Rück-
stromausschalter, weil sie den Rückstrom vermeiden sollen, wie
im Abschnitt XII erklärt wird. Sie können nur eingeschaltet
bleiben bis zu einer bestimmten Stromstärke. Sinkt die Stromstärke unter einen gewissen Wert, so läßt der Magnet M den

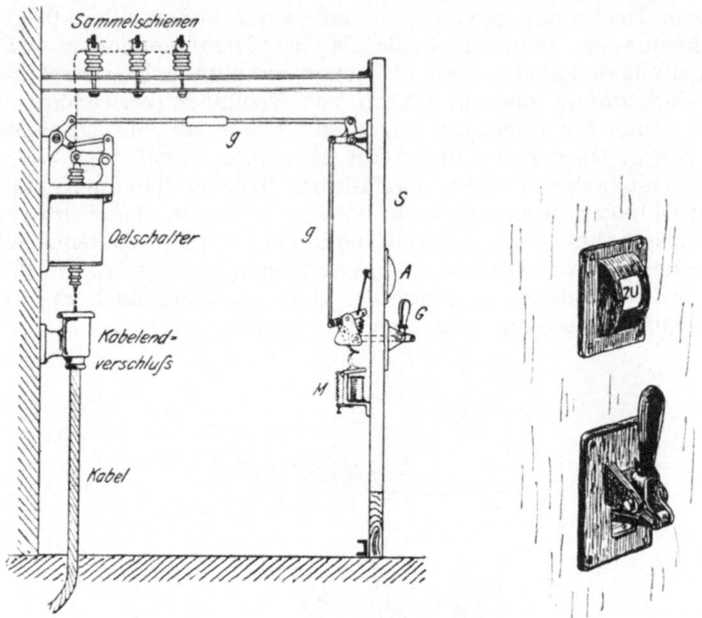



Fig. 246. Ölschalter mit Gestänge.

Fig. 247. Griff mit Anzeiger auf der Vorderseite der Schalttafel.

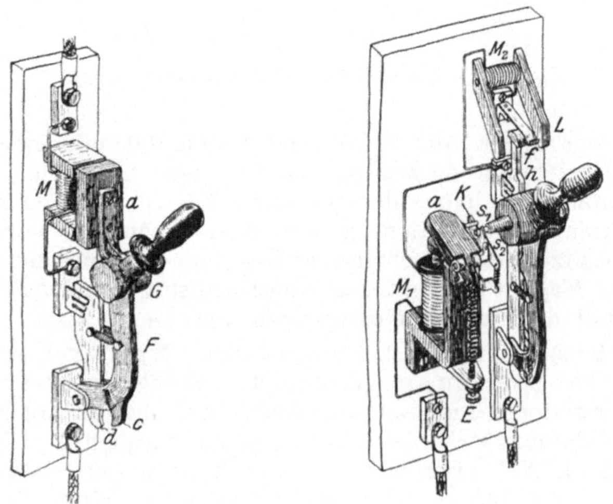



Fig. 248. Nullstrom-Ausschalter.     Fig. 249. Überstromausschalter.

Anker a los und der Griffhebel des Schalters, der bei G ein
besonderes Gewicht besitzt, klappt nach unten. Dabei werden
die Federn F gespannt, bis der Anschlag c des Griffhebels gegen
den Fortsatz d des Schaltmessers schlägt und dadurch das Schaltmesser aus dem Kontakt herausgeschlagen wird, während die
gespannten Federn für plötzliches Ausschalten sorgen, wie schon
beim Schalter nach Fig. 237 und 238 gezeigt wurde. Ebenfalls mit Momentausschaltung ist der Überstromschalter

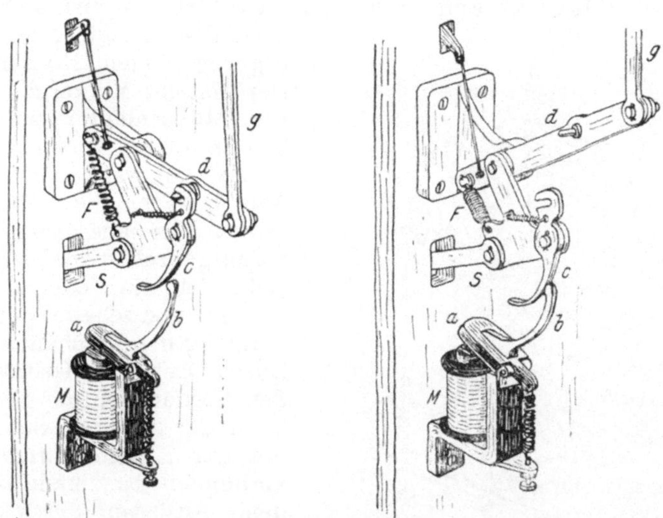

Fig 250. Selbsttätige Überstromauslösung bei Ölschaltern. (Eingeschaltet.)

Fig. 251. Selbsttätige Überstromauslösung bei Ölschaltern. (Ausgeschaltet.)

nach Fig. 249 versehen, der auch für Niederspannung bestimmt
ist. Wird der Strom zu stark, so zieht der Magnet $M_1$ den Anker a
an. Dieser besitzt einen Stift $S_1$ mit dem die Klinke K niedergedrückt wird, so daß sie den Stift $S_2$, mit dem der Griffhebel
des Schalters festgehalten wird, frei gibt und der Hebel nach
unten klappt und ausschaltet. Da dieser Schalter unter Strom
ausschaltet, im Gegensatz zum vorigen, besitzt er noch einen
Hilfskontakt und einen Funkenbläser. Der Hilfskontakt ist ein
Fortsatz h am Schalthebel und eine Kontaktfeder f. Beide
kommen, kurz bevor das Schaltmesser den Hauptkontakt verläßt,
zur Berührung und nehmen deshalb den Öffnungslichtbogen auf,
dessen Wirkung aber durch den Funkenbläser $M_2$ stark abge-
schwächt wird, denn sobald das Schaltmesser aus dem Haupt-

kontakt heraus ist, fließt der Strom durch die Wickelung von $M_2$, und zwischen den einzelnen Polfortsätzen L entsteht ein Kraftlinienfeld, welches auf den Lichtbogen zwischen f und h ablenkend einwirkt und ihn unterdrückt, wobei die Momentausschaltung noch mitwirkt. Um die Stromstärke, bei welcher der Schalter wirken soll, einstellen zu können, kann man mit der Schraube E die Spannung der Feder ändern, welche den Anker a von dem Magnet $M_1$ abzieht.

Bei Ölschaltern läßt sich der Überstromschutz ebenfalls anordnen, wie die Figuren 250 und 251 zeigen. Der Magnet M (vergl. auch Fig. 246) schlägt bei zu starkem Strom infolge Anziehens seines Ankers a mit dem Arm b gegen die Klinke c, so daß diese aus dem Stift d herausgedreht wird. Dadurch zieht sich die Feder F zusammen und schaltet mit der Stange g den Ölschalter aus. Durch Drehen des Griffes auf der Vorderseite der Schalttafel, der durch die Stange S mit der Klinkeneinrichtung verbunden ist, kann nach dem Auslösen durch den Magnet der Ölschalter nicht mehr betätigt werden. Die in den Figuren 250 und 251 dargestellte Klinkenkuppelung ist eine vereinfachte Darstellung der Einrichtung von Voigt und Häffner, bei deren selbsttätiger Überstromauslösung aber noch mehrere Klinken c hintereinander angeordnet sind.

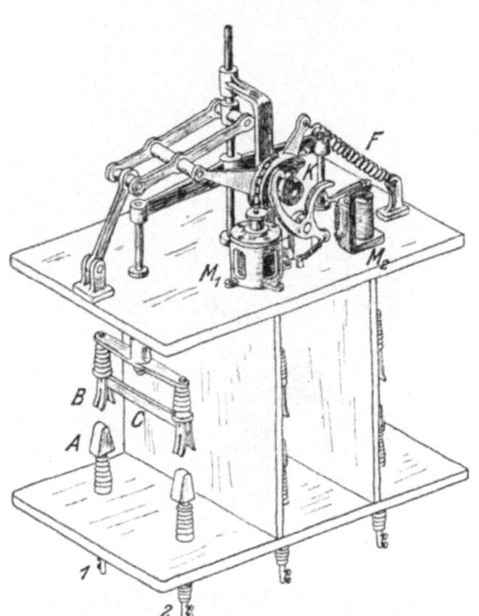

Fig. 252.  Selbsttätiger Ölschalter mit Fernsteuerung.

Sehr häufig kann man die Ölschalter nicht mehr gut mechanisch mit dem Schaltergriff kuppeln, besonders nicht bei ausgedehnten Schaltanlagen, wo die Bedienungstafeln mit den Apparatengriffen und den Meßinstrumenten räumlich von den Schaltern und anderen Apparaten getrennt sind. Man versieht dann die Schalter mit Fernsteuerung. In Fig. 252 ist ein Ölschalter ohne Ölgefäß mit Fernsteuerung dargestellt und in Fig. 253 die zugehörige Schaltung, bei der durch Glühlampen, die rot und weiß sind, angezeigt wird, wie der Schalter eingestellt ist. In Fig. 252 ist $M_1$ der Einschaltmagnet, der dann,

wenn er erregt wird, den Eisenkern einzieht und dadurch
bei K die Nase so verdreht, daß die Klinke dahinter fassen
kann und ein Zurückdrehen durch die ebenfalls infolge des
Einziehens des Kernes gespannte Feder F verhindert. Die
Federkontakte B schieben sich dabei über die Klotzkontakte A,
so daß der Schalter eingeschaltet ist, indem der Strom von
Klemme 1 durch A nach B und C zu 2 fließt. Die dreifach
gezeichnete Anordnung ist für Dreiphasenstrom bestimmt. Das
Ausschalten geschieht durch den kleinen Magnet $M_2$, der
durch Anziehen seines Ankers bei K die Klinke herausschlägt,
so daß die Feder F ausschalten kann. Die beiden Magnete $M_1$
und $M_2$ werden durch Gleichstrom erregt, wie das Schaltungs-

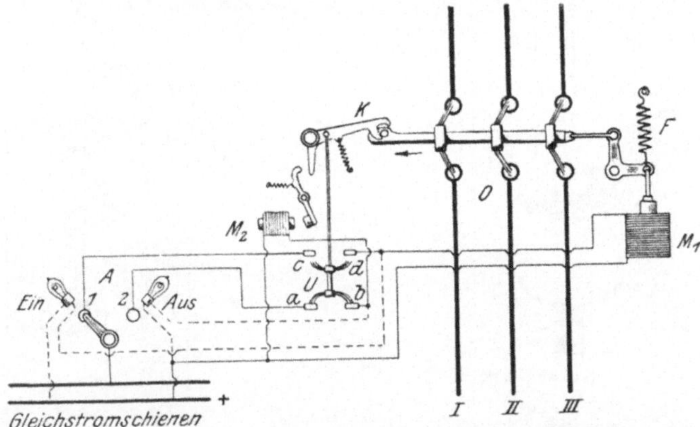


Fig. 253. Schaltung der Fernsteuerung mit Lampenanzeiger.

schema in Fig. 253 zeigt. Auf der Schalttafel befindet sich
der Schalter A, welcher auf 2 gedreht wird, wenn ausgeschaltet
werden soll. Dadurch fließt aus den Gleichstromschienen, an
welche die Erregermaschine angeschlossen ist, ein Strom durch
den Schalter A über 2 nach a, b durch $M_2$ zur anderen Gleichstromschiene zurück, gleichzeitig leuchtet die Glühlampe „Aus"
auf, deren Stromkreis ebenfalls durch den Schalthebel A, nach 2
über a, b durch die Lampe zur anderen Gleichstromschiene
geschlossen ist. Der Magnet $M_2$ zieht seinen Anker an, der
die Klinke K herausschlägt, so daß die Feder F sich zusammen-
zieht und den dreipoligen Ölschalter O in der Pfeilrichtung ausschaltet. Dadurch werden die Dreiphasenleitungen I, II, III
unterbrochen und die Klinke K nach oben geschoben, so daß
der Umschalter U ebenfalls nach oben bewegt wird und die

Verbindung von a nach b unterbrochen, also die Lampe „Aus"
und der Magnet $M_2$ ausgeschaltet werden, während gleichzeitig
eine Verbindung von c nach d herbeigeführt wird. Soll nun
wieder eingeschaltet werden, so dreht man den Schalthebel A
von 2 auf 1, dann leuchtet zunächst infolge der vorhin hergestellten Verbindung von c nach d die „Ein"-Lampe auf, außerdem wird $M_1$ erregt, zieht seinen Kern ein, spannt die Feder und

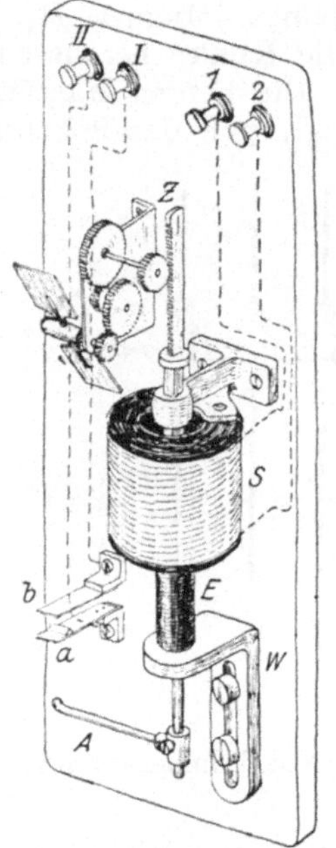

Fig. 254. Zeitschalter für Gleichstrom mit Flügelhemmung.

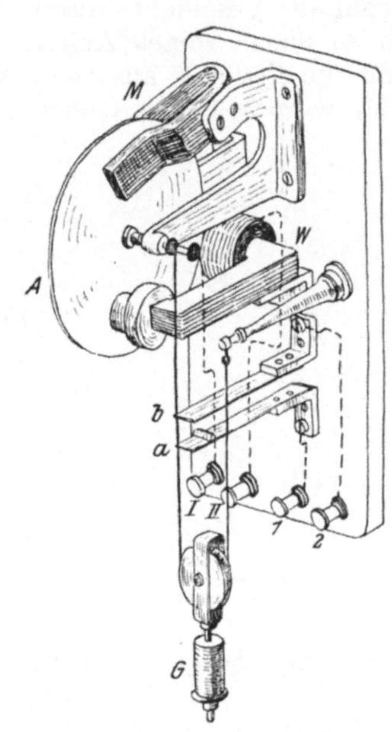

Fig. 255. Zeitschalter mit Ferraris-
Scheibe für Wechselstrom von Brown
& Boveri.

zieht den Ölschalter in die eingeschaltete Stellung, wobei die
Klinke K durch ihre Feder einschnappt und den Ölschalter
festhält, gleichzeitig wird bei c d unterbrochen, wodurch $M_1$
und die Lampe „Ein" ausgeschaltet werden und die Verbindung
von a nach b hergestellt.

Bei den Ölschaltern mit Fernsteuerung kann natürlich auch
Überstromauslösung angebracht werden. Jedoch wird diese
dann meist mit Zeitschaltern verbunden, denn alle bisher
besprochenen Überstromschalter wirken sofort, wenn der Strom
die am Apparat eingestellte Grenze überschreitet. Dieses plötz-

liche Ausschalten ist in manchen Fällen ganz unzweckmäßig,
z. B. in Straßenbahnzentralen oder beim Anlassen eines großen
Motors können vorübergehend starke Ströme auftreten, die aber
nach kurzer Zeit wieder zurückgehen. Will man das momen-
tane Wirken der Auslösung vermeiden, so verbindet man einen
Zeitschalter mit der Auslösung. Fig. 254 zeigt einen Zeitschalter
für Gleichstrom. Bei Überschreitung der eingestellten Stromstärke zieht die Spule S den Eisenkern E ein, der oben eine
Zahnstange Z besitzt, die durch eine Zahnräder-Übersetzung
ein Flügelrad antreibt, so daß der Kern nur langsam gehoben
werden kann. Durch die Aufwärtsbewegung des Kernes drückt

schließlich der Arm A die Kontakte a und b zusammen, wodurch,
wie die Schaltung Fig. 258 genau zeigt, der Auslösemagnet eingeschaltet wird, dessen Stromkreis
an die Klemmen I, II angeschlossen
ist. Damit man die Zeit, die zum
Heben des Kernes bis zur Berührung von a und b verstreicht,
innerhalb gewisser Grenzen einstellen kann, ist der Winkel W,
auf dem der Kern aufsitzt, mit
Schlitz und Schrauben verstellbar.
Soll nur wenig Zeit bis zum
Auslösen verstreichen, so stellt
man den Winkel höher, während
durch Tieferstellen eine längere
Zeitdauer eingestellt wird.

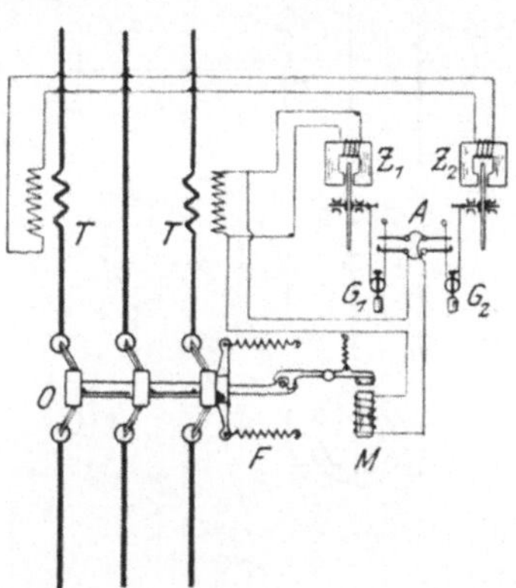

Fig. 256. Auslösung für Überstrom mit Zeitschalter nach Fig.
255. Betrieb mit Wechselstrom.

    Ein anderer Zeitschalter mit Ferrarisscheibe (vergl. Fig. 83),
den Brown, Boveri & Co. ausführen, ist in Fig. 255 gezeichnet.
Er kann nur mit Wechselstrom betrieben werden. Bei Überschreitung der zulässigen Stromstärke beginnt seine Aluminiumscheibe
sich zu drehen unter dem Einfluß des Wechselstrommagnets W,
dessen einer Pol einen Kurzschlußring besitzt. Zur Dämpfung
der Drehung ist der Stahlmagnet M vorhanden. Durch die
Drehung wird das Gewicht G, welches an einer losen Rolle
und Seidenfaden hängt, hoch gewunden und dadurch bei a, b
der Auslösemagnet eingeschaltet. Durch Änderung des Gewichtes G kann der Apparat für verschiedene Stromstärken eingestellt werden, und durch Änderung der Länge des Seidenfadens
läßt sich die Zeit einstellen, nach der die Auslösung eintreten soll.
    Der Zeitschalter nach Fig. 255 läßt sich auf verschiedene
Weise benutzen, wie die Schaltungen in Fig. 256 und 257 zeigen.

In Fig. 256 wird gar kein Gleichstrom benutzt, sondern alle
Apparate mit Wechselstrom betrieben.  In zwei Leitungen der
drei Phasen sind kleine Meßtransformatoren T eingeschaltet,
so daß bei einem Kurzschluß oder Überstrom zwischen zweien
der drei Leitungen wenigstens immer einer der beiden Zeitschalter $Z_1$ oder $Z_2$ in Tätigkeit tritt und durch Heben seines
Gewichtes $G_1$ oder $G_2$ bis zu den Kontakten A den Auslöse-

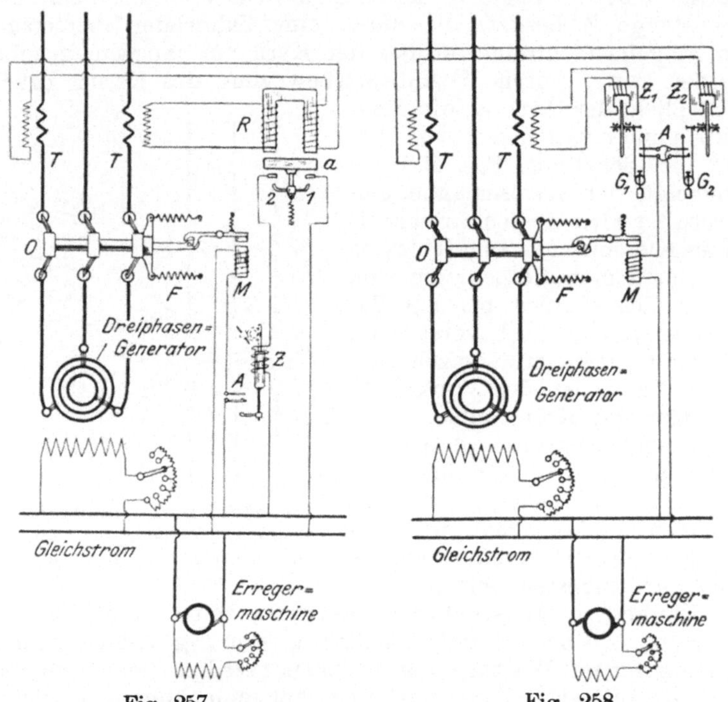


<table>
<tr><td>Fig. 257.</td><td>Fig. 258.</td></tr>
<tr><td>Auslösung für Überstrom mit Zeit-<br>schalter nach Fig. 255.</td><td>Betrieb mit Gleichstrom.</td></tr>
</table>

magnet M, der ebenfalls an einen der beiden Meßtransformatoren T angeschlossen ist, zum Anziehen seines Ankers und
damit zum Ausklinken des Ölschalters O veranlaßt, dessen Zug-
federn F dann ausschalten.  Da der Betrieb der Apparate durch
denselben Wechselstrom, der geschützt werden soll, weniger
sicher ist, als wenn eine unabhängige Stromquelle benutzt werden
kann, wird die Schaltung in Fig. 256 nur angewendet, wenn
kein Gleichstrom vorhanden ist, z. B. bei großen Asynchron-

motoren oder zum Schutz von großen Transformatoren. Sobald aber wie ja immer auf der Zentrale Gleichstrom von den Erregermaschinen vorhanden ist, wird die Schaltung nach Fig. 257 ausgeführt. Dort sind wieder wie auch in Fig. 256 T die Meßtransformatoren, an welche die Zeitschalter $Z_1$ und $Z_2$ angeschlossen sind, die durch Heben ihrer Gewichte $G_1$ oder $G_2$ bei A den an die Gleichstromschienen der Erregermaschinen angeschlossenen Magnet M einschalten, der auf dieselbe Weise auslöst, wie vorhin auch.

In Fig. 258 ist noch die Schaltung für den Zeitschalter nach Fig. 254 dargestellt. Hier liegt an den beiden Meßtransformatoren ein sogenanntes Relais, das ist ein Hilfsmagnet R, der bei Überstrom den Anker a anzieht und durch Verbindung der Punkte 1 und 2 den Zeitschalter Z einschaltet, der dann bei A den Auslösemagnet M, der ebenfalls wie Z mit dem Gleichstrom der Erregermaschine betrieben wird, einschaltet.

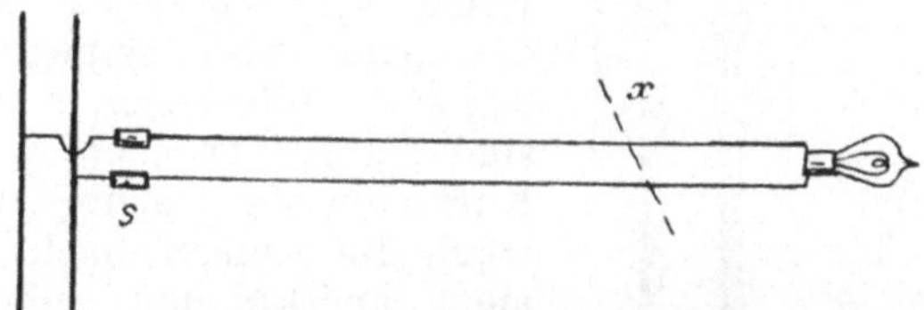

Fig. 259. Zweck einer Sicherung.

Einen ähnlichen Zweck, wie die Überstrom-Auslösungen erfüllen auch die Sicherungen, nur sind sie in Maschinenanlagen unbequemer, auch nicht so auf Zeit einstellbar wie die beschriebenen Vorrichtungen. In Hausanschlüssen müssen sie aber verwendet werden wie aus folgendem hervorgeht: Denken wir uns einmal den Fall in Fig. 259, wo eine dünnere Leitung von einer dickeren abzweigt. Wie schon im Anfang gezeigt wurde, haben die Leitungen immer nur wenig Widerstand, der Hauptwiderstand liegt immer im Verbrauchskörper, also in Fig. 259 in der Lampe. Wenn nun ein Gasrohr oder ein eiserner Träger bei x an der Leitung vorbeiführt und beide Leitungen infolge schlechter Verlegung nach und nach ihre Umspinnung an dem Rohr oder Träger durchscheuern, so daß beide gleichzeitig in blanke Berührung mit x treten, so sind die beiden Leitungen bei x auch durch einen ganz geringen Widerstand miteinander verbunden oder kurz geschlossen und da jetzt der Widerstand des Stromkreises nur noch aus dem Kurzschluß und den Leitungsstücken besteht, so wird der Strom viel stärker werden, als der Draht aushält. Der Draht wird dann heiß und seine

15*

Umspinnung fängt an zu brennen. Ein solcher Kurzschluß ist also feuergefährlich, aber er ist auch bei den tadellosen Sicherheitseinrichtungen heute nicht mehr möglich. Trotzdem kommt es noch heute ab und zu in den Tageszeitungen zu der gewissenlosen Bemerkung, wenn irgendwo ein Brand stattgefunden hat und zufällig dort auch elektrisches Licht vorhanden war, es sei vermutlich Kurzschluß die Ursache. Statistisch ist aber gerade nachgewiesen, daß eine elektrische Anlage die Feuersicherheit erhöht, so daß in den meisten Brandkassen der Beitrag nach Einrichtung einer elektrischen Lichtanlage verringert wird, und im Vergleich zu der Gefahr, die in der Möglichkeit einer Gasexplosion liegt, ist eine elektrische Anlage einer Gasanlage unbedingt vorzuziehen, zumal elektrisches Licht noch eine ganze Reihe von Vorzügen besitzt, auf die später noch eingegangen werden soll. Wie schon bemerkt war, sind die gefährlichen Folgen eines Kurzschlusses heute unmöglich, wenn die Anlage nach den allgemein anerkannten Sicherheitsvorschriften des Verbandes Deutscher Elektrotechniker ausgeführt ist und infolge der Überwachung der stromliefernden Elektrizitätswerke und der Zulassung von nur solchen Installateuren, die über die nötigen Kenntnisse verfügen, werden alle Anlagen heute auch unbedingt nach den Sicherheitsvorschriften ausgeführt. Außer in der richtigen Bemessung der Drahtstärken für die Ströme bestehen die Einrichtungen zur Feuersicherheit hauptsächlich in der zweckmäßigen Verteilung und der richtigen Anordnung der Sicherungen. Diese Sicherungen, die immer am Anfange der Leitung oder dort liegen müssen, wo eine schwächere Leitung von einer stärkeren abzweigt, sind Bleidrähte oder andere leicht schmelzbare Drähte, welche beim Überschreiten des zulässigen Stromes durchbrennen und dadurch den Strom unterbrechen.

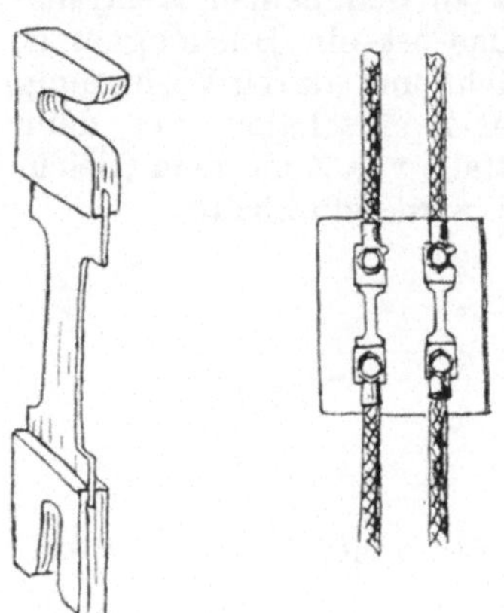

Fig. 260.  Einfache Sicherung für Niederspannung.

Die einfachen Sicherungen, wie sie gewöhnlich bei Niederspannungsanlagen hinter der Schalttafel angebracht werden, zeigt Fig. 260. Es werden Streifen aus Bleibleich, Britanniametall oder ähnlichem leicht schmelzbaren Metall zwischen die Leitungen geschaltet. Derartige Streifensicherungen können für stärkere Ströme ausgeführt werden, sind aber in Hausanschlüssen nicht zulässig. Diese Sicherungen müssen zunächst unverwechselbar sein, damit man nicht irrtümlicherweise eine zu starke Sicherung einsetzt, dann müssen die Sicherungen geschlossen sein, damit das geschmolzene Metall nicht herauskann und schließlich müssen sie leicht einsetzbar sein. Man benutzt daher für die Hausanschlüsse Sicherungen nach den Figuren 261 und 262. Der Sockel besitzt immer eine ähnliche Einrichtung, wie die Fassung einer Glühlampe (Fig. 278), indem die eine Anschlußschraube $S_1$ mit einem am Boden des Sockels sitzenden Kontaktstück verbunden ist, auf welches sich beim Einsenken des Stöpsels, dessen Metallfuß A aufsetzt. Die zweite Anschlußschraube $S_2$ ist mit einem Muttergewinde verbunden, in welches das Gewinde B des Stöpsels eingeschraubt ist. Der Stöpsel ist

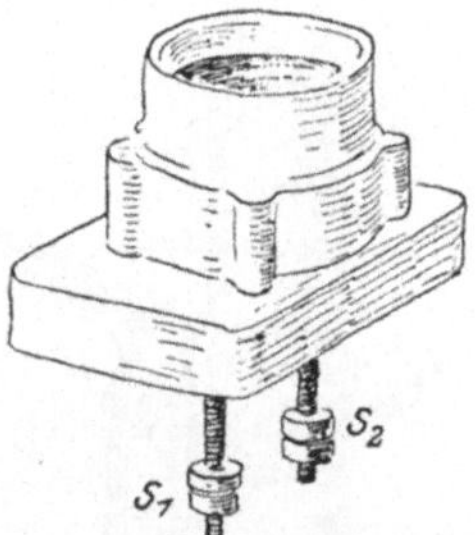 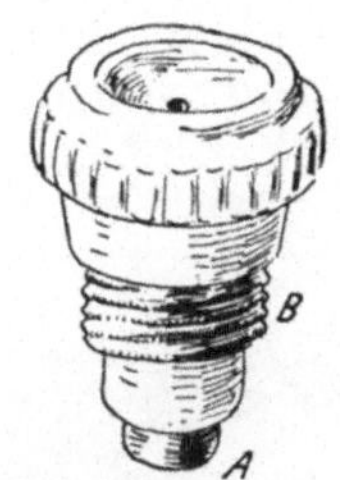

Fig. 261. Sicherungssockel.   Fig. 262. Sicherungsstöpsel.

innen hohl und sein Fuß A ist mit dem Gewinde B durch ein Stück Bleidraht verbunden, welches bei zu starkem Strom durchbrennt. Häufig besitzen diese Stöpsel oben ein Fenster, durch welches erkannt werden kann, ob der Bleidraht durchgebrannt ist. Die Sockel besitzen alle dieselbe Größe, so daß die Sicherungen in bequemer Weise auf kleinen Tafeln mit dem Zähler und den Schaltern zusammengesetzt werden können. Ausführbar sind die Stöpsel für Ströme bis zu 200 Amp.

In Hochspannungsanlagen geschieht das Durchbrennen einer Sicherung unangenehmer als bei Niederspannung. Man kann dort die offenen Streifensicherungen nach Fig. 260 deshalb nicht verwenden und benutzt vielfach Röhrensicherungen, die nach Fig. 263 ausgeführt sind. Die Bleidrähte, deren Enden bis F herausragen, sind in eine Isolationsröhre R eingeschlossen, die fast immer gleichzeitig als Trennschalter ausgebildet ist. Damit man, falls eine Sicherung durchgebrannt war, nach Beseitigung der Ursache beim Einsetzen der neuen Sicherung erkennen kann, ob die Leitung wieder in Ordnung ist, setzt man

die Röhre zuerst in den unteren Kontakt ein und berührt ganz
rasch den oberen, der ebenso wie der obere Kontakt der Röhre
mit einem kleinen Blechhorn H ausgerüstet ist. Ist der Fehler in
der Leitung noch nicht beseitigt, so schließt man durch die
Berührung einen Strom, der aber die Sicherung nicht zum
Schmelzen bringen kann, weil man nur einen kurzen Augenblick beide Kontakte berührt und der geschlossene Strom sogleich zwischen den kleinen Hörnern unterbrochen wird.  Gibt
es keinen Lichtbogen bei diesem vorsichtigen kurzen Berühren

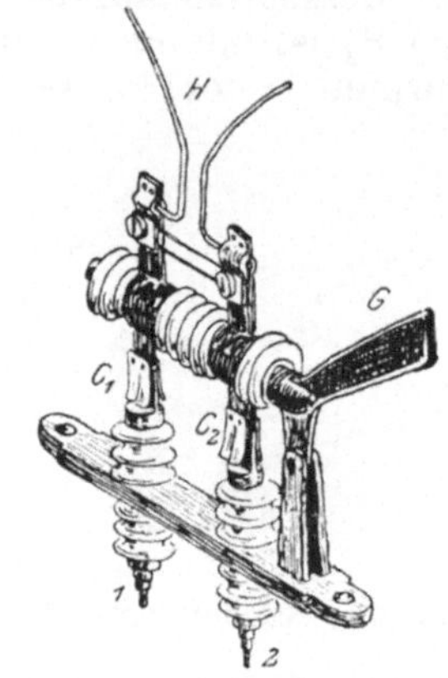

Fig. 263.  Röhrensicherung für  Fig. 264.  Hochspannungssicherung mit
Hochspannung.                              Hilfshörnern.

der Hörner, so setzt man die Sicherung richtig ein.  Trotzdem
die Röhren aus Isolationsmaterial bestehen, geschieht das Einsetzen und Herausnehmen derselben meist mit besonderen isolierten Zangen.  Um den bei höheren Spannungen infolge des
Durchbrennens der Sicherung auftretenden Lichtbogen abzuleiten,
verwendet man auch bei Hochspannungssicherungen Hörner wie
Fig. 264 zeigt.  Die Sicherung ist zum gefahrlosen Einsetzen
eines neuen Bleidrahtes auch schalterartig ausgeführt und wird
mit dem Griff G, der geerdet ist, d. h. leitend mit der Erde
verbunden ist und demnach ohne Gefahr berührt werden kann,
aus den Kontakten $C_1$ und $C_2$ herausgedreht. Die Leitung wird
bei 1 und 2 angeschlossen.  Es sind in der Fig. 264 zwei
parallelgeschaltete Bleidrähte unter den Hörnern H gezeichnet.
Brennen diese Bleidrähte durch, so übernehmen die Hörner das
Verlöschen des Lichtbogens.

In gut ausgeführten Hausanschlüssen kommt es manchmal jahrelang nicht vor, daß eine Sicherung durchbrennt. Es können auch die im Anfang geschilderten Kurzschlüsse bei guter

Fig. 265.  Verlegung von Schnur auf Porzellanrollen.

Verlegung gar nicht auftreten.  Die Verlegung der Leitungen und die Isolierung derselben ist sehr wichtig.  Sie muß je nach dem Verwendungszweck und der Art der Räume verschieden ausgeführt werden.  In feuchten Räumen, Kellern, Fabriken mit feuchten Dämpfen usw. müssen andere Drähte benutzt

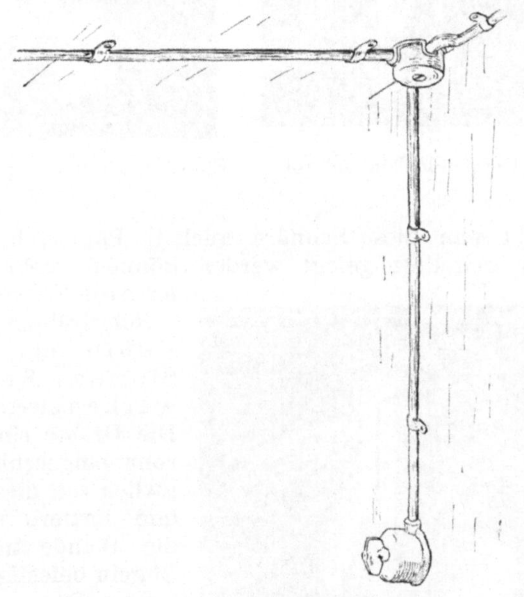

Fig. 266.  Rohrdrähte nach Kuhlo.

werden als in trockenen Wohnräumen oder im Freien. Genaue Vorschriften, welche Art von Isolierung zu verwenden ist, geben wieder die schon mehrfach erwähnten Sicherheitsvorschriften des Verbandes Deutscher Elektrotechniker, die als kleine Hefte im Buchhandel zu haben sind. Hier kann darauf nicht weiter eingegangen werden. Die Verlegung der Leitungen in

Wohnräumen geschieht auf verchiedene Art. Sehr gebräuchlich ist die Verlegung von Schnur auf Porzellanrollen nach Fig. 265.

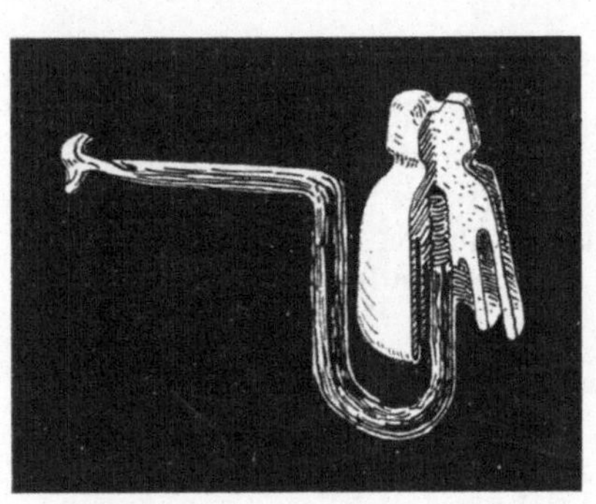

Fig. 267.  Doppelglocken-Isolator.

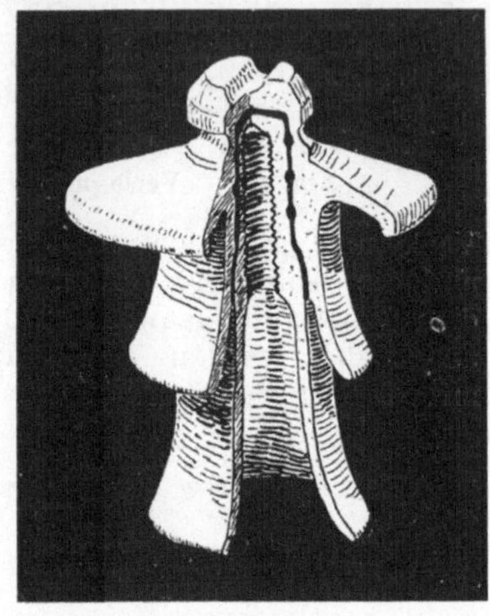

Fig. 268. Deltahochspannungs-Isolator.

Häufig zieht man diese Schnüre auch in Papierrohre ein, die dann unter den Putz gelegt werden können. Sehr schön ist auch die Verwendung von Rohrdrähten, System Kuhlo das von den Siemens-Schuckertwerken ausgeführt wird. Die Drähte sind in Bleirohr eingeschlossen, natürlich von diesem isoliert und letztere werden an die Wände mit kleinen Bügeln befestigt. In trokkenen Räumen besitzen die Bleirohre nur einen isolierten Draht im Inneren, sie dienen dann selbst als zweite Leitung, und in solchen Fällen werden die Rohre sehr dünn. Sie können sehr leicht und gut

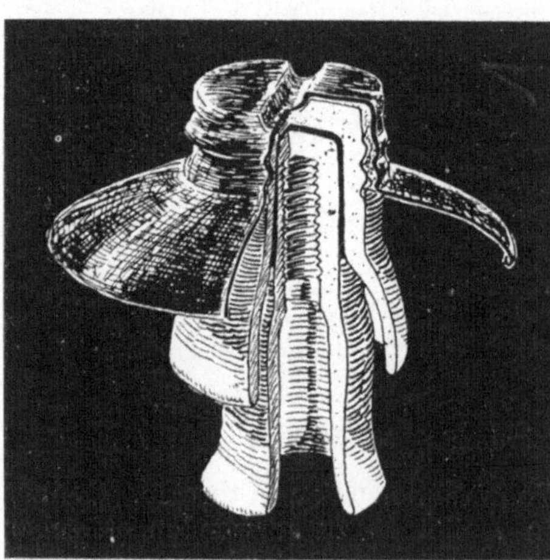

Fig. 269.  Metalldach-Isolator.

aussehend verlegt werden, und fallen nicht unangenehm auf, weil sie auch ohne weiteres mit Farbe bestrichen werden können.

Im freien und in feuchten Räumen verwendet man meist blanke Leitungen, die auf die bekannten Porzellanglocken-Isolatoren genannt, verlegt werden. Die gewöhnlich für Lichtleitungen mit Niederspannung verwendete Isolatorenform ist die Doppelglocke nach Fig. 267. Je höher die Spannung ist, um so größer werden die Isolatoren und um so mehr Mäntel gibt man ihnen. Dabei ist aber auch die Form der Glocke von der größten Wichtigkeit, denn die Form der Mäntel bedingt das Verhalten der Regentropfen, die zu Entladungen um den Isolator herum führen können. Der bekannteste

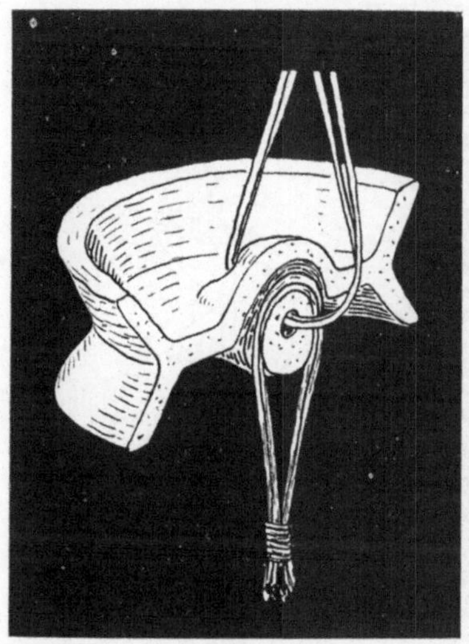

Fig. 270. Hängeisolator nach Hewlett.

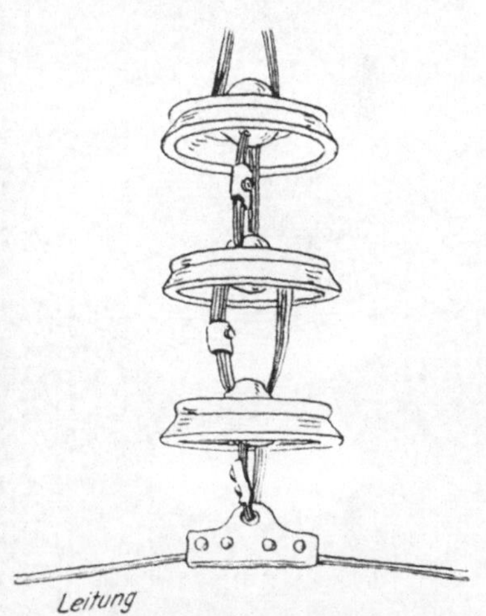


Fig. 271. Kette von Hewlett-Isolatoren der General Electric Co.

Hochspannungsisolator ist der Delta-Isolator, Patent der Porzellanfabrik Hermsdorf, dessen Form Fig. 268 durch viele Versuche ausgebildet wurde. Er wird etwa 25 bis 30 cm hoch ausgeführt und kann bis zu etwa 60000 Volt benutzt werden. An Stelle des oberen Porzellanschirmes wird heute auch vielfach ein Metalldach benutzt nach Fig. 269. Solche Isolatoren können bis etwa 70000 Volt verwendet werden. Das Metalldach hat die eigenartige Wirkung, daß Regentropfen, die von ihm abfallen, von dem Porzellan abgestoßen werden, weil Metall und Porzellan sich entgegengesetzt den elektrischen Ladungen gegenüber verhalten. Außerdem haben die Metalldächer noch den Vorteil, daß sie weniger leicht durch Steinwürfe beschädigt werden können. Für höhere Spannungen also etwa bei 70000

Volt und mehr verwendet man Hängeisolatoren. In Fig.
270 ist ein einzelnes Element dieser von Hewlett erfundenen
Isolatoren im Schnitt gezeichnet. Der Durchmesser des Porzellan-
körpers beträgt 26 cm, die Höhe 10 cm. Ein Element wird
gewöhnlich mit 25 000 Volt beansprucht so daß man für 110 000
Voltleitungen 5 Elemente benutzt. Die Elemente werden nach
Fig. 271 zu einer Kette verbunden, so daß beim Bruch eines
Isolators die Leitung nicht herabfallen kann, weil die Ketten-
glieder, wie auch Fig. 270 zeigt, immer ineinander hängen bleiben.

Auch die Deltaglocken lassen sich als Hängeisolatoren aus-

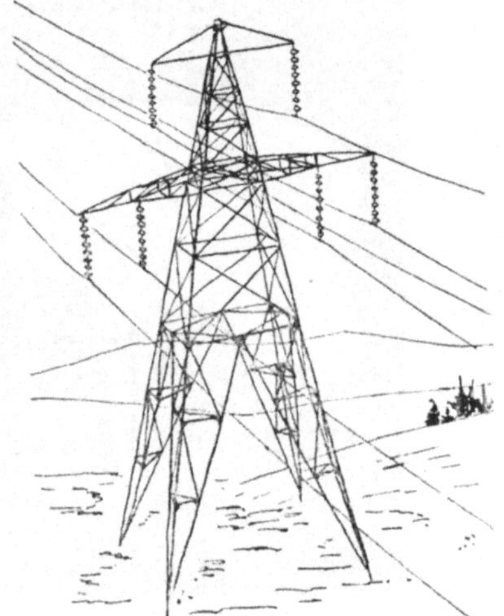

Fig. 272. Deltaglocke als Hängeisolator.

Fig. 273. Gitterturm für Hochspannungsleitung mit Hängeisolatoren.

führen wie Fig. 272 zeigt, wo selbst die Deltaform mit Metalldach dargestellt ist, von denen dann auch mehrere zu einer
Kette verbunden werden können. Die Hochspannungsleitungen
verlegt man auf besondere aus Profileisen hergestellte hohe Gitter-
türme (Fig. 273), die mit Armen versehen sind, an denen die
Ketten aus Hängeisolatoren mit den Leitungen befestigt sind.

Die Porzellanfabriken, welche Isolatorglocken ausführen,
besitzen sehr zweckmäßig eingerichtete Prüffelder, in denen
die Isolatoren mit sehr hoher Spannung bei künstlichem Regen
und Nebel geprüft werden, so daß nur solche Isolatoren abgegeben werden, die die Probe bestanden haben.

# XI. Das elektrische Licht und die elektrischen Lampen.

Schon im Abschnitt I wurde gezeigt, daß der elektrische Strom einen dünnen Draht so stark erwärmen kann, daß derselbe ins Glühen kommt. Diese Erscheinung läßt sich zur Erzeugung von elektrischem Licht ausnutzen und diejenigen elektrischen Lampen, bei denen sie verwendet wird, heißen Glüh-

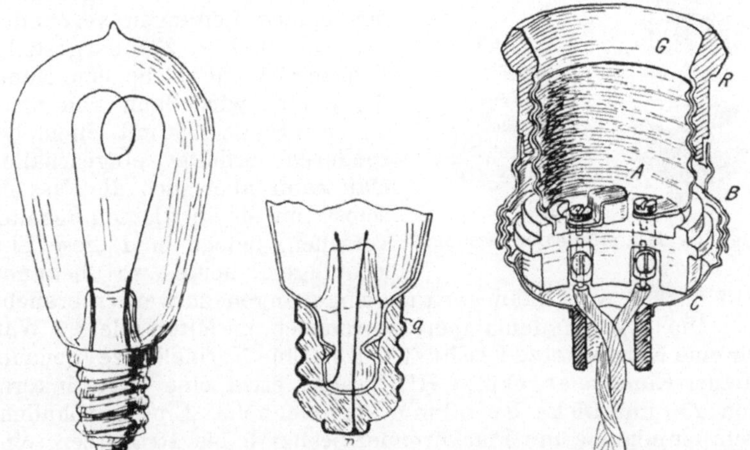

Fig. 274. Ältere Kohlenfadenglühlampe.  Fig. 275. Fassung im Durchschnitt.

lampen. Früher benutzte man in diesen Glühlampen einen unter Luftabschluß durch Glühen aus Pflanzenfasern hergestellten künstlichen Kohlenfaden. Damit der Faden nicht verbrennt, ist er in der Lampe in einer luftleer gemachten Glasbirne untergebracht, wie Fig. 274 zeigt. Der Fuß der Lampe besitzt sogenanntes Edisongewinde g, der mit Gips oder anderer Masse an dem Glaskörper befestigt ist und mit dem einen Ende des Kohlenfadens durch einen in das Glas eingeschmolzenen Platindraht verbunden ist. Mit dem Fuß läßt sich die Lampe in eine **Fassung** einschrauben, wie sie die Figuren 275 und 276 zeigen. Die Leitungen, die den Strom zuführen, werden von unten eingeführt und festgeschraubt, nachdem von der Fassung vorher der Porzellanring R losgeschraubt und der Blechkörper B von dem Fußstück C ebenfalls losgeschraubt wurde. Schiebt man dann das Stück C herunter, so kann man von der Seite mit dem Schraubenzieher die Klemmschrauben für die Leitungen erreichen, die in Spalten des Porzellanfußstückes liegen. Auf der anderen Seite des Porzellanfußstückes liegt die Messingplatte A, die mit dem einen Pol verbunden ist und das Edisongewinde G, welches mit dem

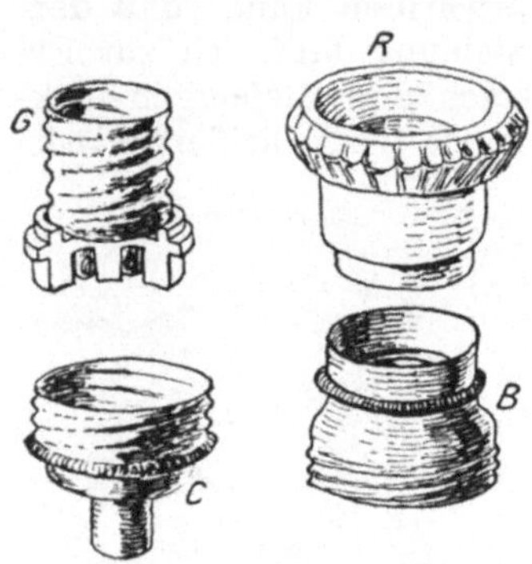

Fig. 276. Hauptteile der Fassung.

anderen Pol verbunden ist, so daß die Lampe beim Hereinschrauben durch Berührung ihres Gewindes g mit dem Gewinde G und ihres Fußes p mit der Messingplatte A mit beiden Leitungen verbunden ist. Die in Fig. 275 dargestellte Fassung ist eine solche ohne Hahn, die Lampe wird dann von einer anderen Stelle aus mit einem besonderen Schalter eingeschaltet. Man kann aber auch die Fassung selbst mit einem kleinen Schalter versehen, jedoch sind diese Einrichtungen heute so bekannt, daß darauf wohl kaum genauer eingegangen zu werden braucht.

Die Kohlenfadenlampen gebrauchen im Mittel alle 3,3 Watt für eine Normalkerze **Lichtstärke**. Eine Normalkerze (genauer Hefner-Einheit, abgekürzt HE) besitzt etwa eine Paraffinkerze von 200 mm Dicke bei 50 mm Flammenhöhe. Eine gewöhnliche Petroleumlampe mit Flachbrenner besitzt 5 bis 10 Kerzen, eine Rundbrenner-Petroleumlampe etwa 20 bis 30 Kerzen, und eine Gasglühlampe mit neuem Strumpf etwa 60 Kerzen. Mit der Zeit wird aber das Licht bei den Gasglühlampen schwächer. Alte Strümpfe haben zuweilen nur noch die Hälfte der Lichtstärke. Die gewöhnlichen Kohlenfadenlampen stellt man mit 5, 10, 16, 25 und 32 Kerzen her. Eine solche Lampe mit 25 Kerzen würde nun bei 3,3 Watt pro Kerze $3,3 \cdot 25 = 82,5$ Watt verbrauchen und bei einer Spannung von 110 Volt wird der Strom $\dfrac{82,5}{110} = 0,75$ Amp. Jede Glühlampe verliert wie auch die Gasglühlichtstrümpfe nach und nach ihre Lichstärke; man bezeichnet im allgemeinen die Lampen noch als brauchbar, so lange ihre Lichtstärke nicht um mehr als $25\,^0/_0$ abgenommen hat und das tritt bei Kohlenfadenlampen nach etwa 600 Brennstunden ein.  Diese Zeit bezeichnet man als Brenndauer. Man kann natürlich die Lampe noch länger benutzen, denn der Kohlenfaden brennt meist erst nach vielen tausend Brennstunden durch, aber die Lampe liefert dann zu wenig Licht für die hineingeleitete Energie und wird infolgedessen zu unwirtschaftlich.

Früher war die Kohlenfadenlampe eine ganze Reihe von Jahren die einzige elektrische Glühlampe und ihr hoher Wattverbrauch stempelte das elektrische Licht trotz seiner sonstigen großen Vorzüge, die noch erwähnt werden sollen, zu einer Luxusbeleuchtung, bis vor nunmehr etwa 8 Jahren gleichzeitig mehrere neue Glühlampen auftauchten, die an Stelle des künstlichen Kohlenfadens feine Metallfäden besaßen.  Die erste dieser Lampen war die durch die Deutsche Gasglühlicht-Gesellschaft, Auergesellschaft in Berlin in den Handel gebrachte und von Auer von Welsbach erfundene Osmiumglühlampe, die nur noch 1,5 Watt für eine Normalkerze verbrauchte und etwa 2000 Brennstunden besaß und dann die Tantallampe von Siemens & Halske A.-G. Berlin, welche einen ebenso großen Wattverbrauch besaß.  Beide Lampen sind heute noch wesentlich verbessert, die Osmiumlampe zur Osramlampe und die Tantallampe zur Wotanlampe und ihr Wattverbrauch beträgt nur noch 1 Watt pro Kerze.  Durch diesen geringen Wattverbrauch ist das elektrische Licht billiger geworden als Petroleumlicht, so daß es heute durchaus nicht mehr Luxusbeleuchtung ist, sondern sogar vielfach in Arbeiterwohnungen und dem Lande benutzt wird.  Die Schwierigkeiten der ersten Metallfadenlampen bestanden in der Unterbringung der langen Leuchtfäden.  Bei der Osmiumlampe kam ein dünner Draht aus dem Metall Osmium zur Anwendung, bei der Tantallampe aus Tantal.  Da ein Metall immer viel besser leitet als Kohle, außerdem aber die ersten Lampen schon nur noch 1,5 Watt für eine Kerze gebrauchten, so muß der Widerstand der Metallfäden viel größer sein, als derjenige des Kohlenfadens.  Wie schon berechnet war, muß eine Kohlenfadenlampe von 25 Kerzen bei 110 Volt einen Strom von 0,75 Amp. erhalten, demnach muß der Kohlenfaden einen Widerstand von $\dfrac{110}{0{,}75} = 147$ Ohm besitzen.  Eine ältere Osmium- oder Tantallampe erhält aber bei 25 Kerzen und einem Verbrauch von 1,5 Watt pro Kerze nur $\dfrac{1{,}5 \cdot 25}{110} = 0{,}341$

Amp., der Widerstand des Metallfadens muß also $\dfrac{110}{0,341} = 323$ Ohm betragen, gegen 147 Ohm beim Kohlenfaden. Würde das Metall nur ebenso leiten wie Kohle, so müßte der Metallfaden schon $\dfrac{323}{147} = 2,2$ mal länger sein als der Kohlenfaden; da aber Metall weit besser leitet als Kohle, d. h. der Widerstand des Metalles kleiner als derjenige der Kohle ist, so müssen die Drähte in den Metallfadenlampen noch viel länger als 2,2 mal so lang werden, wie die Fäden in den Kohlenfadenlampen.

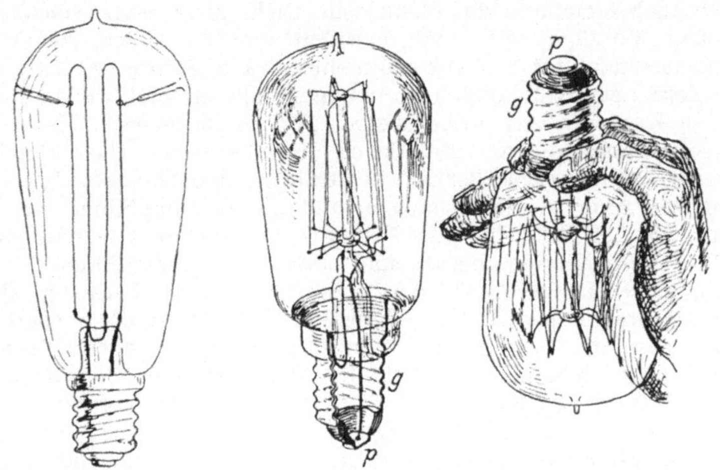

Fig. 277.  Ältere Osmium-
lampe.

Fig. 278.  Neue Osramlampe.

Man stellte deshalb die Osmiumlampe zuerst auch nur für 37 Volt her, so daß in einer 110 Volt Anlage entweder immer drei Lampen hintereinander geschaltet werden mußten oder bei Wechselstrom ein kleiner Transformator die Spannung auf 37 Volt umformen mußte. Es gelang aber bald, die Osmiumlampe auch direkt für 110 Volt herzustellen. In Fig. 277 ist eine solche ältere Osmiumlampe dargestellt, die, wie man erkennt, einen aus zwei hintereinander geschalteten Stücken bestehenden Leuchtdraht besitzt. Die beiden langen Fäden werden unten durch zwei besondere kleine Arme gehalten. Diese ersten Osmiumlampen durften nur senkrecht hängen, weil die langen Fäden im glühenden Zustand, sehr biegsam waren, auch war die Lampe sehr empfindlich, namentlich im ausgeschalteten

Zustand, gegen Stöße, so daß die Fäden sehr leicht brachen.
Die neuen Osramlampen, die nur noch 1 Watt pro Kerze
verbrauchen, sind aus gezogenen Drähten hergestellt, die nach
Fig. 278 aufgehängt sind. Diese Lampen sind genügend unempfindlich gegen Stöße, so daß man auch für tragbare
Lampen nicht mehr die Kohlenfadenlampen zu verwenden
braucht. In Figur 278 ist der Fuß der Lampe, der genau so
ausgeführt ist, wie bei der Kohlenfaden-
lampe (Gewinde g und Messingplatte p)
im Schnitt gezeichnet. Gleichzeitig zeigt
die Figur wie man die Glüh-Lampen beim
Einschrauben in die Fassung am Gewinde g
anfassen soll und nicht an der Glasbirne,
weil diese leicht gelockert werden kann.
Die Tantallampe von Siemens &
Halske war im Gegensatz zu der Osmiumlampe gleich bei ihrem Erscheinen für 110
Volt brauchbar, weil der Tantaldraht zick-
zackmäßig an einem ähnlichen in der
Lampe angebrachten Armgestell aus Glas
und Nickelstahlhaken aufgehängt war, wie
das Gestell in Fig. 278. Die Verwendung
eines solchen Drahtes aus einem Stück ist
der Firma patentiert, daher sind in den
Osramlampen auch heute noch mehrere
Fäden hintereinander geschaltet.

Osram- und Tantallampen sind nicht
die einzigen Metallfadenlampen. Es gibt
heute noch eine ganze Anzahl anderer
Lampen, z. B. Zirkonlampe, Wolframlampe.
Sie werden bis zu 100 Kerzen ausgeführt.

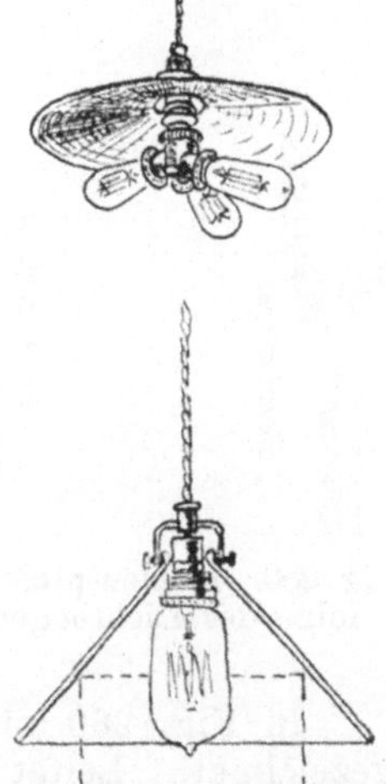

Fig. 279. Zweckmäßige
Anordnung d. Lampen
u. guter Schirm.

Besonders wichtig für eine günstige
Lichtausnutzung ist eine zweckmäßige
Aufhängung der Lampen und ein
guter Schirm, der das Licht möglichst nach unten wirft, denn
im allgemeinen wird man elektrische Glühlampen meist zur
Beleuchtung von Arbeitsplätzen verwenden, die zum Schreiben,
Zeichnen und dergl. dienen, obgleich sie sich auch für Allgemein-
beleuchtung eignen. Da die elektrischen Glühlampen senkrecht
zu ihren Leuchtfäden das meiste Licht ausstrahlen, sollte man
sie in den Fassungen und Beleuchtungskörpern so aufhängen,
wie die obere Abbildung in Fig. 279 zeigt, wo drei Lampen
unter einem Schirm vereinigt sind. Bei nur einer Lampe läßt
sich eine solche Lage nicht einhalten, dann verwendet man am

besten einfache glatte Schirme wie die untere Abbildung in Fig. 279 zeigt.

Während die Glühlampen meist nicht für hohe Kerzenstärken ausgeführt werden ist eine weitere große Gruppe von elektrischen Lampen, die Bogenlampen, nur für höhere Kerzenstärken, meist mehr als 1000, geeignet. Ehe wir aber genauer auf die Bogenlampen eingehen, müssen wir uns zunächst kurz mit dem Lichtbogen oder Flammenbogen befassen.

Unterbricht man einen geschlossenen Stromkreis langsam und vorsichtig an irgend einer Stelle nur um einige Millimeter, so hört der Strom, falls die Stromquelle genügende Spannung hat, nicht auf, sondern er geht an der Unterbrechungsstelle als Flamme durch die Luft über. Am einfachsten läßt sich diese Flamme zwischen Kohlenstiften erzeugen, die man wagerecht hält; es brennt dann die Flamme bogenförmig nach oben und versetzt die Spitzen der Kohlen in Weißglut. Die Temperatur des Lichtbogens ist so hoch, daß sämtliche Metalle darin schmelzen. Der Lichtbogen kann mit Gleichstrom oder Wechselstrom erzeugt werden, ist aber in beiden Fällen verschieden, wie man an der Form der Kohlenspitzen erkennt, die diese nach kurzer Zeit unter dem Einflusse des Lichtbogens annehmen.

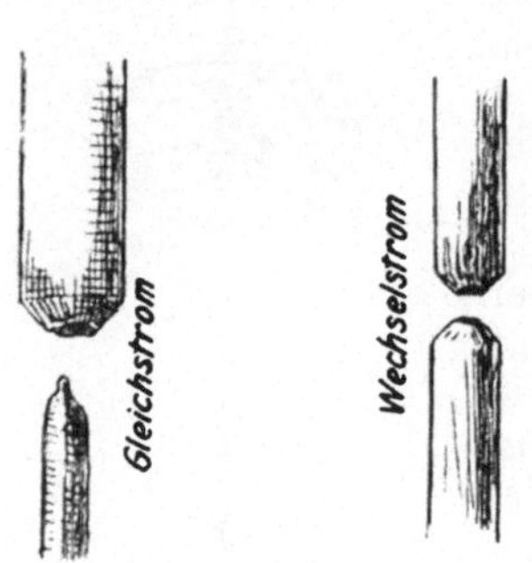


Fig. 280. Kohlenspitzen infolge des Lichtbogens.

In Fig. 280 sind die Kohlenspitzen für beide Stromarten gezeichnet. Leitet man bei Gleichstrom den Strom von der oberen zur unteren Kohle, so wird die obere allmählich kraterförmig ausgehöhlt, die untere dagegen spitz. Bei Wechselstrom werden beide Kohlen ausgehöhlt, aber weniger als die positive bei Gleichstrom. Die verschiedenartige Form beider Kohlenspitzen bei Gleichstrom rührt daher, daß der Strom beim Austritt aus der positiven Kohle von dieser kleine glühende Teilchen mitreißt, die dann zum Teil auf der anderen Kohle wieder abgesetzt werden. Da aus diesem Grunde bei Gleichstrom diejenige Kohle, aus welcher der Strom in den Lichtbogen übertritt, immer stärker abgenutzt wird, als die andere, die negative Kohle, so wird die positive Kohle in den Gleichstrombogenlampen stets dicker und länger genommen, als die negative Kohle. Außerdem erhält die positive Kohle einen Docht aus weicherem Material, so daß deshalb der Lichtbogen immer in der Mitte zwischen den Kohlen übergeht und ruhiger brennt.

Beide Kohlen verbrennen allmählich, aber die positive stärker als die negative, weil sie heißer wird, die negative verbrennt ebenfalls und zwar mehr als ihr Material aus der positiven Kohle zugeführt wird. Die Kohlen werden also immer kürzer und der Zwischenraum zwischen ihren Spitzen wird immer länger.

Da der Lichtbogen aber nicht beliebig lang brennen kann und außer dem möglichst immer dieselbe Länge besitzen muß, wenn die Lampe ruhig brennen soll, muß jede Bogenlampe eine Vorrichtung besitzen, welche die Kohlen selbsttätig wieder einander nähert, wenn sie allmählich verzehrt werden. Die Auslösung dieser Regelungs-Vorrichtung geschah früher gewöhnlich durch Elektromagnete und je nach der Schaltung derselben konnte man Hauptstrom-, Nebenschluß- und Differenzbogenlampen unterscheiden. Die neueren Bogenlampen lassen aber häufig eine derartige Einteilung nicht zu und es soll deshalb auch die Besprechung der Bogenlampen nicht nach dieser Einteilung erfolgen.

Hauptstrombogenlampen sind nur für besondere Zwecke, wie Scheinwerfer oder Projektionslampen in Anwendung, sonst kommen sie kaum vor und auch in den angeführten Fällen lassen sie sich ersetzen durch andere Lampen. Die Wirkungsweise der Nebenschlußlampe kann in Fig. 281

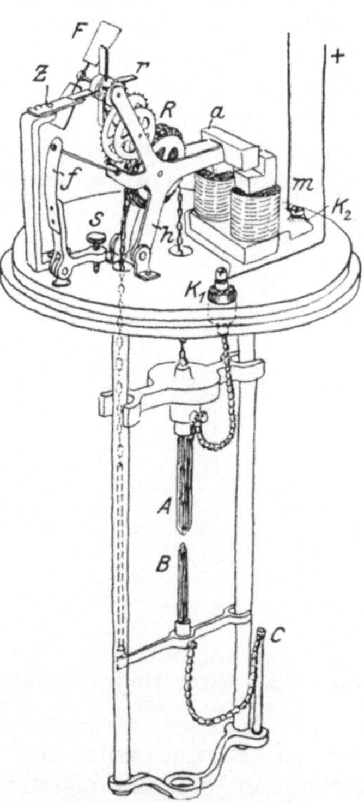

Fig. 281. Nebenschlußbogenlampe.

erkannt werden. Die dort gezeichnete Lampe entspricht ungefähr früheren Ausführungen der Bogenlampenfabrik von Körting & Matthießen in Leipzig. Der Strom wird an der isoliert an der Lampe befestigten Klemme $K_1$ zugeführt und verzweigt sich dort in zwei Teile. Ein schwacher Strom fließt durch die dünndrähtige Wickelung von hohem Widerstand des Magnets m nach der gleich in das Metallgestell der Lampe angebrachten Klemme $K_2$ während dann, wenn die Lampe brennt, der stärkste Teil des Stromes von $K_1$ nach der vom Gestell durch den Kohlenhalter isolierten positiven Kohle A, durch den Lichtbogen, nach der negativen Kohle B, von dort nach C an das Gestell und die Klemme $K_2$ fließt. Wird die Lampe eingeschaltet, stehen die Kohlenspitzen ein wenig auseinander und es kann deshalb durch die Kohlen kein Strom fließen. Es fließt dann nur der Zweigstrom durch den Magnet. Infolge der Anwendung eines Vorschaltwiderstandes R, mit dem nach Fig. 282 bei 110 Volt 2 Lampen hintereinander geschaltet sind, ist dieser Zweigstrom dann am stärksten, wenn kein Strom durch die Kohlen fließt und um so schwächer, je stärker der Strom im Lichtbogen ist, oder aber mit anderen Worten, je weiter die Kohlen auseinanderbrennen,

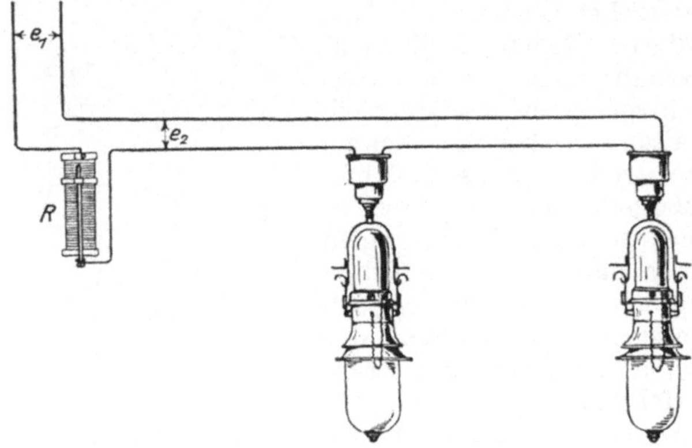

Fig. 282.   Zwei Bogenlampen hintereinander mit Vorschaltwiderstand.

um so stärker wird der Zweigstrom. In Fig. 282 ist die Spannung am Anfang der Leitung, welche konstant gehalten wird, mit $e_1$ bezeichnet. Ohne den Vorschaltwiderstand würde deshalb auch der Zweigstrom im Regelungsmagneten m immer denselben Wert behalten und der Magnet könnte nicht auslösen. aber infolge des Spannungsverlustes, welcher im Vorschaltwiderstand auftritt ist die Spannung $e_2$ vor den Lampen kleiner als $e_1$ und außerdem veränderlich wie folgende Überlegung zeigt: Bezeichnen wir den Strom, der zu der Lampe hinfließt mit I, den Strom im Lichtbogen mit $I_1$ und den Strom im Magnet mit i, so ist $I = I_1 + i$ und wenn $w_m$ der Widerstand der Wickelung des Magnets m ist, so gilt noch $i = \dfrac{\frac{e_2}{2}}{w_m}$ weil bei Hintereinanderschaltung von 2 Lampen nach Fig. 282 jede Lampe eine Spannung von $\frac{e_2}{2}$ Volt erhält. Hat noch der Vorschaltwiderstand $w_R$ Ohm, so tritt in ihm ein Spannungsverlust von $I . w_R$ Volt auf und es ist $e_2 = e_1 -- I . w_R$. Wird durch den Abbrand der Kohlen die Länge des Lichtbogens größer, so wird der Gesamtstrom I kleiner und damit der Spannungsverlust $I . w_R$ im Vorschaltwiderstand ebenfalls, also wird

$e_2 = e_1 - I . w_R$ größer und $i = \dfrac{\frac{e_2}{2}}{w_m}$ wird ebenfalls größer. Je größer nun i wird, um so mehr nimmt die Zugkraft des Magnets m zu, schließlich zieht er den eisernen Anker a an, indem er

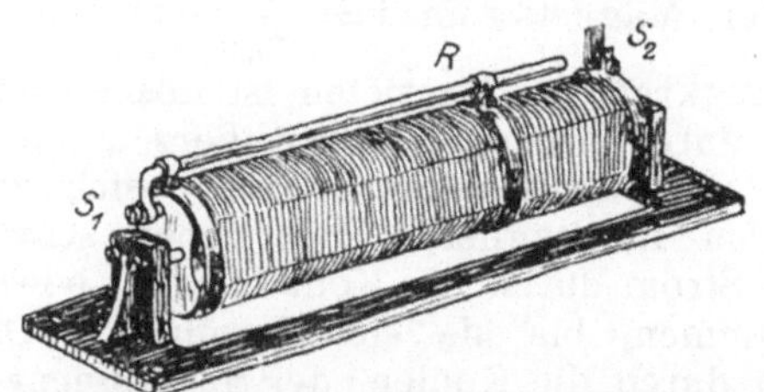


Fig. 283. Vorschaltwiderstand für Bogenlampen.

den Widerstand der Feder f überwindet und zieht dadurch das Sperrad r von der Zunge Z herunter, so daß die obere Kohle, deren Kohlenhalter absichtlich etwas schwer gehalten ist, nach unten sinken kann. Da beide Kohlen durch eine Kette, die über das Kettenrad R läuft, verbunden sind, bewegt sich die untere Kohle gleichzeitig nach oben. Damit die Bewegung der Kohlen langsam erfolgt, ist das Kettenrad mit dem Sperrad durch eine Zahnräderübersetzung verbunden, außerdem sitzt noch ein Windflügelrad F auf der Achse des Sperrades. Dadurch, daß die Kohlen sich einander nähern, wird der Lichtbogenstrom $I_1$, der den größten Teil von I ausmacht, wieder stärker, der Spannungsverlust $I . w_R$ im Vorschaltwiderstand nimmt zu und der Magnetgtrom $i = \dfrac{\frac{e_2}{2}}{w_m}$ wird kleiner, weil $e_2 = e_1 - I . w_R$ kleiner wird. Wie schon vorhin gesagt war, wird also bei Abnahme des Stromes im Lichtbogen der Magnetstrom stärker, dann reguliert die Lampe und beim Zusammenrücken der Kohlen nimmt der Magnetstrom wieder ab. Sind die Kohlen genügend weit zusammengerückt, so ist der Magnet nur noch so schwach erregt, daß die Feder f den Anker a abreißt und das Sperrad r wieder auf die Zunge Z gelegt wird, so daß die Kohlen festgestellt sind. Die eben beschriebene Regelung erfolgt dann, wenn die Lampe schon brennt, also der Lichtbogen schon vorhanden ist. Wird die Lampe eingeschaltet, so kann zunächst, da die Kohlen einige Millimeter auseinander stehen kein Strom durch dieselben hindurchfließen, es muß zuerst der Lichtbogen gebildet werden und dies geschieht auf folgende Weise: Da $I_1 = O$ ist, so ist $I = i$ also der Gesamtstrom der zur Lampe fließt ist sehr klein und der Spannungsverlust im Vorschaltwiderstand ist ebenfalls sehr klein, so daß $e_2 = e_1 - I \cdot w_R$ und der Magnetstrom $i = \dfrac{\frac{e_2}{2}}{w_m}$ jetzt den größten Wert haben. Die Zugkraft des Magneten ist deshalb auch sehr stark, er löst sofort durch Anziehen des Ankers a die Regelungsvorrichtung aus und die Kohlen bewegen sich zusammen. Da aber der Strom im Magneten nicht eher schwächer werden kann, als bis Strom durch die Kohlen fließt, bewegen sich diese so weit zusammen, bis sie sich berühren. Dann fließt ein starker Strom durch die Kohlen, der Spannungsverlust im Vorschaltwiderstand nimmt stark zu und der Magnetstrom wird so schwach, daß die Feder f den Anker a abreißt und mit dem Sperrad die Kohlen feststellt. Bei diesem Vorgang werden aber die Kohlen, die sich vorher berühren mußten, damit der Strom durch sie hindurch geleitet wurde, wieder etwas von einander entfernt und dadurch der Lichtbogen gebildet, weil das Kettenrad R an einem drehbaren Gestell h sitzt und eine Kreisbewegung nach oben machen muß, sobald die Feder f es nach links zieht. Wie aus der ganzen Beschreibung entnommen werden kann, brennt die Lampe um so gleichmäßiger, je häufiger sie reguliert. Eine schlecht brennende Lampe kann mit Hilfe der Schraube S, durch die man die Spannung der Feder f ändert auf gutes Brennen eingestellt werden. Ist z. B. die Feder F zu stark gespannt, so muß auch der Magnetstrom immer sehr stark werden, ehe die Regelung ausgelöst wird, also der Lichtbogen schon sehr lang geworden sein, so daß dann die Lampe kaum noch brennt oder gar jedesmal erst verlöscht, ehe die Kohlen zusammengehen. Im entgegengesetzten Fall, wenn die Feder f zu schwach gespannt ist, zieht der Magnet schon bei ganz geringer Längenzunahme des Lichtbogens, die Kohlen stehen dann fast fortwährend aufeinander und die Lampe zischt beim Brennen.

Selbstverständlich müssen auch die Vorschaltwiderstände eingestellt werden, damit die Lampe ihren richtigen Strom erhält. In Fig. 283 ist ein Vorschaltwiderstand in der Art, wie sie gewöhnlich benutzt werden, gezeichnet. Auf einem Porzellanzylinder ist ein Draht aus Widerstandsmaterial aufgewunden. Die Stromzu- und -ableitung geschieht durch die Klemmen $S_1$ $S_2$. Je weiter man den Ring R nach $S_2$ zu verschiebt, um so kürzer wird das Stück des Widerstandsdrahtes, durch welches der Strom hindurchgeht, um so stärker also der Strom und umgekehrt würde man den Strom schwächen, wenn man den Ring R nach $S_1$ zu verschiebt.

Wie schon gesagt, kann man bei 110 Volt zwei Bogenlampen hintereinanderschalten, weil die Lampen sich gegenseitig kaum stören und bei 220 Volt lassen sich 4 Lampen hintereinanderschalten, wobei immer ein Vorschaltwiderstand genügt. Die Schaltung für 110 Volt zeigt Fig. 282. Die Spannung, mit welcher eine Lampe brennt, beträgt 40 bis 45 Volt.

Neuerdings baut man auch Lampen für 37 Volt, so daß man bei 110 Volt drei Lampen hintereinanderschalten kann. Da dann aber die volle Spannung $3 \times 37$ Volt für die Lampen verbraucht wird, kann kein Vorschaltwiderstand mehr benutzt werden und es dürfen die Lampen nicht Nebenschlußlampen sein, da diese nur mit Vorschaltwiderstand brennen können. Man nennt diese Art Schaltung „Dreischaltung“ und benutzt dazu Differenzbogenlampen. Solche Dreischaltungslampen wurden unter dem Namen Triplexschaltung zuerst von Körting & Matthiessen ausgeführt.

Alle Differenzlampen können ohne Schwierigkeit zu beliebig vielen hintereinandergeschaltet werden, denn sie beeinflussen sich noch weniger als die Nebenschlußlampen. Das Prinzip der Differenzlampe soll an Fig. 284 erklärt werden. Die Lampe wird von Schuckert & Co., Nürnberg, für Dauerbrandlampen, die noch erklärt werden sollen, ausgeführt und besitzt wie alle Differenzlampen zwei Spulen oder Magnete $S_1$ und $S_2$, von denen $S_2$ mit dünnem Draht bewickelt ist, hohen Widerstand hat und im Nebenschluß zum Lichtbogen liegt, während die andere Spule $S_1$ mit wenigen dickdrähtigen Windungen vom Lichtbogenstrom durchflossen wird. Beide Spulen wirken auf einen Hebel. Wenn kein Vorschaltwiderstand vorhanden ist, zieht die Nebenschlußspule $S_2$ immer mit derselben Kraft, während die Hauptstromspule $S_1$ bei kurzem Lichtbogen stark zieht und dann den Klemmring r schräg hält, so daß die obere Kohle vermittelst dieses Ringes und der Scheibe s festgeklemmt ist.

Wird der Lichtbogen durch den Kohlenabbrand länger, so wird
der Strom in der Hauptstromspule schwächer und die Nebenschlußspule $S_2$ zieht den Hebel auf ihrer Seite herunter, wodurch der Klemmring r sich auf die Scheibe s in die Frei-
stellung legt und die obere Kohle nach unten sinken kann.
Damit sie nur langsam sinkt, ist sie mit einer Stange verbunden,
die einen in einem Rohr sich bewegenden Kolben trägt. Gleichzeitig dienen Kolben und Rohr zur Stromzuführung für die obere
Kohle. Wird nun durch das Herabsinken der oberen Kohle der
Lichtbogen wieder kürzer, so wird der Strom in der Haupt-

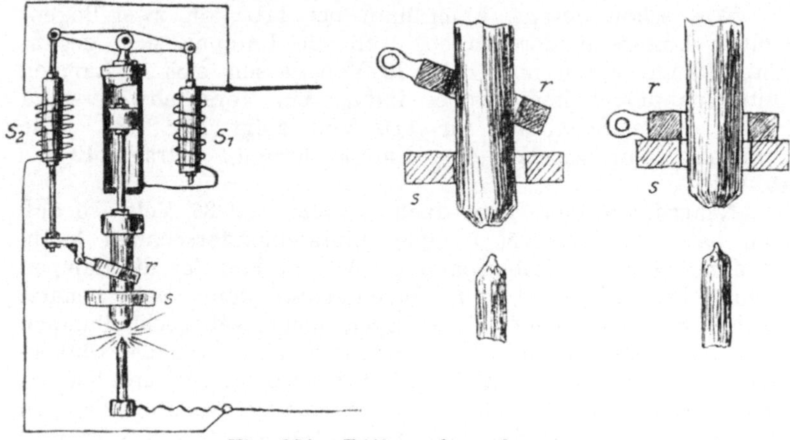

Fig. 284.   Differenzbogenlampe.

stromspule stärker und sie zieht den Ring wieder in die schräge
Klemmstellung. Ohne Vorschaltwiderstand bleibt also die Zugkraft der Nebenschlußspule konstant und die Lampe reguliert
nur infolge der veränderten Zugkraft der Hauptstromspule.
Wendet man noch einen Vorschaltwiderstand an, oder führt
eine längere Leitung zu der Lampe, die wegen ihres Widerstandes ebenso wirkt wie ein Vorschaltwiderstand, so wird
auch noch die Zugkraft der Nebenschlußspule genau wie bei
der Nebenschlußlampe veränderlich und zwar, wenn bei kurzem
Lichtbogen die Hauptstromspule stark zieht, zieht die Nebenschlußspule schwach, umgekehrt bei langem Lichtbogen. Überhaupt entsteht aus der Nebenschlußlampe die Differenzlampe,
wenn man die unveränderlich wirkende Zugfeder durch die
veränderlich wirkende Hauptstromspule ersetzt.

Wir wollen nun zunächst die schon erwähnten Dauerbrandlampen kurz besprechen, welche vor den gewöhnlichen

Lampen den Vorzug haben, daß die Kohlen wesentlich länger aushalten, nämlich 80 bis 120 Brennstunden, während bei den gewöhnlichen Lampen im Winter fast jeden Tag neue Kohlen eingesetzt werden müssen.

Die Dauerbrandlampen besitzen einen in einem Glaszylinder eingeschlossenen Lichtbogen nach Fig. 285. Der Glaszylinder ist oben offen, so daß die obere Kohle sich frei bewegen kann. An der unteren Kohle ist der Zylinder abgedichtet. Schaltet man die Lampe ein, so nehmen die glühenden Kohlen zunächst aus der Luft im Zylinder den Sauerstoff und verbrennen mit ihm zu Kohlensäure. Da aber nur sehr wenig Luft in dem Zylinder enthalten ist, so ist der Sauerstoff schnell verbrannt und eine Lufterneuerung ist nur außerordentlich langsam möglich, weil die Kohlensäure, die schwerer als Luft ist, aus dem unten geschlossenen Zylinder nicht entweicht. Die Kohlen verbrennen

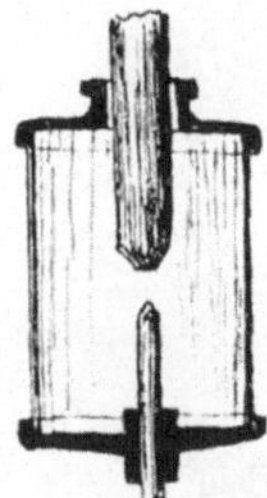

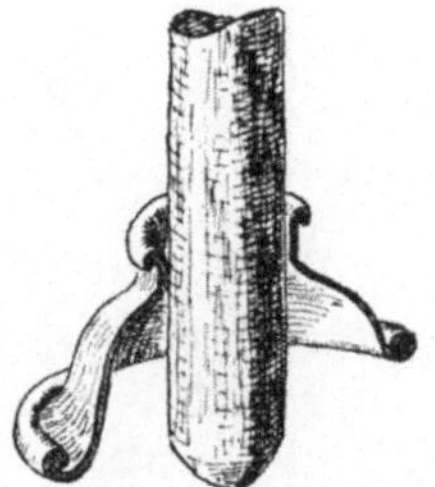

Fig. 285. Eingeschlossener Lichtbogen.     Fig. 286. Sparer von S i e m e n s & H a l s k e.

also fast gar nicht mehr und werden nur durch den Strom verzehrt. Dauerbrandlampen müssen an 110 Volt brennen, können aber sonst genau so eingerichtet sein wie gewöhnliche Bogenlampen. Wegen der höheren Spannung muß der Lichtbogen länger gezogen werden als bei gewöhnlichen Bogenlampen. Deshalb brennen die Dauerbrandlampen unruhig und können nur für Außenbeleuchtung benutzt werden. Ferner haben sie den Nachteil, daß die Glaszylinder durch die sich auf ihnen niederschlagenden Verbrennungsgase beschlagen und schließlich so angeätzt werden, daß sie nicht mehr zu reinigen sind.

In ganz anderer Weise wirken die S p a r e r , die von S i e m e n s & H a l s k e angewendet werden, und von denen einer in Fig. 286 dargestellt ist. Es ist einfach ein emaillierter Blechschirm, durch den die obere Kohle frei, aber mit wenig Zwischenraum hindurchgeht. Die verbrannte Luft wird durch den Sparer in der Nähe des Lichtbogens dadurch zusammengehalten, daß sie wegen ihrer Wärme aufsteigen will und nur langsam oben an dem Schirm entweichen kann. Der Sparer wirkt nicht so stark verbrennungshindernd, wie der Zylinder der Dauerbrandlampen.

Durch Zusatz von Salzen, welche Kalzium, Strontium oder Barium enthalten, verfertigte zuerst Bremer im Jahre 1900 die Effektkohlen, welche günstiger brennen, aber längeren Lichtbogen besitzen müssen, weil die verdampfenden Metalle den Bogen besser leitend machen. Sie brennen daher wieder unruhig und sind hauptsächlich für Außenbeleuchtung, besonders auch, weil das Licht je nach der Art des Salzes rötlich, gelblich oder bläulich gefärbt ist. Gewöhnlich werden die Kohlen dann auch nicht mehr senkrecht übereinander, sondern schräg abwärts

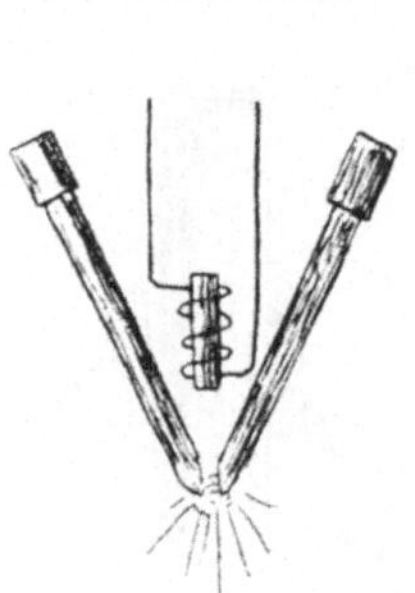

Fig. 287. Schräg stehende Kohlen mit Blasmagnet.     Fig. 288.  Beschlagfreie Armatur.

nach Fig. 287 in der Lampe befestigt. Derartige Lampen heißen dann Intensivflammenbogenlampen. Bei ihnen ist die Lichtausbeute größer, weil der Krater der positiven Kohle, von dem das meiste Licht ausstrahlt, nicht durch eine darunter stehende Kohle zum Teil verdeckt ist. Sie müssen aber, damit der Bogen nach unten brennt, einen Blasmagneten erhalten, der vom Hauptstrom mit durchflossen wird und den Bogen nach unten drängt. Außerdem haben diese Kohlen in besonders starkem Maße die Eigenschaft, die Glasglocken der Lampen durch ihre Dämpfe derartig anzuätzen, daß sie nicht mehr zu reinigen sind. Durch Abwischen der Glocken mit Petroleum oder Paraffinöl (Bloch, E.T.Z. 1909, Seite 730) kann man das Anätzen verhindern, am besten aber benutzt man die beschlagfreien Armaturen. In Fig. 288 ist das Äußere einer solchen Armatur gezeichnet, welche gleichzeitig durch die Innenglocke

als Sparer (vgl. Fig. 286) dient. Die Wirkungsweise besteht
darin, daß nach Fig. 289 ein Luftstrom, der in der Weise, wie
die eingezeichneten Pfeile zeigen, die Lampe durchzieht, die
Dämpfe absaugt und oben ins Freie führt. Die Ausführungsformen der beschlagfreien Armaturen sind verschieden, Fig. 288
entspricht einer Form von Körting & Matthiessen, Leipzig,
während die Form nach Fig. 289 von den Siemens-Schuckert-

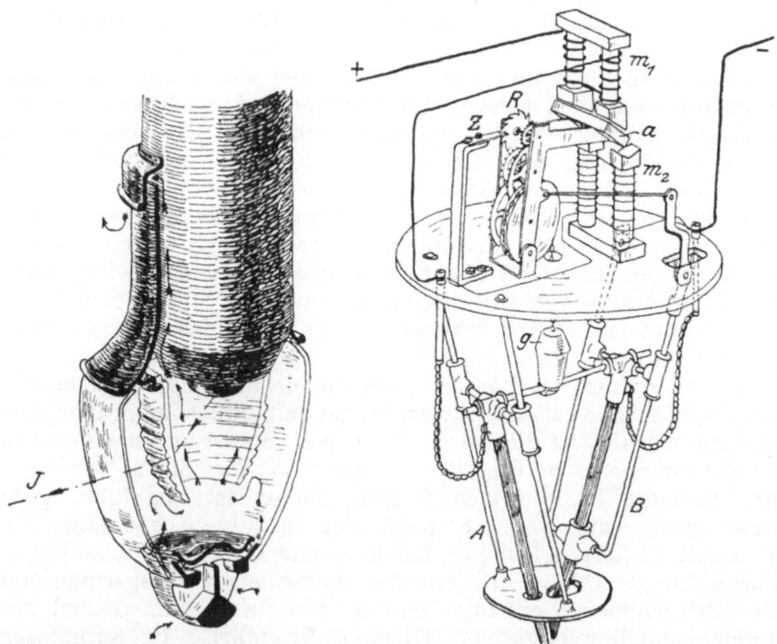


Fig. 289. Beschlagfreie Armatur     Fig. 290.  Differenzlampe mit schrägen
mit dioptrischer Innenglocke.                    Kohlen.

werken ausgeführt wird.  Es wird aber die in Fig. 289 dargestellte dioptrische Innenglocke auch von anderen Firmen
benutzt und ihr Zweck besteht darin, die Lichtstrahlen, wie
bei I angedeutet ist, so abzulenken, daß die seitliche Licht-
verteilung verbessert wird und mit den Lampen eine größere
Fläche gleichmäßiger beleuchtet werden kann, ohne daß die
Lampen sehr hoch zu hängen brauchen, denn hohe Abhängung
verteuert die Anlage und die Bedienung der Lampen.

Einige Ausführungsformen der Lampen mit schräg-
stehenden Kohlen zeigen die Figuren 290, 291 und 292,

gleichzeitig ist dort auch das Bestreben zu erkennen, namentlich bei Fig. 291 und 292, den Regelungsmechanismus durch Vermeidung von Zahnrädern und Uhrwerken einfacher zu gestalten. Die Lampe nach Fig. 290 ist eine Differenzlampe, $m_1$ ist der Hauptstrommagnet, $m_2$ der Nebenschlußmagnet. Im stromlosen Zustand liegt die Spitze der positiven Kohle B an der Spitze der negativen Kohle A an, weil das Werk mit dem Anker a nach rechts überhängt. Beim Einschalten fließt also sofort Strom durch die Kohlen. Der Lichtbogen wird dann dadurch gebildet, daß der Hauptstrommagnet $m_1$ den Anker a nach oben zieht und der Kohlenhalter, der vermittelst einer Zugstange mit dem Gestell der Zahnräder verbunden ist, oben nach links, unten also bei der Kohlenspitze nach rechts gedreht wird. Gleichzeitig wird bei Z das Sperrad R festgestellt. Wird dann der Lichtbogen länger, so zieht schließlich der Nebenschlußmagnet $m_2$ den Anker a nach unten, das Sperrad R wird frei und beide Kohlen sinken durch ihr Gewicht, welches durch Kohlenhalter und Gewichtsstück g noch vermehrt wird, nach unten, wodurch der Lichtbogen kürzer, der Strom und damit der Magnet $m_1$ wieder stärker werden und das Sperrad festgestellt wird.

Eine der ersten Lampen, bei denen die Regelungseinrichtung wesentlich vereinfacht war, indem namentlich Zahnräder vermieden wurden, ist die Beck - Lampe. Sie ist in einer neueren Ausführungsform in Fig. 291 dargestellt. Der Strom wird bei der Klemme $K_1$, die vom Gestell isoliert ist, zugeführt, geht dann durch die Spule S nach der positiven ebenfalls bei I und R isoliert befestigten Kohle A und durch den Lichtbogen zur Kohle B, welche sich mit der Spitze einer Längsrippe auf den Silberköper C aufstützt und so den Strom zum Gestell der Lampe und der negativen Klemme $K_2$ führt. Im stromlosen Zustand liegt die Spitze der Kohle A an derjenigen von B an, weil der Eisenkern E in der Spule S nach unten hängt und durch die Stangenverbindung den Hebel h nach links drückt. Beim Einschalten fließt also sofort Strom durch die Kohlen, aber dann zieht auch die Spule S sogleich ihren Eisenkern E hoch, wodurch der Hebel h unten nach rechts gedreht wird und die Spitze der Kohle A etwas von der Kohle B fortbewegt wird, so daß der Lichtbogen entsteht. Ein weiteres stoßweises Nachschieben der Kohlen, wie bei allen bisher besprochenen Lampen, tritt hier nun nicht auf. Die negative Kohle besitzt eine Längsrippe, deren Spitze unten, weil sie weiter vom Lichtbogen entfernt ist, immer etwas länger ist, als der übrige Teil der Kohle und mit dieser Rippenspitze steht sie auf dem Silber-

körper C. Wird sie durch den Abbrand kürzer, so kommt ihr
oberes Ende allmählich immer tiefer nach unten. An diesem
Ende, wo der Kohlenhalter sich befindet, der an einer Führungsstange gleitet, ist eine wagerechte Schiene D befestigt, auf welche
sich der von seiner Führungsstange bei I isolierte Kohlenhalter
der positiven Kohle mit der ebenfalls isolierten Rolle R stützt,
so daß, wenn der negative Kohlenhalter tiefer sinkt, der sich
auf seine Schiene D stützende positive Kohlenhalter ebenfalls
nach unten sinkt.    Das Erlöschen der Lampe erfolgt dann,

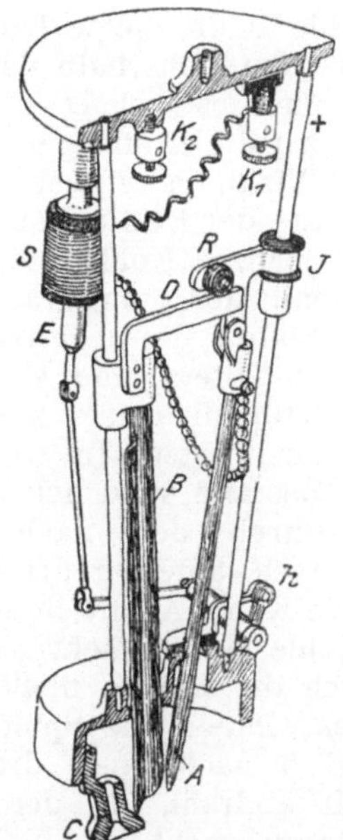
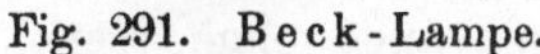
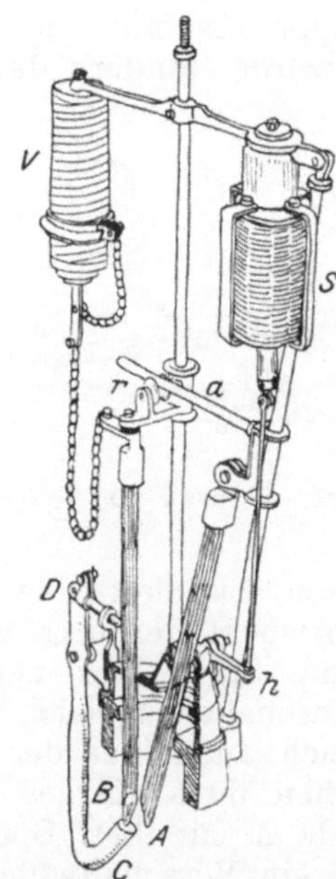

Fig. 291.  Beck-Lampe.          Fig. 292.  Conta-Lampe.

wenn die Kohlen zu kurz geworden sind, selbsttätig, indem die
Rippe nicht bis zum oberen Ende der Kohle geht und die Kohle
nur lose in ihrem Halter steckt, aus dem sie herausfällt, wenn
die Rippe abgebrannt ist. Die Becklampe arbeitet mit immer
gleichem Abstand der Kohlen, so daß bei Änderung des Stromes
infolge Spannungsschwankung oder Ungleichmäßigkeiten in den
Kohlen ein Ausgleich nicht durch Verändern der Lichtbogen-
länge bewirkt werden kann. Es sind deshalb selbsttätige Beck-
Regler vorgesehen, d. s. Eisenwiderstände in luftleeren oder mit
indifferenten Gasen gefüllten Glasrohren, deren Widerstand von

ihrer Temperatur in der Weise abhängt, daß bei stärkerem Strom infolge der größeren Erwärmung eine derartige Widerstandszunahme erfolgt, daß der Strom fast konstant bleibt.

Eine zweite ebenfalls zu den Stützkohlenlampen ohne Laufwerk gehörige Bogenlampe ist die Contalampe der Regina-Elektrizitätsgesellschaft Cöln. (Fig. 292). Die Schwierigkeit einen guten Stützpunkt zu erhalten bei genügend langer Spitze der negativen Kohle wird bei dieser Lampe dadurch erreicht, daß die negative Kohle sich nicht mit ihrem ganzen Gewicht auf den Punkt C (Fig. 292) aufstützt, wodurch bei der ohne Rippe ausgeführten runden Kohle B die Spitze leicht zerdrückt würde, sondern daß sie noch einmal oberhalb des Stützpunktes bei D geklemmt wird. Im übrigen ist ihre Wirkungsweise ähnlich, wie die der Beck-Lampe. Die positive Kohle stützt sich mit der Stange a auf die Rolle r des negativen Kohlenhalters und sinkt deshalb mit dieser zusammen nach unten. Im stromlosen Zustand wird der Hebel h durch den nach unten

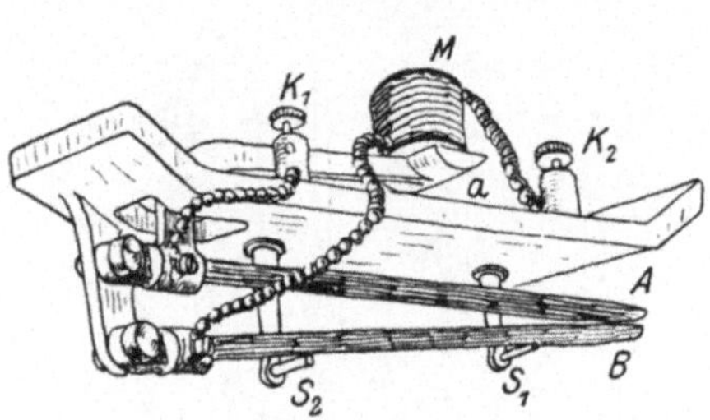


Fig. 293.   Timar-Dreger-Lampe.

hängenden Eisenkern der Spule S nach unten gedrückt und die in ihrem Halter drehbare negative Kohle A mit ihrer Spitze gegen die Spitze der negativen Kohle B gedrückt, so daß beim Einschalten sogleich Strom durch die Kohlen fließt. Dann bildet sich auch hier der Lichtbogen, indem die Spule durch Hochziehen ihres Kernes den Hebel h nach oben dreht und die Kohle A mit ihrer Spitze von B abdreht. In der Lampe ist noch ein Vorschaltwiderstand V angebracht.

Eine besonders eigenartige Lampe auch ohne Werk, aber nicht mehr zu den Stützkohlenlampen gehörend und mit einer von der üblichen ganz abweichenden Form, ist die Timar-Dreger-Lampe der Gesellschaft für elektrotechnische Industrie in Berlin, deren Prinzip Fig. 293 zeigt. (E. T. Z. 1910. S. 34.) Die positive Kohle A liegt mit ihrer Spitze auf derjenigen der negativen Kohle B auf. Beim Einschalten fließt deshalb sofort Strom durch die Kohlen, und der Magnet M bildet den Lichtbogen, indem er durch Anziehen des Ankers a den positiven Kohlenhalter dreht und die Spitze von A abhebt von der Spitze von B. Wenn die Kohlen zu kurz werden, erfolgt das Verlöschen dadurch, daß die untere Kohle B von dem letzten

Stützstift $S_2$ nach unten klappt.  Die Lampe wird aber nicht, wie in Fig. 293 dargestellt ist, mit nur einem Kohlenpaar hergestellt, sondern mit zweien, die beide hintereinander geschaltet sind und einen Magnet besitzen.  Die Form der Lampe gestattet eine Anbringung in Räumen, die niedrig sind, weil sie im Gegensatz zu den gewöhnlich ziemlich langen sonstigen Bogenlampen ganz flach sind.

Während die schon besprochenen Intensivbogenlampen nur für Straßen- und Schaufensterbeleuchtung, also vorwiegend für Außenbeleuchtung benutzt werden können, zeigt Fig. 294 eine Lampenanordnung, die nur bei Innenbeleuchtung in Frage kommt, die Lampe für i n d i r e k t e B e l e u c h t u n g.  Der Lichtbogen brennt offen bei L und die Lampe ist mit einem nach oben offenen Schirm S umgeben, der das Licht gegen die Decke des Raumes wirft, welche dann glatt weiß gestrichen sein muß und in dem Raum eine ganz gleichmäßige Beleuchtung erzeugt, die besonders bei Zeichensälen oder in ärztlichen Arbeitsräumen erwünscht ist.

Die meisten besprochenen Bogenlampen, mit Ausnahme der Stützkohlenlampen sind auch für Wechselstrom anwendbar.  Die W e c h s e l s t r o m l a m p e n müssen jedoch, wenn die Spulen auf Hülsen aus Metall aufgewickelt sind, mit geschlitzten Hülsen versehen sein, (Fig. 295), weil sonst in den Hülsen durch das Wechselfeld des Stromes Induktionsströme entstehen würden, die die Hülsen heiß machen.

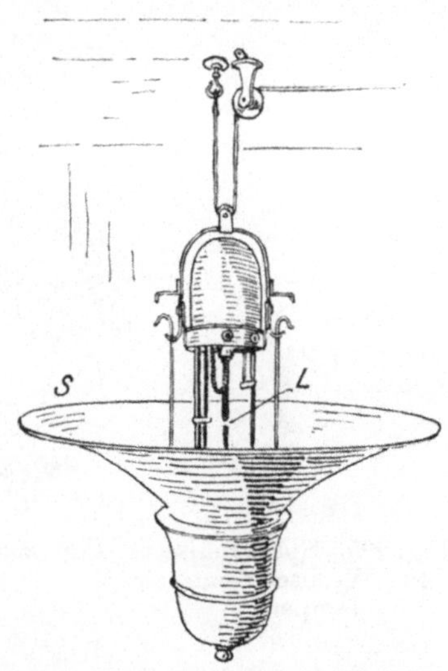


Fig. 294.  Lampe für indirekte Beleuchtung von Innenräumen.

Ferner sind die Kohlenspitzen bei Wechselstrom nach Fig. 280 andersartig geformt als bei Gleichstrom.  Da aber der schon dort erwähnte Krater die Hauptquelle des Lichtes ist, so folgt aus Fig. 280, daß Gleichstrombogenlampen hauptsächlich ihr Licht nach unten werfen, Wechselstromlampen dagegen werfen ihr Licht teilweise auch nach oben, da beide Kohlen einen Krater haben.  Man erkennt diese Lichtverteilung an dem Schatten auf den Lampenglocken, wie Fig. 296 zeigt.  Da das nach oben geworfene Licht wenig Zweck hat, sucht man diese Licht-Verteilung dadurch zu ändern, daß man dicht über dem Lichtbogen einen Reflektor R aus emailliertem Eisen anbringt wie Fig. 297 zeigt. Eine Bogenlampe, deren Werk nur bei Wechselstrom arbeiten kann, zeigt Fig. 298. Es kommt dort die Ferraris-Scheibe (vergl. Fig. 83 u. S. 91) zur Anwendung, indem der Nebenschlußmagnet n die Aluminiumscheibe in der Richtung 1 dreht, der Hauptstrommagnet h dagegen in der Richtung 2. Beide Magnete haben Blechkerne, wegen des Wechselfeldes. Die Lampe wirkt als Differenzlampe und wird von der Allgemeinen Elektrizitäts-Gesellschaft ausgeführt.

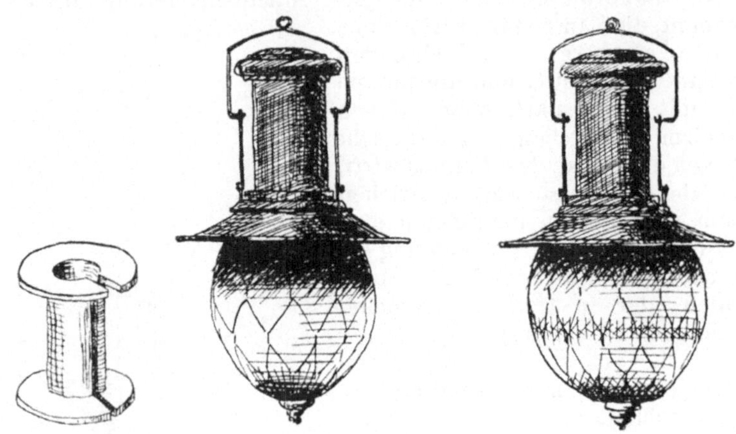

Fig. 295. Spulenhülse       Fig. 296.   Schattenverteilung für Gleichstrom
für Wechselstrom-                    (links), Wechselstrom (rechts).
lampen.

Während die Bogenlampen sämtlich offene Lichtbögen haben, oder vielmehr der Bogen nicht von der Luft abgeschlossen ist, arbeiten die Quecksilberdampflampen mit geschlossenen Glasröhren von $\frac{1}{2}$ m Länge, in welche oben und unten Drähte eingeschmolzen sind. Das Glasrohr ist am einen Ende beschwert und steht in seiner normalen Stellung schräg, wie Fig. 299 zeigt. In seinem unteren Ende steht Quecksilber. Schaltet man die Lampe ein und bringt durch Neigen das Rohr in die wagrechte Lage, so daß das Quecksilber die beiden Enden verbindet, so entsteht beim Zurückneigen in die schräge Normallage zwischen dem oberen Draht und dem zurückfließenden Quecksilber ein Lichtbogen. der dann fortwährend im Innern der Röhre Quecksilber verdampft. Die Quecksilberdämpfe leiten den Strom und leuchten mit grünblauem Licht. Die Lampen

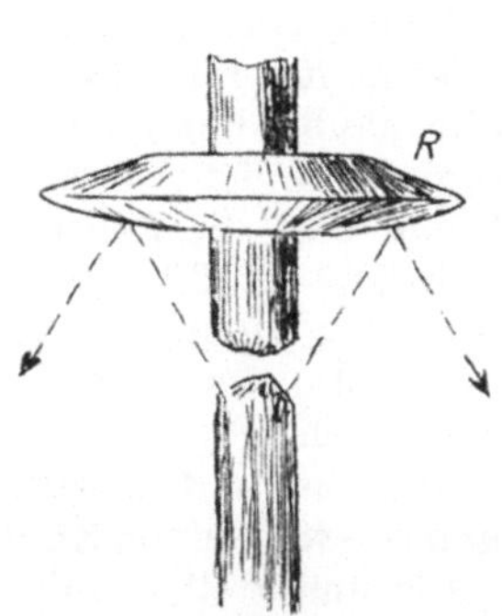

Fig. 297.   Reflektor bei Wechsel-
stromkohlen.

Fig. 299.   Quecksilberdampflampe.

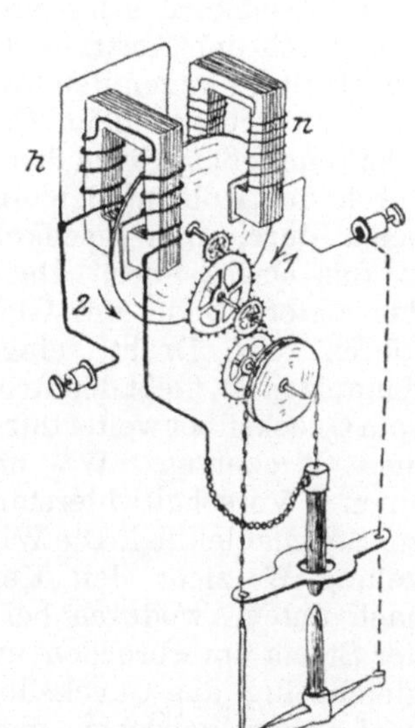

Fig. 298.   Differenz-Wechselstrom-
lampe nach Ferraris Prinzip.

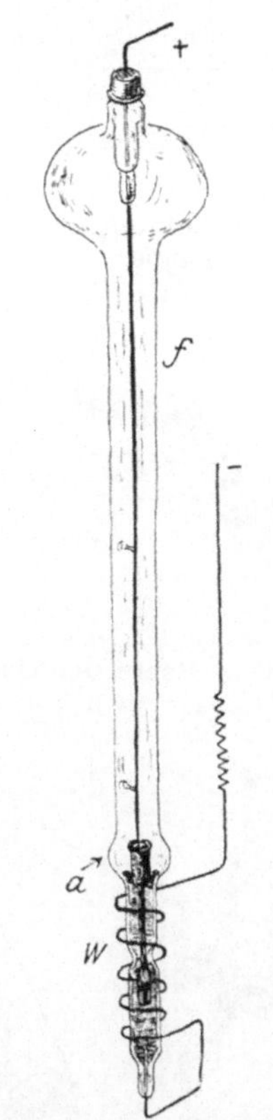

Fig. 300.   Steinmetz-Lampe.

brennen außerordentlich billig, leider aber ist die Farbe des
Lichtes, dem die roten Strahlen fehlen, sehr unangenehm und
zum Erkennen von Farben unmöglich.   Da das Quecksilber-

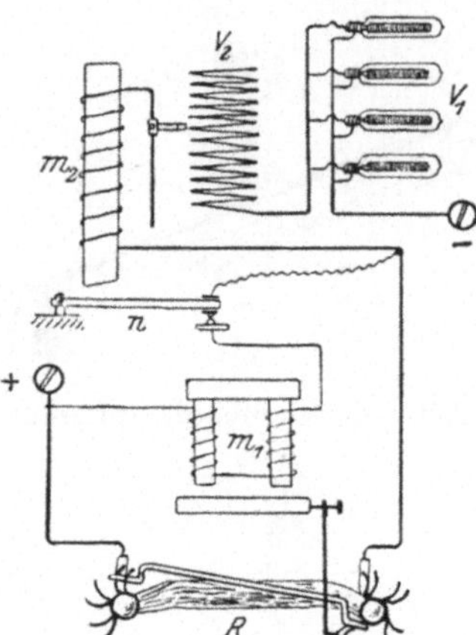

Fig. 301. Schaltung der Quarzlampe.

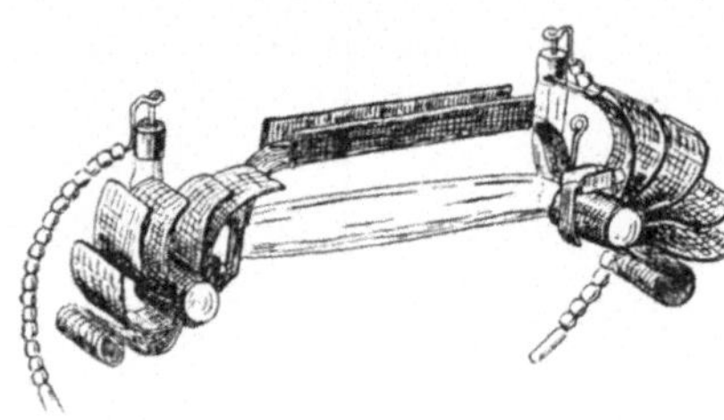

Fig. 302. Röhre der Quarzlampe.

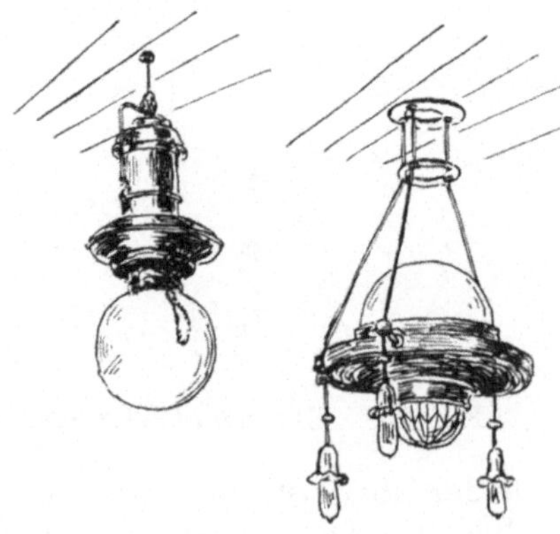

Fig. 303. Äußeres der Quarzlampe.

Licht sehr viel blaue und chemisch wirkende Strahlen enthält, eignet es sich für Photographen, die es sehr häufig benutzen.

Unangenehm ist weiter bei diesem Licht, daß die Röhre erst gekippt werden muß. Bei der Steinmetzlampe der General-Elektric Co ist dies vermieden. Die Lampe nach Fig. 300 steht immer senkrecht und besitzt in dem langen Gasrohr einen Kohlenfaden f, der unmittelbar mit der positiven Stromzuführung verbunden ist. Im unteren Ende der Lampe befindet sich Quecksilber, in dem ein Eisenkern schwimmt, der bei a durch den Auftrieb des Quecksilbers gegen den Kohlenfaden drückt. Beim Einschalten fließt sogleich Strom durch den Kohlenfaden und bei a durch den Eisenkern in das Quecksilber. Da in das untere Ende des Glasrohres ein Draht eingeschmolzen ist, fließt der Strom vom Quecksilber weiter durch die Wickelung W und einen Vorschaltwiderstand zur Stromableitung. Die Wikkelung W zieht den Kern nach unten, wodurch bei a der Strom unterbrochen und gleichzeitig das Quecksilber nach oben getrieben wird, so daß der bei a entstehende Lichtbogen das Quecksilber zum Teil verdampft. Sobald die Quecksilberdämpfe erzeugt sind, leiten nur noch diese und der Kohlenfaden wird stromlos.

Um die unangenehme

Farbe des Quecksilberlichtes zu verbessern, hat man schon viele
Versuche gemacht, die jetzt Erfolg versprechen.  Am besten ist
die Anwendung sehr hoher Temperaturen, die aber gewöhnliches
Glas nicht aushält, sondern nur Quarzglas.  Quecksilberlampen
dieser Art heißen Q u a r z l a m p e n.  Die Schaltung einer solchen
Lampe zeigt Fig. 301.  Sie
ist mit selbsttätiger Zündung
versehen, indem beim Ein-
schalten die Quarzglasröhre
R durch den Magnet $m_1$ gekippt wird.  Sobald Strom
durch die Röhre fließt, zieht
der Magnet $m_2$ den Kontakt-
hebel n an, wodurch der
Magnet $m_1$ ausgeschaltet
wird.  $V_2$ ist ein einstellbarer
Vorschaltwiderstand, $V_1$ sind
parallel geschaltete in luftleeren oder mit indifferenten
Gasen gefüllten Glasröhren
liegende dünne Eisendrähte
(vergl. S. 251, B e c k -Regler).

Die Röhre der Quarz-
lampe Fig. 302 ist viel kürzer,
als bei gewöhnlichen Quecksilberdampflampen und an
beiden Enden wegen der
hohen Temperatur mit Kühl-
körpern aus gebogenen Blechen versehen. Das Äußere
der Quarzlampen ist nach
Fig. 303 auch vollkommen

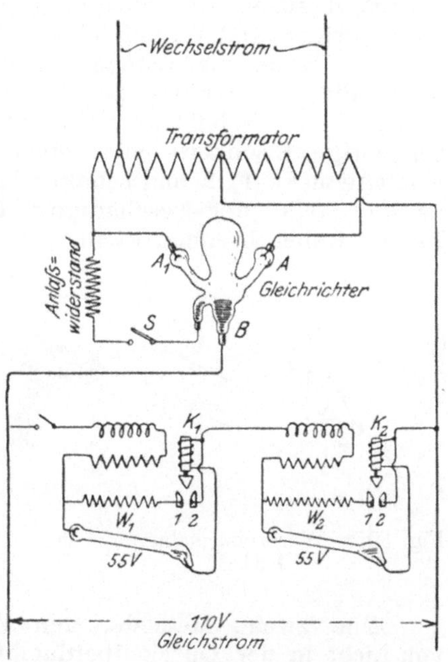


Fig. 304    Anschluß von Quecksilberlampen an Wechselstrom mit Gleichrichter.

verschieden von dem der gewöhnlichen Quecksilberlampen.
Der rechts dargestellte Beleuchtungskörper ist noch mit drei
Glühlampen ausgerüstet. Dies geschieht, um die Farbe des Quecksilberlichtes zu verbessern, denn wenn auch das Quarzlicht schon
eine bessere Farbe hat, so fehlen doch noch gegenüber dem Tageslicht
im wesentlichen die roten Strahlen und diese werden
zum Teil durch die Glühlampen hinzugefügt.

Um den Q u e c k s i l b e r l i c h t b o g e n  b e i  W e c h s e l s t r o m zu
erzeugen, bedarf man eines Quecksilbergleichrichters.  In Fig. 304
ist die Schaltung gezeichnet. Der Gleichrichter ist mit denselben
Buchstaben und Bezeichnungen versehen, wie schon in Fig. 235
und 236, so daß bezüglich seiner Wirkungsweise nur auf diese

Figuren und Seite 210 verwiesen zu werden braucht. Die Quecksilberdampflampen sind zu zweien hintereinander an die Gleich-
stromleitungen angeschlossen und erhalten jede mit Drosselspulen
und Vorschaltwiderständen 55 Volt. Damit die Lampen unabhängig
voneinander sind und nicht beide verlöschen, falls an einer ein Fehler
auftritt, besitzen sie selbsttätige Kurzschließer, die aus dem
Parallelwiderstand $W_1$ und $W_2$ und den Eisenkernen $K_1$ und $K_2$ bestehen.     Wenn die Lampen richtig brennen, sind die Kerne
durch die mit der Lampe hintereinander geschalteten Spulen
hochgezogen. Sobald aber eine Lampe stromlos wird, fällt der
zugehörige Eisenkern mit seiner Kontaktspitze zwischen die
Kontaktstücke 1, 2 und schaltet dadurch den Parallelwiderstand
an die Stelle der beschädigten Lampe, so daß die andere
Lampe weiter brennen kann.

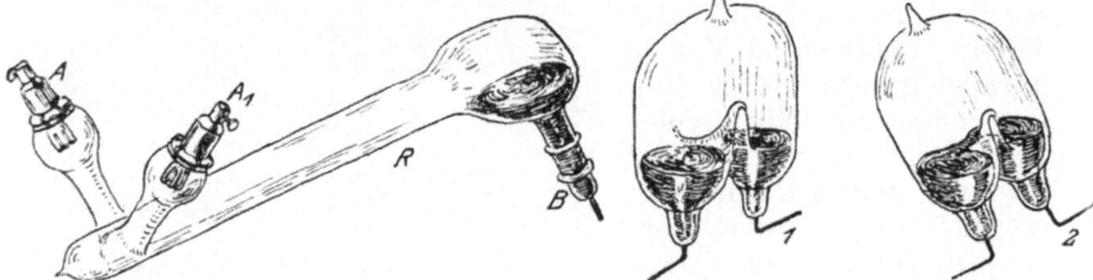

Fig. 305.   Wechselstromlampe von          Fig. 306. Unterbrecher zur Lampe
            Pole.                                    von Pole.

Eine zweite Methode, den Wechselstrom zur Erzeugung
von Licht in der Quecksilberdampflampe zu verwenden, besteht
darin, Lampe und Gleichrichter zu vereinigen, indem der Gleichrichter wie Dr. J. Pole (E. T. Z. 1910. S. 929) angibt, mit einem
genügend verlängerten Rohr nach Fig. 305 ausgeführt wird, woselbst R das verlängerte Kathoden-Rohr ist. Die Schwierigkeit
besteht in der selbsttätigen Zündung. Diese erfolgt durch einen
Hochspannungsstoß, der durch schnelle Unterbrechung von Induktionsspulen erzeugt wird. Die schnelle Unterbrechung besorgt
der Quecksilberunterbrecher von Cooper-Hewitt nach Fig. 306,
in welchem, wie die Stellungen 1 und 2 zeigen, durch Neigen
das Quecksilber in beiden Schenkeln zusammenfließt (2) und den
Strom schließt und wieder auseinanderfließt (1). Die Schaltung
der Lampe zeigt Fig. 307. Bei 1, 2 wird der Wechselstrom
zugeführt. $L_1$, $L_2$ sind die Induktionsspulen, S der Unterbrecher.
$L_0$ ist ein induktiver Widerstand, r ein kleiner Schutzwiderstand
für den Unterbrecher und T ein Transformator. Alle diese
Apparate sind nach Fig. 308 auf einem Grundblech vereinigt

und mit der Lampe nach Fig. 309 verbunden. Die Lampe besitzt nach dieser letzten Figur eine Schutzhülle aus Blech für die Apparate und einen Blechschirm. Die Wirkungsweise der Lampe ist folgende: Beim Einschalten wird der Unterbrecher, der nach Fig. 308 bei S umkippbar aufgehängt ist, in kurze Erschütterungen durch die Einwirkung der Eisenkerne der

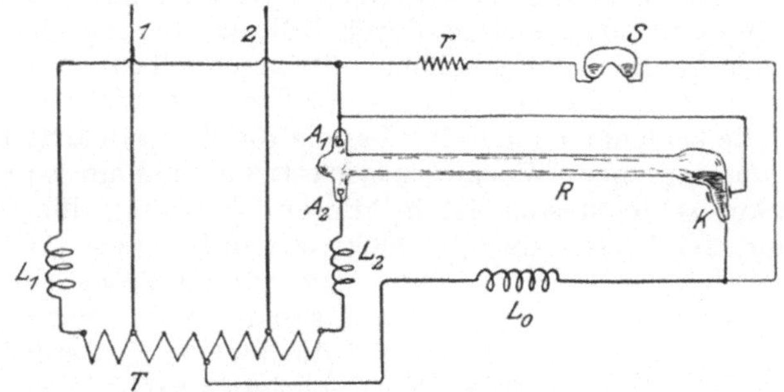

Fig. 307. Schaltung zur Lampe von Pole.

Spule $L_0$ versetzt und erzeugt dadurch mit Hilfe der Selbstinduktionsspulen $L_1$ und $L_2$ Hochspannungsstöße, die dann zünden, wenn sie gerade in einem Augenblick erfolgen, wo das Ende B (Fig. 305) der Röhre Kathode ist. Es kann die Zündung daher mitunter 1 bis 4 Sekunden dauern. Das Ende B des Rohres ist außen mit Blattzinn umgeben, an diesen Ring

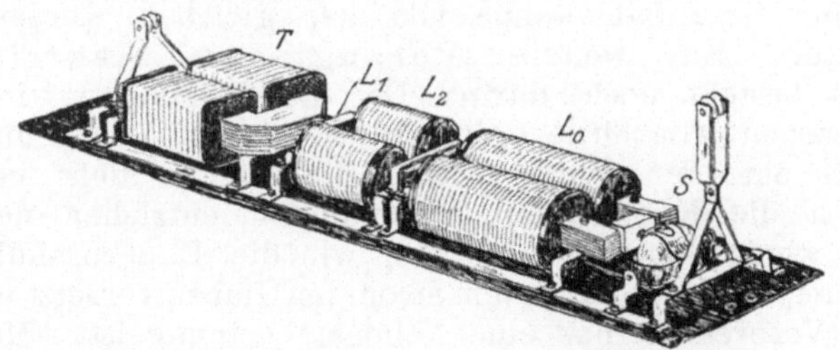

Fig. 308. Apparate zur Lampe von Pole.

von Blattzinn ist nach Fig. 307 die Zündungsleitung angeschlossen. Es erfolgt die Zündung durch gleichseitiges Auftreten von Entladungen zwischen $A_1$ und K (Fig. 307) im Innern der Röhre und einer Außenentladung zwischen dem sogenannten Anlaßband aus Blattzinn und der Kathode K.

Eine Quecksilberdampflampe mit vollkommen weißem Licht

17*

herzustellen ist jetzt Dr. M. Wolfke, Karlsruhe gelungen (E. T. Z. 1912, Seite 917). Es wird auch Quarzglas verwendet und als Elektrodenmaterial eine Kadmium-Quecksilber-Legierung. Die Lampe brennt mit 0,2 Watt für die Kerze und besitzt selbsttätige Zündung.

Die bisher erwähnten elektrischen Lampen und alle sonstigen Beleuchtungseinrichtungen, wie Gas, Petroleum usw. haben das gemeinsam, daß das Leuchten durch Körper hervorgerufen wird, die in der Lampe infolge hoher Temperatur zum Glühen gebracht werden. Es entsteht also außer dem Licht stets noch Wärme. Je schlechter nun eine Lampe die ihr gelieferte Energie umsetzt, um so mehr Wärme entwickelt sie, und um so weniger Licht. Am schlechtesten ist in dieser Beziehung die Stearinkerze und am besten sind die elektrischen Lampen. Wie schon im Anfang dieses Abschnittes gesagt war, verbrauchten die älteren Kohlenfadenlampen etwa dreimal mehr Energie, wie die heutigen Metallfadenlampen. Die in die Lampe gelieferte Energie wurde aber bei den Kohlenfadenlampen einfach zu einem größeren Teil in Wärme umgesetzt, denn eine Kohlenfadenlampe wird

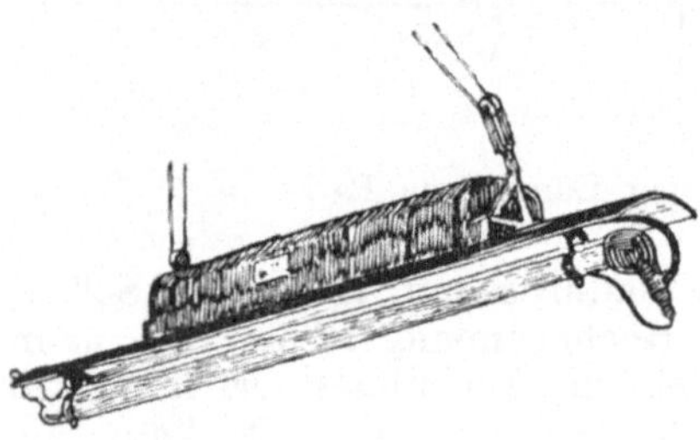

Fig. 309.  Äußeres der Lampe von Pole.

meist so heiß, daß man sie kaum anfassen kann, dagegen bleibt eine Metallfadenlampe von der gleichen Kerzenstärke viel kälter. Ein weiterer Vorzug des elektrischen Lichtes besteht noch darin: Da die Glühlampen in einer verschlossenen Glasbirne glühen, so kann der Luft kein Sauerstoff entzogen werden, weil die Fäden nicht verbrennen; auch die Kohlen der Bogenlampen entziehen der Luft nur sehr wenig Sauerstoff, da sie, wie die Dauerbrandlampen zeigen, hauptsächlich durch den Strom ins Glühen versetzt werden, und das Verbrennen nur eine Nebenerscheinung ist. Nun bedeutet aber ein Verbrennen stets eine unangenehme Luftverschlechterung, denn beim Verbrennen wird der Sauerstoff der Luft in Kohlensäure verwandelt. Der Mensch braucht aber den Sauerstoff zum Atmen und da vor allem die Gaslampen sehr viel Kohlensäure entwickeln, ebenso Petroleum, so steht auch in gesundheitlicher Beziehung das elektrische Licht an der Spitze aller Beleuchtungsarten, vor allem das Glühlicht, welches ja am meisten in Räumen, in denen sich dauernd Menschen

aufhalten, angewendet wird. Beim Gas kommt zu der Luftverschlechterung noch die große Gefährlichkeit hinzu, die in
Vergiftung und Explosionsmöglichkeit besteht, selbst dann, wenn
das Gas nicht benutzt wird, denn die Gasleitungen lassen sich
nicht genügend abdichten, so daß stets, wie neuere Untersuchungen
gezeigt haben, ganz geringe Gasmengen entweichen, die allmählich dem Betroffenen selbst unmerkbar chronische Vergiftungs-
erscheinungen erzeugen können. Gegen Petroleum braucht das
elektrische Licht nicht besonders verteidigt zu werden, die viel
größere Reinlichkeit und Bequemlichkeit sind schon in die
Augen springende Vorteile. Der Aberglaube, das elektrische
Licht sei sehr teuer, ist ja schon an anderen Stellen dieses
Buches durch Berechnungen widerlegt, er rührt von den allerdings teueren früheren Kohlenfadenlampen her. Hier möge nur
noch erwähnt werden, daß die Kilowattstunde, die gewöhnlich
höchstens 50 Pfg. kostet, den Preis von etwa 98 Pfg. haben
müßte, wenn elektrisches Licht ebenso teuer als Petroleumlicht
sein soll und 1 l Petroleum 20 Pfg. kostet. Es ist also elektrisches
Licht bei richtiger Anlage und Metallfadenlampen heute nur noch
etwa halb so teuer als Petroleumlicht, so daß es keine Luxusbeleuchtung mehr ist, sondern unmittelbar für kleine Leute geeignet ist. Es werden deshalb auch vielfach schon Arbeiter-
häuser mit elektrischem Licht eingerichtet.

　　Nach dem vorhin Gesagten ist das Ideallicht ein solches,
welches gar keine Wärme erzeugt, sondern die ganze Energie
in Licht umsetzt. In der Natur besitzen wir dieses Licht
beim Glühwürmchen, künstlich können wir es herstellen
durch elektrische Entladungen in luft- oder gasverdünnten
Glasröhren, in den sogenannten Geißlerschen Röhren.
Diese Röhren sind schon lange bekannt, es war aber praktisch bis vor einigen Jahren noch nicht möglich, diese vor-
teilhafte Art der Lichterzeugung anzuwenden, bis der Ameri-
kaner Moore die Anwendung durch eine Erfindung möglich
machte, deren wichtigster Teil ein selbsttätiges Ventil ist. Die
Geißler-Röhren haben nämlich alle die schlechte Eigenschaft,
durch die Entladungen hart zu werden, d. h. die elektrischen
Entladungen bewirken, daß die Luft- und Gasverdünnung in
der Röhre verstärkt wird. Lichterscheinungen treten aber nur
bei einer ganz bestimmten Gasverdünnung auf, wird diese über-
schritten, so leuchten die Rohre nicht mehr. Moore erfand
nun ein Ventil, welches selbsttätig immer wieder Gas in das
Rohr einführt, sobald der Verdünnungsgrad zunimmt. Die
erforderlichen Apparate sowie das Ventil sind in Fig. 310 dargestellt. T ist ein kleiner Transformator, welcher Hochspannung

erzeugt, die sich in den miteinander verbundenen, bis zu 40 m langen Glasröhren $R_1$, $R_2$ entladet. Bei 1, 2 wird der gewöhnliche Niederspannungswechselstrom angeschlossen, L ist ein induktiver Widerstand, S die Wickelung einer Spule, welche auf den Eisenkern E des Ventils wirkt. Das Ventil besitzt bei R eine Öffnung oder ein Rohr, durch welches die Gasart, mit der das Leuchtrohr $R_1$ $R_2$ gefüllt ist, eintreten kann. Der innere Glaskörper, an dem der Eisenkern befestigt ist, hat bei 1 ein kleines Loch, zum Eintritt für das Gas. Bei K ist eine möglichst dichte Kohle vor dem engeren Glasrohr eingekittet,

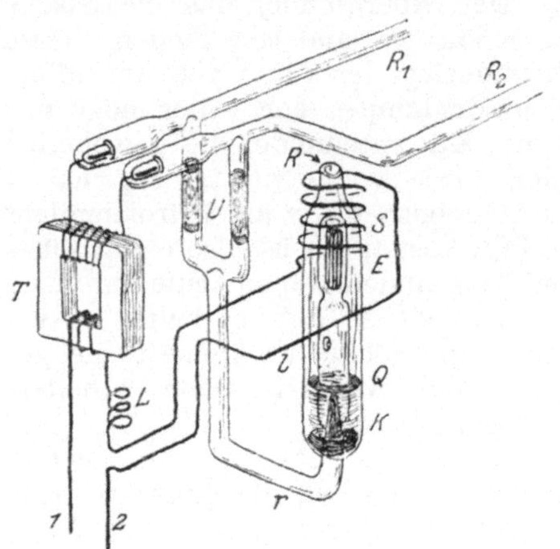

Fig. 310. Ventil und Apparate des Moore-Lichtes.

die von Quecksilber so umgeben ist, daß die ganze Kohle bedeckt ist. Wird der innere Glaskörper durch die Wickelung S gehoben, was dann eintritt, wenn der Widerstand der Leuchtröhre sich ändert und dadurch Stromänderungen in der Zuführung zum Transformator auftreten, so tritt das Quecksilber zurück und die Spitze der Kohle wird frei. Es tritt dann durch die Kohle das Gas in das Rohr r und von dort in das U-Rohr, wo es durch Sand hindurch muß in die Leuchtröhre. Der Sand ist bei U eingeschaltet, damit durch das U-Rohr hindurch kein Kurzschluß entsteht und die Hochspannungsentladungen nicht durch das U-Rohr vor sich gehen. Die Leuchtröhre erzeugt je nach dem Gas, welches sich in ihr befindet, ein verschieden gefärbtes Licht. Es läßt sich auch rein weißes Licht erzeugen, so daß Farbenproben und Farbenuntersuchungen bei diesem Licht vorgenommen werden können. Das Leuchtrohr wird in Längen bis zu 40 m unter der Decke der zu beleuchtenden Räume verlegt, und bei der Montage setzt man es aus einzelnen 2 m langen Stücken zusammen, die durch ein für diese Zwecke besonders konstruiertes Gebläse zusammengeschmolzen werden. Wegen dieser leichten Zusammensetzbarkeit ist auch eine Reparatur sehr einfach.

Die vorhin gemachte Bemerkung, wonach in luftverdünnten

Röhren fast alle Energie ohne Wärmeerzeugung nur in Licht verwandelt wird, könnte nun zu dem falschen Schluß führen, daß das Moore - Licht ohne Verluste arbeite. Allerdings bleiben die Leuchtröhren fast ganz kalt und in ihnen treten auch nicht die Verluste auf, wohl aber in den noch zur Anlage unbedingt erforderlichen Apparaten, Transformator, Ventil usw. Nach den allerdings schwierigen Vergleichsmessungen ist aber das Moore-licht heute ohne weiteres. ein billiges Licht, welches mit den vorhandenen elektrischen Lampen in Wettbewerb treten kann, und wie verschiedene ausgeführte Anlagen beweisen, schon erfolgreich in Wettbewerb getreten ist.

# XII. Elektrische Stromerzeugungs- und Verteilungsanlagen.

Gewöhnlich erzeugt man in einer elektrischen Anlage die Elektrizität in einer Zentrale, woselbst die Maschinen arbeiten und von wo aus man durch Drähte und Kabel die elektrische Energie für Kraft- Licht- und andere Zwecke verteilt. Da man fast stets in einer Zentrale mehrere Maschinen anwendet,

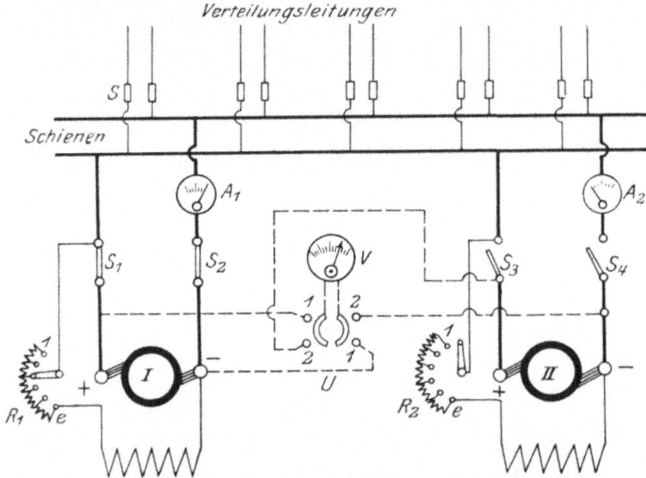


Fig. 311. Zwei Maschinen parallel.

die zu Zeiten starker Stromentnahme zusammenarbeiten, sollen zunächst die dabei zu beachtenden Vorschriften behandelt werden. In Fig. 311 ist die Schaltung einer kleinen Gleichstromanlage mit zwei Maschinen gezeichnet. Nehmen wir an, es sei eine Anlage in einer Fabrik, die nachts nicht zu arbeiten braucht. Dann werden morgens zunächst beide Maschinen eingeschaltet, wenn im Winter Kraft und Licht gleichzeitig gebraucht werden. Man stellt dann z. B. zuerst die Maschine I an, indem man nach Inbetriebsetzung der Antriebsmaschine den Schalthebel $S_1$ schließt und die Kurbel des Reglers $R_1$ von Kontakt O auf einen beliebigen Kontakt zwischen 1 und e stellt. Es kann sich bei geschlossenem Schalter $S_1$ die Maschine selbst erregen, welcher Vorgang ja schon früher beschrieben wurde. Man stellt den Voltmeter-Umschalter U auf die Stellung 1—1 und erkennt dann am Voltmeter V, wann die normale Spannung der Maschine eingetreten ist. Sobald dies der Fall ist, schließt man auch den zweiten Hebel $S_2$. Soll die Maschine II nun auch eingeschaltet werden, so braucht sie sich nicht mehr selbst zu erregen, weil schon Spannung an den Schienen vorhanden ist. Man schließt deshalb bei dieser Maschine zuerst den Hebel $S_4$, dann fließt von den Schienen aus ein Strom durch die Magnetwickelung der Maschine II, dessen Stärke mit dem Regler $R_2$ so geregelt wird, bis auch Maschine II die normale Spannung gibt, was man am Voltmeter V erkennt, wenn man U auf 2—2 stellt. Sobald die Spannung von Maschine II genau so hoch geworden ist als diejenige von Maschine I, darf man den Hebel $S_3$ schließen. Schließt man $S_3$ zu früh, dann würde aus Maschine I ein Strom in Maschine II hineinfließen; man muß deshalb vor dem völligen Einschalten der zweiten Maschine die Spannungen genau vergleichen. Die zugeschaltete Maschine II gibt nun zunächst noch keinen Strom. Um sie auch zu belasten, geht man mit der Kurbel von $R_1$ zurück, mehr nach Kontakt 1 zu und mit der von $R_2$ weiter vor, nach e zu. Dadurch reguliert man die elektromotorische Kraft von Maschine I etwas herunter und diejenige der Maschine II etwas herauf, dementsprechend liefern dann beide Maschinen Strom.

Herrscht nun zwischen den Schienen eine bestimmte Spannung, so muß, wenn im Netz Strom entnommen wird, in der Maschine eine höhere elektromotorische Kraft erzeugt werden, als die Schienenspannung beträgt, weil ja der Strom in der Maschine schon durch den Ankerwiderstand getrieben werden muß und hierzu 2 bis 3 $^0/_0$ der erzeugten elektromotorischen Kraft erforderlich sind. Ist nun die zweite, zugeschaltete Maschine so einreguliert, daß ihre elektromotorische Kraft gerade gleich der Spannung (nicht gleich der elektromotorischen Kraft) der schon laufenden ist, welche gleichbedeutend mit der Schienenspannung ist, da man in Fig. 311 und überhaupt immer mit dem Voltmeter nur dann die gesamte elektromotorische Kraft messen kann, wenn der Anker stromlos ist, so kann die zweite Maschine zunächst noch keinen Strom abgeben, sondern es heben sich, da beide Maschinen mit gleichen Polen zusammengeschaltet sind, die elektromotorische Kraft der Maschine II und die

Schienenspannung, herrührend von der belasteten Maschine I, gegenseitig auf, so daß in den Verbindungsleitungen von Maschine I zu den Schienen kein Strom fließt. Reguliert man die elektromotorische Kraft von Maschine II etwas höher und gleichzeitig die von Maschine I etwas zurück, vermittelst der entsprechenden Regler $R_1$ und $R_2$, so beteiligt sich auch Maschine II an der Stromlieferung ins Netz. Der Anteil des gesamten Stromes,

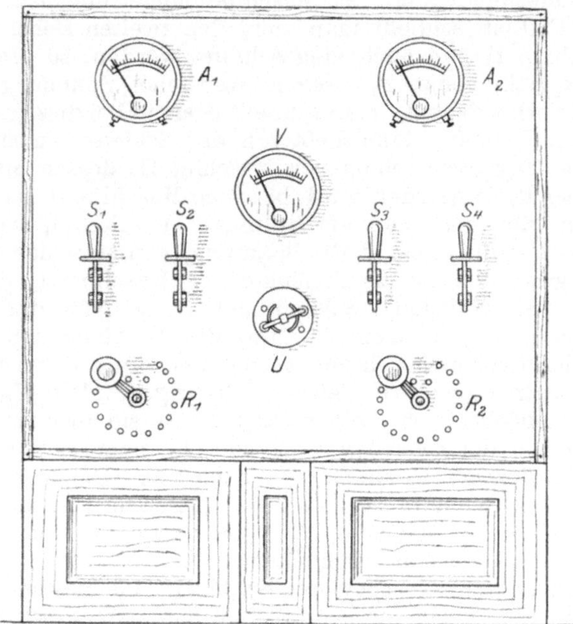

Fig. 312.   Ansicht der Schalttafel zu Fig. 311.

der im Netz nötig ist, wird für jede Maschine durch die entsprechenden Ampermeter $A_1$ und $A_2$ angezeigt, und nach der Angabe dieser Ampermeter kann man die gesamte Belastung beliebig auf beide Maschinen verteilen. Will man dann später, wenn weniger Licht erforderlich ist, eine Maschine still setzen, weil jetzt eine einzige den ganzen Bedarf decken kann, so geschieht dies in folgender Weise: Gesetzt, es soll Maschine I abgeschaltet werden, Maschine II soll allein weiter arbeiten. Zuerst drehen wir die Kurbel von $R_1$ immer weiter nach 1 hin, während gleichzeitig die Kurbel $R_2$ von 1 nach e hin gedreht wird. Dabei beobachtet man die Maschinenampermeter und wenn $A_1$ auf Null steht, zieht man den Schalthebel $S_2$ heraus, setzt die

Antriebsmaschine still und dreht $R_1$ auf ausgeschaltet, zuletzt zieht man dann den Schalter $S_1$.

Die zur Bedienung der Maschinen erforderlichen Apparate werden übersichtlich auf einer Schalttafel angeordnet, welche für die in Fig. 311 gezeichnete Schaltung etwa das Aussehen der Fig. 312 erhält. Alle Verbindungen der Apparate und Instrumente liegen auf der Rückseite der Marmortafel, welche

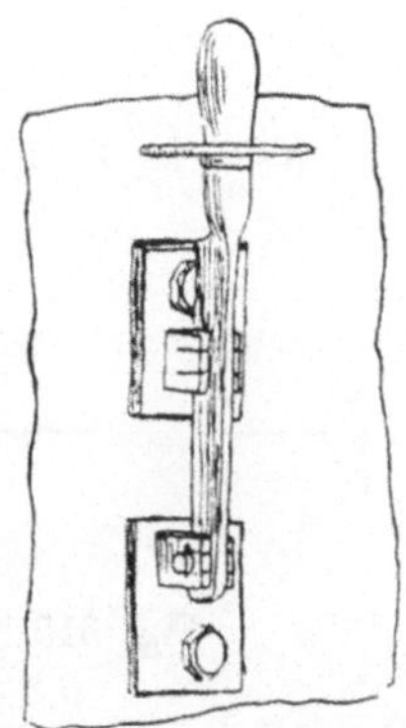

Fig. 313. Rückseite der Schalttafel zu Fig. 312.    Fig. 314.  Hebelschalter.

aus. diesem Grunde, wie Fig. 313 zeigt, stets einen genügenden Abstand, etwa 1 m, von der Wand erhalten muß.  Auch sitzen auf der Rückseite die schon in Fig. 311 mit S bezeichneten Sicherungen (vgl. Abschnitt X) an der Wand.  Dieselben können für die Verteilungsleitungen, für die sie nur in Frage kommen, nach den Figuren 261 und 262 ausgeführt sein.  Ferner sind in Fig. 313 noch bei C die Anschlüsse aus dem Widerstand W des Reglers an die Kontakte, die nach Fig. 312 bei $R_1$ und $R_2$ auf der Vorderseite sitzen, zu sehen, ferner die gewöhnlich oben an der Schalttafel auf Porzellanisolatoren befestigten Schienen und bei I die Meßwiderstände für die Ampermeter $A_1$, $A_2$, die nach Fig. 66 ausgeführt sind. Die Marmortafel wird bei größeren Schalttafeln aus mehreren Stücken zusammengesetzt und ist wie Fig. 313 zeigt, vermittelst Winkel- und anderen Profileisen senkrecht stehend befestigt. Die Schalter $S_1$ bis $S_4$ für die Maschinen brauchen nicht Momentausschaltung zu haben, da sie ja normalerweise nicht unter Strom ausgeschaltet werden, es genügen also Schalter nach Fig. 314. Man kann aber auch Momentschaltung nach Fig. 238 oder 239 wählen.

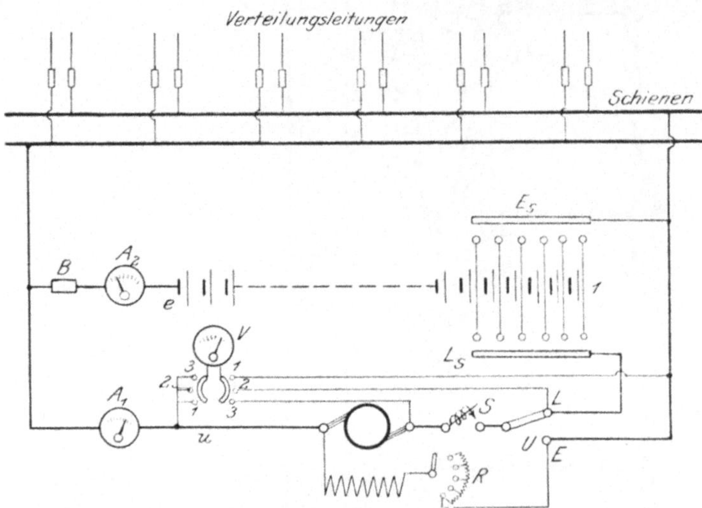


Fig. 315. Maschine parallel mit Akkumulatoren.

Das einfache Schaltungsschema, zwei Maschinen allein nach Fig. 311 kommt in Wirklichkeit nicht sehr häufig vor, weil man gewöhnlich in elektrischen Anlagen neben den Maschinen noch Akkumulatoren verwendet. In einer solchen Anlage wird das Schaltungsschema nicht mehr so einfach, als in Fig. 311. Das übliche Schema für eine Maschine mit Akkumulatoren zeigt Fig. 315. Auch hier ist ein Voltmeter V mit Umschalter u nötig. Wie schon im Abschnitt III auseinandergesetzt wurde, sind wegen der veränderlichen Spannung der Akkumulatorzellen zum Konstanthalten der Netz-Spannung sogenannte Zellenschalter nötig, auf die deshalb hier zunächst etwas eingegangen werden soll. Die Zellenschalter dienen zum Ändern der

Zellenzahl und sind in ihren kleineren Formen rund mit Drehkurbel, in größeren Formen mit Schraubspindel ausgeführt. Die Kurbel der runden Zellenschalter hat das Aussehen von Fig. 316. Sie ist mit zwei Schleiffedern, F und f ausgerüstet und zwar ist die Hauptfeder F direkt an die gußeiserne Kurbel angeschraubt, während die Feder f von der Kurbel isoliert ist. Beide Federn sind durch einen kleinen spiraligen Draht w aus Widerstandsmaterial verbunden. Die Schaltung des Zellenschalters geht aus Fig. 317 hervor. Die Federn F und f schleifen auf den kreisförmig angeordneten Kontakten a, b, c usw. Die Stellung I zeigt die normale Stellung der Kurbel. Soll nun Zelle I noch zugeschaltet werden, so muß die Feder F von b auf a gedreht werden. Die einzelnen Kontakte a, b, c dürfen nun nicht so eng liegen, daß F den Zwischenraum überbrücken kann, denn dann würde die zuzuschaltende Zelle, also hier 1, kurzgeschlossen, wenn F beide Kontakte a und b miteinander verbindet. Da die Akkumulatorzellen, wie schon früher gesagt war, sehr wenig Widerstand haben, würde durch Kurzschluß ein sehr starker Strom entstehen, der die Platten schädigen und gleichzeitig auch den Zellenschalter selbst bald unbrauchbar machen würde. Man muß daher diesen Kurzschluß vermeiden, indem man den Zwischenraum zwischen je zwei Kontakten breiter macht als die Feder F ist. Jetzt würde aber beim Weiterdrehen der Kurbel jedesmal in der äußeren Leitung das Licht erlöschen, weil immer dann, wenn die Feder F zwischen

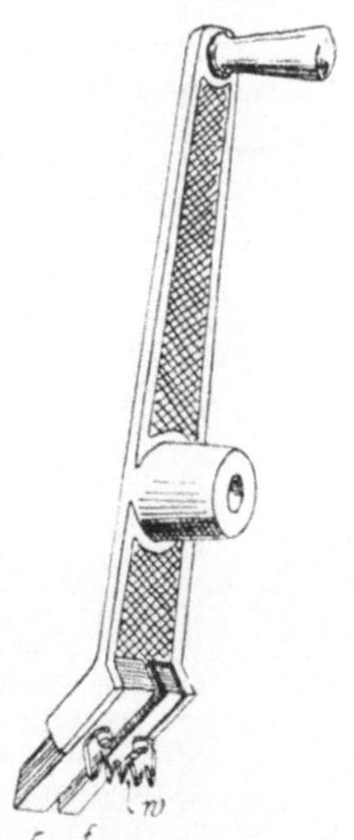


Fig. 316. Kurbel eines Zellenschalters.

zwei Kontakten steht, ausgeschaltet ist. Damit auch dieses vermieden wird, setzt man die zweite Feder f isoliert neben F und verbindet beide durch den kleinen Widerstand w. Dreht man jetzt von Stellung I nach IV, so durchläuft man die Zwischenstufen II und III. Bei II geht der ganze Strom durch f und w nach den Schienen, bei III ist Zelle 1 für den kurzen Augenblick des Überganges auf den Widerstand w geschaltet, also der Kurzschluß vermieden und bei IV ist Zelle 1 mitzugeschaltet. Die Zellenschalter sind häufig so eingerichtet, daß man mit der Kurbel nur auf Dauerstellungen I oder IV stehen bleiben kann, Stellungen II und III sind nur Übergänge. Große Zellenschalter besitzen die Form in Fig. 318. Auch hier ist

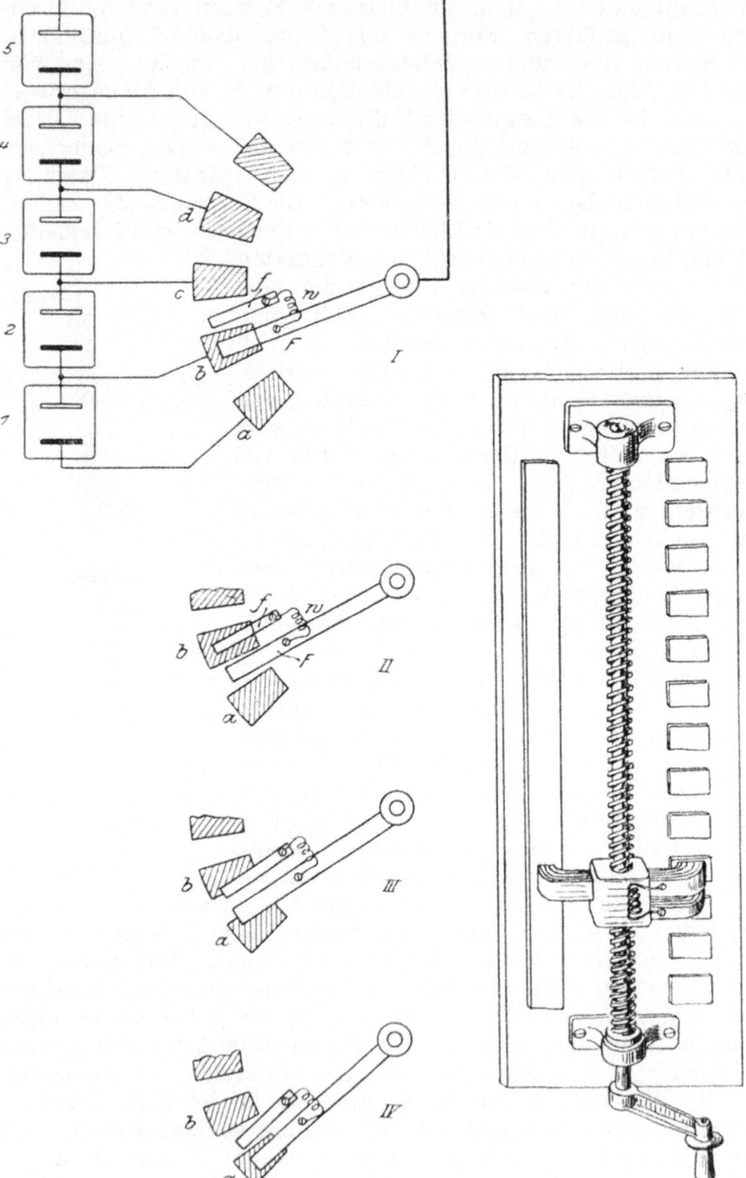

Fig. 317.  Schaltung und Wirkung des
Zellenschalters.

Fig. 318.  Spindelzellen-
schalter.

eine Doppelfeder vorhanden, die auf den jetzt geradlinig angeordneten Kontakten schleift und durch Drehen einer Schraubenspindel bewegt wird. In elektrischen Anlagen mit Akkumulatoren benutzt man meist Doppelzellenschalter, um während der Ladung auch Licht brennen zu können. Diese Doppelzellenschalter sind bei kleineren Zellenschaltern einfach mit zwei Kurbeln versehen, von denen eine für Ladung, die andere für Entladung benutzt wird. Bei größeren Zellenschaltern nach Art der Fig. 318 benutzt man zwei Schalter.

In Fig. 315 ist ein Doppelzellenschalter vorhanden und zwar ist $E_s$ der Entladeschalter, $L_s$ der Ladeschalter. Es können mit der Schaltung nach Fig. 315 folgende Betriebszustände erreicht werden:

1. Maschine und Akkumulatoren arbeiten zusammen auf das Netz.
2. Maschine ladet die Batterie, letztere liefert gleichzeitig Strom ins Netz.
3. Maschine ist still gesetzt; Batterie arbeitet allein auf das Netz.

Der Betriebszustand unter 1 wird erforderlich, wenn zu Zeiten großen Stromverbrauches die Maschine allein nicht die Leistung geben kann. Es steht dann der Maschinenumschalter U auf E, so daß die Maschine unmittelbar mit den Schienen verbunden ist, mit denen die Akkumulatorenbatterie durch den Entladeschalter $E_s$ immer verbunden ist. Der selbsttätige Nullstromschalter S (vgl. Fig. 248), dessen Zweck noch erläutert werden soll, ist dabei natürlich eingeschaltet. Am Abend, wo die stärkste Belastung im Netze herrscht, würden Maschine und Batterie zusammen Strom abgeben. Nachts und gegen Morgen, zu welchen Tageszeiten der Strombedarf schwach ist. würde die Batterie allein Strom liefern und die Maschine still stehen. Alsdann ist der Schalter S ausgeschaltet, die Spannung der Batterie wird mit dem Entladeschlitten $E_s$ auf der normalen Höhe gehalten und kontrolliert mit dem Voltmeter V, dessen Umschalter u dann auf $1 \div 1$ stehen muß. In den Morgenstunden kann dann die Batterie wieder geladen werden. Dabei muß U auf L gedreht werden, dann ist die Maschine durch den Ladeschalter $L_s$ mit der Batterie verbunden. Nun haben aber die Akkumulatoren, wie wir schon wissen, die Eigenschaft, bei der Entladung ihre Spannung zu ändern; dasselbe tun sie auch bei der Ladung, nur mißt man bei der Ladung zu Anfang schon 2 Volt. Später muß die Ladespannung gesteigert werden, was gewöhnlich bis zu 2,5 Volt geschieht, nur etwa alle Monate einmal ladet man auch bis zu 2,75 Volt Ladespannung. Da nun die Zellen bei 1 (Fig. 315) bei der Entladung immer nur ganz zuletzt eingeschaltet werden und deshalb nie so stark entladen werden, als die nicht am Zellenschalter liegenden Zellen, so dürfen sie auch nicht so lange geladen werden, als die anderen Zellen; man wird also während der Ladung den Ladeschalter $L_8$ zuerst ganz nach links stellen und ihn dann allmählich nach 1 hinbewegen. Da die Anzahl der Zellen wie schon früher gezeigt wurde, von der niedrigsten Entladespannung, die 1,7 Volt beträgt, abhängig ist, so muß in einer Anlage mit 110 Volt eine Zahl von $\dfrac{110}{1,7} = 65$ Zellen vorhanden sein, und die gewöhnliche höchste Ladespannung für die ganze Batterie würde hiernach $65 \cdot 2,5 = 163$ Volt betragen und bei den von Zeit zu Zeit vorgenommenen stärkeren Aufladungen sogar $65 \cdot 2,75 = 178,5$ Volt. Hieraus folgt, daß die Maschine in Fig. 315 so eingerichtet sein muß, daß sie zum Laden der Batterie diese höhere Spannung erzeugen kann. Ist die Maschine nicht in dieser Weise zum Laden von Akkumulatoren eingerichtet, so muß man bei der Ladung noch eine kleinere Zusatzmaschine benutzen, die mit der Hauptmaschine hintereinander geschaltet das Mehr an Spannung bei der Ladestromstärke der Batterie geben muß. Gewöhnlich werden aber Zusatzmaschinen vermieden und es soll deshalb auch nicht weiter darauf eingegangen werden. [1])

In Fig. 315 würde die Bleisicherung B oder besser ein Überstromschalter nach Fig. 249 erforderlich sein, um die Batterie vor zu starker Stromentnahme zu schützen. Da die Richtung des Stromes in der Batterie bei der Ladung und der Entladung verschieden ist, kann man das Batterieampermeter, falls es ein Drehspulinstrument ist, gleich so ausbilden, daß es anzeigt, ob geladen oder entladen wird. Ein derartiges Ampermeter erhält dann nach Fig. 319 den Nullpunkt in der Mitte der Teilung und je nachdem ob der Zeiger nach links oder nach rechts ausschlägt, wird geladen oder entladen. Die Notwendigkeit des selbsttätigen Schalters S, der als Nullstromschalter (vgl. Fig. 248) ausgebildet sein muß, war schon erwähnt. Sein Zweck besteht darin, die Batterie vor einer Entladung in die Maschine zu schützen. Geht nämlich aus irgend einem Grunde, z. B. Reißen oder Abfliegen des Riemens oder

---

    [1]) Genaueres über Schaltungen und die dabei zu beachtenden Regeln gibt das kleine Buch von Kistner, Schaltungsarten und Betriebsvorschriften. Verlag von Julius Springer, Berlin.

bei Überlastung die Spannung der Maschine zurück, so könnte
schließlich Strom aus der Batterie in die Maschine fließen, wodurch diese natürlich als Motor laufen würde.  Eine derartige
Entladung der Batterie ist aber eine Verschwendung und außerdem könnte sie auch, da bei dem kleinen Maschinenwiderstand
ein starker Strom entstehen würde, die Batterie durch Überlastung beschädigen.  Hiergegen würde schließlich die schon
erwähnte Sicherung B oder der an ihrer Stelle besser anzu-
bringende Überstromschalter (vgl. Fig. 249) schützen, aber ehe
überhaupt die Batterie zu einer derartigen zwecklosen Entladung kommt, schaltet schon der Nullstromschalter aus, weil
ja der Maschinenstrom beim Sinken der Spannung schwächer
und schwächer wird.

Als Maschinen benutzt man bei Akkumulatoren stets Nebenschlußmaschinen.  Im Betriebe arbeiten sie aber als Maschinen
mit Fremderregung, weil ihr Magnet-
strom von der durch die Akkumulatoren
konstant gehaltenen Schienenspannung
erzeugt wird.  Eine Maschine mit Fremderregung verhält sich ähnlich wie eine
Nebenschlußmaschine, nur sinkt ihre
Spannung bei Belastungszunahme nicht
so stark wie bei der Nebenschlußmaschine, da bei dieser die eigene ver-
änderliche Klemmenspannung den Magnetstrom erzeugt.

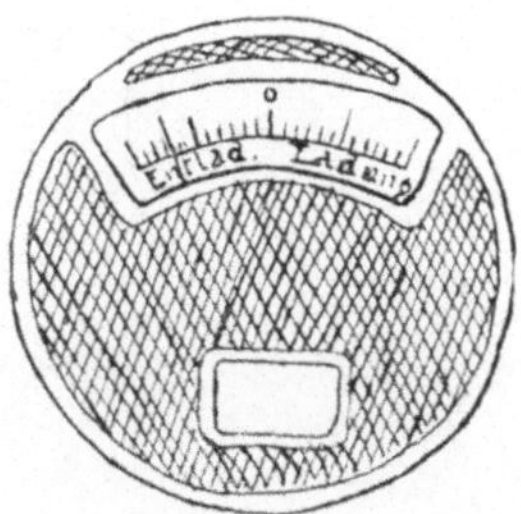

Fig. 319.  Ampermeter
für Akkumulatoren.

In den Schaltungen Fig. 311 und 315
sind die Leitungen zu den Lampen un-
mittelbar an die Schienen angeschlossen.  Dies geschieht nur
in Einzelanlagen.  Bei Zentralen, welche Ortschaften
mit Strom versorgen, geschieht die Verteilung der elektrischen
Energie nach dem Schema Fig. 320.  Von der Zentrale aus,
wo die Maschinen stehen, führen die Speiseleitungen S
zu den Speisepunkten P.  Die Speisepunkte sind in zweckmäßiger Weise nach dem Stromverbrauch und mit Rücksicht
auf die Straßenzüge in dem Ort verteilt und werden dann
miteinander durch die Verteilungsleitungen V verbunden.  Erst an die Verteilungsleitungen, von denen es geschlossene (V) und offene (V_1) oder Ausläufer gibt, sind die
einzelnen Abnehmer mit ihren Lampen L angeschlossen.  Die
Speiseleitungen S besitzen keine Anschlüsse und müssen so be-
messen sein, daß in ihnen allen genau derselbe Spannungsverlust auftritt, damit in den einzelnen Speisepunkten P genau
dieselbe Spannung herrscht.  Wenn zwischen den einzelnen

Speisepunkten nur ein geringer Spannungsunterschied vorhanden ist, so fließen in den Verteilungsleitungen Ausgleich-
ströme, die bei dem kleinen Widerstand der Leitungen so
stark werden, daß sie eine unnötige Erwärmung der Leitungen
herbeiführen.  Da nun das Netz nicht immer in derselben Weise
Strom verbraucht und deshalb die Stromstärke in den Speiseleitungen sich ändert, so richtet man gewöhnlich Speiseleitungen
und Speisepunkte so ein, daß man die Spannung in den letzteren
konstant halten kann.  Dies geschieht durch Spannungsmeß-
leitungen, die von den Speisepunkten zu einem mit Umschalter

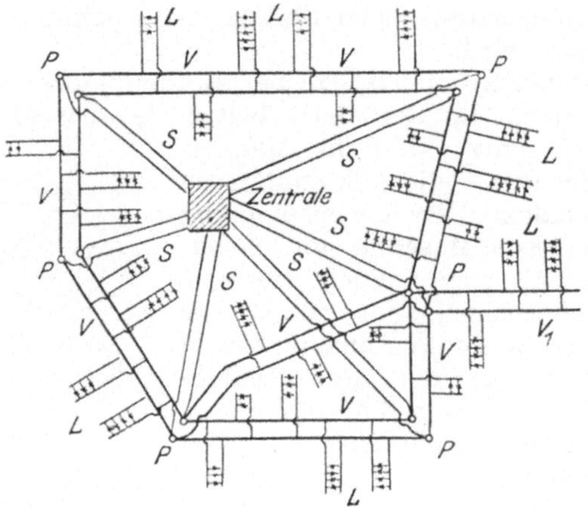


Fig. 320.   Verteilungsnetz einer Wechselstromzentrale.

versehenen Voltmeter in der Zentrale führen und durch regel-
bare Widerstände, die in die Speiseleitungen eingeschaltet sind.
    Die bisher beschriebenen Schaltungen sind alle nach dem
Zweileitersystem ausgeführt und gelten deshalb nur für kleinere
Anlagen.  Viel häufiger führt man für Ortschaften das D r e i -
l e i t e r s y s t e m  aus, dessen Prinzip Fig. 321 zeigt.  Es sind
zwei Maschinen hintereinander geschaltet, so daß zwischen den
beiden dick gezeichneten Außenleitern die Summe der beiden
Maschinenspannungen herrscht.  Außerdem ist zwischen beiden
Maschinen noch eine dünnere Ausgleichs-Leitung die Nulleitung
angeschlossen.  Letztere würde, wenn zwischen + und 0 und
0 und —, also in den beiden Netzhälften, gleich viel Lampen
brennen, vollständig stromlos und demnach überflüssig sein.
In Wirklichkeit wird natürlich niemals die Zahl der Lampen
oder die Belastung in beiden Netzhälften genau dieselbe sein;

dann muß der Nulleiter den Unterschied des Stromes in beiden
Außenleitern führen. Die Verteilung von Anschlüssen erfolgt nach
Fig. 322 immer so, daß die beiden Netzhälften möglichst gleichmäßig belastet sind. Motoren werden gewöhnlich unmittelbar
an die Außenleiter angeschlossen, während die Lampen nur
mit der halben Spannung brennen. Damit man bei ungleicher

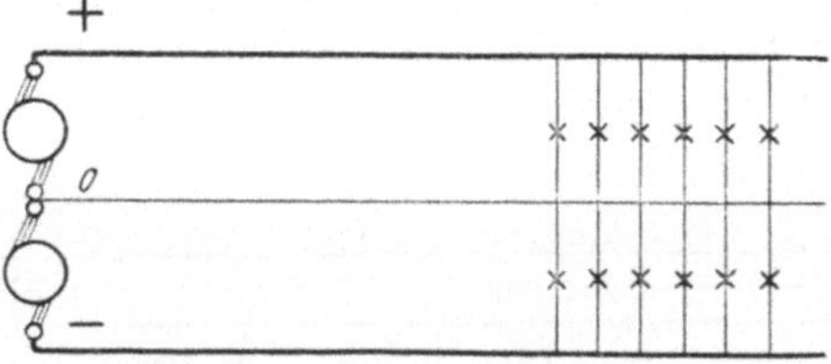

Fig. 321. Dreileiterschaltung.

Belastung beider Hälften einen Ausgleich herbeiführen kann,
führt man die Anschlüsse nach Fig. 323 zum Umschalten
aus. Will man den ersten Anschluß, der zwischen $+$ und 0
liegt, auf die andere Netzhälfte zwischen 0 und — schalten, so
verbindet man 1 mit 4 und 2 mit 5. Da allerdings doch nicht
ganz gleichmäßige Belastung erreicht werden kann, muß der

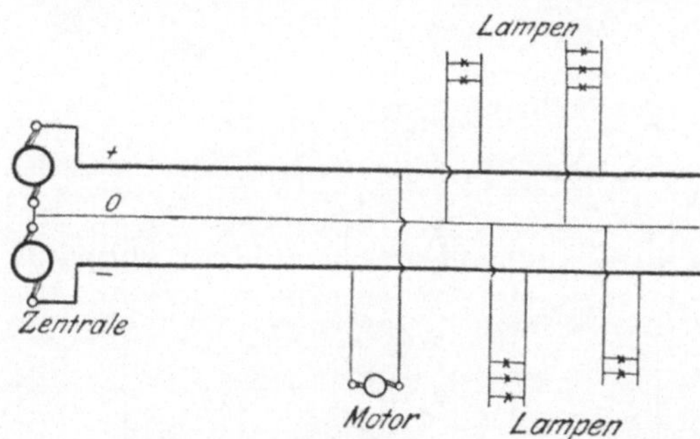

Fig. 322. Verteilung der Anschlüsse im Dreileitersystem.

Nulleiter immer mit $^1/_3$ des Querschnittes der Außenleiter verlegt werden. Die Vorteile des Dreileitersystems sind nun leicht
zu erkennen. Zwischen den Außenleitern herrscht die doppelte
Spannung einer Maschine, folglich kann man bei denselben
Leitungsverlusten die Energie auf eine weitere Entfernung verteilen, als wenn man nur mit einer Maschine arbeiten würde.
Man verdoppelt also die Energie und braucht doch nicht den
doppelten Leitungsquerschnitt sondern nur $^1/_3$ mehr für den

18*

Nulleiter. Würde man beide Maschinen getrennt schalten und jede die eine Hälfte des Dreileiternetzes versorgen lassen, so

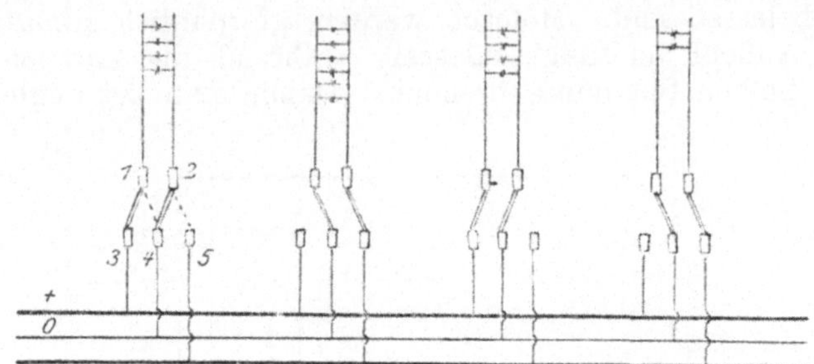

Fig. 323.   Umschaltanschlüsse für Dreileiter.

brauchte man im ganzen 4 . q an Leitungsquerschnitt, während man bei Dreileiter dieselbe Energie mit nur $2 \cdot q + {}^1\!/_3\, q$ fortleiten kann.

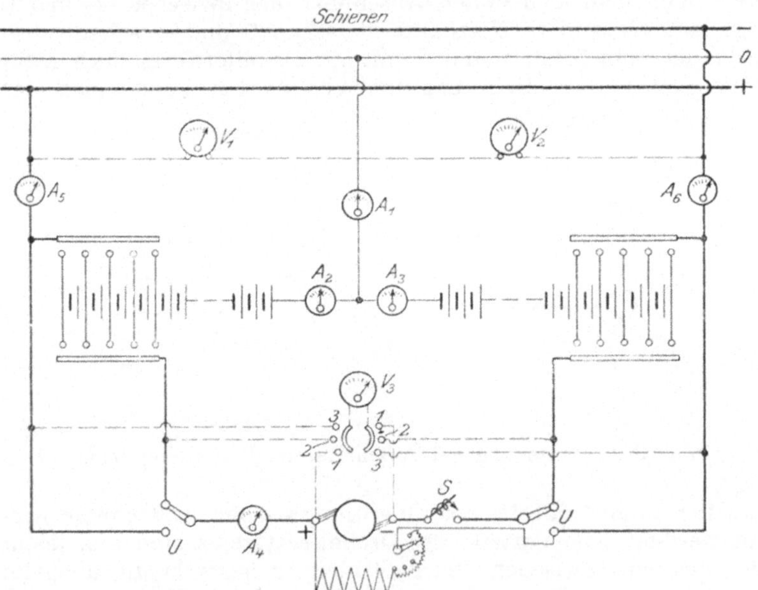


Fig. 324.   Dreileiteranlage mit Akkumulatoren.

Bei Verwendung von Akkumulatoren führt man die Maschine meist mit der doppelten Spannung aus und legt den

Nulleiter an die Mitte der Batterie. Die Schaltung einer
solchen Anlage geschieht nach Fig. 324. Die mit A bezeichneten
Instrumente sind Ampermeter, die mit V bezeichneten sind Voltmeter. U sind die Umschalter für die Maschine, die schon
bei Fig. 315 erwähnt wurden und zum Schalten der Maschine
auf Ladung der Batterie, wie sie in der Figur stehen, oder auf
das Netz, dienen. Die Ampermeter $A_1$, $A_2$, $A_3$ müssen, wenn
sie Drehspulinstrumente sind, nach 2 Seiten wie das Instrument
nach Fig. 319 ausschlagen können. S ist der ebenfalls schon
bei Fig. 315 erklärte und etwa nach Fig. 248 ausgeführte Nullstromschalter. Bei der Schaltung nach Fig. 324 hat dann jede
Batteriehälfte ihren Doppelzellenschalter. Ein Nachteil der Schaltung in Fig. 324 ist der, daß bei ungleicher Belastung der beiden Hälften des Dreileiternetzes die beiden Batteriehälften un-

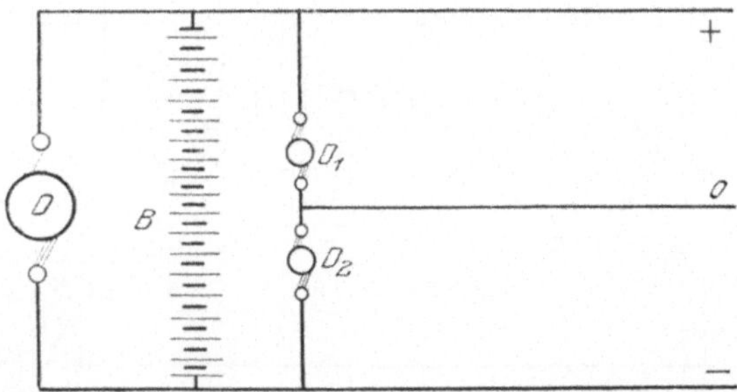

Fig. 325. Dreileiteranlage mit Ausgleichsmaschinen.

gleich entladen werden. Da aber bei der Ladung beide Hälften
immer nur gleichzeitig geladen werden können, wird die weniger
belastete Batteriehälfte immer überladen. Man kann dies teilweise durch Vertauschen der Batteriehälften erreichen, indem
einmal die linke Batteriehälfte auf die linke Netzseite, das andere
Mal diese Batteriehälfte auf die rechte Netzseite geschaltet wird,
wobei die rechte Batteriehälfte entsprechend behandelt wird.
Besser aber vermeidet man diesen Nachteil durch Ausgleichsmaschinen, wie sie Schuckert, Siemens & Halske und
noch andere Firmen ausführen. Hierbei wird der Nulleiter nur
noch zu den Ausgleichsmaschinen geleitet, wie aus dem Schema
Fig. 325 hervorgeht. $D_1$ und $D_2$ sind die beiden Ausgleichsmaschinen, zwei kleinere Maschinen, welche wie der Nulleiter
höchstens $1/3$ des Stromes und die halbe Spannung, also $1/6$ der
Energie zu liefern brauchen. Sie werden schnellaufend ausgeführt und miteinander gekuppelt, meist sogar mit einer durch-
gehenden Welle und nur einem Mittellager Fig. 325 versehen.

Von diesen beiden Maschinen läuft immer diejenige, welche in der augenblicklich schwächer belasteten Netzhälfte liegt, als Motor und treibt die in der stärker belasteten Netzhälfte liegende Maschine als Generator an, so daß ganz selbsttätig ein Ausgleich zu Stande kommt. In der Fig. 325 sind Zellenschalter und sonstige Apparate fortgelassen, um die Schaltung übersichtlicher zu machen. Die Batterie gebraucht natürlich einen Doppel-

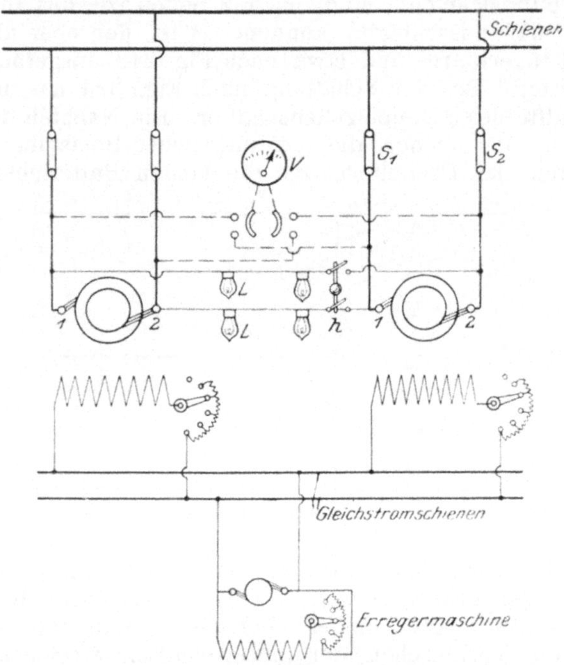


Fig. 326.  Einphasenmaschinen mit Phasenlampen.

zellenschalter und da die Ausgleichsmaschinen fortwährend laufen müssen, sind von ihnen zwei Sätze nötig, die abwechselnd arbeiten.

Etwas abweichend von den Gleichstrom-Anlagen müssen die Wechselstromschaltungen ausgeführt werden. Wie schon früher erwähnt wurde, muß man, wenn mehrere Wechselstrommaschinen zusammen arbeiten sollen, nicht nur auf gleiche Spannung achten, wie bei Gleichstrommaschinen, sondern auch noch auf gleiche Phase. Man erkennt dies leicht am Schema Fig. 326. Da die Wechselstromvoltmeter nur die Spannung anzeigen, so könnten, obgleich die Spannungen beider Maschinen gleich sind, die augenblicklichen Pole gerade falsch sein, also die Phasen nicht zusammenstimmen, und beim Zusammenschalten beider Maschinen würde man dann einen Kurzschluß erhalten. Man muß deshalb noch einen Phasenindikator anwenden. Dieser besteht im einfachsten Fall aus Glühlampen L (Fig. 326). Um die zweite Maschine einzuschalten, schließt man zunächst nur den kleinen Hilfshebel h und verbindet dadurch beide Maschinen vermittelst der Lampenleitung. Da die Lampen unter dem gleichseitigen Einfluß der Spannungen von beiden Maschinen stehen, so werden sie dann am hellsten leuchten, wenn beide Spannungen genau zu gleicher Zeit steigen und abnehmen und dabei gleiche Richtungen haben. Deutlicher wird das Verhalten der Phasenlampen nach Fig. 327 erklärt. Die erste Maschine, welche schon mit voller Belastung läuft, hat die Kurve 1. Die zweite

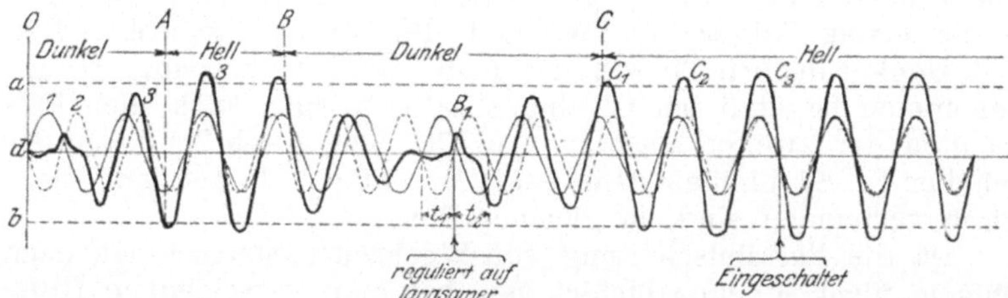

Fig. 327. Resultierende Spannung beim Parallelschalten von Wechselstrommaschinen.

Maschine, welche noch leer läuft, hat die Kurve 2. Die Lampen stehen unter dem Einfluß der aus beiden Kurven resultierenden Kurve 3, welche als ganz dicke Linie gezeichnet ist. Die Lampen können nur dann richtig hell brennen, wenn die resultierende Spannung also die Kurve 3 über die Linien a und b hinaussteigt. Sie brennen deshalb von O bis A dunkel oder ganz schwach. Von A bis B brennen sie hell, dann wieder von B bis C dunkel und von C ab wieder hell. Der Wechsel zwischen Hell und Dunkel kommt nur dadurch zustande, daß die leer laufende Maschine etwas schneller läuft, als die belastete. In den Kurven 1 und 2 kommt dies ja dadurch zum Ausdruck, daß die Punkte, in denen die Kurve 1 die Nullinie d schneidet, weiter auseinander liegen als dieselben Punkte der Kurve 2. Es tritt deshalb von Zeit zu Zeit der Fall ein, daß die beiden Kurven ungefähr übereinstimmen wie von A bis B und von C ab, ebenso tritt auch das Umgekehrte ein, wie von O bis A und von B bis C, wo sie teilweise direkt entgegengesetzt sind, und deshalb die resultierende Spannung, also die Kurve 3, ganz niedrig bleibt.

Da der Unterschied in der Tourenzahl, von der ja die Wechselzahl abhängt, zunächst von O bis $B_1$ ein verhältnismäßig größerer ist, so folgen sich die Hell-Dunkel-Zustände rasch, d. h. die Phasenlampen flackern, und der Maschinist kann schwer den Zeitpunkt treffen, wo die Lampen gerade hell sind und er einschalten darf. Man beeinflußt deshalb immer die Umlaufszahl der Antriebsmaschine von der zuzuschaltenden Wechselstrommaschine, damit die Zeitdauer der Wechsel in beiden Maschinen ungefähr die gleiche ist. Ganz gleich darf sie natürlich nicht sein, denn dann bliebe die resultierende Spannung immer dieselbe. Die Umlaufszahl der Antriebsmaschine wird gewöhnlich dadurch beeinflußt, daß man von der Schalttafel aus den Regulator mit Hilfe eines kleinen Elektromotors beeinflußt. In Figur 327 ist angenommen, daß die leer laufende Maschine bei $B_1$ auf langsamer beeinflußt wird, es geht deshalb dort die kürzere Zeit $t_1$ in die etwas längere $t_2$ über und die Wechsel zwischen Hell und Dunkel dauern länger, wie man von C ab erkennt, wo angenommen ist, daß bei $C_3$ eingeschaltet wird. Nach dem Einschalten der zweiten Maschine (in Fig. 326 durch Schließen der Schalter $S_1$, $S_2$) bleiben dann beide Maschinen, da sie jetzt elektrisch verbunden sind, in gleicher Phase.

Da die Parallelschaltung von Wechselstrommaschinen nach Obigem nicht so ganz einfach ist, hat man verschiedene Hilfsapparate ausgeführt, die diese Vornahme erleichtern. Ein solcher Apparat ist das Weston Synchroskop nach Fig. 328. Es ist das ein Instrument, welches ähnlich ausgebildet ist, wie das Wattmeter dieser Firma (vergl. Fig. 76). Der Zeiger befindet sich hinter einer durchscheinenden Skala, welche durch eine Phasenlampe beleuchtet wird. Die Schaltung geht aus Fig. 328 hervor. Die feststehenden Spulen des Instrumentes sind über einen induktionsfreien Widerstand W mit den Sammelschienen verbunden, die bewegliche Spule ist über einen Kondensator C mit der einzuschaltenden Maschine verbunden. Normal steht der Zeiger in der Mitte der Skala. Da der Stromkreis der beweglichen Spule einen Kondensator enthält, der der festen Spule dagegen einen Widerstand mit verschwindend geringer Induktion, so können die Ströme in beiden Kreise so einreguliert werden, daß sie um ein viertel Periode gegeneinander verschoben sind, sobald die entsprechenden Spannungen (an den Schienen und an der zuzuschaltenden Maschine) entweder in Phasengleichheit oder gerade in entgegengesetzter Phase sind. Unter diesen Umständen wird dann auf die bewegliche Spule kein Drehmoment ausgeübt und der Zeiger wird gerade von dem schwarzen Fleck auf der Mitte der Skala stehen. Da aber die Phasen-

lampe nur leuchtet, wenn Phasengleichheit vorhanden ist und
dunkel bleibt, bei entgegengesetzter Phase, so ist nur im ersten
Fall der Zeiger scharf und deutlich zu erkennen. Laufen die
Maschinen nicht mit gleicher Phase, so tritt eine Drehung der
beweglichen Spule ein, und zwar erfolgt die Ablenkung nach
der einen Seite, wenn der eine Strom gegen den anderen voreilt und nach der anderen Seite, wenn er nacheilt, und dem
entsprechend erkennt man, ob die zuzuschaltende Maschine zu

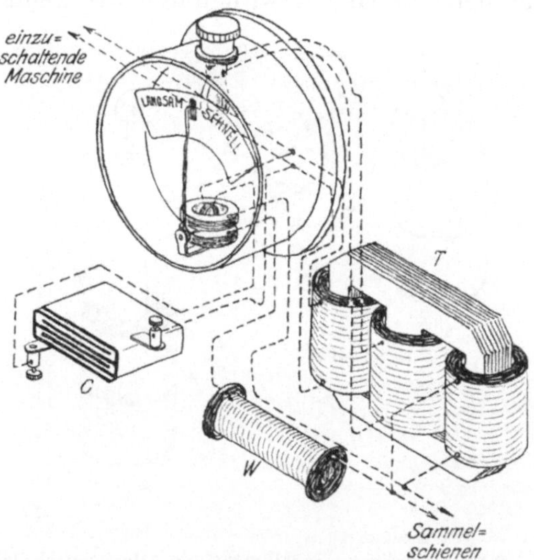


Fig. 328.  Weston-Synchroskop.

schnell oder zu langsam läuft und kann demnach die Umlaufszahl der Antriebsmaschine richtig einstellen. Die Phasenlampe,
welche von der resultierenden Spannung beider Maschinen betrieben wird, ist nicht direkt angeschlossen, wie in Fig. 326,
sondern mit einem Transformator T, wie dies gewöhnlich geschieht, da Wechselstrommaschinen meist Hochspannung erzeugen
und die Lampe besser mit Niederspannung brennt. Wie schon
aus Fig. 327 hervorgeht, wird der Zeiger des Instrumentes hin-
und herschwingen und die Lampe in demselben Takt aufleuchten,
so daß der Zeiger, da er immer nur auf einer Stellung beleuchtet
wird, eine Drehung entweder im einen oder im anderen Sinne
auszuführen scheint. Ist die Wechselzahl beider Maschinen gleich,
aber die Phasen ungleich, so bleibt der Zeiger an irgend einer
Stelle der Skala stehen.

Noch einfacher gestaltet sich die Parallelschaltung von Wechselstrommaschinen mit selbsttätigen Apparaten, von denen mehrere ausgeführt sind. Ein Apparat dieser Art von der Westinghouse Electric & Manufacturing Co. zeigt Fig. 329. (Siehe E.T.Z. 1906, Heft 18). Auf einen doppelarmigen Hebel wirken 2 Elektromagnete M, M, welche Wickelungen für 2 Stromkreise tragen. Die entsprechenden Wickelungen beider Magnete sind in Reihe geschaltet. Der eine Stromkreis wird durch die Sammelschienen

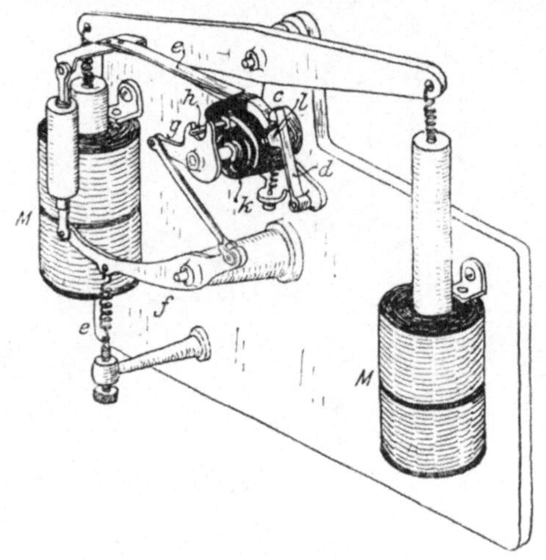

Fig. 329.  Apparat zu selbsttätigem Parallelschalten.

erregt, der andere durch die neu hinzu zuschaltende Maschine. Bei Phasengleichheit wirken die Wickelungen auf dem rechts befindlichen Magneten in gleichem Sinne, auf dem links befindlichen Magneten in entgegengesetztem Sinne. Bei Phasengleichheit wird demnach der rechte Arm nach abwärts gezogen, dies ist die Bedingung dafür, daß der Hilfsstromkreis geschlossen werden kann. Das letztere tritt ein, sobald die am linken Hebelarm befestigte Feder a und der am rechten Magnet drehbar angeordnete Arm d die Kontaktbahn c des schwarzen Segmentes gleichzeitig berühren. Dies geschieht aber nur dann, wenn der rechte Hebelarm seine tiefste Lage erreicht hat. Das Segment steht nicht fest, sondern sitzt drehbar auf der Achse des Doppelhebels und wird in folgender Weise gedreht. Zugleich mit dem linken Hebelarm bewegt sich ein Luftzylinder. Der in diesem eingeschlossene Kolben wird bei der Aufwärtsbewegung des Zylinders mitgenommen, er spannt die entgegen wirkende Feder e und bewegt mit Hilfe einer Hebelübersetzung die Gabel g dem Sinne des Uhrzeigers entgegen. Die rasche Abwärtsbewegung des Zylinders ohne eine entsprechende schnelle Bewegung des Kolbens ist dadurch ermöglicht, daß sich über dem Kolben ein Ventil öffnet, durch welches die Luft entweichen kann. Der Kolben wird demnach in seiner Abwärtsbewegung gebremst. Das Segment b ist mit der Gabel durch eine Feder k verbunden, welche einen in dem Segment befestigten Stift h gegen die rechte Gabelseite drückt. Der Stift hat in der Gabel einen Spielraum von 3 mm. Solange der Stift an der rechten Zinke der Gabel anliegt, vermag der Anschlag unter l den Nocken l des Armes d nicht zu heben, weil die Feder k zu schwach ist. Erst wenn der Stift auf der linken Seite zum Anliegen kommt, und er durch die Gabel in ihrer Rechtsbewegung mitgenommen wird, kann der Arm d nach Entfernung des Anschlags m einschnappen und den Kontakt c berühren, während gleichzeitig die Feder a den Kontakt in dem Augenblick berührt, in welchem der rechte Arm des Doppelhebels von seinem Magnet in die tiefste Lage hinabgezogen wird. Besteht im Anfang der Schaltperiode Phasenungleichheit, so schwingt der Doppelhebel schnell auf und ab. Der Kolben folgt nur der schnellen Aufwärtsbewegung des Luftzylinders mit gleicher Geschwindigkeit nach, nicht aber der Abwärtsbewegung desselben. Daher bleiben die Gabel und das Segment um einen Ausschlag nach links von der Arbeitslage entfernt. Allmählich wird die Bewegung des Doppelhebels immer langsamer und der Kolben erreicht eine immer tiefere Lage. Das Segment wird nach rechts bewegt, bis schließlich in seiner äußersten Stellung und in der tiefsten Lage des rechten Hebelarms der Hilfsstromkreis geschlossen wird. Durch die Einstellung der Feder e und der Zugfeder des Armes d läßt sich eine bestimmte Voreilung in der Schließung des Hilfskreises erzielen, bevor die Phasengleichheit vollkommen erreicht ist, so daß der Hauptschalter gerade in dem Augenblick der Phasengleichheit eingeschaltet wird. Als Schalter können in diesem Falle selbsttätige Ölschalter vergl. Fig. 252 und 253 benutzt werden.

Wie man die Phasenlampen bei Hochspannung und Dreiphasenstrom schaltet, zeigt Fig. 330. Es erhalten sowohl die Lampen als auch die Meßinstrumente kleine Transformatoren (vergl. Fig. 87 und Seite 92). Außerdem ist, wie auch schon in Fig. 87 für Zweiphasenstrom angegeben, ein Wattmeter WM außer Ampermeter A und Voltmeter V notwendig. Auch hier kämen natürlich selbsttätige Ölschalter mit Überstromausschaltung in Frage wie sie früher schon beschrieben wurden. In Dreiphasenzentralen geschieht der Anschluß der Lampen bei der gewöhnlich angewendeten Sternschaltung nach Fig. 233, und bei den Verteilungsnetzen stehen in den Speisepunkten (vergl. Fig. 320) die Niederspannungstransformatoren, während die Speiseleitungen Hochspannung führen. Die Verteilung der Belastung auf die einzelnen Maschinen kann dann auch nicht

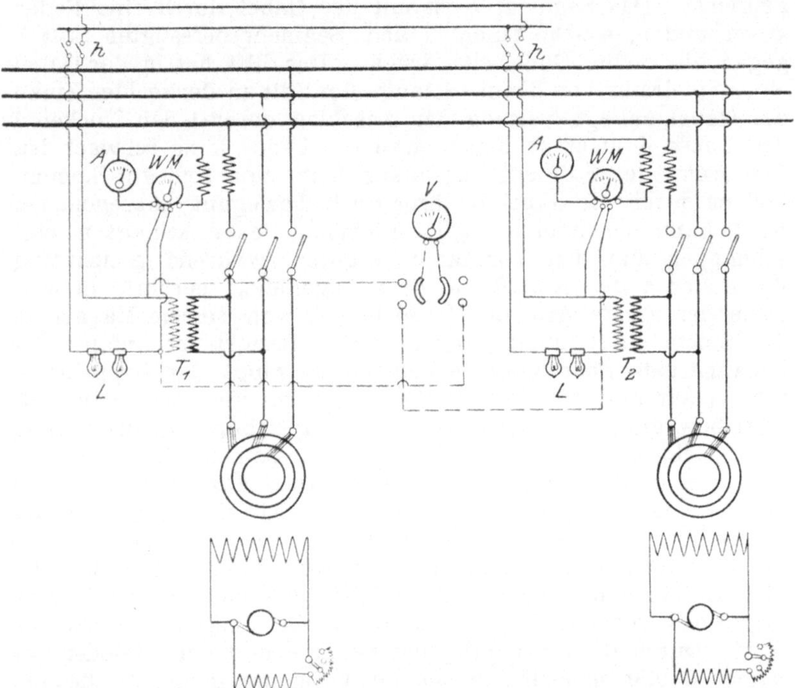


Fig. 330. Dreiphasenmaschinen mit Phasenlampen und Transformator.

mehr wie bei Gleichstrom durch die Regler erfolgen, sondern nur durch Veränderung der Dampfzufuhr zu den Dampfmaschinen.

Eine besondere Art von elektrischen Anlagen sind die elektrischen Bahnen. Das Schema einer Bahnanlage zeigt Fig. 331. G sind die Maschinen in der Zentrale, von denen natürlich noch mehr als zwei vorhanden sein können. Die negative Sammelschiene ist geerdet und gleichzeitig mit den Fahrschienen verbunden. Der Fahrdraht besteht aus einzelnen Abteilungen, deren jede ihr besonderes Speisekabel besitzt. Von dem Fahrdraht wird der Strom durch den Bügel oder eine Rolle abgenommen und

zum Motor geleitet, der dann, wie Fig. 190 zeigt, am eisernen
Untergestell des Wagens befestigt ist.  Die weitere Fortleitung

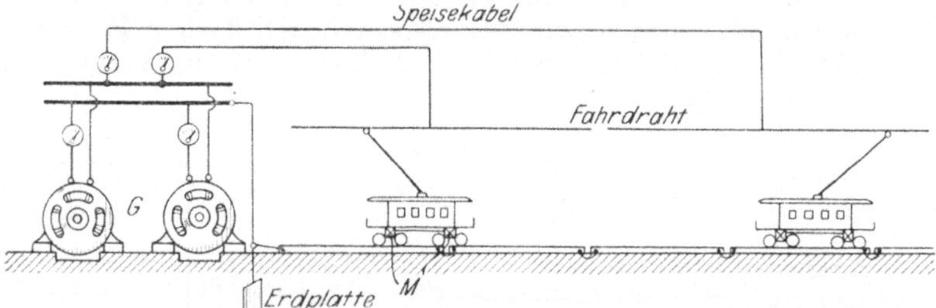


Fig. 331.  Schema einer elektrischen Bahn.

des Stromes geschieht dann durch die Räder, Schienen und Erde
zur Zentrale zurück.

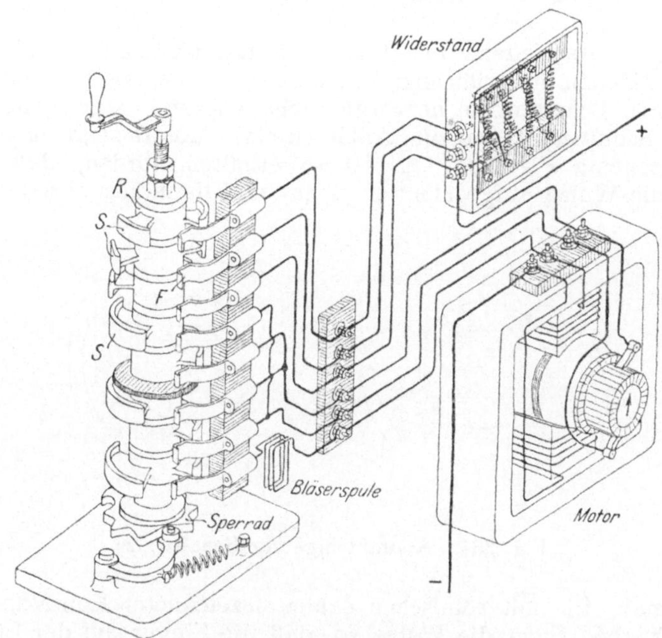


Fig. 332.  Schaltwalze.

Die Regelung der Stromabnahme und der Geschwindigkeit
des Wagens geschieht vermittelst Schaltwalzen, welche vorn

und hinten auf den Plattformen angebracht sind. Eine geöffnete Schaltwalze ist in Fig. 332 dargestellt. An einer senkrechten Welle, die durch eine Kurbel gedreht wird, befinden sich eine Anzahl Kontaktringe R mit besonderen Schleifflächen S. Dreht man die Walze, so kommen je nach ihrer Stellung mehr oder

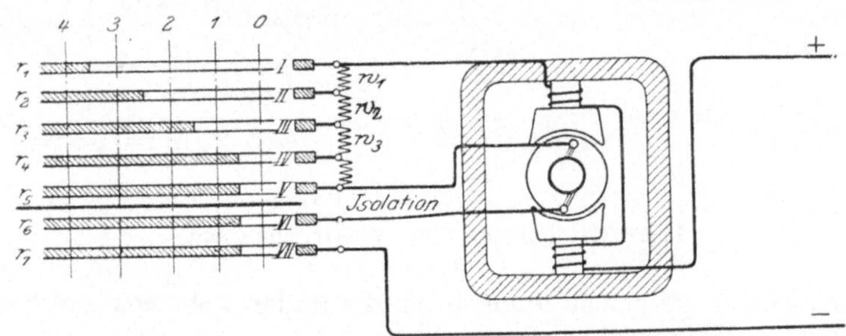


Fig. 333.   Schema einer einfachen Schaltwalze.

weniger verschiedene der federnden Kontaktfinger F mit den Schleifflächen in Berührung, und dadurch können die verschiedenartigsten Schaltungen hervorgebracht werden. Eine ganz einfache Schaltwalze nur zum Anlassen eines Motors zeigt im Schaltungsschema Fig. 333. Es ist so erhalten worden, daß man sich die Walze aufgeschnitten denkt und dann ausgebreitet auf

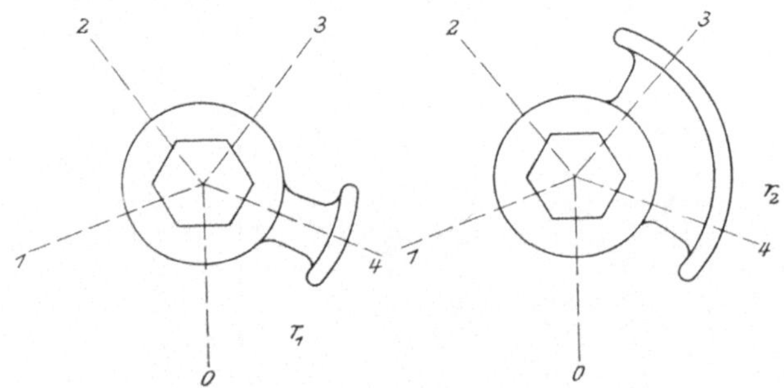


Fig. 334.   Kontaktringe zur Schaltwalze.

zeichnet. Die mit römischen Zahlen bezeichneten Kontakte sind die Finger. Steht die Walze so, daß die Finger auf der Linie 0 stehen, dann ist ausgeschaltet, weil keiner der Finger auf einer der schraffiert gezeichneten Schleifflächen aufliegt. Steht die Walze mit der Linie 1 vor den Fingern, so liegen von diesen IV, V, VI und VII auf und der Strom geht von + durch die

Magnetwickelung des Motors, darauf durch die Widerstandsstufen $w_1$, $w_2$, $w_3$ des Anlassers zu Finger V, durch den
Anker des Motors nach Finger VI auf Ring $r_6$ und da dieser
wieder mit $r_7$ verbunden ist, geht der Strom weiter durch
Finger VII nach —. Damit der Strom nicht vom Ring $r_5$

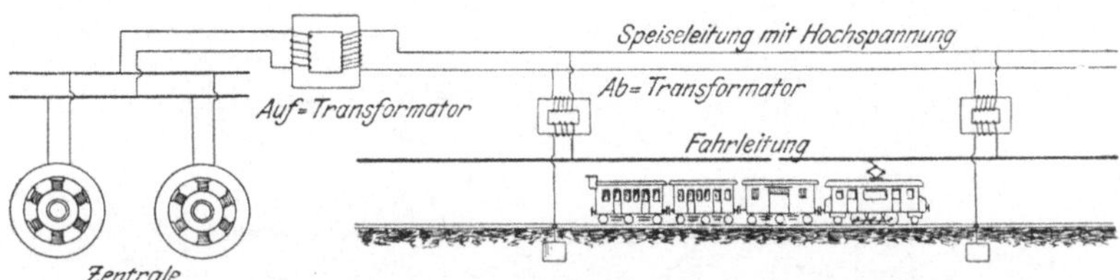



Fig. 335. Schema einer Vollbahn mit Wechselstrom.

zum Ring $r_6$ herübergeht, ist zwischen diese beiden Isolation
geschoben. Dreht man die Walze auf Stellung 2, dann liegt
außer den in Stellung 1 aufliegenden Fingern auch noch III
auf, so daß dann der Strom von + nur noch durch die beiden
Widerstandsstufen $w_1$ und $w_2$ hindurchgeht. Auf Stellung 3

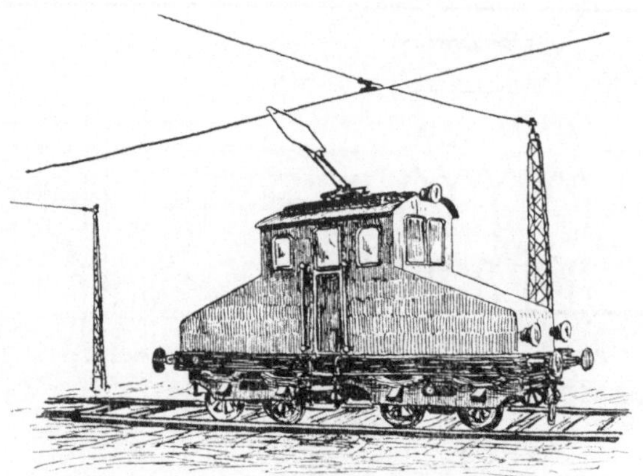

Fig. 336. Elektrische Lokomotive.

geht er nur noch durch $w_1$ und auf Stellung 4 ist aller Widerstand ausgeschaltet, so daß der Motor die volle Spannung erhält.
Aus dem Schema Fig. 333 ergibt sich, daß der Kontaktring
$r_1$ nur auf Stellung 4 eine Auflagefläche haben darf, $r_2$ auch
noch auf Stellung 3 usw. daraus folgt die Form der Ringe
$r_1$ und $r_2$ nach Fig. 334. Bei einer Schaltwalze für elektrische

Bahnen sind dann noch viel mehr Schaltungen ausführbar; z. B. kann man rückwärts fahren, indem man die Umlaufsrich-

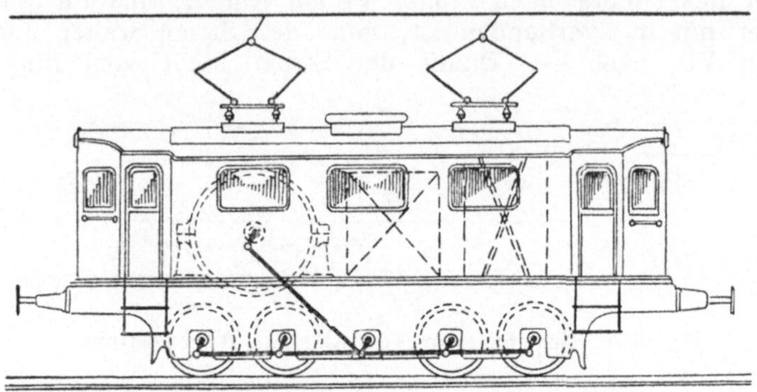

Fig. 337.   Große Vollbahnlokomotive.

tung des Motors umschaltet, dann kann man mit der Walze gleich elektrisch bremsen.

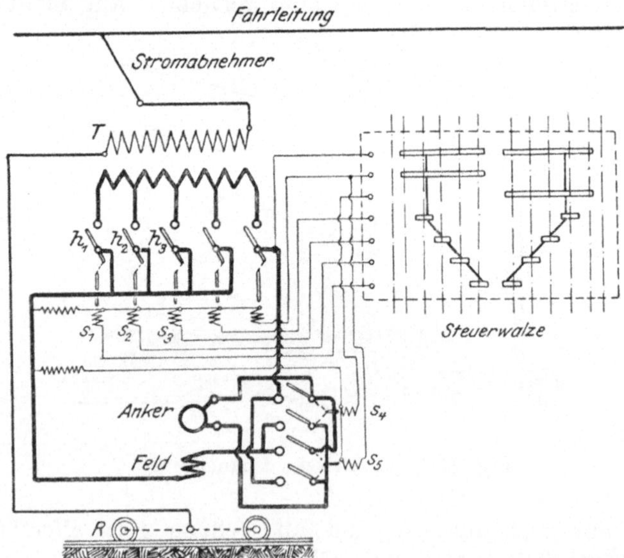


Fig. 338.   Schützensteuerung für elektrische Lokomotiven.

Das Schema in Fig. 331 ist gewöhnlich nur bei kleineren Bahnen, wie Straßenbahnen sind, in Anwendung. Diese Bahnen

werden mit Gleichstrom und etwa 500 Volt Fahrtspannung betrieben. Größere Bahnen, namentlich Vollbahnen, führt man
heute nur noch mit Wechselstrom aus.  Das Schema einer
solchen Anlage zeigt Fig. 335.  Die Spannung der Maschinen
in der Zentrale wird zunächst durch einen Auf-Transformator
in Hochspannung von 80000 bis 100000 Volt verwandelt und
durch Speiseleitungen auf sehr weite Entfernungen verteilt.  Die Fahrtleitung ist
in einzelne Abschnitte geteilt und die
Fahrspannung beträgt, damit nicht zu
häufig ein Anschluß an die Speiseleitung
nötig wird, etwa 10000 Volt.  Da man
mit dieser Spannung nicht gut die Apparate
in der elektrischen Lokomotive betreiben
kann, wird in dieser noch ein Transformator angebracht für 300 bis 1000 Volt.
Die Motoren sind Kollektormotoren und
werden gewöhnlich für große Leistungen
gebaut.  Ihre Wechselzahl beträgt, wie
schon früher erwähnt wurde, etwa 30.
Das Äußere einer elektrischen Lokomotive zeigt Fig. 336.  Diese Form
ist heute ja schon ziemlich bekannt, wird
aber nur für kleinere Leistungen angewendet.  Zum Betrieb von Schnellzügen
und Güterzügen werden schwerere Lokomotiven nach Art der Fig. 337 benutzt.
Sie besitzen gewöhnlich nur einen großen
Motor von mehreren Hundert PS-Leistung,
welcher oben im Wagen steht und durch
eine Triebstange auf eine Blindwelle
arbeitet, die dann mit den übrigen Rädern gekuppelt ist.

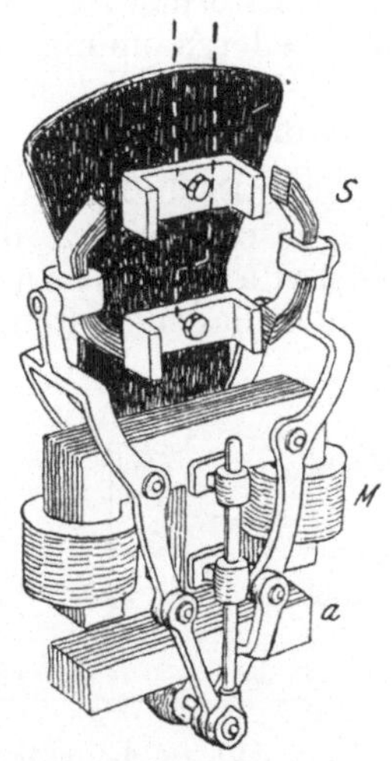


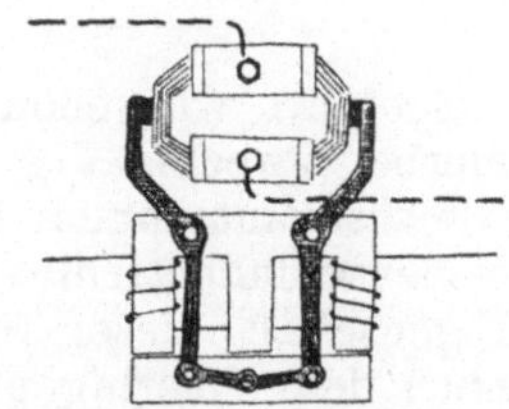

Fig. 339.  Schütze, oben
geöffnet, unten ge-
schlossen.

Bei den in solchen Lokomotiven auftretenden starken Strömen kann man auch
nicht mehr die einfachen Schaltwalzen
nach Fig. 333 verwenden.  Man arbeitet dann mit Schützensteuerung, wie sie in Fig. 338 dargestellt ist.  Dort wird
dann die Steuerwalze, die nach Art der Schaltwalzen Fig. 332
ausgeführt ist, nur zum Ein- oder Ausschalten von besonderen
Schützen benutzt, die nach Fig. 339 aus Magneten bestehen,
die durch Anziehen eines Ankers a besondere Starkstromschalter S
schließen.  Aus Fig 338 erkennt man, daß die Steuerwalze nur
mit schwächerem Strom arbeitet und die Magnetspulen $S_1$, $S_2$, $S_3$

usw. für die Schützen $h_1$, $h_2$, $h_3$ des Anlaßtransformators einschaltet, während $S_4$ und $S_5$ die Spulen für Umschaltung der
Drehrichtung des Motors sind. R sind die Räder der Lokomotive,
durch welche die Rückleitung des Stromes erfolgt. Die Hochspannung von 10000 Volt, wie vorhin bemerkt war, erzeugt einen
Strom von der Fahrtleitung durch die Hochspannungswickelung
des Transformators T und zurück durch die Räder und Schienen.
Die Niederspannungswickelung des Transformators ist in der
Fig. 338 dick gezeichnet und dieser gleich als Anlaßtrans-
formator ausgebildet.

Zum Schluß möge noch eine besondere Art von elektrischen
Anlagen erwähnt werden, die Arbeitsübertragungen auf
größere Entfernung mit Gleichstrom. Es sind derartige Anlagen selten, aber doch sind einige bemerkenswerte

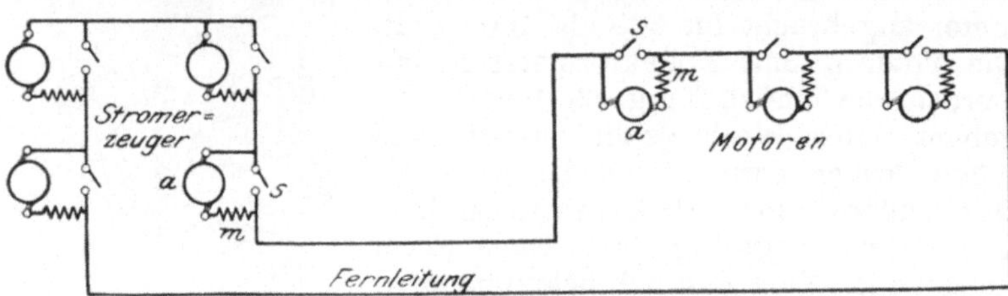


Fig. 340.   Arbeitsübertragung mit hochgespanntem Gleichstrom.

ausgeführt, wie schon auf Seite 135 bemerkt ist. Man verwendet
hierbei zweckmäßig Hauptstrommaschinen, während sonst in
Gleichstromanlagen, besonders mit Akkumulatoren, immer nur
Nebenschlußmaschinen zur Anwendung kommen. Eine besondere
Eigenschaft dieser Hochspannungsgleichstrom-Anlagen, welche
nach dem Oberingenieur Thury hauptsächlich durch die Com-
pagnie de l'Industrie Electrique in Genf ausgeführt werden, ist
ihre große Einfachheit. Das Schema einer solchen Anlage zeigt
Fig. 340. a sind die Anker der Maschinen, m ihre Magnet-
wickelungen. Da man Gleichstrommaschinen wegen der Kollektoren nur ungern für Spannungen über 2000 Volt ausführt, muß
man zur Erzielung einer genügend hohen Gesamtspannung
mehrere Maschinen hintereinander schalten. Da in der Leitung
Spannung verloren geht, braucht man, wenn man auch die
Motoren für 2000 Volt einrichtet, immer weniger Motoren als
Generatoren. Wenn an der Verbrauchsstelle nicht alle Motoren
laufen sollen, so kann man diejenigen, welche ausgeschaltet
werden sollen, durch die Schalter S kurz schließen; es brauchen

dann natürlich auch weniger Stromerzeuger zu laufen, die man ebenfalls auf dieselbe Weise ausschalten kann.

Die Motoren haben in diesem Fall keine Anlasser notwendig, denn sie laufen mit den Stromerzeugern gleichzeitig an. Da diese Hauptstrommaschinen sind, so müssen sie, wenn sie sich selbst erregen sollen, ja doch einen geschlossenen äußeren Stromkreis vorfinden, wie schon früher erläutert wurde. Es hat ein solches System auch nur wenig Apparate nötig und außerdem haben hier die Hauptstrommotoren die Eigentümlichkeit, mit konstanter Umdrehungszahl zu laufen, gleichgültig, wie stark sie belastet sind. Wir haben früher gesehen, daß der Hauptstrommotor um so langsamer läuft, je stärker er belastet ist.

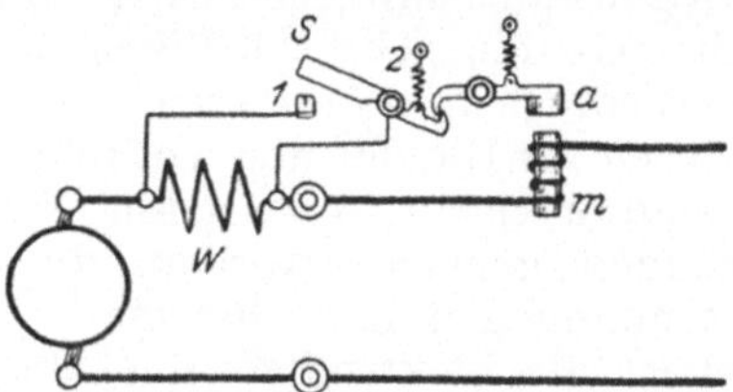

Fig. 341. Schutz gegen Kurzschluß und Überstrom bei Hauptstrommaschinen.

Ein Hauptstromgenerator liefert aber bei starker Stromstärke hohe Spannung, folglich erhält in diesem System der stark belastete Hauptstrommotor eine höhere Spannung als wenn er schwach belastet ist, und da seine Umdrehungszahl von der Spannung auch mit abhängt, läßt es sich einrichten, daß der Hauptstrommotor bei allen Belastungen mit konstanter Umlaufszahl arbeitet.

Hauptstromgeneratoren haben nun die Eigenschaft, bei zu starker Belastung oder gar Kurzschluß eine gefährlich werdende Spannung zu entwickeln. Man schützt sie dagegen durch eine selbsttätige Vorrichtung nach Fig. 341. Überschreitet der Strom der Maschine die zulässige Höhe, so zieht der Magnet m den Anker a an, wodurch dann der Hebelschalter S frei gegeben wird, der darauf durch Verbindung der Punkte 1 und 2 die Magnetwickelung der Maschine kurz schließt. Infolge dieses Kurzschlusses wird die Magnetwickelung stromlos, und die Maschine verliert ihre Spannung.

# Schlußbemerkungen.

Die in den vorstehenden zwölf Abschnitten zusammengedrängt
gegebene Übersicht über die Elektrotechnik umfaßt nun noch
längst nicht das gesamte Gebiet dieser Naturkraft. Der Umfang
des Buches aber und der damit beabsichtigte Zweck lassen eine
erschöpfende Behandlung sämtlicher Anwendungen der Elektrizität nicht erwarten. Es wurde vielmehr nur auf die eigentliche
Starkstromtechnik eingegangen und der sogenannte Schwach-
strom fast ganz vernachlässigt. Damit soll aber nicht gesagt
sein, daß dieser Gegenstand unwesentlich ist, denn zur Schwachstromtechnik zählt man die sehr wichtigen Anwendungen der
Elektrizität im Fernsprechen und Fernschreiben oder Telegra-
phieren und auf diesen für Handel und Verkehr heute unentbehr-
lichen Gebieten sind auch in den letzten Jahren eine ganze
Reihe von Erfindungen gemacht worden, die zu einer immer
weiteren Vervollkommnung geführt haben.

Ohne Zweifel ist die Elektrizität eine derartig leicht und
einfach für alle möglichen Zwecke anzuwendende Naturkraft,
daß ihr sicher die Zukunft gehört. Sie läßt sich auf außerordentlich weite Entfernungen fortleiten und ermöglicht so die
Ausnutzung von ungünstig gelegenen Wasserkräften, die sonst
nicht verwertet werden könnten. In der Schweiz und in Oberitalien werden schon viele elektrische Bahnen auf diese Weise
betrieben und in Deutschland sind verschiedene Talsperren, am
bekanntesten die Urftalsperre in der Eifel, gleichzeitig durch
ihre Wasserkräfte Elektrizitätserzeuger. Die Werke von der
letzten Art liefern eigentlich die Elektrizität noch als Zugabe,
denn sie sind hauptsächlich wegen Verhinderung von Hoch-
wassergefahr erbaut. Bei solchen Werken ist der Strompreis
stellenweise so niedrig, daß auch das elektrische Kochen und
sogar das Heizen vermittelst Elektrizität zur Möglichkeit wird.
Sonst ist das Heizen mit elektrischem Strom doch noch so teuer,
daß es nicht allgemein angewendet werden kann. Elektrisches
Kochen, namentlich aber das Bügeln mit Elektrizität wird stellenweise schon sehr viel ausgeführt. Die Anwendungen des elektrischen Stromes für Kraft und Licht sind ja ausführlich besprochen worden, es möge deshalb hier nur noch daran erinnert
werden, daß eigentlich das elektrische Licht heute schon das
billigste Licht ist, bei Anwendung der Metallfadenlampen und
daß es auch das in gesundheitlicher Beziehung einwandfreieste
Licht ist.

Die heutige Erzeugung der Elektrizität ist immer noch umständlich. Wenn es einmal gelingen wird, Wärme unmittelbar in Elektrizität zu verwandeln, ohne solch große Verluste wie bei den Thermoelementen, dann ist damit ein Problem gelöst, an dem schon viele Köpfe gearbeitet haben. Wenn es in zufriedenstellender Weise gelöst wird, dann wird man kaum noch eine andere Energieform als die Elektrizität anwenden.

Zur näheren Begründung des soeben Gesagten möge einiges über unsere Mittel zur Umwandlung von Energie im allgemeinen gesagt werden. Die Energiequelle, von der wir abhängen und auf die wir alles zurückführen können, ist die Sonne. Sie leuchtet und erwärmt uns, infolge ihrer chemischen Wirkung wächst unsere Nahrung und infolge der Verdunstung des Wassers durch die Sonnenwärme kommt das Fließen der Flüsse und Ströme zustande, so daß unsere Wasserkräfte auf die Wirkung der Sonne zurückgeführt werden müssen und sie ist auch in letzter Hinsicht die Kraftquelle für unsere Dampfmaschinen, denn die Kessel, in welchen der Dampf erzeugt wird, müssen mit Kohle oder anderem Material geheizt werden und unsere Heizstoffe sind auch nur Produkte der Sonnenwärme.

Wir nutzen also auch in der Dampfmaschine die Sonnenwärme aus, aber in welch mangelhafter Weise und auf welche umständliche Art! Wir verfeuern zu diesem Zweck das Heizmaterial unter einem Kessel, in den wir kaltes Wasser pumpen. Das Wasser kann in der Dampfmaschine keine Arbeit leisten, es muß deshalb in Dampf verwandelt werden. Dampf muß aber $100^0$ Wärme besitzen beim gewöhnlichen Luftdruck und da aus der Dampfmaschine immer nur Dampf austreten kann, so muß man den Dampf im Kessel entsprechend höher als $100^0$ erhitzen. Auf alle Fälle wird aber nun in der Maschine nur die Wärme in Arbeit umgesetzt, die über $100^0$ liegt, dagegen wird die Wärmemenge, die dem kalten Wasser bis zur Erwärmung auf $100^0$ zugeführt wurde, in der Maschine nicht ausgenutzt. Wir verfeuern also die Kohlen ohne etwas dafür zu erhalten. Berücksichtigt man die Wärme, welche in der Kohle enthalten ist und die davon erhaltene nutzbare Arbeit, die die Dampfmaschine liefert, so beträgt die nutzbare Arbeit im besten Fall $20\,^0/_0$ der gesamten Wärme. Die Dampfmaschine verschwendet also in unerhörter Weise die Kohlen und es leuchtet danach ein, daß eine Erzeugung der Elektrizität unmittelbar aus der Kohle oder noch besser unmittelbar aus der Sonnenwärme ein erstrebenswertes Ziel ist.

----

Verlag von Julius Springer in Berlin.

**Die Wechselstromtechnik.** Herausgegeben von Dr.-Ing. **E. Arnold,** Geh. Hofrat, Professor und Direktor des Elektrotechnischen Instituts der Großherzoglichen Technischen Hochschule Fridericiana zu Karlsruhe. In fünf Bänden.

Erster Band: **Theorie der Wechselströme.** Von J. L. la Cour und O. S. Bragstad. Zweite, vollständig umgearbeitete Auflage. Mit 591 Textfiguren. In Leinwand gebunden Preis M. 24,—.

Zweiter Band: **Die Transformatoren.** Ihre Theorie, Konstruktion, Berechnung und Arbeitsweise. Von E. Arnold und J. L. la Cour. Zweite, vollständig umgearbeitete Auflage. Mit 443 Textfiguren und 6 Tafeln. In Leinwand gebunden Preis M. 16,—.

Dritter Band: **Die Wicklungen der Wechselstrommaschinen.** Von E. Arnold. Zweite, vollständig umgearbeitete Auflage. Mit 463 Textfiguren und 5 Tafeln. In Leinwand gebunden Preis M. 13,—.

Vierter Band: **Die synchronen Wechselstrommaschinen.** Generatoren, Motoren und Umformer. Von E. Arnold und J. L. la Cour. Zweite, vollständig umgearbeitete Auflage. Mit 530 Textfiguren und 18 Tafeln. In Leinwand gebunden Preis M. 22,—.

Fünfter Band: **Die asynchronen Wechselstrommaschinen.** Erster Teil. **Die Induktionsmaschinen.** Von E. Arnold, J. L. la Cour und A. Fraenckel. Mit 307 Textfiguren und 10 Tafeln. In Leinwand gebunden Preis M. 18,—.

Zweiter Teil. **Die Wechselstromkommutatormaschinen.** Ihre Theorie, Berechnung, Konstruktion und Arbeitsweise. Von E. Arnold, J. L. la Cour und A. Fraenckel. Mit 400 Textfiguren, 8 Tafeln und dem Bildnis E. Arnolds. In Leinwand gebunden Preis M. 20,—.

**Die Gleichstrommaschine.** Ihre Theorie, Untersuchung, Konstruktion, Berechnung und Arbeitsweise. Von Professor Dr.-Ing. **E. Arnold** (Karlsruhe). In zwei Bänden.

I. **Theorie und Untersuchnng der Gleichstrommaschine.** Zweite, umgearbeitete Auflage. Mit 593 Textfiguren. In Leinwand gebunden Preis M. 20, —.

II. **Konstruktion, Berechnung und Arbeitsweise der Gleichstrommaschine.** Zweite, vollständig umgearbeitete Auflage. Mit 502 Textfiguren und 13 Tafeln. In Leinwand gebunden Preis M. 20,—.

**Arbeiten aus dem Elektrotechnischen Institut der Großherzoglichen Technischen Hochschule Fridericiana zu Karlsruhe.** Herausgegeben von Dr.-Ing. **E. Arnold,** Direktor des Instituts.

Erster Band 1908—1909. Mit 260 Textfiguren. Preis M. 10,—.
Zweiter Band 1910—1911. Mit 284 Textfiguren. Preis M. 10,—.

Zu beziehen durch jede Buchhandlung.

Verlag von Julius Springer in Berlin.

**Messungen an elektrischen Maschinen.** Apparate, Instrumente, Methoden, Schaltungen. Von **Rudolf Krause,** Ingenieur. Zweite, verbesserte und vermehrte Auflage. Mit 178 Textfiguren. In Leinwand geb. Preis M. 5,—.

**Handbuch der elektrischen Beleuchtung.** Von **Josef Herzog,** diplomierter Elektroingenieur in Budapest, und **Clarence Feldmann,** o. Professor an der Technischen Hochschule in Delft. Dritte, vollständig umgearbeitete Auflage. Mit 707 Textfiguren. In Leinwand gebunden Preis M. 20,—.

**Der elektrische Lichtbogen bei Gleichstrom und Wechselstrom und seine Anwendungen.** Von **Berthold Monasch,** Diplom-Ingenieur. Mit 141 Textfiguren. In Leinwand gebunden Preis M. 9,—.

**Grundzüge der Beleuchtungstechnik.** Von Dr.-Ing. **L. Bloch,** Ingenieur der Berliner Elektrizitätswerke. Mit 41 Textfiguren. Preis M. 4,—; in Leinwand gebunden M. 5,—.

**Beanspruchung und Durchhang von Freileitungen.** Unterlagen für Projektierung und Montage. Von **Robert Weil,** Diplom-Ingenieur. Mit 42 Textfiguren und 3 lithographierten Tafeln. Preis M. 4,—.

**Berechnung und Ausführung der Hochspannungs-Fernleitungen.** Von **Carl Fred. Holmboe,** Elektroingenieur. Mit 61 Textfiguren. Preis M. 3,—.

**Die Fernleitung von Wechselströmen.** Von Dr. **G. Roeßler,** Professor an der Königl. Technischen Hochschule in Danzig. Mit 60 Textfiguren. In Leinwand gebunden Preis M. 7,—.

**Elektrotechnische Meßkunde.** Von Dr.-Ing. **P. B. Arthur Linker.** Zweite, völlig umgearbeitete und verbesserte Auflage. Mit 380 in den Text gedruckten Figuren. In Leinwand gebunden Preis M. 12,—.

**Anlasser und Regler für elektrische Motoren und Generatoren.** Theorie, Konstruktion, Schaltung. Von Ing. **Rud. Krause** (Mittweida). Zweite, verbesserte und vermehrte Auflage. Mit 133 Textfiguren. In Leinwand gebunden Preis M. 5,—.

**Konstruktionen und Schaltungen aus dem Gebiete der elektrischen Bahnen.** Gesammelt und bearbeitet von **O. S. Bragstad,** a. o. Professor an der Großherzogl. Techn. Hochschule Fridericiana in Karlsruhe. 31 Tafeln mit erläuterndem Text. In einer Mappe Preis M. 6,—.

Zu beziehen durch jede Buchhandlung.

Verlag von Julius Springer in Berlin.

**Der Edisonakkumulator.** Seine technischen und wirtschaftlichen Vorteile gegenüber der Bleizelle. Von **Meno Kammerhoff,** Berlin-Pankow. Mit 92 Abbildungen und 20 Tabellen.

Preis M. 4,—; in Leinwand gebunden M. 5,—.

**Die elektrolytischen Metallniederschläge.** Lehrbuch der Galvanotechnik, mit Berücksichtigung der Behandlung der Metalle vor und nach dem Elektroplattieren. Von Dr. **W. Pfanhauser jr.** Fünfte, umgearbeitete Auflage. Mit 173 in den Text gedruckten Abbildungen.

In Leinwand gebunden Preis M. 15,—.

**Die Beleuchtung von Eisenbahn-Personenwagen mit besonderer Berücksichtigung der elektrischen Beleuchtung.** Von Dr. Max Büttner. Zweite, vollständig umgearbeitete Auflage. Mit 108 Textfiguren.

In Leinwand gebunden Preis M. 7,—.

**Transformatoren für Wechselstrom und Drehstrom.** Eine Darstellung ihrer Theorie, Konstruktion und Anwendung. Von **Gisbert Kapp.** Dritte, vermehrte und verbesserte Auflage. Mit 185 Textfiguren.

In Leinwand gebunden Preis M. 8,—.

**Das elektrische Kabel.** Von Dr. phil. **C. Baur,** Ingenieur. Eine Darstellung der Grundlagen für Fabrikation, Verlegung und Betrieb. Zweite, umgearbeitete Auflage. Mit 91 in den Text gedruckten Figuren.

In Leinwand gebunden Preis M. 12,—.

**Die Berechnung elektrischer Freileitungen** nach wirtschaftlichen Gesichtspunkten. Von Dr.-Ing. **W. Majerczik**-Berlin. Mit 10 in den Text gedruckten Figuren.

Preis M. 2,—.

**Theorie und Berechnung elektrischer Freileitungen.** Von Dr.-Ing. **H. Galluser,** Ingenieur bei Brown, Boveri & Co., Baden (Schweiz), und Dipl.-Ing. **M. Hausmann,** Ingenieur bei der Allgemeinen Elektrizitäts-Gesellschaft, Berlin. Mit 145 Textfiguren. In Leinwand gebunden Preis M. 5,—.

**Tabelle der prozentualen Spannungsverluste bei Gleich-, Ein- und Dreiphasenwechsel für die Querschnitte 1,5 bis 150 qmm.** Von F. Jesinghaus.

Preis M. —,50.

**Die Berechnung elektrischer Leitungsnetze** in Theorie und Praxis. Bearbeitet von **Jos. Herzog,** Vorstand der Abteilung für elektrische Beleuchtung, Ganz & Co., Budapest, und **Cl. Feldmann,** Privatdozent an der Großherzogl. Technischen Hochschule zu Darmstadt.

Erster Teil: Strom- und Spannungsverteilung in Netzen. Dritte Auflage. In Vorbereitung.

Zweiter Teil: Die Dimensionierung der Leitungen. Zweite, umgearbeitete und vermehrte Auflage. Mit 216 Textfiguren.

In Leinwand gebunden Preis M. 12,—.

Zu beziehen durch jede Buchhandlung.

Verlag von Julius Springer in Berlin.

**Trigonometrie für Maschinenbauer und Elektrotechniker.** Ein Lehr-
und Aufgabenbuch für den Unterricht und zum Selbststudium. Von Dr.
**Adolf Heß,** Professor am kantonalen Technikum in Winterthur. Mit 112 Textfiguren. In Leinwand gebunden Preis M. 2,80.

**Hilfsbuch für den Maschinenbau.** Für Maschinentechniker sowie für den
Unterricht an technischen Lehranstalten. Von Professor **Fr. Freytag,** Lehrer
an den Technischen Staatslehranstalten zu Chemnitz. Vierte, vermehrte
und verbesserte Auflage. Mit 1108 Textfiguren, 10 Tafeln und einer Bei-
lage für Österreich.
In Leinwand gebunden Preis M. 10,—; in Leder gebunden M. 12,—.

**Radiotelegraphisches Praktikum.** Von Dr.-Ing. **H. Rein.** Zweite, vermehrte Auflage. Mit 170 Textfiguren und 5 Kurventafeln.
In Leinwand gebunden Preis M. 8,—.

**Technische Schwingungslehre.** Einführung in die Untersuchung der für
den Ingenieur wichtigsten periodischen Vorgänge aus der Mechanik starrer,
elastischer, flüssiger und gasförmiger Körper sowie aus der Elektrizitätslehre.
Von Dr. **Wilhelm Hort,** Dipl.-Ing. Mit 87 Textfiguren.
Preis M. 5,60; in Leinwand gebunden M. 6,40.

**Die Untersuchungen elektrischer Systeme auf Grundlage der Super-
positionsprinzipien.** Von Dr. Herbert Hausrath, Privatdozent an der
Großherzoglichen Technischen Hochschule Fridericiana zu Karlsruhe. Mit
14 Textfiguren. Preis M. 3,—.

Seit April 1912 erscheint:

# Archiv für Elektrotechnik

Herausgegeben von

Dr.-Ing. **W. Rogowski,**

ständigem Mitarbeiter der Physikalisch-Technischen Reichsanstalt in Charlottenburg.

Das **Archiv für Elektrotechnik** erscheint in Heften, von denen 12 einen Band
im Umfang von etwa 36 Bogen bilden. Der Preis des Bandes beträgt M. 24,—,
für Abonnenten der „Elektrotechnischen Zeitschrift" sowie Mitglieder des Verbandes Deutscher Elektrotechniker und des Elektrotechnischen Vereins M. 20,—.

Probehefte jederzeit unberechnet vom Verlag.

Zu beziehen durch jede Buchhandlung.